# 数字隐写编码
## 理论与方法

刘光杰 刘伟伟 戴跃伟 编著



清华大学出版社
北 京

## 内容简介

本书针对数字隐写术中最核心的编码问题，以数字媒体和网络数据流这两者隐写术实施最成熟和最先进的载体形式，对隐写术中为了达到更高安全性、更强可靠性和新型应用场景下的编码技术进行归纳和总结。全书共12章，第1章为隐写技术概述；第2章简明扼要地介绍隐写中的主要编码问题；第3章对隐写术与编码理论之间的关联性进行介绍；第4～6章按照发展脉络分别介绍数字媒体隐写术中的编码技术，这3章内容呈现了数字媒体隐写编码从起源到成熟的过程。第7章对当前广泛应用的网格形式的隐写编码进行了扩展；第8章介绍了有主动攻击的情形下如何利用编码问题实现矩阵嵌入的抗损性增强；第9章考虑了矩阵嵌入框架在多播通信环境中的推广。第10～12章主要关注网络隐写术中的编码技术，包括模拟喷泉编码、空时格型码以及不等差错保护编码。

本书不仅适合于研究生教学参考，也可作为高校教师与相关研究人员学习与参考用书。



**图书在版编目(CIP)数据**

数字隐写编码理论与方法/刘光杰，刘伟伟，戴跃伟编著. —北京：清华大学出版社，2020.2（2020.10重印）
ISBN 978-7-302-52848-7

Ⅰ. ①数… Ⅱ. ①刘… ②刘… ③戴… Ⅲ. ①电子计算机－密码术－研究 Ⅳ. ①TP309.7

中国版本图书馆CIP数据核字(2019)第082312号

**责任编辑**：许 龙
**封面设计**：常雪影
**责任校对**：刘玉霞
**责任印制**：刘海龙

**出版发行**：清华大学出版社
**网 址**：http://www.tup.com.cn，http://www.wqbook.com
**地 址**：北京清华大学学研大厦A座 **邮 编**：100084
**社 总 机**：010-62770175 **邮 购**：010-62786544
**投稿与读者服务**：010-62776969，c-service@tup.tsinghua.edu.cn
**质量反馈**：010-62772015，zhiliang@tup.tsinghua.edu.cn
**印 装 者**：北京鑫丰华彩印有限公司
**经 销**：全国新华书店
**开 本**：185mm×260mm **印 张**：13.75 **字 数**：332千字
**版 次**：2020年2月第1版 **印 次**：2020年10月第2次印刷
**定 价**：65.00元

产品编号：068668-02

# 前言

FOREWORD

数字隐写术随着计算机和网络这两个20世纪最重要的信息技术产物而诞生，从20世纪90年代起就一直作为信息安全中的一个重要议题引起国际学术界的普遍重视，在我国的国家自然科学基金、国家重点研发计划、国家科技支撑计划等重要规划课题中均对该技术进行了较大力度的资助。数字隐写术是一个与多媒体信息处理、计算机网络和信息论等紧密关联的技术，同时其技术发展受互联网和通信技术迭代的驱动，公开发表的有关数字隐写术的论文逐年上升，且涌现了大批优秀的成果，部分成果已经在各国的军事、经济和情报领域得到了广泛应用。随着网络流量形式的不断迁移，当前隐写术的内涵不断扩大，且侧重的技术要点也逐步从传统的数字媒体向网络流媒体和网络数据包迁移。

隐写术关心的要素主要包括三点：安全性、鲁棒性和容量。对于数字媒体隐写术而言，由于其数据通常存在于网络的应用层，故一般情况下信道中不会存在损失，其关注的焦点通常在于安全性，因此数字媒体隐写术中，编码问题关注的焦点是如何利用编码技术在尽可能嵌入更多信息的前提下，降低原始数字媒体文件和嵌入了秘密信息后的媒体文件之间的差异。而网络隐写术由于其通常采用网络数据包为载体，这些信息载体处于网络层，由于网络中天然存在的网络干扰，其不仅要解决安全性提高的问题，还要解决信道干扰问题。

本书不仅对当前数字隐写术中的典型编码方案进行了归纳与总结，也凝聚了作者所在课题组近十年来的研究工作的心血。作者所在的课题组是国内较早开展信息隐藏技术研究的团队之一，从2005年起就开始从事数字媒体隐写术、网络隐写术的研究，承担了该研究领域的三十余项国家、省部级研究课题，包括国家自然科学基金、江苏省自然科学基金、国家科技支撑计划、国家863计划课题等。本书第3～6章这4章内容主要是汇编、整理了该领域的相关学术成果，其余章节均为课题组多年来的研究积累。第1、3、7、9、11章以及第5、6章的部分内容由刘光杰执笔，第2、4、8、10章以及第5、6章的部分内容由刘伟伟执笔，第12章以及第5、6章的部分内容由戴跃伟执笔。刘光杰负责全书的组织、整理和统稿。本书工作受国家自然科学基金项目(61472188，61602247，61702235，U1636117)、江苏省自然科学基金项目(BK20150472，BK20160840)、中央高校基本科研业务费专项资金资助项目(30920140121006，30915012208)资助。

由于作者水平所限，书中不足和疏漏之处在所难免，敬请同行专家和广大读者不吝指教。

作　者

2018年9月于南京

# 目录

CONTENTS

# 第1章

# 隐写术的理论与方法概述

随着互联网和数字通信技术的快速发展,海量的多媒体信息以及网络数据流量带来了越来越多的信息安全问题,尤其是近年来移动互联网的飞速发展使得各类信息的传输安全和接入点监控面临着越来越严峻的挑战,危及商业公司和政府部门数据安全的事件屡屡发生。据不完全统计,仅在 2011 年,全球范围内的失窃数据总量就已经达到了 100 万 GB 级别,且该数量正以逐年递增的趋势发展[1]。在这些网络数据失窃案例中,大部分是窃取者诱使用户打开一封带有图像或文本附件的电子邮件或某个看似安全的网络链接。事实上,这些多媒体附件或网页中往往含有精心设计的编码指令,使得这些指令能够绕过安全软件及防火墙的检测,操纵受攻击的系统从远程服务器获取可执行代码,从而入侵本地主机上的数据[2]。这种数据泄露的通道往往会持续很长的时间,在部分数据失窃案例中,为了逃避安全防护软件的监控,数据从本地泄露至外部采用了信息隐藏技术,将机密数据隐藏在普通数据中从而转移至恶意攻击者的系统,且不引起任何怀疑。这些嵌入了机密数据的载体文件几乎涵盖了计算机网络中通信数据的绝大多数类型,包括图片、文本、音频、视频等常用的多媒体文件和网络通信数据流。可见,信息隐藏技术正在逐步成为网络黑客进行数据窃取、操纵僵尸网络的重要攻击手段[3]。通常将用于隐蔽通信的信息隐藏技术称为隐写术,以区别主要用于版权保护的数字水印技术。

除了与恶意软件及木马结合实现数据窃取外,越来越多的商业公司及政府报告已经证实了大量试图逃避监控的基于隐写术的非法隐蔽通信案例,知名的案例有 2001 年恐怖组织利用图像隐藏谋划指示发布在公开网站上来计划攻击美国的“9·11”事件[4],2002 年借助隐写术分发儿童色情物品的“Shadowz Brotherhood”犯罪团伙的落网[5],2010 年利用数字图像隐写术从美国向俄罗斯泄露机密信息的代号“illegals”的俄罗斯间谍组织的曝光[6]。

当然隐写术也是安全通信的重要手段之一。作为实现通信安全性的最常见手段,密码术主要通过对信息加密使得未授权的第三方无法理解传递的信息内容,加密后的信息对第三方观察者是可见的,即观察者很容易检测到秘密通信的存在性,但是破解或提取其中的明文信息较为困难,其通信的安全性主要依赖于密钥的保密性。隐写术则是从隐藏通信事实出发,使得对不知情的第三方观察者而言,秘密信息传递的行为是不可见的,从难检测性和难提取性这两方面保证了通信的安全性,其通信安全性主要依赖于嵌入方法的保密性。总之，密码术是对传递的秘密信息进行加密从而混淆通信内容，而隐写术则是建立秘密信道来保护信息传递过程。密码术和隐写术作为安全通信技术的两种有效手段，已被新型的隐写系统结合起来以大幅提高通信的整体安全性，即在发送方首先使用密码术对秘密信息进行加密，然后将加密后的信息密文利用隐写术嵌入到载体数据中传递给接收方，接收方利用共享密钥将信息密文提取后进行解密处理。

本章介绍隐写术的起源，然后对其原理、分类、性能指标进行介绍。

## 1.1 隐写术的起源

隐写术是一门古老的隐蔽通信技术，首次出现于希腊历史学家 Herodotus 的书面记载中[7]，其中一个案例是将秘密信息伪装于野兔的尸体中并由一名冒充的猎人携带出去。另一个著名的案例是“木板通信”，即将文字永久性地刻在木板上之后在其表面涂上一层薄蜡，只有约定好的知情者才知道蜡融化后可以显现出秘密信息。这类最早的秘密传递信息的方式利用了当时人们认为比较普通的载体。随着羊皮纸的逐渐普及，隐显墨水的发明催生了一种互补型隐写方法，使用某些植物的汁液来书写文字后，这些文字在干燥后会变得不可见，知情者在将其加热后可使得其中的有机物碳化，从而使其显现出来[8]。中世纪造纸技术的发明带来了信息隐藏技术的重大进步，并随之出现了纸张水印，现如今的数字水印技术和图像隐写技术均是基于同样的原理发展起来的。纸的普及使得载体对象不再局限于实际的物体，而是向书写的文字内容发展，即当下语义隐写术的发展源头。其中最具有代表性的是藏头诗这一形式，即首个字母或文字能够拼出一条消息的作品，这种怪异体文学形式一直沿用至今。如《水浒传》中描述吴用和宋江等人为拉卢俊义入伙口占的暗藏“卢俊义反”的四句卦歌；神父 Francesco Colonna 在自己的书《寻爱绮梦》中章节的第一个字母拼写出的爱情告白；2009 年美国加州州长 Schwarzenegger 在写给反对政党议员 Ammiano 的一封政府公文中暗藏辱骂信息。在这类古老的语义隐写术中，嵌入过程出现在语义和语法中，依赖于口头或书面语言，通过欺骗不知情者的知觉来实现秘密信息的传递。近代对隐写技术有着重大推动作用的是第二次世界大战中扩频通信的提出[9]，这种通信采用了特殊多频集信号抵抗鱼雷制导过程中的干扰，将控制信息分散在提供掩蔽的宽频带宽中，这一技术至今依然在数字图像和音频信息隐藏领域中有着较广泛的应用。

到了 20 世纪后期，随着个人计算机和互联网的发明和普及，人类全面进入了数字化时代，信息隐藏技术也被赋予了更加丰富的研究内涵，并逐步成为网络与信息安全中的重要研究领域。现如今信息隐藏技术已经涵盖了数字密写、数字水印、隐蔽信道、匿名技术等重要分支。文献[10]指出，信息隐藏技术利用人类感官的不敏感性，以及载体数字信号本身存在的信息冗余，将指定的秘密信息嵌入该载体信号中，使得该载体信号承载秘密信息这一行为难以被不知情者察觉，并且其感官与使用效果与嵌入信息前相比无明显变化，从而降低该秘密信息被截取及破坏的可能性。现代信息隐藏技术正式成为一门研究学科始于 1996 年首届国际信息隐藏学术研讨会在英国的召开，之后每年举办一次。国内也在 1999 年举办了首届全国信息隐藏学术研讨会，每三年举办两次，一直延续至今。国内外众多研究机构和高校都对信息隐藏技术展开了深入广泛的研究，各个分支领域的丰富研究成果大量发表于国内外权威学术期刊中，各国的商业机构和军事部门均对信息隐藏技术产生了浓厚的兴趣。其中，工商界首先对基于数字水印的数字版权管理产生了浓厚的兴趣，现代数字水印技术是指将版权或者认证信息嵌入到载体数据中，嵌入的信息在此场景下并非是秘密的。该技术的核心是嵌入了数字水印的载体在一定强度的信号处理攻击下，版权及认证信息持有方依然能够检测出该水印信息的存在，这类载体受攻击的手段往往是为了破坏及移除其中的水印信息。虽然是信息隐藏技术的一个重要分支，但是数字水印技术缺少明显的隐蔽通信属性，除了版权及认证信息持有者外，在很多情形下，水印信息的存在性对于获取载体的第三方是已知的，但是非法持有者往往无法有效破坏或移除其中嵌入的水印信息，只有版权合法持有者或认证信息持有方可以提取其中的信息作为鉴定是否侵权的数字证据。相比较于信息的隐蔽性，数字水印技术更加侧重嵌入信息的鲁棒性。另一方面，在情报及军事领域，研究者则更加重视信息隐藏技术中侧重于通信隐蔽性的分支——隐写术。

由于多媒体文件的普及性以及良好的掩蔽性，早期的隐写术往往特指针对数字多媒体文件的数字密写技术[11]，即利用图像、音频、视频等数字多媒体文件的信息冗余来实现秘密信息的嵌入，随着计算机与网络技术的发展，隐写术也被赋予了更加丰富的内涵。在文献[12]中，广义隐写术被表述为具备以下三点属性的信息隐藏行为：第一点是通过此类信息隐藏方式传递的信息被嵌入在看似无害的载体中，该载体被用于伪装隐藏的内容；第二点是应用该信息隐藏技术的目的是为了保证传输信息的隐蔽性；第三点是通信的保密性由应用于该载体的算法的伪装能力和处理后的数据与掩蔽载体的合法实体混合的无差别性来决定。同时，广义隐写术中秘密信息的良好载体应具备两个特征：其一是它应当在当前通信环境下具备普遍性，使用它作为载体本身不具备行为异常性；其二是秘密信息的嵌入如果引起了载体信息的退化，则其退化的严重程度应当不足以引起观察者的怀疑。除了隐藏隐蔽通信这一事实以外，某些情形下隐写术还要保证通信双方的匿名性和隐私性[13]。根据载体的不同，当前的广义隐写术被总结为数字媒体隐写术[14]、语言隐写术[15]、文件系统隐写术[16,17]和网络隐写术[18]四大类。当前的绝大部分研究都集中在数字媒体和网络隐写术这两个方面。值得指出的是，网络隐写术和网络隐蔽信道这二者往往互换使用，事实上，这二者在历史上是相互独立的。网络隐写术作为隐写术的最新分支，将隐写术的载体拓展到了当今无处不在的网络数据包中，其中时间式网络隐写[19,20]更是利用包间时延这一普遍存在的信息作为载体，大大提高了隐写载体的生存能力和抗检测性。

随着网络和信息处理技术的快速发展，尤其是移动互联网的普及，当下数字信息交互呈现爆炸式增长，如何保证商业及军事领域的信息传输安全性已经成为信息安全领域的一个热点问题。2013 年 6 月“棱镜门”事件的曝光更加揭示了网络普及下数据安全防护这一工作的紧迫性。隐写术作为一种可利用当前大多数数字信息载体的安全通信技术，可以隐藏秘密通信的事实。同时，它与密码技术存在的天然结合性决定着它在安全通信领域的巨大应用潜力。

作为一把双刃剑，除了在安全通信领域的正面应用外，最近针对全球重要目标的网络攻击证明，隐写术已经成为黑帽黑客进行网络数据窃取的重要手段之一。而当前隐写分析技术的发展尚无法在实际应用中阻挡隐写术在网络中的非法滥用，降低该技术滥用风险的有效解决方案之一是对其演变趋势进行研究。因此，随着载体对象逐步涵盖当前互联网中的绝大多数数据类型，隐写术已经渗透至工业、商业和军事机构的各个环节。作为一种难以察觉的秘密通信手段，隐写术对于当前网络环境下信息传递过程中的安全性有着重要的意义。

## 1.2 隐写术的原理

现代隐写术模型往往可以用发生于三个虚拟身份 Alice、Bob、Eve 之间的通信问题来解释，即文献[21]中所提的"囚徒问题"：Alice 和 Bob 是关押在两个不同囚室的犯人，看守者 Eve 允许他们之间进行通信，但是他们间的所有通信内容都要受到 Eve 的严密监控。Alice 试图在不被 Eve 察觉的情况下将设计好的越狱计划传递给 Bob，于是其将该计划隐藏在能够被 Eve 允许的通信内容中。在此过程中，主要的对抗双方是 Alice 和 Eve，Alice 的主要目标是确保隐藏在合法通信内容中的越狱计划不被 Eve 察觉，而 Eve 的职责是在不影响 Alice 和 Bob 正常通信的前提下，察觉或阻断其中所含有的非法信息，更进一步地将其中含有的内容提取出来作为确定其罪责的证据。

随着隐写技术的不断发展，广义隐写术的内涵在"囚徒问题"的基础上得到了进一步的丰富。这里，以图 1-1 来描述当前广义隐写术的一般性模型。

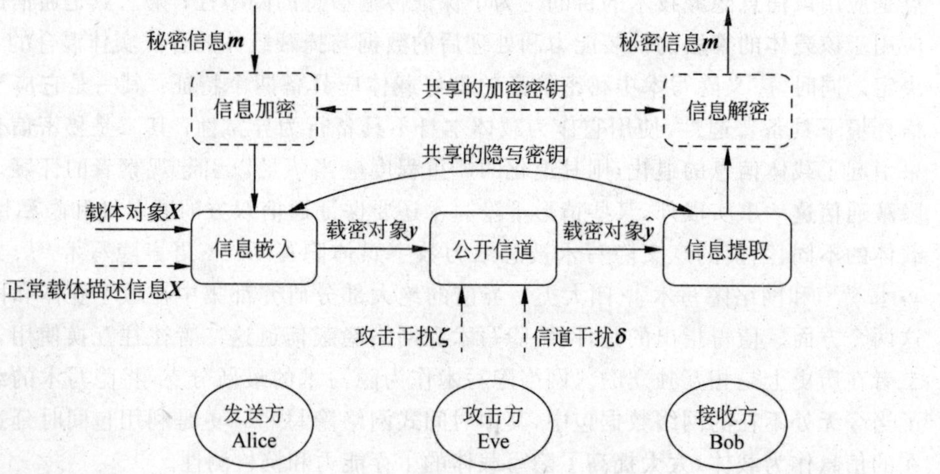


图 1-1 当前广义隐写术的模型

在图 1-1 所示的广义隐写术的模型中，虚线的部分为广义隐写在实际应用中可能涉及的相关要素，但并非经典模型中的必要元素。在该模型中，发送方 Alice 和接收方 Bob 之间的信息嵌入策略被假设为对攻击方 Eve 是已知的，其嵌入信息的安全性应仅由 Alice 和 Bob 间共享的隐写密钥来保证，该隐写系统满足现代密码学中的 Kerchhoff 准则[22]。

不失一般性，将信息加密、解密作为当前实用广义隐写模型的一部分。发送方 Alice 首先利用事先与接收方 Bob 约定好的加密密钥将秘密信息 $\boldsymbol{m}$ 加密为密文，生成的密文在双方共享的隐写密钥所决定的信息嵌入的策略下，依据载体对象 $\boldsymbol{x}$(某些情形下还需要正常载体描述信息 $X$)生成载密对象 $\boldsymbol{y}$，并经由公开信道将载密对象 $\boldsymbol{y}$ 传输给接收方 Bob。在传输过程中，要通过攻击方 Eve 所持有的隐写分析工具的检测，并可能受到信道干扰 $\boldsymbol{\delta}$ 和攻击者

Eve 恶意添加的攻击干扰$\zeta$的影响，接收方 Bob 根据接收到的载密对象$\hat{y}$对提取的嵌入信息进行解密操作来获取秘密信息$\hat{m}$。

值得指出的是，在广义隐写模型中，当载体对象 $x$ 具有内容意义时，如载体对象为数字媒体文件或数据包负载，生成的载密对象 $y$ 与载体对象 $x$ 之间具有高度的相关性；当载体对象 $x$ 不具有内容意义时，如载体对象为网络数据包的包间时延等时间信息，载密对象 $y$ 的生成不仅需要载体对象 $x$，还需要正常载体描述信息 $X$，通常 $X$ 为相关的统计信息。这时，载密对象 $y$ 与载体对象 $x$ 之间往往并不存在相关性，其只受正常载体描述信息 $X$ 的约束。

当载体对象有内容意义时，文献[23]利用载体对象 $x$ 和载密对象 $y$ 的概率密度函数间的 Kullback-Leibler 散度（K-L 散度）来衡量隐写术的安全性。

$$D_{\mathrm{KL}}(P_x \parallel P_y) = \sum_{a \in \chi} P_x(a) \ln \frac{P_x(a)}{P_y(a)} \tag{1.1}$$

式中：$\chi$ 为载体对象 $x$ 和载密对象 $y$ 的取值域；$P_x(a)$和 $P_y(a)$分别代表载体对象和载密对象在取值为 $a$ 时的概率密度。当 $D_{\mathrm{KL}}(P_x \parallel P_y) < \varepsilon$ 时，该隐写方案称为 $\varepsilon$ 安全。事实上，这种早期的安全性定义并不适用于当前的隐写术发展现状，许多考虑载体元素相关性的隐写分析工具都能够有效检测满足 K-L 散度等于 0 的隐写方案，K-L 散度等于 0 这一安全性要求只能作为当下隐写方案设计的基本要求。当载体对象有内容意义时，往往假设攻击者 Eve 无法获取原始的载体数据，因为当同时持有原始载体数据和载密对象时，任何隐写方案都是不安全的，只需对比二者的数据一致性即可判别隐写行为的存在性。因此，该情形下的信息嵌入和提取过程可由式(1.2)描述：

$$\begin{cases} \text{嵌入：} \mathrm{Emb}(\boldsymbol{x}, \mathrm{Ept}(\boldsymbol{m}, \kappa_1), \kappa_2) \rightarrow \boldsymbol{y} \\ \text{提取：} \mathrm{Dpt}(\mathrm{Ext}(\hat{\boldsymbol{y}}, \kappa_2), \kappa_1) \rightarrow \hat{\boldsymbol{m}} \end{cases} \tag{1.2}$$

式中：$\kappa_1$ 为加密密钥；$\kappa_2$ 为隐写密钥；Ept(·)和 Dpt(·)分别为加密和解密函数；Emb(·)和 Ext(·)分别为嵌入和提取函数。若攻击者持有的隐写分析工具为 $T$，$T(\boldsymbol{y})=1$ 时判定载密对象 $y$ 中含有秘密信息，$T(\boldsymbol{y})=0$ 时判断为不含秘密信息，则若满足式(1.3)时，隐写方案可称为对隐写分析工具 $T$ 是安全的。

$$\Pr[T(\boldsymbol{y}) = 1] = \Pr[T(\boldsymbol{y}) = 0] = 0.5 \tag{1.3}$$

以具有内容意义的载体对象为基础的隐写往往要求载密对象 $y$ 与载体对象 $x$ 之间保持着极高的相似性，即载密对象只能通过修改载体数据对人类感官或检测工具不敏感的部分来获得。载密对象所传达的信息内容应与载体数据保持基本一致，如传统的数字媒体隐写、基于协议修改的网络隐写等。而当载体对象不具有内容意义时，如以网络数据包间时延等时间信息为载体时，载体对象 $x$ 则失去了对载密对象的约束能力。发送方往往依据正常载体描述信息 $X$ 来自由调整载体对象从而生成承载秘密信息 $m$ 的载密对象 $y$，该描述信息 $X$ 往往对于攻击者也是已知的，该情形下的信息嵌入和提取过程可由式(1.4)描述：

$$\begin{cases} \text{嵌入：} \mathrm{Emb}(\boldsymbol{x}, \mathrm{Ept}(\boldsymbol{m}, \kappa_1), \kappa_2) \rightarrow \boldsymbol{y} \quad \text{s. t. } \boldsymbol{y} \sim X \\ \text{提取：} \mathrm{Dpt}(\mathrm{Ext}(\hat{\boldsymbol{y}}, \kappa_2), \kappa_1) \rightarrow \hat{\boldsymbol{m}} \end{cases} \tag{1.4}$$

式中：$\boldsymbol{y} \sim X$ 表明载密对象 $y$ 的对应描述信息与 $X$ 是一致的。在该类隐写方式中，载体描述信息 $X$ 对攻击者是已知的，因此 $\boldsymbol{y} \sim X$ 是安全隐写方案的基本要求。

## 1.3 隐写术的分类

随着数字媒体与互联网应用的不断普及,各类多媒体与网络信息服务已经广泛融入社会发展的各个角落。这些数字媒体资源在丰富了人们生活的同时,自身的版权问题却一直难以得到有效解决,如何更加有效地保护数字媒体产品的版权问题一直是多媒体领域研究者关注的重点问题之一。同时,对于许多政府部门、工商业和个人所关心的涉密或隐私信息在传输和存储过程中的安全问题,如政府及军事部门的涉密文件及资料、商业机构的新产品企划案、尖端科学研究数据、电子商务机构在网上的电子合同交换、个人的隐私相片等,这类敏感信息的安全传输问题在网络通信日渐发达的今天越来越凸显其紧迫性。传统的以经典密码学为基础的信息加密手段一直在信息安全领域占据着核心地位,但是传统的密码学加密手段存在以下挑战:其安全性不仅受密钥安全性影响,同时也面临着加密体系被攻破的风险,如 1999 年广泛应用的 DES(data encryption standard)加密体系就已经被密码研究人员攻破[24]。另一方面,信息加密这一过程的存在已知性并不局限于通信双方,这导致了密文数据很大程度上存在着被截获及破译的风险。信息隐藏技术,作为信息加密技术的有效补充手段,不仅可以为数字媒体信息及其所有者的权益提供保护。同时,对于涉密或隐私信息在传输和存储过程中的安全问题提供了一种有效的解决方案。

信息隐藏技术是通过将秘密信息隐藏在可以公开的数字载体信息中,从而达到证实该载体信息的所有权归属、数据完整性或传递其中的秘密信息的目的。在信息隐藏体系中,嵌入数据也称秘密信息(secret message),是指发送者希望秘密传递的消息。用来掩蔽秘密信息存在性的公开数字信息称为载体对象(cover object),载体对象包括一切含有冗余的数字信息,嵌入了秘密信息的载体称为载密对象(stego object)。通常情况下,在信息隐藏过程中,信息隐藏行为知情者之间往往共享一个隐写密钥(stego key)用来控制信息隐藏策略,从而保证信息嵌入和提取过程的机密性和同步性。

如图 1-2 所示,依照载体的可恢复性分类,信息隐藏技术可分为有损信息隐藏和无损信息隐藏。有损信息隐藏只考虑嵌入在载体对象中的秘密信息的生存能力及完整性,而不考虑载体对象在信息嵌入前后的保真度损失,即秘密信息的完整性是有损信息隐藏的首要目标。而无损信息隐藏,也称可逆信息隐藏[25,26],是近几年信息隐藏领域的一个新的研究热点,与有损信息隐藏在信息嵌入过程中会导致原始载体永久有损不同,可逆信息隐藏能够在嵌入信息提取后,无损或近似无损地恢复原始载体对象。因而在一些对于载体信号的质量有较严格要求的应用场景有着重大的意义,如司法、医疗和军事领域。在无损信息隐藏过程中,载体对象和秘密信息的完整性占有同样重要的地位。

另一方面,当前的信息隐藏技术基于其用途主要分为三大类[12,27],包括广义隐写术、匿名通信和数字水印。

**1. 广义隐写术**

作为信息隐藏在隐蔽通信中的主要实现,隐写术的目的是将秘密信息嵌入各类常见的数据载体中,使得含密载体具备知觉上的不可感知性和统计上的不可检测性。依据其所针对的载体对象和嵌入机制的差别,按发展时间的先后顺序可区分为数字媒体隐写术、语义隐

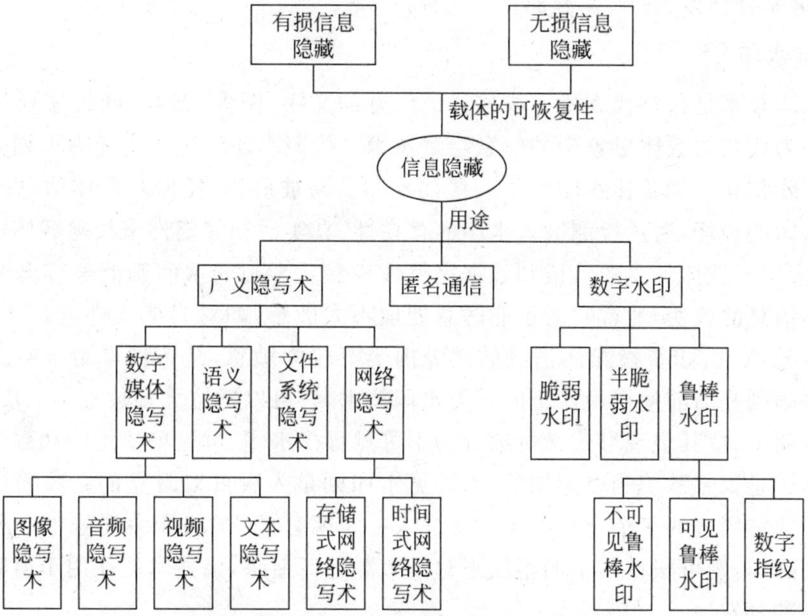


图 1-2　当前信息隐藏技术的主要分类

写术、文件系统隐写术以及网络隐写术四个主要分支。数字媒体隐写术的主要载体对象为数字多媒体文件，依照具体的媒体文件类型可进一步细分为图像隐写、音频隐写、视频隐写和文本隐写。这类隐写术早期主要是通过欺骗人的视觉、听觉等媒体感知系统，通过将秘密信息嵌入媒体文件的冗余部位，如空域图像的最低比特位[28]、频域图像的非零 DCT 系数[29]、视频 ***I*** 帧的颜色空间或 ***P*** 帧、***B*** 帧的运动矢量[30]等。语义隐写术主要依靠生成带有紧密语言结构的文字或使用自然语言作为载体[15,31]。针对文字的句法和语义结构，通过对标点符号的移位、语序或同义词选择的变化赋予特殊的含义来实现秘密信息的嵌入，如"垃圾邮件隐写术"[31]，在树形结构的上下文无关文法下，选择适当的分支或词对二进制数据展开编码。文件系统隐写术主要针对隔离计算环境下的信息嵌入，其中一种机制是将秘密信息保存在磁盘上自然存在的随机位，只有能提取标记文件界限的矢量方可定位；另一种主要机制是采用磁盘空间进行信息隐藏，并以磁盘遗弃块和虚拟隐藏文件进行伪装[16,17,32]。网络隐写术作为隐写术的一个最新分支，主要以各种类型的网络环境为研究对象，按照载体类型可进一步划分为存储式网络隐写术[33-35]以及时间式网络隐写术[36-39]。存储式网络隐写术一般是以一种或多种网络协议作为秘密信息的载体，通过修改特定协议字段或插入有效字段的方式来将秘密信息比特注入协议的数据单元。时间式网络隐写术则是利用网络协议数据单元的时间信息来进行秘密信息的嵌入。

**2. 匿名通信**

现有的普通网络协议往往无法有效保护网络环境中信息发送者或者接收者的所在位置及通信模式等隐私信息，攻击者可以利用这些信息来实现通信双方的定位从而进一步获取个人隐私信息。匿名通信是通过特定的手段使得通信过程中的发送方和接收方"不可见"，从而使通信过程具备隐私性和匿名性。这种匿名通信不仅对于个人隐私保护具有重要的意义，同时也对社会安全有着较大的威胁。目前已经有多种匿名通信手段来满足用户的匿名需求，如匿名邮件转发器[40]、洋葱路由[41]、Tor[42]等。

**3. 数字水印**

数字水印技术是指将代表所有权或认证信息的文字、图像、音频、随机序列等嵌入以数字媒体文件为代表的载体对象中的信息隐藏技术。按照水印的抗攻击能力可划分为脆弱水印[43]、半脆弱水印[44]和鲁棒水印[45-47]。脆弱水印极易被损坏，任何对载体信息的改动都会导致其中水印的破坏，通过检测嵌入水印的存在性、真实性和完整性来校验载体信息的可信程度，主要应用于载体信息的认证和数据完整性检验。半脆弱水印则能够容忍一定程度或形式的载体信息的改变，通常它对于非恶意处理不太敏感，如对媒体文件进行压缩等，但是对于某些恶意篡改，如替换媒体信息的部分内容等较为敏感，是一种可用于鉴定的理想水印。鲁棒水印则是当前使用最广泛的一类水印技术，它可以抵抗大多数常见的攻击，往往应用于版权声明中，按其表现形式又可细分为不可见鲁棒水印、可见鲁棒水印和数字指纹。不可见鲁棒水印是视觉系统难以感知的，而可见水印则是人眼可以看见的。数字指纹则是版权所有者在数字媒体的每个合法产品中均嵌入一个明显的指纹(如序列号等产品信息)，一旦发现非法副本，则可根据其中的指纹来对其来源进行追踪，该技术往往用于遏制数字媒体的非法复制和分发。

## 1.4 隐写术的性能指标

隐写术是用于隐蔽通信的信息隐藏技术，因此，隐写方案的三个核心评价要素包括安全性、鲁棒性和容量，这三个要素之间往往存在着相互制约的关系。

安全性主要包括不可感知性和不可检测性，前者是针对载体有内容意义的情形，载密对象应该在不破坏其内容意义的基础上保证其质量损失不被人的感官察觉。不可检测性是指载密对象应能够抵御统计检测工具的攻击。

鲁棒性是针对载密对象在传输过程中面对可能存在的信道干扰$\delta$和恶意攻击干扰$\zeta$，依然能够保证接收方提取秘密信息的正确性和完整性。

容量是指载密对象所能承载的秘密信息量的最大值。由于载体的多样性，容量有多种描述方式，在数字媒体隐写中，往往以秘密信息长度与可用载体信息长度的比值或者秘密信息的数据量与载体信息数据量的比值所代表的嵌入率来表征。而在网络隐写中，往往以每个数据包所承载的秘密信息长度或每秒所传递的秘密信息长度所代表的吞吐量来表征。

## 参考文献

[1] Alperovitch D. Revealed: Operation Shady RAT [R]. McAfee, 2011; https://www.mendeley.com/catalogue/revealed-operation-shady-rat.

[2] Hon Lau. The truth behind the Shady RAT [EB/OL]. Available: https://www.symantec.com/connect/zh-hans/blogs/truth-behind-shady-rat.

[3] Nagaraja S, Houmansadr A, Piyawongwisal P, et al. Stegobot: a covert social network Botnet[J].

Information Hiding, 2011, 6958: 299-313.
[4] CNN. Bin Laden exploits technology to suit his needs [EB/OL]. Available: http://people.duke.edu/~ng46/topics/crypto-bin-laden.htm.
[5] Bryant, Robin. Investigating digital crime[M]. Gifu: Gifu Keizai University Library, 2008.
[6] Shachtman N. FBI: Spies hid secret messages on public websites [EB/OL]. Available: https://www.wired.com/2010/06/alleged-spies-hid-secret-messages-on-public-websites/.
[7] Rawlinson H C, Wilkinson J G. The history of Herodotus [M]. 沈阳:辽宁人民出版社,2016.
[8] Singh S. The code book: the secret history of codes and codebreaking [M]. London: Fourth Estate London, 2000.
[9] Kahn D. The history of steganography[M]. Heidelberg: Springer Berlin Heidelberg, 1996.
[10] 汪小帆,戴跃伟,茅耀斌. 信息隐藏技术:方法与应用 [M]. 北京:机械工业出版社,2001.
[11] 王朔中,张新鹏,张开文. 数字密写和密写分析:互联网时代的信息战技术 [M]. 北京:清华大学出版社,2005.
[12] Elżbieta Zielińska, Wojciech Mazurczyk, Krzysztof Szczypiorski. Trends in steganography[J]. Communications of the ACM, 2014, 57(3): 86-95.
[13] Fazio N, Nicolosi A R, Perera I M. Broadcast steganography[M]. Berlin: Springer International Publishing, 2014: 64-84.
[14] Fridrich J. Steganography in digital media: principles, algorithms, and applications [M]. Cambridge: Cambridge University Press, 2009.
[15] Bennett K. Linguistic steganography: survey, analysis, and robustness concerns for hiding information in text[D]. West Lafayette: Purdue University,2004.
[16] Anderson R, Needham R, Shamir A. The steganographic file system[C]// International Workshop on Information Hiding. Springer Berlin Heidelberg, 1998: 73-82.
[17] Mcdonald A D, Kuhn M G. StegFS: a steganographic file system for Linux[C]// International Workshop on Information Hiding. Springer-Verlag, 1999: 462-477.
[18] Lubacz J, Mazurczyk W, Szczypiorski K. Principles and overview of network steganography[J]. IEEE Communications Magazine, 2012, 52(5): 225-229.
[19] Walls R J, Kothari K, Wright M. Liquid: A detection—resistant covert timing channel based on IPD shaping[J]. Computer Networks, 2011, 55(6): 1217-1228.
[20] Wu J, Wang Y, Ding L, et al. Improving performance of network covert timing channel through Huffman coding[J]. Mathematical & Computer Modelling, 2012, 55(1-2): 69-79.
[21] Simmons G J. The Prisoners' Problem and the subliminal channel[C] //Advances in Cryptology. Boston, MA: Springer,1984: 51-67.
[22] Jonathan Blackledge. Cryptography and steganography: new algorithms and applications [EB/OL]. Available: https://www.researchgate.net/publication/254584718_Cryptography_and_Steganography_New_Algorithms_and_Applications.
[23] Cachin C. An Information-Theoretic model for steganography[C]// International Workshop on Information Hiding. Springer, Berlin, Heidelberg, 1998: 306-318.
[24] Curtin M. Brute Force: cracking the data encryption standard[M]. New York: Springer-Verlag New York, Inc. 2005.
[25] Zhang X. Reversible data hiding with optimal value transfer[J]. IEEE Transactions on Multimedia, 2013, 15(2): 316-325.
[26] Ma K, Zhang W, Zhao X, et al. Reversible data hiding in encrypted images by reserving room before encryption[J]. International Journal of Computer Science & Mobile Computing, 2013, 8(3): 553-562.

[27] Petitcolas F A P, Anderson R J, Kuhn M G. Information hiding—a survey[J]. Proceedings of the IEEE, 1999, 87(7): 1062-1078.

[28] 夏冰冰，赵险峰，王明生. 一种基于扩展加减覆盖集的隐写方法[J]. 电子学报，2014，42(6)：1168-1172.

[29] 凌轶华，蔡晓霞，陈红. 应用DCT块标准差的自适应隐写算法[J]. 中国图象图形学报，2014，19(3)：401-406.

[30] Sadek M M, Khalifa A S, Mostafa M G M. Video steganography: a comprehensive review[J]. Multimedia Tools & Applications, 2015, 74(17): 7063-7094.

[31] Castiglione A, Santis A D, Fiore U, et al. An asynchronous covert channel using spam[J]. Computers & Mathematics with Applications, 2012, 63(2): 437-447.

[32] Pang H, Tan K L, Zhou X. StegFS: a steganographic file system [C]//19th International Conference on Data Engineering. IEEE, 2003: 657-667.

[33] Mazurczyk W, Karas M, Szczypiorski K. SkyDe: a Skype-based steganographic method [J]. arXiv preprint arXiv: 13013632, 2013.

[34] Tomar N, Gaur M S. Information theft through covert channel by exploiting HTTP post method [C]// 10th International Conference on Wireless and Optical Communications Networks. IEEE, 2013: 1-5.

[35] Wendzel S, Keller J. Hidden and under control[J]. Annals of Telecommunications-annales des télécommunications, 2014, 69(7-8): 417-430.

[36] Kothari K, Wright M. Mimic: An active covert channel that evades regularity-based detection[J]. Computer Networks, 2013, 57(3): 647-657.

[37] Rezaei F, Hempel M, Shrestha P L, et al. Achieving robustness and capacity gains in covert timing channels[C]. 2014 IEEE International Conference on Communications, 2014.

[38] Wang F, Huang L, Miao H, et al. A novel distributed covert channel in HTTP[J]. Security & Communication Networks, 2014, 7(6): 1031-1041.

[39] Yue M, Robinson W H, Watkins L, et al. Constructing timing－based covert channels in mobile networks by adjusting CPU frequency[C]// The Workshop on Hardware & Architectural Support for Security & Privacy. ACM, 2014: 1-8.

[40] Chaum D L. Untraceable electronic mail, return addresses, and digital pseudonyms [J]. Communications of the ACM, 2003, 4(2): 84-88.

[41] Goldschlag D, Reed M, Syverson P. Onion routing[J]. Communications of the ACM, 1999, 42(2): 39-41.

[42] Dingledine R, Mathewson N, Syverson P. Tor: the second-generation onion router[J]. Journal of the Franklin Institute, 2004, 239(2): 135-139.

[43] Tong X, Liu Y, Zhang M, et al. A novel chaos-based fragile watermarking for image tampering detection and self-recovery[J]. Signal Processing: Image Communication, 2013, 28(3): 301-308.

[44] Al-Otum H M. Semi-fragile watermarking for grayscale image authentication and tamper detection based on an adjusted expanded-bit multiscale quantization-based technique[J]. Journal of Visual Communication & Image Representation, 2014, 25(5): 1064-1081.

[45] Gu Q, Gao T. A novel reversible robust watermarking algorithm based on chaotic system[M]. Cambridge: Academic Press, Inc,2013.

[46] Lin P Y. Imperceptible visible watermarking based on postcamera histogram operation[J]. Journal of Systems & Software, 2014, 95(9): 194-208.

[47] Zebbiche K, Khelifi F. Efficient wavelet-based perceptual watermark masking for robust fingerprint image watermarking[J]. IET Image Processing, 2014, 8(1): 23-32.

# 第2章

# 隐写术中涉及的主要编码方法概述

当前,隐写术已经成为一个集编码与调制理论、模式识别、信号与信息处理、密码学、随机过程等理论与技术的综合研究领域。尤其是近年来一些有效的编码技术的提出,使得检测当前一批先进隐写术的难度大幅增加。如数字图像隐写术中采用了网格隐写编码[1]的HUGO隐写方案[2],对应的有效隐写分析工具 Rich Model[3] 的特征维数已经达到了数万维,这给隐写分析在实际应用中的实施带来了巨大的挑战。在网络隐写中,一批采用了编码技术的网络隐写方案也已经具备了较高的不可检测性和鲁棒性[4-7]。

作为计算机科学和数学的一个分支,编码技术是指为了达到某种目的而对信号进行特定变换的技术,涵盖信源编码、信道编码、保密编码等分支,已经广泛应用于通信和多媒体处理领域。隐写术作为一种隐蔽通信手段,当前众多隐写码方案的提出已经表明了其与编码理论之间的关联性,利用编码理论对隐写术的模型进行解释,并对隐写中所涉及的关键编码问题展开研究可以进一步提高其在隐蔽性、鲁棒性及信道容量等方面的性能。本章对数字隐写中编码技术的概况及几种重要的编码方案进行简介。

## 2.1 基于线性码的矩阵嵌入隐写编码概述

矩阵嵌入是一种基于线性码构建的信息隐藏策略,其主要思想是将秘密信息和载体对象分别视为同一有限域中的两个向量,并利用某个矩阵来对二者之间建立线性关系。具体来说,对于给定的一个线性码,该码所对应的校验矩阵的维度应分别对应于秘密信息和载体对象的长度,秘密信息被视为该码的伴随式,在该伴随式的所有陪集序列中寻找一个最优的序列作为最终修改得到的载密对象。事实上,基于线性码的矩阵嵌入框架的发展经历了如图 2-1 所示的三个阶段,其主要区别在于对应秘密信息伴随式的陪集序列的最优化目标,由最初面向修改量降低逐步发展至面向修改区域可选以及当前的面向最小化隐写失真。

在早期的面向修改量降低的矩阵嵌入方案中,载密对象即为与载体对象汉明距离最小的陪集序列,其最典型的代表即为二元汉明矩阵嵌入。在最早的最低比特位(least significant bit, LSB)替换以及 LSB 匹配方法中,每个载体对象的元素均可承载 1 比特秘密

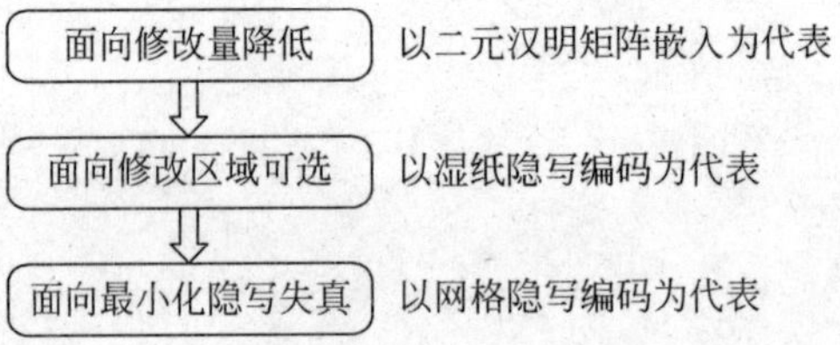


图 2-1 基于线性码的矩阵嵌入框架发展过程

信息。然而，当秘密消息的长度小于载体对象的元素个数时，可以通过增大载体元素的使用个数来降低修改量。在文献[9]中，Crandall 首先提出了一种基于二元汉明码的隐写编码方案，在该方案中，嵌入 $m$ 个秘密信息比特需要使用 $n=2m-1$ 个载体比特，该方案的显著优势是最多只需要对 1 个载体比特进行修改即可完成对信息的嵌入。该方案被广泛应用于典型自适应图像隐写方案的设计中，如适用于频域图像的 F5 隐写方案[10]和利用空域图像的两像素组进行“±1”隐写的 LSBMR[11]、EA-LSBMR[12]隐写方案。

为了进一步降低隐写修改量，越来越多的研究者针对矩阵嵌入框架展开研究，文献[13]利用二进制汉明码(Hamming codes)和格雷码(Golay codes)对矩阵嵌入框架进行了扩展。张新鹏等对基于汉明码的矩阵嵌入三元形式进行了一般化推广，提出了 EMD 嵌入框架[14]。张卫明等在此基础上进一步深化提出了“Hamming＋1”和“Golay＋2”等三元矩阵嵌入框架[15]。Fridrich 等利用低维度的随机线性码构造矩阵嵌入方案解决高嵌入率情形下的修改量最小化问题[16]。同时，在信道编码领域中表现出卓越性能的二进制低密度奇偶校验码(low density parity check, LDPC)的对偶形式——低密度生成矩阵码(low density generator-matrix, LDGM)也被用于构造对应的矩阵编码方案[17]。尽管该方案在不考虑载体元素差异的情况下取得了接近理论上限的嵌入效率，但是该方案中 LDGM 码的构造并不灵活，且针对不同长度的载体需要通过高斯消元来计算对应的系统校验矩阵。BCH 码作为一类重要的线性分组码，其基于生成多项式构造的形式也被利用来进行矩阵嵌入方案的设计[18-20]，相比较于其他典型线性分组码，该类型的矩阵嵌入方案在构造灵活性和嵌入效率方面均取得了较好的性能。

高安全性隐写方案的设计需满足两个基本原则：一是对载体对象的修改量尽可能低；二是对载体对象的修改应尽可能发生在造成的失真代价较低的区域。以上基于线性码的矩阵嵌入方案已经能够将载体的修改量降低至接近理论下限的水平，但是并没有较好地兼顾修改位置的优化。为了满足这一设计需求，Fridrich 等在矩阵嵌入框架下提出了二元湿纸编码方案(wet paper codes, WPC)[21]，该方案是一种面向载体修改位置可选的矩阵嵌入方案。载体元素依据其修改所造成的失真代价被分为两类，一类是“湿”的，这类载体元素在隐写编码过程中是不允许被修改的，对载体的修改只能针对另一类“干”的载体元素进行，但是该方法并不能有效降低隐写修改量。随后，研究者进一步对该隐写框架的嵌入效率进行了提高[22-24]。在此基础上，张卫明和张新鹏等在文献[25,26]中利用二进制码和湿纸码的双层结构，得到了等同于湿纸码的三元形式，并在随后提出了可基于任意隐写码来进行构造的逼近嵌入效率上界的 ZZW 码族[27]，文献[28,29]对 ZZW 嵌入框架分别进行了理论分析和进一步扩展。

随着 ZZW 框架的提出，基于矩阵嵌入的隐写编码已经能够在兼顾修改位置优化的前提下以贴近理论上限的嵌入效率实现信息嵌入。但是，和湿纸编码一样，载体元素只能被笼统地划分为可修改和不可修改两类，这在一定程度上限制了它们在更加广泛的隐写失真定义下的有效应用。为了解决载体多样化失真代价定义下的失真最小化问题，Filler 等首先提出了一种基于 LDGM 因子图消除的信任传递隐写编码方法，该编码方法在文献[17]方法的基础上进一步考虑各载体元素修改的失真代价差异改进得到，是首个面向最小化隐写失真的矩阵嵌入方案。更进一步地，Filler 等在卷积码的伴随式网格的基础上提出了网格码(syndrome-trellis codes，STCs)[1]，这种网格隐写码对于任何加性失真代价定义的载体对象都能够达到逼近理论限的隐写嵌入性能，而且可以根据载体长度灵活构造码字，其计算复杂度与所使用载体长度呈近似线性关系。由于其卓越的嵌入性能，当前许多新提出的高安全性图像隐写方案都采用其作为核心编码策略使用[2,30-32]，如 HUGO 图像隐写算法[2]，其较有效的隐写分析工具的特征维数已经达到了数万维[3,33]。同时，STCs 嵌入框架已经被广泛应用于视频隐写方案的设计中[34-36]。

随着 STCs 这种适用于加性失真代价函数下隐写失真最小化的矩阵嵌入框架的提出，当前自适应图像隐写方案的研究逐步转向于更加有效的加性隐写失真代价函数的设计[37-41]。同时 Filler 等将加性失真代价函数下的最优隐写问题拓展到了非加性失真中，提出了基于基团和双层 STCs 的嵌入框架[42]。下面将对基于线性码的矩阵嵌入框架的三个发展阶段中最典型的隐写编码方案进行评述和总结。

## 2.2 面向修改量降低的矩阵嵌入

早期的矩阵嵌入框架主要面向修改量的降低，秘密信息往往作为所采取的线性码的伴随式来进行掩蔽，在该框架下，信息嵌入和提取过程如式(2.1)所示：

$$\begin{cases}\text{嵌入}: \boldsymbol{y} = \boldsymbol{x} \oplus \boldsymbol{Lr}(\boldsymbol{H} \cdot \boldsymbol{x} \oplus \boldsymbol{m}) \\ \text{提取}: \boldsymbol{m} = \boldsymbol{H} \cdot \boldsymbol{y}\end{cases} \tag{2.1}$$

式中：$\boldsymbol{x}$，$\boldsymbol{y}$ 分别为长度为 $n$ 的载体对象和载密对象；$\boldsymbol{m}$ 为长度为 $m$ 的秘密信息比特；$\boldsymbol{H}$ 为线性码的 $m \times n$ 维校验矩阵，往往作为先验信息共享于隐蔽通信双方之间。$\boldsymbol{Lr}(\boldsymbol{s})$是指对应于伴随式 $\boldsymbol{s}$ 的陪集首，由于陪集首具备最小的汉明重量，这意味着载密对象 $\boldsymbol{y}$ 与载体对象 $\boldsymbol{x}$ 间的汉明距离最小，该矩阵嵌入框架的主要目的是达到最小的载体修改率。其中最典型的是基于二元汉明码的矩阵嵌入[9]以及基于方向编码的矩阵嵌入[14]。

### 2.2.1 基于二元汉明码的矩阵嵌入

在 Crandall 提出的基于汉明码的隐写编码方案中[9]，嵌入 $m$ 个秘密信息比特 $\boldsymbol{m}$ 需要使用 $n=2m-1$ 个载体比特，发送方和接收方共享一个 $m \times n$ 维的二元矩阵 $\boldsymbol{H}$，其列向量为所有非全零二元 $m$ 维向量的集合。则若 $\boldsymbol{H} \cdot \boldsymbol{x} = \boldsymbol{m}$，则载体不需要进行任何修改，否则，只需要找到向量 $\boldsymbol{m} \oplus \boldsymbol{H} \cdot \boldsymbol{x}$ 在矩阵 $\boldsymbol{H}$ 中所在的列，并翻转该列索引对应的载体比特，即可保证秘密信息与载密对象间满足 $\boldsymbol{H} \cdot \boldsymbol{y} = \boldsymbol{m}$，在接收方按该等式进行秘密信息的提取。$m=2$ 时的嵌入以及提取示例如图 2-2 所示，该隐写编码方法即是最早的矩阵嵌入方案，采用二元汉明码的校验矩阵作为矩阵 $\boldsymbol{H}$。

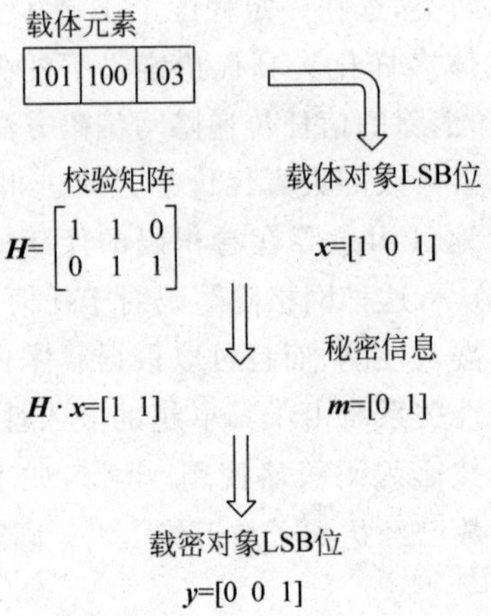


图 2-2　$m=2$ 时基于汉明码的二元矩阵嵌入方案示例

在该矩阵嵌入方案中，载体元素未被修改的概率为 $1/2^m$，其余情形下载体对象均只需修改一个元素，因此，其修改量的期望值为 $1-2^{-m}$，则由嵌入秘密信息长度与修改量的比值所定义的嵌入效率为 $e=m/(1-2^{-n})$。当 $m$ 取不同值时对应的嵌入率 $\alpha_m$ 和嵌入效率 $e_m$ 如表 2-1[43] 所示。

**表 2-1　基于二元汉明码的矩阵嵌入在不同参数 $m$ 下的嵌入率和嵌入效率**

| $m$ | $\alpha_m$ | $e_m$ |
|---|---|---|
| 2 | 0.667 | 2.667 |
| 3 | 0.429 | 3.429 |
| 4 | 0.267 | 4.267 |
| 5 | 0.161 | 5.161 |
| 6 | 0.093 | 6.093 |
| 7 | 0.055 | 7.055 |
| 8 | 0.031 | 8.031 |

由表 2-1 可知，嵌入率随着秘密信息分组的长度 $m$ 的增加而减小，与此同时，嵌入效率则逐步增大，当参数 $m=8$ 时，对应的嵌入率为 0.031，此时嵌入 8bit 秘密信息平均只需修改一个载体元素。

### 2.2.2　基于方向编码的矩阵嵌入

张新鹏等在三元汉明码的基础上提出了一种方向编码（exploiting modification direction，EMD）[14]，其可以在 $n$ 个载体元素中嵌入一个 $(2n+1)$ 进制位，且只需对其中某个载体元素进行加 1 或减 1 操作即可。其主体思想是将载体元素的修改幅度限定为 1，则这 $n$ 个载体元素的修改模式共有 $2n+1$ 种，将其每种修改模式对应一个由秘密信息构成的 $(2n+1)$ 进制位。具体的嵌入过程为：

假定载体元素 $x_1, x_2, \cdots, x_n$ 为一组，秘密信息比特转化为一个 $(2n+1)$ 进制位 $d$，将 $d$ 嵌入至这组载体元素中，则首先计算如式(2.2)所示的权重和模值函数 $f$。

$$f(x_1,x_2,\cdots,x_n)=\left[\sum_{i=1}^{n}(g_i\cdot i)\right]\bmod(2n+1) \tag{2.2}$$

若秘密信息比特转化的$(2n+1)$进制位 $d$ 满足 $d=f$,则该组载体元素无须修改。否则,计算

$$s=(d-f)\bmod(2n+1) \tag{2.3}$$

若 $s>n$,将 $x_{2n+1-s}$ 修改为 $x_{2n+1-s}-1$;反之,将 $x_s$ 修改为 $x_s+1$。提取时,依据式(2.2)计算对应的值 $f$ 进行进制转换即可得到秘密信息。图 2-3 为 $n=4$ 时方向编码的示例。

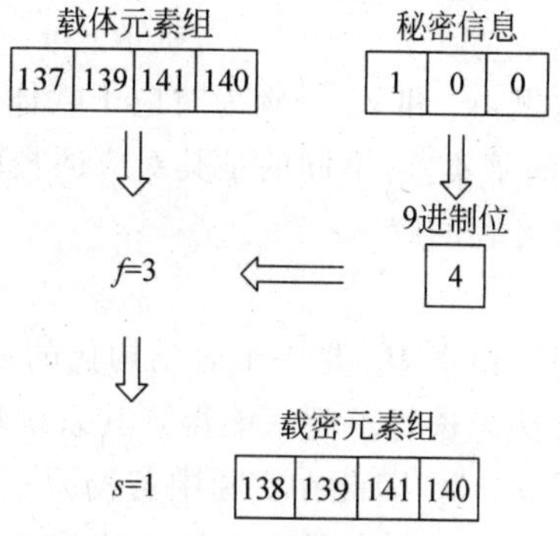


图 2-3　$n=4$ 时方向编码示例

在方向编码中,每个$(2n+1)$进制位等价于 $\log_2(2n+1)$比特秘密信息,不发生修改的概率为 $1/(2n+1)$,修改量为 1 的概率为 $2n/(2n+1)$,因此,其对应的嵌入率为 $\alpha_n=\log_2(2n+1)/n$,嵌入效率 $e_n=(2n+1)\log_2(2n+1)/2n$。当 $n$ 取不同值时对应的嵌入率 $\alpha_n$ 和嵌入效率 $e_n$ 如表 2-2 所示。

**表 2-2　方向编码在不同载体参数 $n$ 下的嵌入率和嵌入效率**

| $n$ | $\alpha_n$ | $e_n$ |
|---|---|---|
| 2 | 1.161 | 2.902 |
| 3 | 0.936 | 3.275 |
| 4 | 0.793 | 3.566 |
| 5 | 0.692 | 3.805 |
| 6 | 0.617 | 4.009 |
| 7 | 0.558 | 4.186 |
| 8 | 0.511 | 4.343 |

由表 2-2 可知,嵌入率随着载体参数 $n$ 的增加而减小,与此同时,嵌入效率则逐步增大,当参数 $n=8$ 时,对应的嵌入率为 0.511,此时嵌入 4.343bit 秘密信息平均只需修改一个载体元素。

## 2.3　面向修改区域可选的矩阵嵌入

在实际隐写算法的设计中,由于载体内容导致的感官以及检测重要性差异,载体对象各元素被修改所造成的失真代价是不同的,对于一些敏感区域的元素,在实际隐写中应保证不被修改。为了达到这一目的,Fridrich 等[21]进一步提出了湿纸编码方案(WPC),是一种面向修改区域可选的非共享选择信道矩阵嵌入,该方案允许发送方定义一个不与解码方共享的载体元素索引集合 $A$,其维度满足 $k<n$,索引中所对应的载体元素在发送编码过程中要求保持不变,这些载体元素被认为是“湿”的。设矩阵 $\boldsymbol{H}$ 为利用发送方和接收方共享的密钥所生成的 $m\times n$ 维伪随机二元矩阵。则在发送端,该矩阵 $\boldsymbol{H}$ 被划分为两个子矩阵,$\boldsymbol{H}_A$ 和 $\boldsymbol{H}_{A'}$,$\boldsymbol{H}_A$ 为矩阵 $\boldsymbol{H}$ 中对应索引集合 $A$ 的列向量所构成的 $m\times k$ 维子矩阵,$\boldsymbol{H}_{A'}$ 则为其补集对应的列向量构成的 $m\times(n-k)$维的子矩阵。对应的,载体对象 $\boldsymbol{x}$ 也按该索引集合划分为 $\boldsymbol{x}_A$

和 $\boldsymbol{x}_{A'}$，则其对应的信息嵌入和提取过程如式(2.4)所示。

$$\begin{cases}\text{嵌入：}\boldsymbol{y}_A=\boldsymbol{x}_A,\boldsymbol{y}_{A'}=\boldsymbol{x}_{A'}\oplus \boldsymbol{Lr}(\boldsymbol{H}_A\cdot \boldsymbol{x}_A\oplus \boldsymbol{m})\\ \text{提取：}\boldsymbol{m}=\boldsymbol{H}\cdot \boldsymbol{y}\end{cases} \tag{2.4}$$

这里，$\boldsymbol{y}_A$ 和 $\boldsymbol{y}_{A'}$ 分别为对应于载体子集 $\boldsymbol{x}_A$ 和 $\boldsymbol{x}_{A'}$ 的载密对象子集。$\boldsymbol{Lr}(s)$ 是指对应于伴随式 $\boldsymbol{s}$ 的陪集首，不同的是其对应的校验矩阵降维为 $\boldsymbol{H}_{A'}$，该陪集首的求解即为式(2.5)所示的线性方程的解 $\boldsymbol{v}$。

$$\boldsymbol{H}_{A'}\cdot \boldsymbol{v}=\boldsymbol{H}_A\cdot \boldsymbol{x}_A\oplus \boldsymbol{m} \tag{2.5}$$

由于 $\boldsymbol{H}_{A'}$ 是一个非结构化的消减校验矩阵，求解其对应的陪集首较为困难，采用高斯消元法来进行求解只能得到其系统形式对应的修改模式向量，且存在解的必要条件是 $m$ 不大于 $n-k$。因此在实际中若校验矩阵是由双方共享的密钥随机生成，则其往往无法有效地降低隐写过程中所造成的载体修改量。利用湿纸编码进行秘密信息的嵌入的示例如图 2-4 所示。

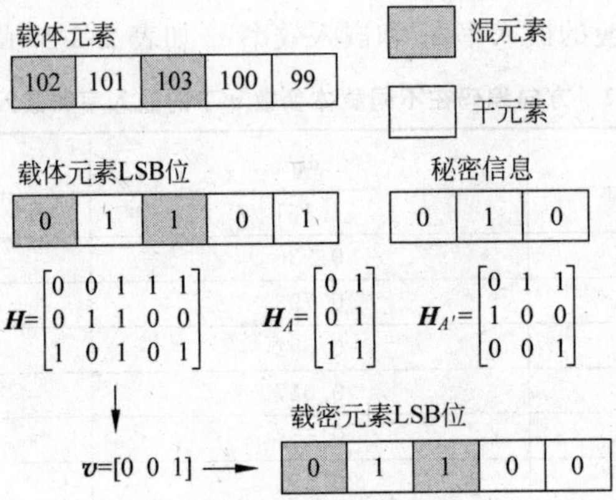


图 2-4 二元湿纸编码示例

## 2.4 面向最小化隐写失真的矩阵嵌入

### 2.4.1 加性隐写失真代价函数最小化问题

尽管湿纸编码配合线性码构造的双层编码结构已经能够同时满足高安全性隐写算法的两个设计原则需求，但是，载体元素的隐写失真代价只能被笼统地划分为可修改和不可修改，为了更加准确地衡量隐写过程造成的失真，矩阵嵌入方案的设计转向面向最小化隐写失真，当前应用最广泛的是加性隐写失真代价函数。

不失一般性，以二元矩阵嵌入为例。$\boldsymbol{x},\boldsymbol{y}$ 分别为 $n$ 维二元载体对象和载密对象。以单点失真 $d_i=f(\boldsymbol{x},y_i)$ 来表示在隐写过程中将载体元素 $x_i\in\boldsymbol{x}$ 修改为载密元素 $y_i\in\boldsymbol{y}$ 所造成的隐写失真，$d_i\in[0,+\infty]$。尽管各载体元素的修改量 $|x_i-y_i|$ 只为 0 或者 1，其对应的单点失真往往根据其所在载体区域的局部复杂度有着多种不同取值。

在文献[1]中，每个载体元素在嵌入过程中被修改所造成的整体失真被视为独立的，单点失真被定义为如式(2.6)所示的形式：

$$d_i = \rho_i(x_i \oplus y_i) \tag{2.6}$$

式中：$\rho_i$ 被视为单点失真代价，载体中所有元素的单点失真代价构成的集合 $Q=\{\rho_1,\cdots,\rho_n\}$ 往往被称为失真代价配置。则在这种各载体元素修改不相互影响的前提下，嵌入对应的全局失真函数可由式(2.7)得到，该函数被称为加性隐写失真函数。

$$D(\boldsymbol{x},\boldsymbol{y}) = \sum_{i=1}^{n}\rho_i \cdot (x_i \oplus y_i) \tag{2.7}$$

加性隐写失真函数可以近似地衡量嵌入修改对载体所造成的整体影响程度，其衡量的准确程度往往由失真代价配置所决定。因此，为了更为准确地以隐写嵌入引起的失真程度来衡量隐写方案的安全性，失真代价配置的设计应当能够较好地反映隐写所造成的安全风险。一般而言，失真函数的取值 $D$ 越小，隐写分析工具针对该隐写方案的检测准确率应该越低。

面向加性隐写失真的矩阵嵌入框架能够从秘密信息对应的陪集中找到隐写失真最小的载密对象，其信息嵌入和提取过程如式(2.8)所示：

$$\begin{cases}\text{嵌入：}\boldsymbol{y} = \operatorname{argmin}_{\boldsymbol{H}\cdot\boldsymbol{\omega}=\boldsymbol{m}} D(\boldsymbol{x},\boldsymbol{\omega}) \\ \text{提取：}\boldsymbol{m} = \boldsymbol{H}\cdot\boldsymbol{y}\end{cases} \tag{2.8}$$

设 $\boldsymbol{m}$ 为长度为 $m$ 的二元秘密信息序列，$m<n$。在保证失真代价配置设计准确性的前提下，最小化加性隐写失真函数可以最大化隐写方案的安全性。此外，对于某些修改会造成较大安全风险的载体元素，即湿纸编码中指的湿元素，其对应的单点失真代价 $\rho_i$ 理论上应被视为 $+\infty$。即在加性失真函数最小化过程中，这些载体元素会被强制保持不变。为了在保证不被修改的前提下达到可计算性，这些不可修改的载体元素的单点失真代价往往被设置为

$$\rho_i \triangleq \tau > \sum_{\rho_i<+\infty}\rho_i \tag{2.9}$$

从信息熵的角度出发，在加性失真测度框架下，对于每个载体对象 $\boldsymbol{x}$，其嵌入方案对应一对集合 $\{U,V\}$。其中，集合 $U$ 包含载体对象 $\boldsymbol{x}$ 所对应的所有可能的载密对象，集合 $V$ 与集合 $U$ 一一对应，为其各个可能的载密对象的概率分布，即 $V(\boldsymbol{y}^*)=\Pr(\boldsymbol{y}=\boldsymbol{y}^* \mid \boldsymbol{x})$，$\boldsymbol{y}^* \in U$。因此，隐写的嵌入容量可由式(2.10)所示的信息熵形式 $H(V)$ 表示：

$$H(V) = -\sum_{\boldsymbol{y}^*\in U} V(\boldsymbol{y}^*)\log_2 V(\boldsymbol{y}^*) \tag{2.10}$$

同时，全局隐写失真的期望值可由式(2.11)得到：

$$E_V(D) = \sum_{\boldsymbol{y}^*\in U} V(\boldsymbol{y}^*)D(\boldsymbol{x},\boldsymbol{y}^*) \tag{2.11}$$

则隐写中的全局失真最小化问题可以表示为式(2.12)所示的具有固定嵌入率的负载受限形式。

$$\min_V E_V(D) \quad \text{s. t.} \quad H(V) = m \tag{2.12}$$

对偶问题则是隐写中的另一个研究角度。当隐写失真固定为 $\Delta$ 时，尽可能提高隐写嵌入量，即全局隐写失真受限下的嵌入率最大化问题。

$$\max_V H(V) \quad \text{s. t.} \quad E_V(D) = \Delta \tag{2.13}$$

在当前的隐写方案设计中，研究者主要关注式(2.11)所示的固定嵌入率下的最小全局隐写失真问题。则对于加性隐写失真代价配置 $Q$ 下的二元嵌入情形，最小全局隐写失真的期望值为[44]

$$D(n,m,\boldsymbol{\rho}) = \sum_{i=1}^{n} p_i\rho_i \tag{2.14}$$

式中：$p_i=\dfrac{e^{-\delta\rho_i}}{1+e^{-\delta\rho_i}}$表示载体元素 $x_i$ 被修改的期望概率；$\delta$ 为一个由嵌入率决定的固定值参数。

不失一般性，对失真代价配置 $Q$ 进行归一化，则对于固定的嵌入率 $\alpha=m/n$，往往通过比较嵌入效率 $e(\alpha)=\alpha n/E_V(D)$来衡量其嵌入性能，即单位失真下的嵌入信息比特数，该嵌入效率的上限可通过式(2.15)所示的参数形式近似得到：

$$\begin{cases} e_{\text{bound}}(\lambda) = \alpha(\lambda)/d(\lambda) \\ d(\lambda) = \displaystyle\int_0^1 \frac{Q(x)e^{-\lambda\rho(x)}}{1+e^{-\lambda\rho(x)}}dx \\ \alpha(\lambda) = \dfrac{1}{\ln 2}\left(\ln(1+e^{-\lambda\rho(1)}) + \lambda\displaystyle\int_0^1 \frac{(Q(x)+xQ'(x))e^{-\lambda\rho(x)}}{1+e^{-\lambda\rho(x)}}dx\right) \end{cases} \tag{2.15}$$

式中：$Q(x)=Q(i/n)=\rho_i,\lambda\in[0,+\infty]$。

### 2.4.2 网格隐写编码

Filler 等[1,45]在加性失真代价函数下提出了一种能够最小化隐写失真的网格隐写编码(STCs)。网格码 STCs 事实上是式(2.8)所示的面向最小化加性隐写失真的矩阵嵌入框架在卷积码上的一种实现形式，主要基于高码率卷积码的伴随式网格配合维特比算法来寻找最优的载密对象。首先，以如图 2-5 所示的方式构造高码率卷积码 $C(N,N-1)$的 $m\times n$ 维校验矩阵 $\boldsymbol{H}$，该校验矩阵是通过循环放置一个维数为 $h\times N$ 的子矩阵$\hat{\boldsymbol{H}}$来构造的。该子矩阵沿着对角线的方向以每次下沉 1 行的方式从左上向右下循环，$h$ 为卷积码的记忆长度，$N$ 为其码组长度。由于卷积码的译码复杂度与记忆长度 $h$ 呈近似的指数关系。因此，在实际的编码方案设计中，记忆长度 $h$ 往往是一个不超过 15 的正整数，而码组长度 $N$ 则由嵌入率来决定，$N\leqslant1/\alpha$，$\alpha$ 为嵌入率，即秘密信息长度与载体长度的比值。

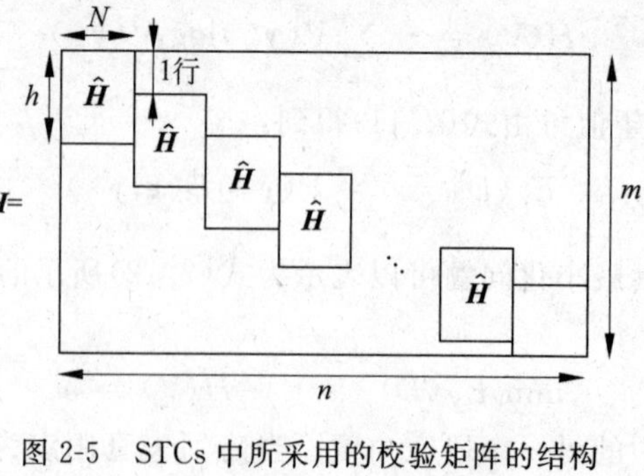


图 2-5 STCs 中所采用的校验矩阵的结构

依据该校验矩阵 $\boldsymbol{H}$ 以及秘密信息 $m$，可以构造对应的伴随式网格，该网格中的路径所代表的序列包含陪集 $Lr(\boldsymbol{m})=\{\boldsymbol{\omega}\in\{0,1\}^n\,|\,\boldsymbol{H}\cdot\boldsymbol{\omega}=\boldsymbol{m}\}$中的所有元素。该伴随式网格由

$m$ 个长度为 $N$ 的网格子块构成，每个网格子块包含 $(N+1)\cdot 2h$ 个节点，这些节点呈现 $N+1$ 列、$2h$ 行的格状分布。每一列中的每个节点均对应一个由 $h$ 维二元序列表示的状态，以图 2-6 中的示例来介绍该伴随式网格的构建以及利用维特比算法寻找最优载密对象的过程。

$$\hat{\boldsymbol{H}}=\begin{pmatrix}10\\11\end{pmatrix}\quad \boldsymbol{H}=\begin{pmatrix}10 & & & \\ 11 & 10 & & \\ & 11 & 10 & \\ & & \ddots & \\ & & & 10 \\ & & & 11\ 10\end{pmatrix}$$

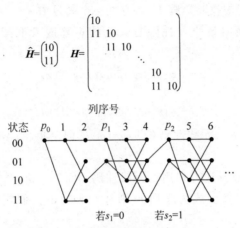

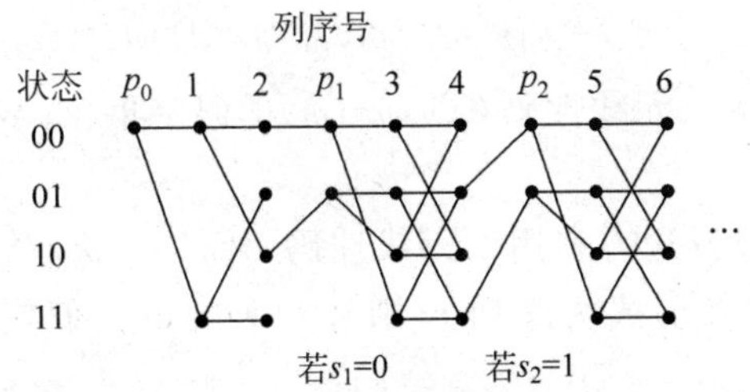


图 2-6　基于校验矩阵构造的伴随式网格示例

在 STCs 所构建的伴随式网格中，对每列中的 $2h$ 个节点，从全零开始将其从上至下依次标记一个以 $h$ 维二元序列表示的状态。相邻列的节点以边相连，每个满足 $\boldsymbol{H}\cdot\boldsymbol{\omega}=\boldsymbol{m}$ 的二元序列 $\boldsymbol{\omega}$ 都与贯穿网格的一条路径相对应，该路径从左上角的全零状态节点出发延伸至网格的最右侧，每条路径中包含 $n$ 条边，每条边所连接的起始节点状态和目的节点状态由其所对应的子矩阵列向量决定。事实上，该陪集网格的构建即是通过不断地进行状态的跳转来实现。以图 2-6 所示的网格为例，对于列 $p_0$ 中以 00 为起始节点状态的两条边，水平的边代表比特 0，其对应的目的节点状态和起始节点状态相同，非水平的边代表比特 1，其目的节点状态是通过对起始节点状态与子矩阵的第一列进行相加得到。在每个网格子块（也称网格单元）的最后一列，只保留状态末位与该网格子块对应的秘密信息比特相同的节点所对应的路径，并将该节点与下一网格子块中的第一列相连，所连接的节点状态为其右移一位对应的状态。循环重复此过程，即可完成伴随式网格的构建。

在该伴随式网格的基础上，应用维特比算法（Viterbi algorithm）[46] 来寻找能够最小化加性失真测度的载密对象。从左上角的全零状态节点出发，将其初始失真记为 0，则隐写失真随着路径的延伸不断累加。对于每条边，比较其对应的边比特与载体比特，若二者相同，则目的节点的累计隐写失真等于起始节点的累计隐写失真；若二者不同，则目的节点的累计隐写失真由起始节点的累计隐写失真与对应的单点失真测度相加得到。同时，若一个节点为多条边的目的节点，则只保留对应累计隐写失真较小的边。最后，在网格的最右侧，最终节点所保留的路径即对应最优载密对象。值得注意的是，若因为累计隐写失真相等而保留了多条路径，则任选其中一条路径对应的比特序列作为载密对象。

### 2.4.3　面向最小化加性隐写失真的矩阵嵌入与信道译码的关系

在文献[8]中，Barron 等对信息隐藏与译码端带有边信息的 Wyner-Ziv 信源编码这二者之间的对偶性进行了分析。在此基础上，文献[47]对式（2.8）所示的面向最小化加性隐写失真的矩阵嵌入框架与二元对称信道中的最大似然译码问题这二者之间的关联展开深入分析。对于形如式(2.12)的固定嵌入率下的隐写失真问题,在理想的隐写嵌入方案中,载体元素 $x_i$ 被修改的期望概率为 $p_i=\dfrac{e^{-\delta\rho_i}}{1+e^{-\delta\rho_i}}$。

对于一个二元线性码的校验矩阵 $\boldsymbol{H}$,若存在一个满足 $\boldsymbol{H}\cdot\boldsymbol{z}=\boldsymbol{m}$ 的特殊 $n$ 维二元陪集序列 $\boldsymbol{z}$,则式(2.8)所示的面向最小加性隐写失真的矩阵嵌入框架的嵌入过程可以转化为式(2.16)所示的形式。

$$\begin{aligned}\boldsymbol{y}&=\boldsymbol{z}\oplus\underset{c\in\Gamma}{\operatorname{argmin}}D(\boldsymbol{x},\boldsymbol{c}\oplus\boldsymbol{z})\\&=\boldsymbol{z}\oplus\underset{c\in\Gamma}{\operatorname{argmin}}D(\boldsymbol{c},\boldsymbol{x}\oplus\boldsymbol{z})\end{aligned}\tag{2.16}$$

式中:$\boldsymbol{\Gamma}=\{\boldsymbol{c}|\boldsymbol{c}=\boldsymbol{u}\cdot\boldsymbol{G}\}$,为二元线性码 $C(n,n-m)$ 的码字集合;$\boldsymbol{G}$ 为其生成矩阵,则任意码字 $\boldsymbol{c}$ 均满足 $\boldsymbol{H}\cdot\boldsymbol{c}=0$。

在二元对称信道中,设发送方利用二元线性码 $C(n,n-m)$ 对发送信息进行编码,若接收方得到的编码信息的有噪形式为序列 $\boldsymbol{r}$,则针对 $\boldsymbol{r}$ 的最大似然译码算法可由式(2.17)表示[48]。

$$\begin{aligned}\mathrm{MLD}(\boldsymbol{r})&=\underset{c\in\Gamma}{\operatorname{argmax}}\Pr(\boldsymbol{r}\mid\boldsymbol{c})\\&=\underset{c\in\Gamma}{\operatorname{argmax}}\prod_{i=1}^{n}\Pr(r_i\mid c_i)\\&=\underset{c\in\Gamma}{\operatorname{argmax}}\prod_{i\in\{k|r_k=c_k\}}\Pr(r_i\mid c_i)\cdot\prod_{i\in\{k|r_k\neq c_k\}}\Pr(r_i\mid c_i)\end{aligned}\tag{2.17}$$

进一步地,若该信道中传输的第 $i$ 个比特所对应的差错概率与载体元素 $x_i$ 被修改的期望概率 $p_i$ 相等,则式(2.17)可进一步转化为式(2.18)所示的形式。

$$\begin{aligned}\mathrm{MLD}(\boldsymbol{r})&=\underset{c\in\Gamma}{\operatorname{argmax}}\prod_{i\in\{k|r_k=c_k\}}\frac{1}{1+e^{-\delta\rho_j}}\cdot\prod_{i\in\{k|r_k\neq c_k\}}\frac{e^{-\delta\rho i}}{1+e^{-\delta\rho_i}}\\&=\underset{c\in\Gamma}{\operatorname{argmax}}\sum_{i\in\{k|r_k=c_k\}}\ln\left(\frac{1}{1+e^{-\delta\rho_i}}\right)+\sum_{i\in\{k|r_k\neq c_k\}}\ln\left(\frac{e^{-\delta\rho_i}}{1+e^{-\delta\rho_i}}\right)\\&=\underset{c\in\Gamma}{\operatorname{argmax}}\sum_{i\in\{i,\cdots,n\}}\ln\left(\frac{1}{1+e^{-\delta\rho_i}}\right)-\sum_{i\in\{k|r_k\neq c_k\}}\delta\rho_i\\&=\underset{c\in\Gamma}{\operatorname{argmin}}\sum_{i\in\{k|r_k\neq c_k\}}\rho_i\\&=\underset{c\in\Gamma}{\operatorname{argmin}}\sum_{i=1}^{n}\rho_i(r_i\oplus c_i)\end{aligned}\tag{2.18}$$

结合式(2.16)和式(2.18),式(2.8)中的最小化加性失真代价问题转化为式(2.19)的形式。

$$\boldsymbol{y}=\boldsymbol{z}\oplus\mathrm{MLD}(\boldsymbol{x}\oplus\boldsymbol{z})\tag{2.19}$$

该式表明,在面向最小化加性隐写失真测度的矩阵嵌入问题中,最优载密对象的求解事实上可以等价于两个方面的问题:一是满足 $\boldsymbol{H}\cdot\boldsymbol{z}=\boldsymbol{m}$ 的特殊 $n$ 维二元陪集序列 $\boldsymbol{z}$ 的求解;二是所利用的掩码 $C(n,n-m)$ 的最大似然译码算法。该载密对象为特殊二元陪集序列 $\boldsymbol{z}$ 与有噪序列 $\boldsymbol{x}\oplus\boldsymbol{z}$ 在已知信道差错率这一先验知识下最大似然译码结果的叠加序列。

## 2.5 本章小结

以矩阵嵌入为代表的隐写框架有效地提高了隐写嵌入的安全性,与此同时,研究者所关心的另一个编码问题就是在此嵌入框架基础上的隐写鲁棒性增强。张新鹏等[49]利用循环编码与基于汉明码的矩阵嵌入结合的方式提高了矩阵嵌入的鲁棒性,该方案能够抵御一定程度的主动攻击。在文献[50]中,Sarkar 等采用了一种重复累计码对基于汉明码的矩阵嵌入框架实现秘密信息保护,从而提升了 YASS 隐写算法的鲁棒性。文献[51]对矩阵嵌入的抗损性展开讨论,利用线性纠删码与矩阵嵌入之间的校验级联提出了抗损矩阵嵌入框架并分析了该框架下抗损性与嵌入效率之间的影响机理函数。事实上,由于在传统意义上,图像隐写面临更多的是被动攻击,相较于数字水印技术,面临的主动攻击相对较少。因此,当前鲁棒性增强的矩阵嵌入方案尚未引起研究者的足够重视,但是随着移动互联网的快速发展,移动端分发的数字媒体文件已经成为网络中最重要的数据流量类型之一。这类数字媒体文件往往在传输过程中面临着服务端的重压缩、尺寸调整等问题,这给当前数字媒体隐写中广泛应用的矩阵嵌入框架带来了挑战,兼具鲁棒性增强和隐写失真降低的矩阵嵌入框架将逐步成为数字媒体隐写编码的一个核心需求。

另一方面,随着数据通信及网络技术的快速发展,信息从单个信息源传递至多个接收终端的多播通信已经成为各类网络中最常见的通信方式之一,例如社交网络中的相片分享、基于因互联网的语音或视频聊天室、基于无线电的群组语音通话以及基于战术数据链的战场信息共享等。多播通信流量已经成为互联网中的主要数据流量之一,传统的单播隐写在很多情形下无法充分利用多播通信的特点实施更加有效的隐蔽通信。若只考虑通信结果,多播隐写的功能可以被多次单播隐写代替,然而,相较于多次单播隐写,多播隐写具有以下三点显著的优势:一是多播隐写可以直接应用于多播通信环境,相较于多次单播隐写,这意味着更小的全局时间开销以及发送端更不显著的通信行为异常;二是对多播隐写中的所有接收者共享同一载密对象,这杜绝了通过收集同一发送方采用相同隐写配置多次单播隐写生成的载密对象从而实现检测成功概率更高的联合隐写分析的可能性[52,53];三是对许多多播隐蔽通信任务而言,发送给不同接受者的秘密信息间往往存在着关联性,这种关联性所造成的冗余可以通过编码手段在多播隐写中进行降低,从而降低全局隐写失真,而多次单播隐写无法达到这样的效果。

## 参考文献


[1] Filler T, Judas J, Fridrich J. Minimizing Additive Distortion in Steganography Using Syndrome-Trellis Codes[J]. IEEE Transactions on Information Forensics & Security, 2011, 6(3): 920-935.

[2] Bas P. "Break our steganographic system": the ins and outs of organizing BOSS[C]// International Conference on Information Hiding. Springer-Verlag, 2011: 59-70.

[3] Fridrich J, Kodovsky J. Rich Models for Steganalysis of Digital Images[J]. IEEE Transactions on Information Forensics & Security, 2012, 7(3): 868-882.

[4] Liu Y, Ghosal D, Armknecht F, et al. Robust and undetectable steganographic timing channels for i. i. d. traffic[C]// International Conference on Information Hiding. Springer-Verlag, 2010: 193-207.

[5] Gianvecchio S, Wang H. An Entropy-Based Approach to Detecting Covert Timing Channels[J]. IEEE Transactions on Dependable & Secure Computing, 2011, 8(6): 785-797.

[6] Houmansadr A, Borisov N. CoCo: coding-based covert timing channels for network flows[C]// International Conference on Information Hiding. Springer-Verlag, 2011: 314-328.

[7] Mazurczyk W. VoIP steganography and its Detection—A survey[J]. ACM Computing Surveys, 2013, 46(2): 1-21.

[8] Barron R J, Chen B, Wornell G W. The duality between information embedding and source coding with side information and some applications[J]. IEEE Transactions on Information Theory, 2003, 49(5): 1159-1180.

[9] Crandall R. Some notes on steganography[J]. Posted on steganography mailing list, 1998; http://dde. binghamton. edu/download/Crandall_matrix. pdf.

[10] Westfeld A. F5-A steganographic algorithm: High capacity despite better steganalysis[C]// Information Hiding: 4th International Workshop, IH 2001, Pittsburgh, PA, USA, April 25-27, 2001. Proceedings. Springer Science & Business Media, 2001, 2137: 289.

[11] Mielikainen J. LSB matching revisited[J]. IEEE Signal Processing Letters, 2006, 13(5): 285-287.

[12] Luo W, Huang F, Huang J. Edge adaptive image steganography based on LSB matching revisited[J]. IEEE Transactions on Information Forensics & Security, 2010, 5(2): 201-214.

[13] Willems F M J. Embedding Information in Grayscale Images[C]//Proceedings of the 22nd Symposium on Information and Communication Theory in the Benelux, Enschede, The Netherlands. 2001: 147-154.

[14] Zhang X, Wang S. Efficient Steganographic Embedding by Exploiting Modification Direction[J]. IEEE Communications Letters, 2006, 10(11): 781-783.

[15] Zhang W, Wang S, Zhang X. Improving Embedding Efficiency of Covering Codes for Applications in Steganography[J]. IEEE Communications Letters, 2007, 11(8): 680-682.

[16] Fridrich J, Soukal D. Matrix embedding for large payloads[J]. IEEE Transactions on Information Forensics & Security, 2006, 1(3): 390-395.

[17] Fridrich J, Filler T. Practical methods for minimizing embedding impact in steganography[C]// International Society for Optics and Photonics,2007: 650502.

[18] DS Nfeld, A Winkler. Embedding with syndrome coding based on BCH codes[C]//Proceedings of the 8th workshop on Multimedia and security. ACM, 2006: 214-223.

[19] Zhang R, Sachnev V, Kim H J. Fast BCH Syndrome Coding for Steganography[C]// Information Hiding, International Workshop, IH 2009, Darmstadt, Germany, June 8-10, 2009, Revised Selected Papers. DBLP, 2009: 48-58.

[20] ZhangR, Sachnev V, Botnan M B, et al. An Efficient Embedder for BCH Coding for Steganography[J]. IEEE Transactions on Information Theory, 2012, 58(12): 7272-7279.

[21] Fridrich J, Goljan M, Lisonek P, et al. Writing on wet paper[J]. IEEE Transactions on Signal Processing, 2005, 53(10): 3923-3935.

[22] Fridrich J, Goljan M, Soukal D. Efficient Wet Paper Codes[C]// International Workshop on Information Hiding. Springer, Berlin, Heidelberg, 2005: 204-218.

[23] Fridrich J, Goljan M, Soukal D. Wet paper codes with improved embedding efficiency[J]. IEEE Transactions on Information Forensics & Security, 2006, 1(1): 102-110.

[24] Zhang W, Zhu X. Improving the Embedding Efficiency of Wet Paper Codes by Paper Folding[J]. IEEE Signal Processing Letters, 2009, 16(9): 794-797.

[25] Weiming Zhang, Xinpeng Zhang, Shuozhong Wang. A Double Layered "Plus-Minus One" Data Embedding Scheme[J]. IEEE Signal Processing Letters, 2007, 14(11): 848-851.

[26] Zhang X, Zhang W, Wang S. Efficient double-layered steganographic embedding[J]. Electronics Letters, 2007, 43(8): 482-483.

[27] Zhang W, Zhang X, Wang S. Maximizing steganographic embedding efficiency by combining Hamming codes and wet paper codes[C]//International Workshop on Information Hiding. Springer, Berlin, Heidelberg, 2008: 60-71.

[28] Fridrich J. Asymptotic Behavior of the ZZW Embedding Construction[J]. IEEE Transactions on Information Forensics & Security, 2009, 4(1): 151-154.

[29] Zhang W, Wang X. Generalization of the ZZW embedding construction for steganography[J]. IEEE Transactions on Information Forensics & Security, 2009, 4(3): 564-569.

[30] Zhang X, Qin C, Shen L. Efficient wet paper embedding for steganography with multilayer construction[J]. annals of telecommunications - annales des télécommunications, 2014, 69(7-8): 441-447.

[31] Feng B, Lu W, Sun W. High Capacity Data Hiding Scheme for Binary Images Based on Minimizing Flipping Distortion [C]//International Workshop on Digital Watermarking. Springer, Berlin, Heidelberg, 2013: 514-528.

[32] Guo L, Ni J, Su W, et al. Using Statistical Image Model for JPEG Steganography: Uniform Embedding Revisited[J]. IEEE Transactions on Information Forensics & Security, 2015, 10(12): 2669-2680.

[33] Gul G, Kurugollu F. A New Methodology in Steganalysis: Breaking Highly Undetectable Steganograpy (HUGO) [C]// International Conference on Information Hiding. Springer-Verlag, 2011: 71-84.

[34] Cao Y, Zhao X, Li F, et al. Video steganography with multi-path motion estimation [C]// International Society for Optics and Photonics, Media Watermarking, Security, and Forensics 2013. 2013, 8665: 86650K.

[35] Neufeld A, Ker A D. A study of embedding operations and locations for steganography in H. 264 video[C]//Media Watermarking, Security, and Forensics 2013. International Society for Optics and Photonics, 2013, 8665: 86650J.

[36] Yao Y, Zhang W, Yu N, et al. Defining embedding distortion for motion vector-based video steganography[J]. Multimedia Tools & Applications, 2015, 74(24): 11163-11186.

[37] Holub V, Fridrich J. Designing steganographic distortion using directional filters [C]// IEEE International Workshop on Information Forensics and Security. IEEE, 2012: 234-239.

[38] Fridrich J, Kodovsky J. Multivariate gaussian model for designing additive distortion for steganography[C]// IEEE International Conference on Acoustics, Speech and Signal Processing. IEEE, 2013: 2949-2953.

[39] Fridrich J. Digital image steganography using universal distortion [C]//ACM Workshop on Information Hiding and Multimedia Security. ACM, 2013: 59-68.

[40] Huang F, Luo W, Huang J, et al. Distortion function designing for JPEG steganography with uncompressed side-image[C]// ACM Workshop on Information Hiding and Multimedia Security. ACM, 2013: 69-76.

[41] Holub V, Fridrich J, Denemark T. Universal distortion function for steganography in an arbitrary domain[J]. EURASIP Journal on Information Security, 2014, 2014(1): 1.

[42] Filler T, Fridrich J. Design of adaptive steganographic schemes for digital images[C]// International Society for Optics and Photonics, Media Watermarking, Security, and Forensics Ⅲ. 2011,

7880：78800F.
[43] Fridrich J. Steganography in Digital Media：Principles，Algorithms，and Applications[M]. Cambridge：Cambridge University Press，2009.
[44] Filler T，Fridrich J. Gibbs Construction in Steganography[J]. IEEE Transactions on Information Forensics & Security，2010，5(4)：705-720.
[45] Filler T，Judas J，Fridrich J. Minimizing Embedding Impact in Steganography using[J]. Proceedings of SPIE-The International Society for Optical Engineering，2010，6(1)：175-178.
[46] Viterbi A J. Error Bounds for Convolutional Codes and an Asymptotically Optimum Decoding Algorithm[J]. IEEE Transactions on Information Theory，1967，13(2)：260-269.
[47] Liu W，Liu G，Dai Y. Syndrome trellis codes based on minimal span generator matrix[J]. annals of telecommunications-annales des télécommunications，2014，69(7-8)：403-416.
[48] Lin S，Costello D J. Error Control Coding，Second Edition[M]. Upper Saddle River：Prentice-Hall，Inc，2004.
[49] Zhang X. Stego-Encoding with Error Correction Capability[J]. IEICE Transactions on Fundamentals of Electronics Communications & Computer Sciences，2005，88(12)：3663-3667.
[50] SarkarA，Madhow U，Manjunath B S. Matrix Embedding With Pseudorandom Coefficient Selection and Error Correction for Robust and Secure Steganography[M]. Piscataway：IEEE Press，2010，5(2)：225-39.
[51] Liu W，Liu G，Dai Y. Damage-resistance matrix embedding framework：the contradiction between robustness and embedding efficiency[J]. Security & Communication Networks，2015，8(9)：1636-1647.
[52] Ker A D. The Square Root Law in Stegosystems with Imperfect Information[M]. Heidelberg：Springer Berlin Heidelberg，2010：145-160.
[53] Ker A D，Bas P，Craver S，et al. Moving steganography and steganalysis from the laboratory into the real world[C]// ACM Workshop on Information Hiding and Multimedia Security. ACM，2013：45-58.
[54] Liu W，Liu G，Dai Y. Matrix embedding in multicast steganography：analysis in privacy，security and immediacy[J]. Security & Communication Networks，2016，9(8)：791-802.

# 第3章

# 隐写术与编码理论之间的关联性

隐写术和数字水印技术同属于信息嵌入问题，而信息嵌入问题和译码器端带有边信息的 Wyner-Ziv 信源编码问题(简称 Wyner-Ziv 问题)之间存在着对偶关系[1]。信息嵌入问题主要是研究嵌入在载体信号中的信息的可靠传输以及安全性，随着通信基础设施的不断升级，已经衍生了大量实际应用。同样，带有边信息的信源编码在低功率无线传感网等领域也有着广泛应用[2,3]。在文献[4]中已经表明了信息嵌入问题可以被重新解释为一个编码端带有边信息的信道编码问题，或者译码端带有边信息的信源编码问题，即 Wyner-Ziv 问题[5]。本章对信息嵌入问题与 Wyner-Ziv 问题之间天然存在的对偶性进行介绍。这种对偶性的阐述可以有效解释隐写术与编码技术之间存在的天然联系，有助于从编码相关领域的技术进展来推动隐写编码技术的发展。

## 3.1 两个问题的信息论模型

图 3-1 描述了信息嵌入问题的信息论模型。$n$ 维矢量 $X$ 代表载体信号；$M$ 代表嵌入信息，与载体信号 $X$ 无关。编码器使用载体和信息来创建合适的接近载体 $X$ 的复合信号 $W$。复合信号通过一个概率转移信道，其信道输出为信号 $Y$，译码端将输出信号进行译码获得嵌入信息 $M$。在信息嵌入模型中，假定载体 $X$ 的每个元素服从独立同分布 $p_X(x)$，通信信道是一个转移概率为 $p_{Y|W}(y|w)$的无记忆信道。则失真受限情形下的信息嵌入问题为：如果载体和复合信号之间的最大失真为 $d$，求取在一个给定信道环境下信息嵌入支持的最大隐蔽传输速率 $R$。图 3-2 中的虚线表示信息嵌入中可能存在的情形，即载体信号在译码端已知。

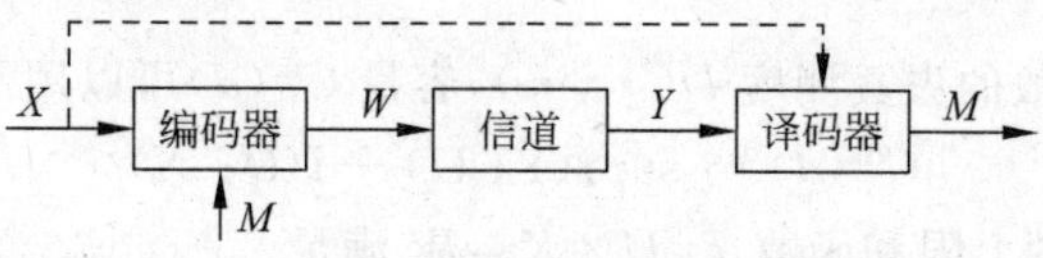


图 3-1　信息嵌入模型。信号 $X$、$M$、$W$ 和 $Y$ 分别是载体信号、嵌入信息、复合信号和信道输出。虚线表示在译码器处的边信息，根据应用场景的不同，可能存在也可能不存在

图 3-2 描述了带有边信息的信源编码模型。$n$ 维信源矢量 $Y$ 通过概率转移信道，产生边信息 $X$。编码器产生的信息 $M$ 来自于 $Y$，边信息 $X$ 与译码器一起使用以产生信源 $Y$ 的重构信号 $W$。在该模型中，信源 $Y$ 中的每个信源符号服从独立同分布 $p_Y(y)$，信道是无记忆信道，转换概率为 $p_{X|Y}(x|y)$。该问题可以归纳为：给定边信息信道，在确保信源和重构信号之间的失真不超过 $d$ 的情况下编码器输出要求的最小编码码率 $R$。

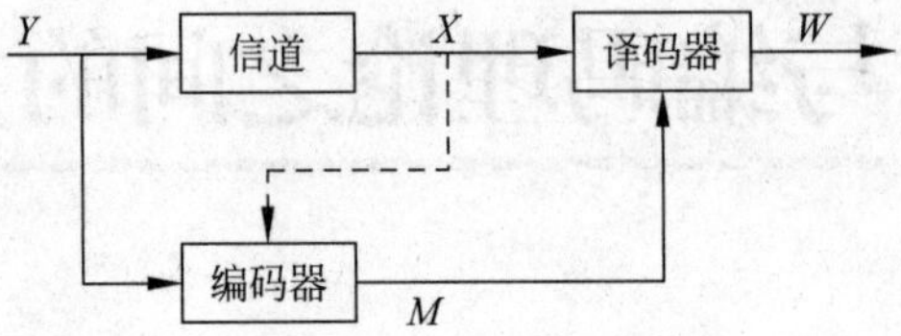


图 3-2　带有边信息的信源编码模型。信号 $Y$、$M$、$X$ 和 $W$ 分别是信源、数字编码、信道输出和译码后的信源。虚线表示编码器的边信息，根据应用场景的不同，这些信息可能存在也可能不存在

从图 3-1 和图 3-2 可以发现，信息嵌入问题和 Wyner-Ziv 问题的各变量之间存在一一对应关系。信息嵌入编码器具有与 Wyner-Ziv 问题的译码器完全相同的输入变量（$X$ 和 $M$）和输出变量（$W$）。此外，信息嵌入译码器与 Wyner-Ziv 问题的编码器具有相同的输入变量（$Y$）和输出变量（$M$）。这并非巧合，事实上，这两个问题是对偶问题，即一个问题的最佳编码器-译码器是另一个问题的最佳译码器-编码器。一般来说，这两个问题的容量和率失真限是密切相关的，并且可以根据每个问题中的随机参数的相同互信息差异的优化来表示。此外，失真和信道噪声在这两个问题中扮演着对偶角色。

## 3.2　容量和率失真的单字母表征

本节对失真约束下公开信息嵌入容量和 Wyner-Ziv 率失真函数的单字母表达形式进行了描述。此处，公开信息嵌入指载体信号在译码端未知，对应的，私密信息嵌入指载体信号在译码端已知。并将此情形与私密信息嵌入进行了比较。

### 3.2.1　公开信息嵌入的容量

受嵌入失真约束下的公开信息嵌入的容量记为 $C^{\mathrm{IE}}(d)$，定义为在满足错误概率 $\Pr(\widetilde{M}\neq M)$ 任意小以及在足够大的 $n$ 下 $E\left[\frac{1}{n}\sum_{k=1}^{n}D(X_k,W_k)\right]$ 无限接近 $d$ 的情况下秘密信息的最大可达速率。

首先介绍无失真约束下描述该问题的声明 3.1，其是文献[6]和文献[7]中所得结论的一般化形式。

**声明 3.1**：对于一般的失真测度 $D(\cdot,\cdot)$，容量 $C^{\mathrm{IE}}(d)$ 可以用下式表示：

$$C^{\mathrm{IE}}(d)=\sup I(Y;U)-I(U;X) \tag{3.1}$$

式中：$p_{U|X}(u,x)$ 分布的上限和函数 $f: U\times X\mapsto W$ 满足

$$E[D(X,W)]\leqslant d,\quad 其中：W=f(U,X) \tag{3.2}$$

式中：$U$ 是一个辅助随机变量。

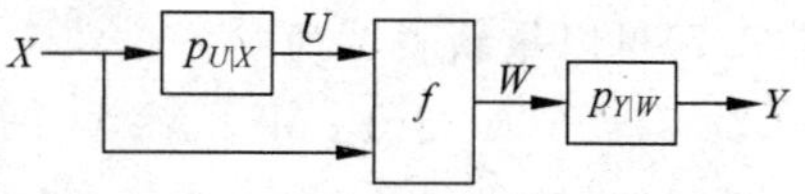


图 3-3　信息嵌入的单字母表征中变量关系的说明，其中 $U$ 是辅助随机变量

图 3-3 表达了这种单字母表征中的主要随机变量和辅助随机变量之间的关系。为了证明声明 3.1，利用文献[6]中推理的结论，速率 $I(Y;U)-I(U;X)$ 是可达的。基本的编码器和译码器的构建结构如下：

用 $2^{nR_1}$ 个独立同分布的码 $U\sim\prod_{i=1}^{n}p_U(U_i)$ 生成随机码本 $c$，其中，$R_1=I(Y;U)+\varepsilon$。码字随机分布在 $2^{nR_2}$ 个分组中，其中，$R_2=I(Y;U)-I(U;X)-2\varepsilon$。在编码器处，由嵌入信息 $M$ 来指定进行编码的码字分组。编码器在该分组中找到与载体 $X$ 相比具有最小失真的码字 $U$ 并发送它。译码器在所有码字中寻找与信道输出 $Y$ 联合分布概率最大的码字，将该码字所在的码字分组索引即译码为信息 $\widetilde{M}$。这种编码器和译码器结构依赖于 $C^{\mathrm{IE}}(d)$ 是凹函数这一性质。

最后，因为 $U$ 是一个辅助随机变量，所以在这个问题中物理信道的特征是 $U\to(W,X)\to Y$ 形成一个马尔可夫链，由此可得

$$I(Y;U\mid W,X)=0 \tag{3.3}$$

### 3.2.2　私密信息嵌入容量

将上述声明中的结论拓展到私密信息嵌入问题，则可以得到以下结论：

**声明 3.2**：$C^{\mathrm{IE}}_{\mathrm{priv}}(d)$ 表示私密信息嵌入容量，可由下式给出：

$$C^{\mathrm{IE}}_{\mathrm{priv}}(d)=\sup I(Y;W\mid X) \tag{3.4}$$

式(3.4)中上限是在满足 $E[D(Y,W)]\leqslant d$ 的所有 $p_{W|X}(w|x)$ 上遍历求取。

该结论的证明可查看附录 3.2。其容量可达方案的构建涉及一系列码本的使用，每个码本是针对特定载体 $X=x\in\chi$ 来实现的容量可达码本。因此，所有可得到的率失真率是遍历 $X$ 的条件容量的期望值，而平均失真是所有码本失真的期望值。这和 $C^{\mathrm{IE}}_{\mathrm{priv}}(d)$ 的凹函数特性是相反的。

公开和私密信息的嵌入容量满足如下关系：

$$C^{\mathrm{IE}}(d)\leqslant C^{\mathrm{IE}}_{\mathrm{priv}}(d) \tag{3.5}$$

式(3.5)中当且仅当式(3.1)中的 $X,Y,U,W$ 的最大值分布能使式(3.4)右边取最大值，并且如果满足如下分布：

$$I(X;U\mid Y)=0 \tag{3.6}$$

那么，$U\to Y\to X$ 就会形成马尔可夫链。

为了验证式(3.6)，首先通过扩展 $I(Y;U,W|X)$，使用马尔可夫链规则获得两种不同的方式：

$$I(Y;U)-I(U;X)=I(Y;U\mid X)-I(U;X\mid Y) \tag{3.7}$$

式中：$U$ 是满足式(3.2)的任意辅助随机变量。同样地将马尔可夫链规则应用于 $I(Y;U,W|X)$，可以得到

$$I(Y;U\mid X)-I(Y;W\mid X)=I(Y;U\mid W,X)-I(Y;W\mid U,X) \tag{3.8}$$

然而，由式(3.3)可知式(3.8)右边的第一项是零，并且因为 $W$ 是 $U$ 和 $X$ 确定的函数，所以式(3.8)的右边的第二项也是零。因此，式(3.8)揭示了 $I(Y;U|X)=I(Y;W|X)$，

式(3.7)可以重新表示为

$$I(Y;W\mid X)=[I(Y;U)-I(U;X)]+I(X;U\mid Y) \tag{3.9}$$

通过比较式(3.9)与式(3.1)和式(3.4)，获得了公开和私密信息嵌入容量相等的充分必要条件。

### 3.2.3 译码器端带有边信息的率失真函数

定义译码器带有边信息的率失真函数为 $R_{Y|X}^{WZ}(d)$，是当 $n$ 足够大且平均失真 $E\left[\sum_{k=1}^{n}D(Y_k,W_k)/n\right]$ 无限接近于 $d$ 时 $M$ 被传输的最小数据率。

相关的主要结论如下：

$$R_{Y|X}^{WZ}(d)=\inf I(Y;U)-I(U;X) \tag{3.10}$$

式中：下限在 $p_{U|Y}(u|y)$ 以及函数 $f:(U\times X)\to W$ 上求取。且有如下马尔可夫链

$$U\to Y\to X \tag{3.11}$$

以及

$$E[D(Y,W)]\leqslant d,\quad \text{其中},W=f(U,X) \tag{3.12}$$

式中：$U$ 是一个辅助随机变量。图 3-4 描述了这种单字母表征中主要变量和辅助随机变量之间的关系。

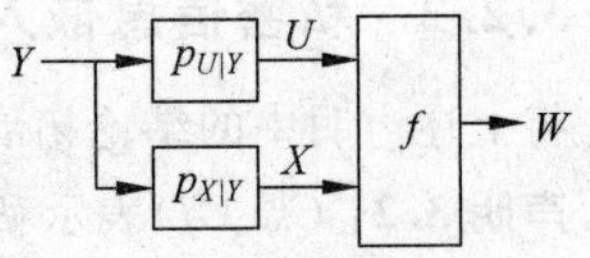


图 3-4 带有边信息的信源编码单字母表征中变量关系的说明，其中 $U$ 是辅助随机变量

另外，当考虑到无边信息时信道编码和信源编码的对偶性情形时，在式(3.10)和式(3.11)的右侧目标函数是相同的。在式(3.11)条件下，即 $X$ 和 $U$ 与 $Y$ 条件独立，则有

$$I(X;U\mid Y)=0 \tag{3.13}$$

使用式(3.7)简化式(3.10)得到

$$R_{Y|X}^{WZ}(d)=\inf I(Y;U\mid X) \tag{3.14}$$

事实上，Wyner-Ziv 编码器(译码器)的使用方式与信息嵌入的译码器(编码器)完全相同。同样，虽然信息嵌入的逆命题依赖于 $C^{\mathrm{IE}}(d)$的凹函数特性，但 Wyner-Ziv 问题的逆命题依赖于 $R_{Y|X}^{WZ}(d)$的凸函数特性。

### 3.2.4 条件率失真函数

边信息在译码器和编码器端均已知的信源编码是私密信息嵌入的对偶问题，其可达速率可由条件率失真函数得到

$$R_{Y|X}(d)=\inf I(Y;W\mid X) \tag{3.15}$$

式中：下确界是遍历 $p_{W|X}(w|x)$所得，同时需满足 $E[D(Y,W)]\leqslant d$。

该结果的证明与附录 3.2 中阐述的私密信息嵌入问题的证明是对偶的，此处不再赘述。特别需要指出的是，条件率失真函数的可达性通过“切换”论据来证明；对于每个 $x\in\chi$，使用最佳率失真码本来编码信源样本 $Y_i$，使得 $X_i=x$。因此，总的速率是遍历 $X$ 的临界率失真函数的期望值，总失真是在全部码本上的期望失真。同样，以相同的方式，私密信息嵌入的逆命题是研究 $C_{\mathrm{priv}}^{\mathrm{IE}}(d)$的凹函数特性，条件率失真问题的逆命题是研究 $R_{Y|X}(d)$的凸函数特性。

Wyner-Ziv 和条件率失真问题存在如下关系：

$$R_{Y|X}(d)\leqslant R_{Y|X}^{WZ}(d) \tag{3.16}$$

式中：当且仅当式(3.10)中的 $X,Y,U,W$ 最小分布也能使式(3.15)右边的目标函数取最小值，并且基于该分布可以得到

$$I(Y;U\mid W,X)=0 \tag{3.17}$$

即 $U\to(X,W)\to Y$ 形成马尔可夫链。

### 3.2.5　充要条件之间的对偶性

前面小节中描述的关系揭示了信息嵌入和带有边信息的信源编码问题之间对偶性的一个重要方面。对于信息嵌入(带有边信息的信源编码)，载体信息在译码端是否已知情况下的嵌入容量(率失真函数)相同与否，$X,Y,U,W$ 必须在无论是否有信号 $X,Y,U,W$ 在编码器端(译码器端)相同。

对偶性表现在余下的必要条件中。对于信息嵌入来说，这是马尔可夫情形(见式(3.6))，对 Wyner-Ziv 问题是自动满足的。类似地，对于 Wyner-Ziv 问题，余下的必要条件是马尔可夫约束(见式(3.17))，对于信息嵌入的条件自动满足。除非另有说明，在下面的章节中，本书仅关注在译码器处已知边信息的信源编码以及编码器已知边信息的信息嵌入问题。

### 3.2.6　无噪声与无失真之间的对偶性

在极限情况下信息嵌入和 Wyner-Ziv 编码之间的对偶性分别对应于无失真和无噪声的情景。无失真信息嵌入和无噪声 Wyner-Ziv 编码是

$$R_{\text{noise-free}}^{\text{WZ}}(d)=0=C^{\text{IE}}(0) \tag{3.18}$$

在其他极限情况如无噪声信息嵌入和无失真 Wyner-Ziv 编码中，对偶性更加有趣。无失真 Wyner-Ziv 编码所需的最小速率 $R^{\text{WZ}}(0)$ 可由 Slepian-Wolf 信源编码理论应用获得[8]。特别是，当且仅当式(3.19)成立时该信源才可以在译码器处无损重构($W=Y$)：

$$R\geqslant H(Y\mid X)=R^{\text{WZ}}(0) \tag{3.19}$$

式中：$p_{Y|X}(y|x)$ 由问题决定，所以式(3.19)中不需要下确界。为了表明无噪声信息嵌入的对偶性，继续给出相关的容量。

无噪声信息嵌入容量：最大速率与无噪声信息嵌入密切相关，其对偶性如下：当且仅当下式满足时，在载体信号中嵌入的秘密信息可以在无差错信道中进行可靠传输：

$$R\leqslant \max H(Y\mid X)=C_{\text{noise-free}}^{\text{WZ}}(d) \tag{3.20}$$

式(3.20)中的最大值是在 $p_{Y|X}(y|x)$ 上求取，且满足 $E[D(X,W)]\leqslant d$。

式(3.20)中的等号验证如下：首先证明，即使在式(3.1)中有约束 $U=W$，速率 $H(Y|X)$ 也可以得到

$$\begin{aligned}C&=\sup I(Y;U)-I(U;X)\\&\geqslant I(Y;Y)-I(Y;X)\\&=H(Y)-[H(Y)-H(Y\mid X)]\\&=H(Y\mid X)\end{aligned} \tag{3.21}$$

式(3.21)中在第二行使用到 $U=W=Y$。现在，证明式(3.1)中的容量不能超过 $H(Y|X)$。

$$\begin{aligned}I(Y;U)-I(U;X)&=H(U)-H(U\mid Y)-H(U)+H(U\mid X)\\&=H(U\mid X)-H(U\mid Y)\\&\leqslant H(U\mid X)-H(U\mid Y,X)\end{aligned}$$

$$= I(U;Y \mid X)$$
$$= H(Y \mid X) - H(Y \mid U,X)$$
$$\leqslant H(Y \mid X)$$

接着，在 $p_{U|X}(u|x)$的所有可能取值中，最大限度地提高率失真率 $R=H(Y|X)$。

## 3.3 高斯-平方情形

以高斯载体和信源为例，考虑一个无记忆高斯信道以及一个二次失真度量，对该情形下的对偶性进行介绍。

### 3.3.1 高斯平方信息嵌入容量

考虑一个独立同分布高斯载体 $X\sim N(0,\sigma_X^2 I)$和一个独立于 $X$ 的加性高斯白噪声信道 $V\sim N(0,\sigma_V^2 I)$，其中，$N(m,\boldsymbol{\Lambda})$表示具有均值 $m$ 和协方差矩阵$\boldsymbol{\Lambda}$ 的高斯随机向量。信息 $M$ 嵌入在 $X$ 中，产生一个复合信号 $W$，使得均方差嵌入失真被最小化：$D(x,w)=(x-w)^2$。该系统的容量 $C^{\mathrm{IE}}(d)$为

$$C^{\mathrm{IE}}(d) = \frac{1}{2}\log_2\left(1+\frac{d}{\sigma_V^2}\right) \tag{3.22}$$

该结论可以从编码端已知随机信道状态的编码问题来解释。当 $X$ 在编码端和译码端均已知下的信息嵌入容量等价于式(3.22)中的表达式；若译码端没有载体信号，则存在一个测试信道来达到该容量。用于确定容量的测试通道定义了辅助随机变量 $U=\alpha X+E$，其中，$\alpha$ 为常数；$E$ 为零均值的高斯变量，且它与 $X$ 无关，这意味着编码函数是 $W=f(U,X)=U+(1-\alpha)X$。在满足式(3.22)的前提下基于 $\alpha$ 求解 $I(Y;U)-I(U;X)$的最大值。

### 3.3.2 高斯平方 Wyner-Ziv 率失真函数

在译码器中具有联合高斯边信息的高斯信源的 Wyner-Ziv 率失真函数，与高斯载体和高斯信道中失真约束情形下的信息嵌入容量是对偶的。对于联合高斯信号 $X$ 和 $Y$，其元素服从高斯概率密度 $f_{X,Y}(x,y)\sim N(0,\boldsymbol{\Lambda}_{XY})$，则其对应的 Wyner-Ziv 率失真函数为

$$R_{Y|X}^{WZ}(d) = \begin{cases} \dfrac{1}{2}\log_2\left(1+\dfrac{\sigma_{Y|X}^2}{d}\right), & 0\leqslant d<\sigma_{Y|X}^2 \\ 0, & d\geqslant \sigma_{Y|X}^2 \end{cases} \tag{3.23}$$

式中：$\sigma_{Y|X}^2$是从 $X$ 中估计的 $Y$ 的最小均方误差。对于部分 $\beta$，$X$ 和 $Y$ 之间的关系表示为 $X=\beta Y+V$，其中，$V$ 是方差为 $\sigma_V^2$ 且与 $Y$ 无关的高斯分布。为了介绍该问题，本章关注 $\beta=1$ 这一代表性的情形。

条件率失真函数等于式(3.23)中的表达式，在编码器没有边信息的情况下，有一个测试通道可以达到相同的率失真函数。测试通道编码器将辅助随机变量 $U$ 简单地分配为信源和独立零均值高斯变量的线性组合：$U=\alpha Y+E$。测试通道译码器函数也是一个线性函数。对于具有无穷大 SNR 的加性高斯白噪声信道这一特殊情况：

$$W = f(U,X) = U+(1-\alpha)X \tag{3.24}$$

可以看到这种特殊情况下，译码器与高斯情况下的信息嵌入编码函数相同。

### 3.3.3　几何解释

在高斯情况下，信息嵌入容量和 Wyner-Ziv 率失真函数之间的对偶关系具有合理的几何解释。特别地，展示了信息嵌入是如何实现将载体在信号空间中进行球体打包，Wyner-Ziv 编码是关于信源估计的球形覆盖，是边信息的线性函数。

**1. 信息嵌入的几何形状**

信息嵌入可以视为球形填充问题，如图 3-5 所示的高失真噪声比（Distortion-to-Noise Ratio，DNR）机制。为了理解这个图，请注意，失真约束意味着所有复合信号 $W$，都必须包含在一个球体 $S_X$ 内，且它以 $X$ 为球心，以 $\sqrt{nd}$ 为半径。在对信道进行编码时，必须使用包含在 $S_X$ 内的 $2^{nR}$ 个码字（信号点），其半径均小于 $\sqrt{n\sigma_V^2}$ 且几乎不重叠，即每个信号点在译码器处实现唯一可区分。这一点对所有 $X$ 来说都是正确的，即使 $X$ 有一些变化，信号点的位置可能会改变，但是信号点的数量将保持不变。信号设计对应于用半径为 $\sqrt{n\sigma_V^2}$ 的较小球体填充半径为 $\sqrt{n(d+\sigma_V^2)}$ 的球体。

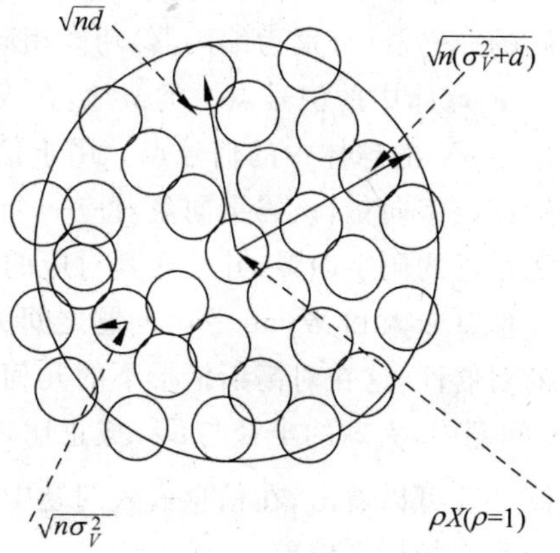


图 3-5　在高斯二次情形下信息嵌入为球体填充的几何解释

通过这种几何解释，很明显可以看出：使用球体的最大数量是由大球体积与小球体体积的比例决定的。因此，码字的数量是有界的

$$2^{nR} \leqslant \frac{\left(\sqrt{n(d+\sigma_V^2)}\right)^n}{\left(\sqrt{n\sigma_V^2}\right)^n} = \left(\frac{d+\sigma_V^2}{\sigma_V^2}\right)^{n/2} \tag{3.25}$$

从式(3.22)中可知，对于较大的 $n$，容量可达码字将满足这个上限

$$2^{nC} = \left(\frac{d+\sigma_V^2}{\sigma_V^2}\right)^{n/2} \tag{3.26}$$

**2. Wyner-Ziv 编码的几何解释**

Wyner-Ziv 编码可以被看作一个覆盖球的问题，如图 3-6 所示的低 DNR 机制。给定译码器的边信息向量 $X$，对于信源的最小均方误差估计为 $\widetilde{Y}=\rho X$，其中，$\rho$ 是相关的最小均方误差估值增益，估计的均方差误差是 $\sigma_{Y|X}^2$，这意味着信源必须在以 $\rho X$ 为球心，以 $\sqrt{n\sigma_{Y|X}^2}$ 为半径的球体 $S_{Y|X}$ 中。信道噪声越大，这个球体就越大。对应于失真 $d$ 的 Wyner-Ziv 码本将包含 $\mathbb{R}^n$ 中的 $2^{nR(d)}$ 个码字，并且被设计成使得位于 $S_{Y|X}$ 中的长度为 $n$ 的大多数信源序列在距离码字的 $\sqrt{nd}$ 内。因此，高斯情况

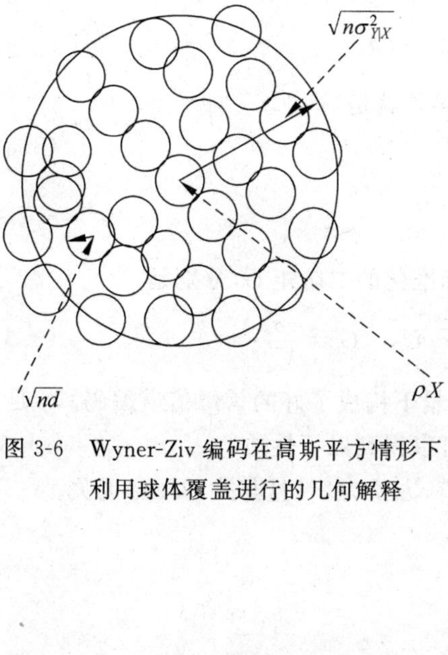


图 3-6　Wyner-Ziv 编码在高斯平方情形下利用球体覆盖进行的几何解释

下的率失真编码，相当于以半径为 $\sqrt{nd}$ 的较小球体填充球体，图 3-6 中对其进行了说明。显然，码字的数量由大球体与小球体的体积比决定：

$$2^{nR(d)} \geqslant \left(\frac{\sigma_{Y|X}^2}{d}\right)^{n/2} \tag{3.27}$$

并且这个下限通过一个实现式(3.23)中的率失真约束的码字来实现。

### 3.3.4 几何对偶性

高斯情形下的几何解释表明用于信息嵌入的编码器(分别为译码器)与用于 Wyner-Ziv 编码的译码器(分别为编码器)功能相同。在信息嵌入的编码器处，由信息 $M$ 来指定围绕信号 $X$ 的球体中的信号点。类似地，在 Wyner-Ziv 译码器中，来自信源的数字信息 $M$ 指定围绕信号 $\rho X$ 的球体中的信号点。用于信息嵌入问题的最小距离译码器，找到与信道观测最临近的码字向量，该码字向量对应一个译码信息索引。相应的 Wyner-Ziv 编码器找到距离信源最近的码字向量，并发送其对应的索引。

信息嵌入和 Wyner-Ziv 问题之间关系的另一个方面，是两个问题中噪声和失真角色之间的对偶性，这在对高斯情形下的几何解释中很容易得出。从图 3-6 可以看出，在 Wyner-Ziv 问题中，大球的半径与 $\sigma_{Y|X}$ 成正比，信道噪声和较小球体的半径与 $d$ 成正比。相比之下，从图 3-5 可以看出，在信息嵌入问题中，大球体的半径基本上与$\sqrt{d}$成正比，而较小球体的半径与噪声的标准偏差 $\sigma_V$ 成正比。

可以看出，一个问题中的噪声与另一个问题中的失真之间存在对偶关系，这与关于在无噪声和无失真情景之间可达速率的对偶性结果是一致的。

### 3.3.5 嵌套栅格码的构建

嵌套栅格可以用来为高斯平方情形的信息嵌入和 Wyner-Ziv 问题构建最优码，本节对高 SDR 和高 SNR 的对偶情况分别进行描述，它们产生的代码是相互对偶的。

定义一个(无界)$n$ 维栅格 $L$ 为一组码字$\{l_i\}$：

$$l_i \in \mathbb{R}^n, \quad l_0 = 0, \quad l_i + l_j \in L, \quad \forall i,j \tag{3.28}$$

采用一个最小欧几里得距离译码器，可以将任何信号 $X$ 量化为与其最接近的码字，其量化过程如下：

$$Q(U) \triangleq \underset{l \in L}{\operatorname{argmin}} \ \| U - l \|^2 \tag{3.29}$$

式中：$\|\cdot\|$表示欧几里得范数。那么相关的量化误差就是

$$E = U - Q(U) \tag{3.30}$$

量化器为栅格指定特殊的 Voronoi 区域：

$$v_i = \{U: Q(U) = 0\}$$

Voronoi 区域便于描述其体积 $V$、二阶矩 $\sigma^2$ 和标准化的二阶矩 $G$，分别是

$$V = \int_v \mathrm{d}U, \quad \sigma^2 = \frac{1}{nV}\| U \|^2 \mathrm{d}U, \quad G = \frac{\sigma_i^2}{V^{2/n}} \tag{3.31}$$

当 $L$ 是一个合适的栅格(即在球体覆盖/打包场景下构成了好的信源信道编码)，$n$ 足够大，且在高分辨率(高信号量化误差 $\sigma_U^2/\sigma^2$)状态下，可以得到以下性质：

**性质 1**：量化误差式(3.30)是零均值高斯白噪声，方差为 $\sigma^2$，且与式(3.29)无关。

**性质 2**：对于所有的 $\varepsilon<0$，当 $l\in L$ 且 $\boldsymbol{Z}$ 是零均值高斯白噪声向量时，译码错误的概率 $\Pr\{Q(l+Z)\neq l\}<\varepsilon$ 独立于所有方差为 $\sigma^2-\varepsilon$ 的元素 $l$。

**性质 3**：当 $\varepsilon>0$ 时，$\log_2(2\pi eG)<\varepsilon$[9]。

选取两个栅格 $L_1$ 和 $L_2$，其中 $L_2$ 嵌套在 $L_1$ 中，即 $L_2\subset L_1$。对于栅格 $L_1$，相关量化器、Voronoi 区域、体积、二阶矩和归一化二阶矩可以分别表示成：$Q_i(\cdot)$，$v_i$，$V_i$，$\sigma_i^2$ 和 $G_i$。

用 $L_2^S$ 表示与陪集位移 $S$ 相对应的陪集，因此，这个陪集对应的量化器可以表示成以下形式：

$$Q_2^S(U)=Q_2(U-S)+S \tag{3.32}$$

**1. 信息嵌入的嵌套栅格码字**

基于上述结果，对失真补偿量化索引调制(DC-QIM)进行实现，构造对应的嵌套栅格。这些码字在高 SDR 情形下可达信息嵌入容量。此处不考虑量化抖动的使用。

选择嵌套栅格使得

$$\sigma_1^2=(1-b)^2\sigma_2^2+\sigma_V^2+\varepsilon \tag{3.33}$$

式中：

$$b=\frac{d}{d+\sigma_V^2} \tag{3.34}$$

信息嵌入编码器基于这些栅格采用 DC-QIM[4] 的形式，即复合信号 $W$ 由载体信号 $X$ 以及信息 $m$ 的陪集转移 $S=g(m)$ 构建

$$W=aX+b\widetilde{W} \tag{3.35}$$

$$\widetilde{W}=Q_2^S(X) \tag{3.36}$$

式中：$\alpha$ 是另一个参数。相关的译码器将观测对象 $\boldsymbol{Y}$ 的最邻近陪集的索引作为信息的估计，即 $\hat{M}=k(Q_1(Y))$。

首先证明嵌入率 $R$ 可以任意接近于容量，它可以根据栅格性质得出。事实上，通过性质 3 以及式(3.33)，从索引 $\{1,2,\cdots,2^{nR}\}$ 中均匀采样得出信息 $M$，该系统的嵌入率在下式所得结果的 $1/n$ 比特之内

$$\begin{aligned}R&=\frac{1}{n}\log_2\left(\frac{V_2}{V_1}\right)=\frac{1}{2}\log_2\left(\frac{\sigma_2^2G_1}{\sigma_1^2G_2}\right)\\&\geqslant\frac{1}{2}\log_2\left(\frac{\sigma_V^2+d}{\sigma_V^2}\right)-O(\varepsilon)=C^{\mathrm{IE}}(d)-O(\varepsilon)\end{aligned} \tag{3.37}$$

此外，通过选择合适的参数 $\alpha$，可以确保编码器满足感兴趣区域中的失真约束。因此，定义量化误差

$$E_2=X-Q_2^S(X) \tag{3.38}$$

同时令 $a=1-b$ 可得

$$W=X-bE_2 \tag{3.39}$$

在栅格 $L_2$ 的上下文中应用性质 1，通过式(3.39)，得到嵌入失真

$$\frac{1}{n}E[\parallel X-W\parallel^2]=b^2\sigma_2^2=d \tag{3.40}$$

最后，它显然可以证明译码器可达到任意低的比特误码率(Bit Error Rate, BER)。

因此

$$Y = W + V \tag{3.41}$$
$$= (X - E_2) + ((1-b)E + V) \tag{3.42}$$
$$= Q_2^S(X) + ((1-b)E_2 + V) \tag{3.43}$$
$$= \widetilde{W} + Z \tag{3.44}$$

式中：式(3.42)由式(3.39)得出，式(3.43)由式(3.38)得出，在式(3.36)中定义了$\widetilde{W}$和 $Z=(1-b)E_2+V$。现在，通过栅格 $L_2$ 的性质 1，可以知道 $E_2$ 以及 $Z$ 是高斯白噪声分布，且独立于$\widetilde{W}$。通过栅格 $L_1$ 的性质 2，可以从式(3.44)中得出 $Q_1(Y)=\widetilde{W}$ 的概率至少为$1-\varepsilon$，因为 $Z=\sigma_1^2-\varepsilon$。但是由于 $k(\widetilde{W})=k(S)=M$，因此译码器估计值 $k(Q_1(Y))$为 $M$ 的概率至少为 $1-\varepsilon$。

**2. Wyner-Ziv 编码的嵌套栅格码**

类似地，嵌套栅格可以用于在高斯平方情形下构建 Wyner-Ziv 编码，文献[10]中已经在高信噪比($\sigma_Y^2/\sigma_V^2$)的限制下提出了一种基于抖动的结构。这种结构可以满足所有高信噪比的率失真限制，见附录 3.3。本章仅介绍不含抖动的情形。Wyner-Ziv 编码器(译码器)与信息嵌入译码器(编码器) 具有相同的形式，因此本章介绍的内容仅考虑 $d<\sigma_{Y|X}^2$ 情形。

对于这个问题，嵌套栅格的选择需使得

$$\sigma_1^2 = \frac{d\sigma_V^2}{\sigma_V^2 - d} \text{ 以及 } \sigma_2^2 = \sigma_1^2 + \sigma_V^2 + \varepsilon \tag{3.45}$$

一个符合条件的编码器通过这些栅格将最邻近的陪集索引传送给信源 $Y$，即它传送 $M=k(Q_1(Y))$。译码器观察 $X$ 和 $M$，计算陪集转移 $S=g(M)$，然后产生一个下列形式的信源估计值：

$$W = aX + b\widetilde{W} \tag{3.46}$$

式中：

$$\widetilde{W} = Q_2^S(X) \tag{3.47}$$

事实上，性质 3 和式(3.45)规定码率应当在以下码率的 $1/n$ 比特以内：

$$R = \frac{1}{n}\log_2\left(\frac{V_2}{V_1}\right) = \frac{1}{2}\log_2\left(\frac{\sigma_2^2 G_1}{\sigma_1^2 G_2}\right)$$
$$\leqslant \frac{1}{2}\log_2\left(\frac{\sigma_V^2}{d}\right) + O(\varepsilon)$$
$$= \lim_{SNP\to\infty} R_{Y|X}^{WZ} + O(\varepsilon) \tag{3.48}$$

式中：最后一个的等式是由式(3.23)，以及 $\sigma_Y^2/\sigma_V^2\to\infty$，$\sigma_{Y|X}^2=\sigma_Y^2\sigma_V^2/(\sigma_Y^2+\sigma_V^2)\to\sigma_V^2$ 得到的。

接下来，为了验证译码器可以在失真 $d$ 内重构信源 $Y$，首先定义量化误差

$$E_1 = Y - Q_1(Y) \tag{3.49}$$

并将收到的数据 $X$ 用下列形式表达：

$$X = Q_1(Y) + E_1 + V = Q_1(Y) + Z \tag{3.50}$$

其中，已经定义了 $Z=E_1+V$。现在在 $L_1$ 上应用性质 1，并利用 $V$ 和 $Y$ 无关性，可以得到 $Z$ 是高斯分布且与 $Q_1(Y)$无关。相反，因为 $Q_1(Y)\in L_2^S$，$Z=\sigma_2^2-\varepsilon$ 的概率至少为 $1-\varepsilon$，可以在

$L_2^S$ 上使用性质 2 来获得

$$\widetilde{W} = Q_2^S(X) = Q_1(Y) \tag{3.51}$$

反过来，将式(3.51)代入式(3.46)，就可以得到下式成立的概率为 $1-\varepsilon$

$$W = aX + bQ_1(Y) \tag{3.52}$$

选择 $a$ 和 $b$ 以使 $W$ 和 $Y$ 之间的均方失真最小化，通过基本线性最小均方差(MMSE)估计理论，获得最优 $a$ 和 $b$ 产生的均方估计误差为

$$\frac{1}{n}E[\|W-Y\|^2] = d + O(\varepsilon) \tag{3.53}$$

这证明了它满足失真约束。

## 3.4　二元汉明情形

在本节中，考虑这样一种情景，其中信息嵌入问题中的载体以及 Wyner-Ziv 编码问题中的信源均是 Bernoulli(1/2)序列，其中 Bernoulli($p$)表示一个独立同分布二进制($\in\{0,1\}$)随机变量序列，每个随机变量都以概率 $p$ 取值 1。在这两个问题中对应的信道是二元对称信道，翻转概率为 $p$。失真度量 $D(\cdot,\cdot)$是汉明度量，对应于误码率。在本节中，使用 $h(\alpha)$表示 Bernoulli ($\alpha$)信源的熵，即

$$h(q) = -q\log_2(q) - (1-q)\log_2(1-q)$$

$p*q$ 表示二进制卷积，即

$$p*q = p(1-q) + q(1-p)$$

### 3.4.1　二元汉明信息嵌入容量

二进制汉明情形下的信息嵌入容量如下。

**声明 3.3**：对于二元汉明情形，失真约束下的信息嵌入容量 $C^{\mathrm{IE}}(d)$是以下函数的上凹向包络：

$$g_p^{\mathrm{IE}}(d) = \begin{cases} 0, & 0 \leqslant d < p \\ h(d) - h(p), & p \leqslant d \leqslant 1/2 \end{cases} \tag{3.54}$$

$$C^{\mathrm{IE}}(d) = \begin{cases} \dfrac{g_p^{\mathrm{IE}}(d_p)}{d_p}d \\ g_p^{\mathrm{IE}}(d) \end{cases} \tag{3.55}$$

式中：$d_p = 1-2^{-h(p)}$。

**声明 3.4**：对于二元汉明情形，失真约束的信息嵌入容量 $C_{\mathrm{priv}}^{\mathrm{IE}}(d)$是

$$C_{\mathrm{priv}}^{\mathrm{IE}}(d) = h(p*d) - h(p), \quad 0 \leqslant d \leqslant 1/2 \tag{3.56}$$

声明 3.3 和声明 3.4 的证明在附录 3.4 中，图 3-7 说明 $C^{\mathrm{IE}}(d)$和 $C_{\mathrm{priv}}^{\mathrm{IE}}(d)$为信道转移概率为 $p=0.1$ 时失真约束的函数。可以发现对于所有的 $0<d<1/2$，均有 $C_{\mathrm{priv}}^{\mathrm{IE}}(d)>C^{\mathrm{IE}}(d)$。显而易见，在这个范围内，式(3.6)不成立。

### 3.4.2　二元汉明 Wyner-Ziv 率失真函数

这种情况下的 Wyner-Ziv 率失真函数被定义为下凸包络函数。图 3-7 为信道转移概率

$p=0.1$ 时二元汉明情况下信息嵌入的容量。

$$g_p^{\mathrm{WZ}}(d)=\begin{cases}h(p*d)-h(p), & 0\leqslant d<p\\ 0, & d=p\end{cases} \tag{3.57}$$

$$R_{Y|X}^{\mathrm{WZ}}(d)=\begin{cases}g_p^{\mathrm{WZ}}(d), & 0\leqslant d\leqslant d_P\\ g_p^{\mathrm{WZ}}(d_P)\left(1-\dfrac{d-d_P}{p-d_P}\right), & d_P<d\leqslant p\end{cases} \tag{3.58}$$

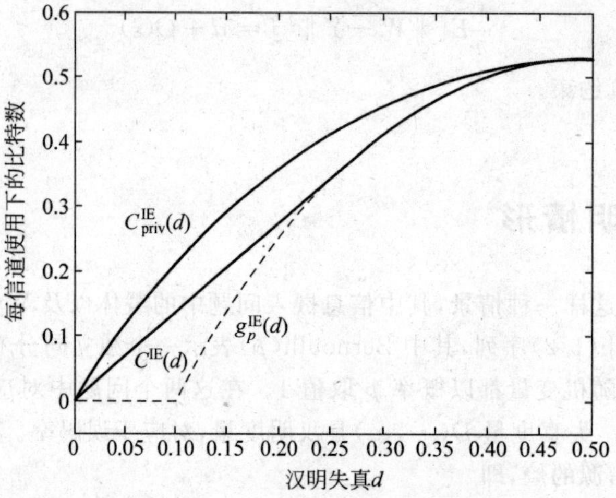


图 3-7 信道转移概率 $p=0.1$ 时二元汉明情况下信息嵌入的容量。虚线是来自式(3.54)中的函数 $g_p^{\mathrm{IE}}(d)$。下面的实线分别是 $C_{\mathrm{priv}}^{\mathrm{IE}}(d)$和 $C^{\mathrm{IE}}(d)$,分别表示在译码器处已知和未知 $X$ 的信息嵌入容量

而 $d_P$ 是下列方程的解：

$$\frac{g_p^{\mathrm{WZ}}(d_P)}{d_P-p}=\dot{g}_p^{\mathrm{WZ}}(d_P) \tag{3.59}$$

式中：· 表示差异化算子。为了更好地比较,给出了二元对称情况下的条件率失真函数($X$ 在编码器和译码器已知)：

$$R_{Y|X}(d)=\begin{cases}h(p)-h(d), & 0\leqslant d\leqslant p\\ 0, & d\geqslant p\end{cases} \tag{3.60}$$

图 3-8 显示了 $R_{Y|X}^{\mathrm{WZ}}(d)$和 $R_{Y|X}(d)$在信道转移概率为 $p=0.25$ 时的情况,它可以与图 3-7 进行比较。

### 3.4.3 嵌套二元线性编码

本小节介绍使用一对嵌套二元线性码来实现在二元汉明情况下的最佳的信息嵌入和 Wyner-Ziv 编码。码字符号定义如下：具有长度为 $n$ 的 $2^m$ 个码字的二元线性码 $C$,是由 $H$ 维 $m\times n$ 的奇偶校验矩阵定义,其满足如下性质：

$$HC^{\mathrm{T}}=0,\ \forall C\in C \tag{3.61}$$

式中：T 表示转置运算符,任意向量 $X$ 所对应的伴随式为 $HX^{\mathrm{T}}$。下式所代表的最小距离译码器可以将任意信号 $U$ 量化为距离最小的码字

$$Q(U)=U\oplus f(HU^{\mathrm{T}}) \tag{3.62}$$

式中：$\oplus$表示模 2 加法运算；$f(\cdot)$是相关联的译码函数；产生的量化误差是：

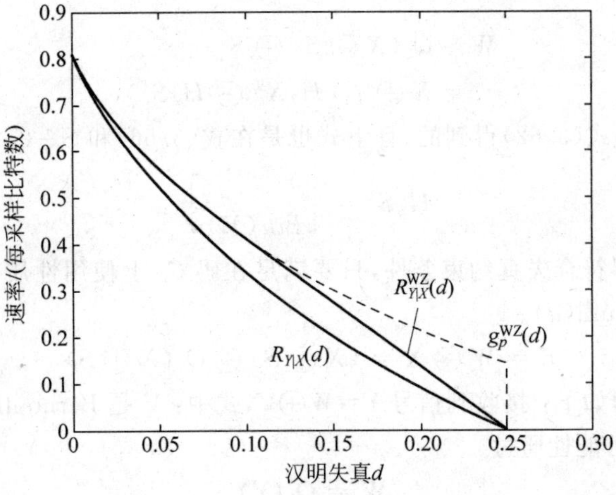


图 3-8 信道转移概率 $p=0.25$ 的二元汉明状态下的 Wyner-Ziv 率失真函数。虚线表示式(3.57)的函数 $g_p^{WZ}(d)=h(p*d)-h(p)$。连续较低的实线分别是 $R_{Y|X}^{WZ}(d)$ 和 $R_{Y|X}(d)$ 分别在编码器已知和未知 $X$ 处的率失真函数

$$E = U \oplus Q(U) = f(HU^{T}) \tag{3.63}$$

通过 $m/n=h(q)$ 的码率使 $0\leqslant q<1/2$。那么当 $\mathcal{C}$ 是一个合适的码字并且 $n$ 足够大时，就有以下性质：

**性质 1**：量化误差式(3.63)是 Bernoulli($q$)分布且与式(3.62)无关，它是量化的码字。

**性质 2**：对所有 $C\in\mathcal{C}$，当 $Z$ 是 Bernoulli($q$)分布且独立于 $C$，译码错误的概率 $\Pr\{Q(C+Z)\neq C\}$ 非常小。

选定两个二元线性码 $C_1$ 和 $C_2$，其中 $C_2$ 嵌套在 $C_1$ 中，即 $C_2\subset C_1$。码 $C_i$ 的相关码率、奇偶校验矩阵、量化器和译码函数分别用 $m_i/n=h(q_i)$，$H_i$，$Q_i(\cdot)$以及 $f(\cdot)$来表示。另外，由于嵌套的原因，可以得到

$$H_2 = \begin{bmatrix} H_1 \\ H_a \end{bmatrix} \tag{3.64}$$

式中：$H_a$ 的向量维数是 $(m_2-m_1)\times n$。此外，$C_1$ 可以分割成 $2^{m_2-m_1}$ 个陪集对应于 $C_2$ 及其他的移位。

**1. 用于信息嵌入的嵌套二元码**

二元汉明情况的信息嵌入中再次采用 QIM 的形式。但是，在这种二元汉明情况下，不涉及失真补偿。为了设计适当的 QIM 方案，选择 $q_1=p$ 和 $q_2=d$，因此码率是 $m_1/n=h(d)$ 和 $m_1/n=h(d)$。这里只关注 $d\geqslant d_p$ 的情况。

让信息 $M$ 的速率为

$$R = C^{IE}(d) = h(d) - h(p) = \frac{m_2 - m_1}{n} \tag{3.65}$$

并且每个 $M$ 与一个陪集位移 $S\in C_1$ 通过下式进行关联

$$H_a S^{T} = Bin(M) \tag{3.66}$$

式中：$Bin(M)$表示元素是 $M$ 的二元展开式的长度 $n$ 的向量，编码器根据 QIM 生成复合信

号 $W \in C_1$

$$W = Q_2(X \oplus S) \oplus S \tag{3.67}$$

$$= X \oplus f_2(H_2 X^{\mathrm{T}} \oplus H_2 S^{\mathrm{T}}) \tag{3.68}$$

式中：式(3.68)是从式(3.62)得到的，且下式也是在式(3.66)和 $S \in C_1$ 的基础上实现的。

$$H_2 S^{\mathrm{T}} = \begin{bmatrix} 0 \\ Bin(M) \end{bmatrix} \tag{3.69}$$

为了确认编码器符合失真约束条件，只要满足在码 $C_2$ 上使用性质 1 的需求，就可以得到量化误差是 Bernoulli($d$)。

$$E = W \oplus X = (X \oplus S) \oplus Q_2(X \oplus S) \tag{3.70}$$

相关的译码过程如下：接收到信号 $Y = W \oplus V$，式中：$V$ 是 Bernoulli($p$)。使用码 $C_1$ 的性质 2，就有极大的可能性通过

$$W = Q_1(Y) \tag{3.71}$$

获得 $W$。反之，可以通过

$$Bin(M) = H_a S^{\mathrm{T}} = H_a W^{\mathrm{T}} \tag{3.72}$$

用 $W$ 去重新获得 $Bin(M)$ 和 $M$，式中第一个值可以通过式(3.66)获得；第二个值是当 $C_2$ 生成码字 $Q_2(\cdot)$ 时式(3.67)的结果。

对于无噪声情形有：

通过式(3.20)，很容易确定复合信号在载体的汉明距离 $d$ 以内的约束下，二元汉明嵌入容量是

$$C_{\text{noise-free}} = \max_{P_{Y|X}(y|x)} H(Y \mid X) = H(d) \tag{3.73}$$

因此，为了达到任意接近容量的速率(见式(3.73))，需要使用 3.4.3.1 小节中的嵌套线性码方案来进行信息嵌入，且 $p = 0$。

**2. 用于 Wyner-Ziv 编码的嵌套二元码**

关于 Wyner-Ziv 问题的相应嵌套码字，为了说明它与信息嵌入解决方案的对偶性，这里介绍一些重要的结构特征，讨论范围限定在误码率 $0 \leqslant d \leqslant d_p$。

编码器计算

$$S = Q_1(Y) \in C_1 \tag{3.74}$$

并发送长度为 $m_2 - m_1$ 的伴随式 $H_a S$，用来描述 $C_1$ 到 $Y$ 的最近的陪集。因此，编码器的速率是

$$\frac{m_2 - m_1}{n} = h(p * d) - h(d) = R \tag{3.75}$$

相关的译码器观察量 $H_a S$、$\boldsymbol{X}$，重构信源为

$$W = Q_2(X \oplus S) \oplus S \tag{3.76}$$

$$= X \oplus f_2(H_2 X^{\mathrm{T}} \oplus H_2 S^{\mathrm{T}}) \tag{3.77}$$

式中：$H_2 S^{\mathrm{T}}$ 是通过式(3.78)从接收的边信息构建

$$H_2 S^{\mathrm{T}} = \begin{bmatrix} 0 \\ H_a S^{\mathrm{T}} \end{bmatrix} \tag{3.78}$$

重新构建的 $W$ 符合失真约束，在码 $C_2$ 上使用性质 1，可以得到 $S$ 中的量化误差为

Bernoulli($d$)

$$E = S \oplus Y = Q_1(Y \oplus Y) \tag{3.79}$$

接下来，将信道输出表示为

$$X = Y \oplus V \tag{3.80}$$

式中：$V$ 是 Bernoulli($p$)，通过式(3.79)，式(3.80)可以得到

$$X \oplus S = E \oplus V \tag{3.81}$$

其分布为 Bernoulli($p * d$)，但是使用码 $C_2$ 的性质 2，有极大概率可得

$$W = Q_2(X \oplus S) \oplus S = Q_2(E \oplus V) \oplus S = 0 \oplus S = S \tag{3.82}$$

因此有极大概率可得重构误差为

$$W \oplus Y = S \oplus Y = E \tag{3.83}$$

其分布为 Bernoulli($d$)。

对于无失真情形有：

当对 3.4.3 节中和点设计的嵌套码字设定 $d=0$，该码即是由 Wyner 提出的众所周知的 Slepian-Wolf 码。从这个角度可以看到嵌入用的嵌套线性码在无噪声情况下是 Wyner 的 Slepian-Wolf 编码的对偶形式，即一种情况下的编码器是另一种情况下的译码器，反之亦然。

## 3.5　分层联合信源信道编码

下面对本章所介绍的理论在实际隐写编码算法中的应用进行介绍。本章所介绍的信息嵌入和 Wyner-Ziv 编码之间的对偶关系可用于开发各种新型系统。本节以一个分层联合信源信道编码系统为例进行介绍。

该系统可由 Wyner-Ziv 和信息嵌入子系统的互联形成。图 3-9 中描绘了简单的两层实现。在该系统中，使用信息嵌入将信源 $X$ 的 Wyner-Ziv 表示形式 $M$ 嵌入到信源中以产生发送信号 $W$，其中 Wyner-Ziv 编码考虑了由嵌入产生的信源额外衰减(超出了信道中引入的衰减)。相关的译码器在接收信号 $Y$ 的两层上操作。如图 3-9 所示，它通过信息嵌入的译码器提取信源的 Wyner-Ziv 表示，并在 Wyner-Ziv 译码器中使用它们来重构源的估计 $\hat{X}$。注意这个系统的编码器和译码器具有相同的结构，这是因为信息嵌入编码器的结构与 Wyner-Ziv 译码器的结构相同，反之亦然。

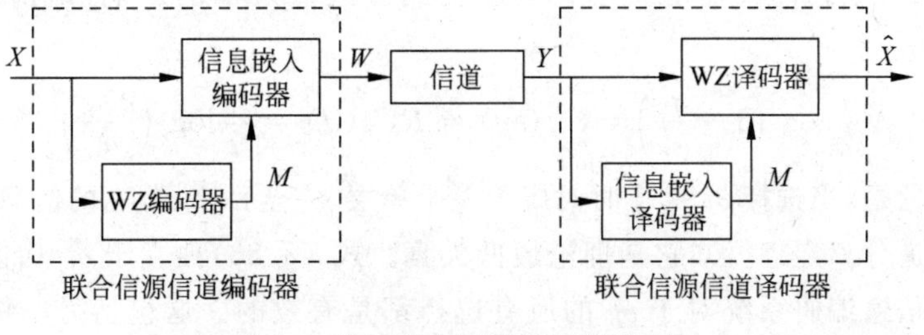


图 3-9　分层联合信源信道编码系统

该系统可以被应用于具有两类接收者的广播设置中，两类接收者包括：掌握 Wyner-Ziv 和信息嵌入码本的私密接收者以及没有码本信息的公开接收者。因此，公开接收者构

建了一个估计$\hat{X}_{pub}$,而不用译码嵌入的信息,而私密接收方从两层共同构建估计$\hat{X}$。

通过改变编码器内的 Wyner-Ziv 比特率(并相应地调整私密译码器参数),可以控制公开估计 $Y$ 的质量;同时,Wyner-Ziv 比特率越高,公开接收方估计的质量越低。且私密估计的质量随着比特率的变化而变化。当私密估计的质量与选定的公开估计质量无关时,称这个系统为"有效"的系统。以下将对两个系统进行检验:一是对于高斯平方情形,另一个是对于二元汉明情形。

### 3.5.1 高斯平方情形

在这一小节中,构造了一个分层的联合信源信道编码,它对高斯平方情形是有效的。令高斯信源 $X$ 独立同分布且服从正态分布 $N(0,\sigma_X^2)$,信道中独立加性高斯白噪声 $V=Y-W$,服从正态分布 $N(0,\sigma_V^2)$,采用前面章节所介绍的信息嵌入和 Wyner-Ziv 子系统来实现。

当在嵌入失真约束 $\sigma_E^2$ 下使用容量可达编码实现嵌入时,嵌入会添加与 $X$ 无关的噪声 $E\sim N(0,\sigma_E^2 I)$,为了使总的传输功率服从方差为 $\sigma_X^2$ 的正态分布,自变量 $X$ 在完成嵌入之前需要进行如下处理

$$\mu=\sqrt{\frac{\sigma_X^2-\sigma_E^2}{\sigma_X^2}} \tag{3.84}$$

在接收端观察到的信号是

$$Y=W+V=(\mu X+E)+V \tag{3.85}$$

基于 MMSE 估计理论,最优的公开接收信号估计是

$$\hat{X}=\frac{\mu\sigma_X^2}{\sigma_X^2+\sigma_V^2}\cdot Y \tag{3.86}$$

以及产生失真为

$$d_{\text{pub}}=\sigma_{X|Y}^2=\sigma_X^2\cdot\frac{\sigma_V^2+\sigma_E^2}{\sigma_V^2+\sigma_X^2} \tag{3.87}$$

因此,随着 $\sigma_E^2$ 从 0 变化至 $\sigma_X^2$,$d_{\text{pub}}$ 将从

$$d_{\min}=\frac{\sigma_X^2\sigma_V^2}{\sigma_X^2+\sigma_V^2} \tag{3.88}$$

变化至 $\sigma_X^2$,相应的观测信号没有传递与信源 $X$ 有关的信息。

为了获取私密译码器的失真 $d$,当 $\sigma_X^2$ 固定时,最大可达嵌入率为 $C^{\text{IE}}(\sigma_E^2)$,给定该数据速率,Wyner-Ziv 编码译码器的最小失真度受到可达嵌入率的影响,即由此产生的失真 $d$ 是下式的解:

$$\frac{1}{2}\log_2\left(1+\frac{\sigma_E^2}{\sigma_V^2}\right)=C^{\text{IE}}(\sigma_E^2)=R_{X|Y}^{\text{WZ}}(d)=\frac{1}{2}\log_2\left(\frac{\sigma_{X|Y}^2}{d}\right) \tag{3.89}$$

需要注意的是,当选择 $\sigma_E^2=\sigma_X^2$ 时对应于一个单层、完全私密、分离的信源和信道编码系统。由信源信道分离定理可知它是理论最低失真。式 (3.88)独立于 $\sigma_E^2$ 均值。因此,这种分层联合信源信道编码系统对于 $\sigma_E^2$ 的所有选择都是有效的。这包括另一极端情况($\sigma_E^2=0$),它对应于单层未编码(完全公开)传输,在高斯二次方案中的效率是众所周知的,本章节不再介绍,证明过程可参见文献[11]的 5.2 节。

多层联合源信道编码可由上述的双层联合信源信道编码推广得到。该系统可以用来支

持私密用户的嵌套，每个用户都能够逐步对信源进行更好的估计。$(t+1)$层系统的编码是从失真级别为 $\sigma_i^2$ 的连续 $t$ 层嵌入产生的，产生的复合信号序列为 $W_i, i=1,2,\cdots,t$。尤其是在每一层，复合信号 $W_i$ 是通过将前面的复合信号的相关 Wyner-Ziv 编码信号 $W_{i-1}$ 嵌入到其自身中而生成的。最终的复合信号 $W=W_t$ 通过信道进行传输。在每个嵌入中，幅值被重新归一化以保持每个复合信号的功率为 $\sigma_X^2$。这样产生的复合信号，可以用以下形式来表达：

$$W_0 = X$$

$$W_i = \mu_i W_{i-1} + E_i, \quad i = 1,2,\cdots,t \tag{3.90}$$

式中：

$$\mu_i = \sqrt{\frac{\sigma_X^2 - \sigma_i^2}{\sigma_X^2}} \tag{3.91}$$

且 $E_i \sim N(0,\sigma_i^2 I)$，独立变量 $W_{i-1}, i=1,2,\cdots,t$。

接收到的信号被译码如下：有 $t$ 个码本 $C_i, i=1,2,\cdots,t$。其中，最后的 $r$ 个可用于第 $r$ 层(私密)译码器。第 $r$ 个嵌入信息可通过使用码本 $C_t$ 的信息嵌入译码器从通道输出 $Y=\hat{W}_t$ 中提取，并且这些比特通过关联的 Wyner-Ziv 译码器，用于重构 $W_{t-1}$ 的估计值 $\hat{W}_{t-1}$，造成的失真可由式(3.88)估计得到。通过估计 $\hat{W}_{t-2}$ 来重构前面的复合信号估计 $\hat{W}_{t-1}$，其失真依然可由式(3.88)得到。该过程一直持续到通过码本 $C_{t-r}$ 译码来形成 $\hat{W}_{t-r}$。如果所有 $t$ 个码本都在译码端可知，也就是译码器在第 $t$ 层，则信源重构 $\hat{X}=\hat{W}_0$ 可达最佳保真度，即式(3.88)。因此，在没有其他可供选择的信道编码方案可以做得更好的情况下，多层嵌入仍然是有效的。

接下来的工作是分析其他类别译码器的性能。简单起见，此处只关注每层嵌入失真相同的情形，即 $\sigma_i^2=\sigma_E^2$，$i=1,2,\cdots,t$，通过式(3.84)可得

$$\mu_i = \mu = \sqrt{(\sigma_X^2 - \sigma_E^2)/\sigma_X^2}, \quad i = 1,2,\cdots,t \tag{3.92}$$

第 $r$ 级译码器可以译码到第 $t-r$ 层，从而获得 $\hat{W}_{t-r}$，则有

$$\lambda^{-r} Y_{t-r} = \lambda^{-r}\hat{W}_{t-r} = W_{t-r} + \widetilde{V}_{t-r} \tag{3.93}$$

此时，$\widetilde{V}_{t-r} \sim N(0,\sigma_v I)$ 独立于 $W_{t-r}$，且

$$\lambda = \frac{\sigma_X^2}{\sigma_X^2 + \sigma_V^2} \tag{3.94}$$

根据迭代公式(3.90)展开 $W_{t-r}$ 可得

$$\lambda^{-r} Y_{t-r} = \mu^{t-r} X + \sum_{i=0}^{t-r-1} \mu^i E_{t-r-i} + \widetilde{V}_{t-r} \tag{3.95}$$

式中：$X$、$\widetilde{V}_{t-r}$ 以及 $E_1, E_2, \cdots, E_{t-r}$ 都是互不相关的高斯分布。因此，第 $r$ 层译码器估计值是

$$\hat{X} = \mu^{t-r}\lambda^{1-r} Y_{t-r} \tag{3.96}$$

对于从 $Y_{t-r}$ 中得到的 $X$ 的 MMSE 估计值误差的失真为

$$d_r = \sigma_X^2 \frac{\sigma_V^2 + \sigma_X^2(1-\mu^{2(t-r)})}{\sigma_V^2 + \sigma_X^2} \tag{3.97}$$

它随着接收器可用的码本数目 $r$ 呈指数衰减，衰减的时间常数随 $\log_2 \mu^2$ 线性增加。反过来，$\mu^2$ 随着单层的嵌入失真 $\sigma_E^2$ 呈线性减小。当 $(t-r)\to\infty$(需要 $t\to\infty$)时，对于所有的 $r$，

有 $d_r \to \sigma_X^2$。更通俗地说，通过变化 $i$ 改变 $\sigma_i^2$，可以获得对于不同 $r$ 的 $d_r$。

### 3.5.2 二元汉明情形

图 3-9 所示的分层联合信源信道编码系统也可以针对二元汉明情形进行设计。此处可采用类似于高斯平方情形的实现，用 $p$ 表示二元对称信道的翻转概率。

首先对可达的失真进行评估。如附录 3.4 所示，信息嵌入容量 $C^{IE}(q)$ 在失真 $q$ 下可达，该失真相当于翻转概率为 $q$ 的二元对称信道作用于信源 $X$。因此，信息嵌入和物理信道的组合效应将是一个翻转概率为 $q*p$ 的二元对称信道，所以对于 Wyner-Ziv 编码，边信息是在 Bernoulli$(q*p)$ 过程中受损的信源。因此，在这种情况下最佳（公开）的信源估计值是 $\hat{X}_{pub}=Y$，相关的失真是

$$d_{pub} = p * q \tag{3.98}$$

当 $q$ 从 0 变化到 1/2 时，$d_{pub}$ 的变化从

$$d_{min} = p \tag{3.99}$$

到 1/2，它对应于没有传递任何有效（公共）信源 $X$ 的观测值。

同时，可达的私密失真 $d$ 是如下公式的解

$$C^{IE}(q) = R_{X|Y}^{WZ}(d) \tag{3.100}$$

式(3.100)的左侧是式(3.54)中定义的函数 $g_p^{IE}(q)$ 的上凹包络（the upper concave envelope)，式(3.100)的右侧是式(3.57)中定义的函数 $g_{p*q}^{WZ}(d)$ 的下凸包络。

当 $q=1/2$ 时，对应于单层、完全私密、分离信源信道编码系统；当满足 $d=p$ 时式(3.100)可以变为

$$1-h(p) = C^{IE}(1/2) = R_{X|\phi}^{WZ}(d) = 1-h(d) \tag{3.101}$$

通过源信道分离定理，这是在此信道上任何系统可以实现的最佳失真。对于单层、完全公开的未编码系统，即 $q=0$，利用接收到的数据作为信源估计显然可以使得失真 $d=p$ 成立。在更加一般的情形下，产生的标准化后的失真 $d$ 如图 3-10 所示，其作为不同 $p$ 取值下 $q$ 的函数。

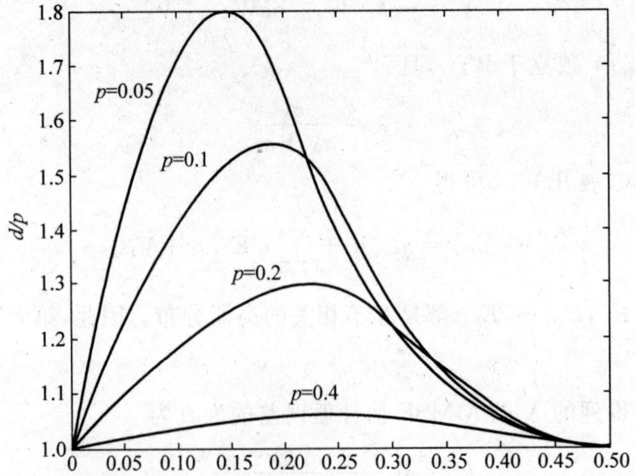


图 3-10 二元对称信道下分层信源信道编码的性能，绘制的是 $p=0.05,0.1,0.2,0.4$ 时重构失真作为嵌入失真的函数

## 3.6　本章小结

本章介绍了信息嵌入和 Wyner-Ziv 编码之间固有的对偶性,利用这种关系在信息嵌入和嵌套码上可以实现很多有趣的隐写编码应用。本章介绍的分层联合信源信道编码系统是对这种对偶性的直接应用,该系统具有对称的编码-译码结构,在高斯平方和二元汉明这两种具有代表性的情形下进行了评估,但是在没有信道的情况下,通过对其性能进行检验可能会产生更有趣的结果。本章的内容对于深入理解隐写术中的隐写编码思想有着重要的作用,事实上,本书后续所介绍的多种隐写编码方案都是起源于信道编码和信源编码理论。

## 附录 3.1　关于声明 3.1 的逆的证明

声明为:对于任何速率 $R \geqslant C^{\mathrm{IE}}(d)$,对于一个长度为 $n$ 的码的最大错误概率 $P_e^{(n)}$ 其下界都大于 0。从两个有用的引理开始该声明的证明。

**引理 3.1**:容量 $C^{\mathrm{IE}}(d)$是一个对于变量 $d$ 非递减的凹函数。

**证明**:首先,$C^{\mathrm{IE}}(d)$是一个非递减函数,随变量 $d$ 增加而增加。要建立凹函数,取任何两个值 $d_1$ 和 $d_2$,以及相应的函数 $U_1$、$f_1$ 和 $U_2$、$f_2$,它们分别使式(3.1)对于给定失真的参数最大化。设 $Q$ 是一个独立于 $X,Y,U_1$ 和 $U_2$ 的随机变量,它取值 1 的概率为 $\lambda$,取值 2 的概率为 $1-\lambda$,定义 $Z=(Q,U_q)$并使 $f(Z,X)=f_Q(U_q,X)$,这意味着失真为

$$d= E[D(X,W)] \tag{3.102}$$
$$= \lambda E[D(X,f_1(U,X))+(1-\lambda)E]D(X,f_2(U_2,X)) \tag{3.103}$$
$$= \lambda d_1 + (1-\lambda)d_2 \tag{3.104}$$

和

$$I(Z;\ Y) - I(Z;\ X) \tag{3.105}$$
$$= H(Y) - H(Y \mid Z) - H(X) + H(Y \mid Z) \tag{3.106}$$
$$= H(Y) - H(Y \mid U_Q,Q) - H(X) + H(X \mid U_Q,Q) \tag{3.107}$$
$$= H(Y) - \lambda H(Y \mid U_1) - (1-\lambda)H(Y \mid U_2) - H(X) + \lambda H(X \mid U_1) + (1-\lambda)H(X \mid U_2) \tag{3.108}$$
$$= \lambda(I(U_1;\ Y) - I(U_1;\ X)) + (1-\lambda)I(U_2;\ Y) - I(U_2;\ X) \tag{3.109}$$

所以,

$$C^{\mathrm{IE}}(d) = \max_{U,f:\ E[D(X,f(U,X))]\leqslant d}(I(Y;\ U) - I(U;\ X)) \tag{3.110}$$
$$\geqslant I(Z;\ Y) - I(Z;\ X) \tag{3.111}$$
$$= \lambda(I(U_1;\ Y) - I(U_1;\ X)) + (1-\lambda)(I(U_2;\ Y) - I(U_2;\ X)) \tag{3.112}$$
$$= \lambda C^{\mathrm{IE}}(d_1) - (1-\lambda)\lambda C^{\mathrm{IE}}(d_2) \tag{3.113}$$

由此证明了 $C^{\mathrm{IE}}(d)$的凹函数特性。

文献[6]的结果表明,在没有失真约束时,在非奇异分布 $p_{W|U,X}$ 下无法取得比式(3.1)更

好的性能。对于存在失真约束的情形也同样成立。

**引理 3.2**：对于固定的 $p_X$ 和 $p_{Y|W,X}$

$$\sup_{p_{U|X},\, p_{W|U,X},\, E[D(X,W)]\leqslant d} I(Y;U)-I(U;X) = \sup_{p_{U|X},\, f:\mathcal{U}\times\mathcal{X}\to\mathcal{W},\, E[D(X,W)]\leqslant d} I(Y;U)-I(U;X) \tag{3.114}$$

式中：等式的右边 $p_{W|U,X}(w|u,x)=1_{\{w=f(u,x)\}}$。

**证明**：为了表明任何非确定性 $p_{W|U,X}(w|u,x)$ 最多具有确定分布的性能，此处考虑任意这样的 $p_{W|U,X}(w|u,x)$。那么对于一些 $x$ 和 $w$ 存在 $u_0\in U$，使得 $0<p_{W|U,X}(w|u_0,x)<1$ 成立。定义 $n$，函数 $f_1,f_2,\cdots,f_n$：$\mathcal{X}\mapsto\mathcal{W}$，以及满足 $\sum_i c_i=1$ 的正常数 $c_1,c_2,\cdots,c_n$ 使得

$$p_{W|UX}(w\mid u_0,x)=\sum_{i=1}^{n}c_i 1_{\{w=f_i(x)\}},\quad \forall w\in\mathcal{W},\quad x\in\mathcal{X} \tag{3.115}$$

这里通过一个简单的结构显示当 $n$ 的大小为 $|\mathcal{X}||\mathcal{W}|$ 时是足够的。令 $\mathcal{W}=\{w_1,w_2,\cdots,w_{|\mathcal{W}|}\}$ 和 $\mathcal{X}=\{x_1,x_2,\cdots,x_{|\mathcal{X}|}\}$。定义变量

$$b_{jk}=\sum_{m=1}^{j}p_{W|UX}(w_m\mid u_0,x_k),\quad j=1,2,\cdots,|\mathcal{W}|;\ k=1,2,\cdots,|\mathcal{X}|$$

并将它们和 $q_0=0$ 一起放入一组有序的非降序列(可能重复)值 $\mathcal{Q}=\{q_0,\cdots,q_n\}$ 中，其中：$n=|\mathcal{X}||\mathcal{W}|$。令 $c_i=q_i-q_{i-1}$，$i=1,\cdots,n$。对应于每个 $q_i$ 是一个 $b_{jk}$，从中定义 $f_i(x_r)=w_m$，$r=1,\cdots,|\mathcal{X}|$。其中：$m$ 是满足 $b_{mr}\geqslant b_{jk}$ 的最小索引。这些定义满足式(3.115)且 $n=|\mathcal{X}||\mathcal{W}|$，它是有限的。

继续引理的证明，定义一个新的变量取值域 $\widetilde{\mathcal{U}}=\mathcal{U}'\cup\mathcal{U}\backslash\{u_0\}$，其中：$\mathcal{U}'=\{u_1',u_2',\cdots,u_n'\}$，并且让一个新的辅助随机变量 $\widetilde{U}$ 在 $\mathcal{U}'$ 中取值并且具有联合分布

$$p_{W|\widetilde{U}X}(w\mid\tilde{u},x)=\begin{cases}p_{W|U,X}(w\mid\tilde{u},x), & \tilde{u}\in\mathcal{U}\backslash\{u_0\}\\ 1_{\{w=f_i(x)\}}, & \tilde{u}\in u'_i\in\mathcal{U}'\end{cases} \tag{3.116}$$

和

$$p_{\widetilde{U}|X}(\tilde{u}\mid x)=\begin{cases}p_{U|X}(\tilde{u}\mid x), & \tilde{u}\in\mathcal{U}\backslash\{u_0\}\\ c_i p_{U|X}(u_0\mid x), & \tilde{u}=u_i'\in\mathcal{U}'\end{cases} \tag{3.117}$$

可以直接验证 $Y$,$W$ 和 $X$ 上的联合分布在原始和新的辅助随机变量引入后的联合分布是相同的，即，

$$\sum_{\tilde{u}\in\mathcal{U}'}p_{Y|W,X}(y\mid w,x)p_{W|\widetilde{U},X}(w\mid\tilde{u},x)p_{\widetilde{U}|X}(\tilde{u}\mid x)p_X(x) = \sum_{u\in\mathcal{U}}p_{Y|W,X}(y\mid w,x)p_{W|U,X}(w\mid u,x)p_{U|X}(u\mid x)p_X(x) \tag{3.118}$$

因此，$H(Y)$ 和 $E[D(X,Y)]$ 都不会因为切换到新的辅助随机变量而发生改变。此外，$U$,$U'$ 和 $X$ 之间的联合分布定义如下：

$$p_{\widetilde{U}|U,X}(\tilde{u}\mid u,x)=\begin{cases}1_{\{\tilde{u}=u\}}, & \tilde{u}\in\mathcal{U}\backslash\{u_0\}\\ c_i 1_{\{u=u_0\}}, & \tilde{u}=u_i'\in\mathcal{U}'\end{cases} \tag{3.119}$$

式(3.119)与式(3.117)一致，$X\leftrightarrow U\leftrightarrow\widetilde{U}$ 形成马尔可夫链。因此，可得如下不等式

$$I(U;X) \geqslant I(\widetilde{U};X) \tag{3.120}$$

此外，根据式(3.115)～式(3.117)，可以得到

$$p_{Y|U}(y \mid u_0) = \sum_{i=1}^{n} c_i p_{Y|\widetilde{U}}(y \mid u_i') \tag{3.121}$$

因此，由熵的凹性质有 $H(Y|\widetilde{U}) \leqslant H(Y|U)$，它与不改变 $H(Y)$ 服从：

$$I(Y;\widetilde{U}) \geqslant I(U;Y) \tag{3.122}$$

把式(3.120)和式(3.122)结合，得到

$$I(Y;\widetilde{U}) - I(\widetilde{U};X) \geqslant I(Y;U) - I(U;Y) \tag{3.123}$$

因此，$\widetilde{U}$是最优随机变量，其取值域$\widetilde{\mathcal{U}}$比$\mathcal{U}$少一个元素，$p_{W|U,X}$是非确定性的。递归应用该逻辑可知当$\widetilde{U}$为最优辅助随机变量时，对所有 $u \in \mathcal{U}$，均有 $0 < p_{W|U,X}(w \mid u,x) < 1$，且 $p_{W|U,X}$是确定的。

尽管重复应用引理 3.2 中的逻辑会增加辅助随机变量的势，但最终的$|\widetilde{\mathcal{U}}|$是有界的。基于 Caratheodory 定理可知，对于具有非确定性 $p_{W|U,X}$ 的原始 $U$，有$|\mathcal{U}| \leqslant |\mathcal{X}| + |\mathcal{W}| + 2$。由于至多可应用递归论据$|\mathcal{U}|$次，可以得到

$$|\widetilde{\mathcal{U}}| \leqslant |\mathcal{U}| n \leqslant (|\mathcal{X}| + |\mathcal{W}| + 2)|\mathcal{X}||\mathcal{W}|$$

是势的有限上界。

回到对逆的证明，考虑一个信息嵌入码，其编码函数为 $f_n: \mathcal{X}^n \times \{1,2,\cdots,2^{nR}\} \mapsto \mathcal{W}^n$ 和一个编码函数 $g_n: Y^n \times \{1,2,\cdots,2^{nR}\}$。令 $f_{n,i}: X^n \times \{1,2,\cdots,2^{nR}\} \mapsto W$ 表示编码函数产生的第 $i$ 个符号。失真约束为

$$\frac{1}{n} E\left[\sum_{i=1}^{n} D(X_i, f_{n,i}(X^n, M))\right] \leqslant d \tag{3.124}$$

有以下不等式链：

$$nR = H(M) = I(M;Y^n) + H(M \mid Y^n) \tag{3.125}$$

$$= I(M;Y^n) - I(M;X^n) + H(M \mid Y^n) \tag{3.126}$$

$$\leqslant \sum_{i=1}^{n} [I(Z_i;Y_i) - I(Z_i;X_i)] + H(M \mid Y^n) \tag{3.127}$$

$$\leqslant \sum_{i=1}^{n} C^{\mathrm{IE}}(E[D(X_i, f'_{n,i}(X_i, Z_i))]) + H(M \mid Y^n) \tag{3.128}$$

$$\leqslant nC^{\mathrm{IE}}\left(E\left[\frac{1}{n}\sum_{i=1}^{n} D(X_i, f'_{n,i}(X_i, Z_i))\right]\right) + H(M \mid Y^n) \tag{3.129}$$

$$\leqslant nC^{\mathrm{IE}}(d) + H(M \mid Y^n) \tag{3.130}$$

$$\leqslant nC^{\mathrm{IE}}(d) + P_e^{(n)} nR + 1 \tag{3.131}$$

其中：

式(3.125)由 $M$ 服从均匀分布$\{1,2,\cdots,2^{nR}\}$得到；

式(3.126)由 $M$ 和 $X^n$ 之间相互独立，即 $I(M;X^n)=0$ 得到；

式(3.127)从文献[6]中的引理 4 得出，其中 $Z_i$ 定义为 $Z_i = (M, Y^{i-1}, X_{i+1}^n)$；

式(3.128)由式(3.1)得出；

式(3.129)根据 Jesen 不等式和引理 3.1 中 $C^{\mathrm{IE}}(d)$的凹特性得出；

式(3.130)由式(3.124)和引理 3.1 中 $C^{\mathrm{IE}}(d)$的非递减性质得出；

式(3.131)由 Fano 不等式得出。

重新整理式(3.131)中各项可得

$$P_e^{(n)} \geqslant 1-\frac{C^{\mathrm{IE}}(d)}{R}-\frac{1}{nR} \tag{3.132}$$

该式表明对于 $R>C$,其概率或错误下界远离 0。

## 附录 3.2　关于声明 3.2 中私密嵌入容量的证明

本附录证明私密信息嵌入容量可由式(3.4)给出,其上确界遍历以下集合得到

$$\mathcal{P}_{W|X}^{\mathrm{IE}}=\{p_{W|X}(w \mid x):E[D(X,W)]\leqslant d\} \tag{3.133}$$

**1. 声明的逆**

声明的逆的证明使用了与附录 3.1 中类似的方法,利用了 $C_{\mathrm{priv}}^{\mathrm{IE}}(d)$的凹函数性质,这是通过以下引理建立的事实。

**引理 3.3**：式(3.4)中给出的信息嵌入容量是一个关于失真约束 $d$ 的非递减凹函数。

**证明**：随着 $d$ 的增加,互信息最大化的域越来越大,这意味着 $C_{\mathrm{priv}}^{\mathrm{IE}}(d)$是非递减的。可以通过考虑两个容量-失真证明$(C_1,d_1)$和$(C_2,d_2)$的凹函数特性,它们均是信息嵌入容量函数上的点。这些点分别满足分布 $p_1(w,x,y)=px(x)p_{Y|W}(y|w)p_1(w|x)$和 $p_2(w,x,y)=px(x)p_{Y|W}(y|w)p_2(w|x)$。定义

$$p_\lambda(w,x,y)=\lambda p_1(w,x,y)+(1-\lambda)p_2(w,x,y) \tag{3.134}$$

由于失真是转移概率的线性函数,因此对于 $p_\lambda$ 的失真为

$$d_\lambda=\lambda d_1+(1-\lambda)d_2 \tag{3.135}$$

可以验证互信息 $I(W;Y|X=x)$是分布为 $p_{W|X}(w|x)$的凹函数。因此,

$$I_{p\lambda}(W;Y \mid X=x)\geqslant \lambda I_{p1}(W;Y \mid X=x)+(1-\lambda)I_{p2}(W;Y \mid X=x) \tag{3.136}$$

在这里将交互信息与它们各自的分布相结合可以推导出以下不等式：

$$C_{\mathrm{priv}}^{\mathrm{IE}}(d_\lambda)\geqslant I_{p\lambda}(W;Y \mid X) \tag{3.137}$$

$$=\sum_{x\in x} I_{P_\lambda}(W;Y \mid X=x)px(x) \tag{3.138}$$

$$\geqslant \sum_{x-\chi}\lambda I_{p1}(W;Y \mid X=x)p_X(x)+ \sum_{x\in\chi}(1-\lambda)I_{p2}(W;Y \mid X=x)p_X(x) \tag{3.139}$$

$$\geqslant \lambda C_{\mathrm{priv}}^{\mathrm{IE}}(d_1)+(1-\lambda)C_{\mathrm{priv}}^{\mathrm{IE}}(d_2) \tag{3.140}$$

其中,式(3.139)由式(3.136)可得,证明了 $C_{\mathrm{priv}}^{\mathrm{IE}}(d)$是一个凹函数。

回到主要结论的证明,信道的输入为一个复合信号 $W^n$,它是载体 $X^n$ 和信息 $M$ 的编码函数,载体 $X^n$ 和 $W^n$ 之间的失真满足

$$\frac{1}{n}E\left[\sum_{i=1}^{n}D(X_i,W_i)\right]\leqslant d \tag{3.141}$$

该问题的逆可由如下不等式链进行：

$$nR = H(M) \tag{3.142}$$

$$= H(M \mid X^n) = I(M;Y^n \mid X^n) + H(M \mid Y^n, X^n) \tag{3.143}$$

$$\leqslant \sum_{i=1}^{n} I(M;Y_i \mid X^n, Y^{i-1}) + H(M \mid X^n, Y^n) \tag{3.144}$$

$$= \sum_{i=1}^{n} [H(Y_i \mid X^n, Y^{i-1}) - H(Y_i \mid M, X^n, Y^{i-1})] + H(M \mid X^n, Y^n) \tag{3.145}$$

$$\leqslant \sum_{i=1}^{n} [H(Y_i \mid X_i) - H(Y_i \mid M, X^n, Y^{i-1})] + H(M \mid X^n, Y^n) \tag{3.146}$$

$$= \sum_{i=1}^{n} [H(Y_i \mid X_i) - H(Y_i \mid M, X^n, X_i)] + H(M \mid X^n, Y^n) \tag{3.147}$$

$$= \sum_{i=1}^{n} I(Y_i;M, X^n \mid X_i) + H(M \mid X^n, Y^n) \tag{3.148}$$

$$\leqslant \sum_{i=1}^{n} I(Y_i;W_i \mid X_i) + H(M \mid X^n, Y^n) \tag{3.149}$$

$$\leqslant \sum_{i=1}^{n} C_{\text{priv}}^{\text{IE}}(E[D(X_i, W_i)]) + H(M \mid X^n, Y^n) \tag{3.150}$$

$$\leqslant nC_{\text{priv}}^{\text{IE}}\left(E\left[\frac{1}{n}\sum_{i=1}^{n} D(X_i, W_i)\right]\right) + H(M \mid X^n, Y^n) \tag{3.151}$$

$$\leqslant nC_{\text{priv}}^{\text{IE}}(d) + H(M \mid X^n, Y^n) \tag{3.152}$$

$$\leqslant nC_{\text{priv}}^{\text{IE}}(d) + P_e^{(n)} nR + 1 \tag{3.153}$$

其中：

式(3.142)由 $M$ 在$\{1,2,\cdots,2^{nR}\}$上服从均匀分布得到；

式(3.143)由 $M$ 和 $X^n$ 相互独立得到；

式(3.144)由互信息的链式法则得到；

式(3.146)从条件熵特性得到；

式(3.149)由$(M,X^n)\to W_i \to Y_i$ 是马尔可夫链的事实得到；

式(3.150)则根据式(3.4)得到；

式(3.151)由 Jensen 不等式和引理 3.3 中 $C_{\text{priv}}^{\text{IE}}(d)$的凹函数特性得到；

式(3.152)由式(3.141)和引理 3.3 中 $C_{\text{priv}}^{\text{IE}}(d)$非递减的特性得到；

式(3.153)由 Fano 不等式得到。

重新整理式(3.153)可以得到

$$P_e^{(n)} \geqslant 1 - \frac{C_{\text{priv}}^{\text{IE}}(d)}{R} - \frac{1}{nR} \tag{3.154}$$

这说明了 $R>C$,错误概率下界远离 0。

**2. 可达性**

当载体 $X$ 为在编码器和译码器处均为已知的某个常量 $x$ 时,可以很方便地用 $C_x^{\text{IE}}(d_x)$表示容量(见式(3.4)),如以下引理所述。

**引理 3.4**：在编码器和译码器处已知载体的情况下，信息嵌入容量满足

$$C_{\text{priv}}^{\text{IE}}(d) = \sup_{\{d_x:\ E[d_X]=d\}} \sum_{x\in X} C_x^{\text{IE}}(d_x) px(x) \tag{3.155}$$

基于信道容量定理可得

$$C_x^{\text{IE}}(d_x) = \sup_{p_{W|X}(w|x)\in P_{W|x}} I(Y;\ W \mid X = x) \tag{3.156}$$

式中：$\mathcal{P}_{W|x}$表示嵌入的约束集合。

$$\mathcal{P}_{W|x} = \{p_{W|X}(w \mid x):\ E[D(X,W \mid X = x)] \leqslant d_x\} \tag{3.157}$$

通过这个引理，考虑能达到式(3.155)右侧最大值的 $d_x^*$ 的集合。根据信道编码定理，对于所有数据样本，如果 $X=x$，则可以在嵌入失真 $d_x^*$ 下达到嵌入容量 $C_x^{\text{IE}}(d_x^*)$和可忽略的错误概率。所以，采用下面的编码方案可以满足要求：将数据嵌入长度为 $n$ 的载体样本块 $X^n$ 中，在嵌入失真 $d_x^*$ 处达到嵌入率 $C_x^{\text{IE}}(d_x^*)$。对于每个 $x$，收集对于每个 $i$ 满足 $X_i=x$ 的所有样本 $X_i$，以及与 $x$ 对应的码本。因此总的嵌入率为

$$\sum_{x\in\mathcal{X}} C_x^{\text{IE}}(d_x) p_X(x) = \sup_{\{d_x:\ E[d_X]=d\}} \sum_{x\in\mathcal{X}} C_x^{\text{IE}}(d_x) px(x) \tag{3.158}$$

根据引理其等价于容量。

接下来需要证明引理 3.4。

引理 3.4 的证明：首先证明 $C_{\text{priv}}^{\text{IE}}(d)$的下界是式(3.155)右边项。为了证明它，对于每个 $x$ 选择一个满足 $E[d_X]=d$ 的固定的 $d_x$ 和一个测试信道 $p_{W|X}(w|x)\in\mathcal{P}_{W|x}$。通过式(3.157)可得

$$E[D(X,W)] \leqslant E[d_X] = d \tag{3.159}$$

这意味着式(3.133)中定义的 $p_{W,U|X}(w,u|x)\in\mathcal{P}_{W|x}^{\text{IE}}$对于所有的测试信道都满足

$$\sum_{x\in\mathcal{X}} I(W;\ Y \mid X = x) p_X(x) = I(W;\ Y \mid X) \leqslant C_{\text{priv}}^{\text{IE}}(d) \tag{3.160}$$

因此选择 $p_{W|X}(w|x)$来达到式(3.156)中的最大值，对于任何一组满足 $E[d_X]=d$ 的 $d_X$，可以得到

$$\sup_{p_{W|X}(w|x)\in p_{W|x}^{\text{IE}}} \sum_{x\in\mathcal{X}} C_x^{\text{IE}}(d_x) p_X(x) \leqslant C_{\text{priv}}^{\text{IE}}(d) \tag{3.161}$$

接下来只需要证明 $C_{\text{priv}}^{\text{IE}}(d)$的上界是式(3.155)的右侧项。为了证明这一点，选择一个测试信道 $p_{W|X}(w|x)\in\mathcal{P}_{W|x}^{\text{IE}}$，这样可以产生一组满足 $E[d'_x]\leqslant d$ 的条件失真 $d'_x=E[D(X,W)|X=x]$。对于所有这样的测试信道

$$I(W;\ Y \mid X) = \sum_{x\in\mathcal{X}} I(W;\ Y \mid X = x) p_X(x) \tag{3.162}$$

$$\leqslant \sum_{x\in\mathcal{X}} C_x^{\text{IE}}(d'_x) p_X(x) \tag{3.163}$$

$$\leqslant \sup_{\{d_x:\ E[d_X]\leqslant d\}} \sum_{x\in\mathcal{X}} C_x^{\text{IE}}(d_x) px(x) \tag{3.164}$$

选择 $p_{W|X}(w|x)$来达到式(3.4)中的最大值，实现

$$C_{\text{priv}}^{\text{IE}}(d) \leqslant \sup_{\{d_x:\ E[d_X]=d\}} \sum_{x\in\mathcal{X}} C_x^{\text{IE}}(d_x) p_X(x) \tag{3.165}$$

这就完成了引理的证明。

## 附录 3.3 Wyner-Ziv 编码的抖动栅格码

嵌套栅格也可以用来构建能够在所有 SNR 下速率可达的 Wyner-Ziv 编码。此处考虑抖动量化器，它可视为文献[10]中结果的一般化形式。此处主要关注 $d<\sigma^2_{Y|X}$ 的情形。

抖动量化器定义如下：

$$Q(U)=\underset{l+T\in L+T}{\operatorname{argmin}}\ \|U-(l+T)\|^2 \tag{3.166}$$

式中：抖动 $T$ 在 Voronoi 区域均匀独立分布。根据文献[9]中消减抖动量化的性质，必须为新的量化器 $Q(\cdot)$ 改变性质(GQ-1)。

(GQ-1′) 量化误差(见式(3.30))是零均值，方差为 $\sigma^2$ 的高斯白噪声，并且与量化器的输入无关。

其他性质(GQ-2)和(GQ-3)对 $Q(\cdot)$ 依然有效。基于这些量化器，选择嵌套栅格使得

$$\sigma^2=\frac{d\sigma^2_{Y|X}}{(\sigma^2_{Y|X}-d)}\quad 和 \quad \sigma^2=\sigma^2+\sigma^2_{Y|X}+\varepsilon \tag{3.167}$$

一个使用这些栅格设计的编码器将信源的最邻近陪集索引发送给信源 $Y$，即传输 $M=k(Q_1(Y))$。译码器观测 $X$ 和 $M$，计算陪集位移 $S=g(M)$ 和 MMSE 估计值 $\widetilde{Y}=\rho X$，其中，$\rho=\sigma^2_Y/(\sigma^2_Y+\sigma^2_V)$。基于此生成一个如下形式的信源估计：

$$W=aX+b\widetilde{W} \tag{3.168}$$

式中：

$$\widetilde{W}=Q_2^S(\widetilde{Y}) \tag{3.169}$$

该系统根据嵌套栅格特性以目标速率运行。事实上，(GQ-3)特性和式(3.167)规定的编码速率应在下式结果的 $1/n$ 位以内

$$\begin{aligned}R&=\frac{1}{n}\log_2\left(\frac{V_1}{V_2}\right)=\frac{1}{2}\log_2\left(\frac{\sigma_2^2G_1}{\sigma_1^2G_2}\right)\\&\leqslant\frac{1}{2}\log_2\left(\frac{\sigma^2_{Y|X}}{d}\right)+O(\varepsilon)=R^{WZ}_{Y|X}(d)+O(\varepsilon)\end{aligned} \tag{3.170}$$

最后的等式由式(3.23)得到。

接下来，为了验证译码器重构的信源 $Y$ 引起的失真不超过 $d$，首先定义量化误差

$$E_1=Y-Q_1(Y) \tag{3.171}$$

以及估计误差

$$E_{Y|X}=Y-\widetilde{Y} \tag{3.172}$$

从而得到

$$Q_1(Y)=\widetilde{Y}+Z \tag{3.173}$$

$$Z=E_{Y|X}-E_1 \tag{3.174}$$

为了确定式(3.174)中的 $Z$ 与式(3.173)中的 $\widetilde{Y}$ 无关，首先通过正交原理可发现 $E_{Y|X}$ 与 $\widetilde{Y}$ 无关，接下来只需表明 $E_1$ 是独立于 $\widetilde{Y}$ 和 $E_{Y|X}$ 即可。通过下式可以证明该点

$$E[E_1E_{Y|X} \mid \widetilde{Y}=\tilde{y}] = E[E_1Y \mid \widetilde{Y}=\tilde{y}] - \widetilde{Y}E[E_1 \mid \widetilde{Y}=\tilde{y}]$$
$$= E[E'_1Y'] - \tilde{y}E[E'_1] = 0 \tag{3.175}$$

式中：第一个等式由式(3.172)得到；第二个等式来自式(3.176)的定义

$$Y' = \tilde{y} + E_{Y|X} \tag{3.176}$$

第三个等式是由(GQ-1′)可知量化误差 $E'_1=Y'-Q_1(Y')$ 为零均值且与 $Y'$ 无关的事实得出的。因此，$E'_1$ 与 $\widetilde{Y}$ 和 $\widetilde{E}_{Y|X}$ 均无关，即

$$E[E_1\widetilde{Y}] = E[E_1E_{Y|X}] = 0 \tag{3.177}$$

式中：第一个等式是应用(GQ-1′)得到；第二个等式是平均式(3.175)中的 $\tilde{y}$ 得到。

现在，因为 $Z$ 实际上是零均值和方差为 $\sigma_{Y|X}^2+\sigma_1^2$ 的高斯分布，根据(GQ-2)可得 $\Pr[Q_2(Z)\neq 0]<\varepsilon$。如果 $Q_2(Z)=0$，根据栅格的几何平移不变性，对于任意陪集位移 $S$ 以及任意 $l\in\mathcal{L}_2^s$，有

$$Q_2^S(l+Z) = l \tag{3.178}$$

由式(3.169)中定义的 $\widetilde{W}$，利用式(3.173)以及 $Z$ 和 $\widetilde{Y}$ 之间的独立性，有

$$\begin{aligned}
&\Pr[\widetilde{W}\neq Q_1(Y) \mid \widetilde{Y}=\tilde{y}]\\
&= \Pr[Q_2^S(\widetilde{Y})\neq Q_1(Y) \mid \widetilde{Y}=\tilde{y}]\\
&= \Pr[Q_2^S(Q_1(Y)-Z)\neq Q_1(Y) \mid \widetilde{Y}=\tilde{y}]\\
&= \Pr[Q_2(Z)=0]\cdot\Pr[Q_2^S(Q_1(Y)-Z)\neq Q_1(Y) \mid Q_2(Z)=0,\widetilde{Y}=\tilde{y}]+\\
&\quad \Pr[Q_2(Z)\neq 0]\cdot\\
&\quad \Pr[Q_2^S(Q_1(Y)-Z)\neq Q_1(Y) \mid Q_2(Z)\neq 0,\widetilde{Y}=\tilde{y}]\\
&\leqslant \varepsilon
\end{aligned} \tag{3.179}$$

利用式(3.178)中的 $l=Q_1(Y)\in\mathcal{L}_2^S$，上式第五行的项为零，且由于 $\Pr[Q_2(Z)\neq 0]$ 在 $\varepsilon$ 之内，因此，将式(3.179)代入式(3.168)中，可得下式成立概率为 $1-\varepsilon$。

$$W = aX + bQ_1(Y) \tag{3.180}$$

选择 $a$ 和 $b$ 来最小化 $W$ 和 $Y$ 之间的最小均方失真，基于基本线性 MMSE 估计理论，最优的 $a$ 和 $b$ 可以实现以下均方估计误差

$$\frac{1}{n}E[\|W-Y\|^2] = d + O(\varepsilon) \tag{3.181}$$

这证实了失真约束条件可以被满足。

## 附录 3.4　二元汉明情形下的信息嵌入容量

**1. 声明 3.3 的证明(公开情形)**

式(3.54)中 $g_p^{\text{IE}}(d)$ 的上凹包络由式(3.182)给出

$$g^*(d) = \sup_{\theta,\beta_1,\beta_2}[\theta g_p^{\text{IE}}(\beta_1) + (1-\theta)\theta g_p^{\text{IE}}(\beta_2)] \tag{3.182}$$

式中：上界是在所有满足 $d=\theta\beta_1+(1-\theta)\beta_2$ 的 $\theta\in[0,1]$ 和 $\beta_1,\beta_2\in[0,1/2]$ 上求取。由于

$h(\cdot)$是凹函数，很显然，在 $p\leqslant d\leqslant 1/2$ 的范围内，$g_p^{\mathrm{IE}}(d)$也是凹函数。因此，式(3.182)中的最大值可以通过 $\beta_2=0$ 得到

$$g^*(d)=\sup_{\theta,\beta_1,\beta_2}[\theta(h(\beta)-h(p))],\quad 0\leqslant d\leqslant \frac{1}{2} \tag{3.183}$$

式中：上界是在所有满足下式的 $\theta\in[0,1]$和 $\beta\in[0,1/2]$上求取

$$d=\theta\beta \tag{3.184}$$

通过分别证明 $C^{\mathrm{IE}}(d)$的上界和下界均是 $g^*(d)$来证明 $C^{\mathrm{IE}}(d)=g^*(d)$。下界考虑一个特殊情形，令辅助随机变量 $U$ 是以信源 $X$ 作为输入，翻转概率为 $\beta$ 的二元对称信道的输出。此外，选择 $f$ 使得 $W=f(U,X)=U$，这使得失真等于 $\beta$。计算式(3.185)

$$\begin{aligned}I(Y;U)-I(U;X)&=I(Y;W)-I(U;X)\\&=(1-h(p))-(1-h(\beta))=h(\beta)-h(p)\end{aligned} \tag{3.185}$$

并从式(3.1)中得出结论，对于某个给定的 $d\in[0,1/2]$，当选择参数 $\theta\in[0,1]$和 $\beta\in[0,1/2]$使得式(3.184)成立时，有

$$C^{\mathrm{IE}}(d)\geqslant h(\beta)-h(p) \tag{3.186}$$

依据引理 3.1 中得到的 $C^{\mathrm{IE}}(d)$是凹函数这一结论，可得

$$C^{\mathrm{IE}}(d)=C^{\mathrm{IE}}(\theta\beta)\geqslant \theta C^{\mathrm{IE}}(\beta)\geqslant \theta(h(\beta)-h(p)) \tag{3.187}$$

对于所有满足式(3.184)的 $\theta$ 和 $\beta$ 上式均成立，因此 $C^{\mathrm{IE}}(d)\geqslant g^*(d)$。

接下来只需证明 $C^{\mathrm{IE}}(d)\leqslant g^*(d)$，即对于所有满足 $E[D(X,W)]=d$ 的 $p_{W,U|X}(w,u|x)$，有

$$I(Y;U)-I(U;X)\leqslant g^*(d) \tag{3.188}$$

定义集合

$$\mathcal{A}=\{u:f(u,0)=f(u,1)\} \tag{3.189}$$

可以得到

$$d\geqslant E[D(X,W)] \tag{3.190}$$

$$=\Pr(U\in\mathcal{A})E[D(X,W)\mid U\in\mathcal{A}]+\Pr(U\in\mathcal{A}^C)E[D(X,W)\mid U\in\mathcal{A}^C] \tag{3.191}$$

$$\geqslant \Pr(U\in\mathcal{A})E[D(X,W)\mid U\in\mathcal{A}] \tag{3.192}$$

利用

$$E[D(X,W)\mid U\in\mathcal{A}]=\sum_{u\in\mathcal{A}}\frac{pU(u)}{\Pr(U\in\mathcal{A})}E[D(X,W)=u] \tag{3.193}$$

以及式(3.192)使得式(3.194)成立

$$d'=\theta\sum_{u\in\mathcal{A}}\lambda_u d_u\leqslant d \tag{3.194}$$

式中：$\theta=\Pr(U\in\mathcal{A})$，$\lambda_u=p_U(u)/\Pr(U\in\mathcal{A})$，且

$$d_u=E[D(X,W)\mid U=u] \tag{3.195}$$

由于 $H(X)=1$，可以得到 $H(X)-H(Y)=\varepsilon$，$\varepsilon\geqslant 0$，因此

$$I(Y;U)-I(U;X)$$

$$=H(X\mid U)-h(Y\mid U)-\varepsilon \tag{3.196}$$

$$\begin{aligned}&\leqslant\sum_{u\in\mathcal{A}}[H(X\mid U=u)-H(Y\mid U=u)]p_U(u)+\sum_{u\in\mathcal{A}^C}[H(X\mid U=u)-\\&\quad H(Y\mid U=u)]p_U(u)\end{aligned} \tag{3.197}$$

$$\leqslant\sum_{u\in\mathcal{A}}[H(X\mid U=u)-H(Y\mid U=u)]p_U(u) \tag{3.198}$$

$$= \theta \sum_{u \in \mathcal{A}} \lambda_u [H(X \mid U = u) - H(Y \mid U = u)] \tag{3.199}$$

在式(3.198)中用到了 $H(X|U=u) < H(Y|U=u), \forall U \in \mathcal{A}^C$。该式成立是因为对于任何$U \in \mathcal{A}^C$,信道的输入信号 $W$ 是 $X$ 或 $X$ 的补偿。因为它是二元对称信道,$Y$ 的熵大于或等于 $X$ 的熵。

接下来处理式(3.199)的右侧。考虑所有的 $u \in \mathcal{A}$。定义 $\gamma(u) = f(u,0) = f(u,1)$,通过式(3.195)可得

$$d_u = E[D(X,W) \mid U = u] = \Pr(X \neq \gamma(u) \mid U = u) \tag{3.200}$$

因此

$$H(X \mid U = u) = h(d_u) \tag{3.201}$$

接下来,使 $U=u$,利用 $W=\gamma(u)$确定信道输入,因此

$$H(Y \mid U = u) = h(p) \tag{3.202}$$

从而有

$$I(Y;U) - I(U;X) \leqslant \theta \sum_{u \in \mathcal{A}} \lambda_u [H(d_u) - H(p)] \tag{3.203}$$

$$= \theta \sum_{u \in \mathcal{A}} \lambda_u G(d_u) \tag{3.204}$$

$$\leqslant \theta G\left(\sum_{u \in \mathcal{A}} \lambda_u d_u\right) \tag{3.205}$$

$$= \theta(h(\beta) - h(p)) \tag{3.206}$$

$$= g^*(d') \tag{3.207}$$

$$\leqslant g^*(d) \tag{3.208}$$

其中,

式(3.203)是通过将式(3.201)和式(3.202)代入式(3.199)得到;

式(3.204)是通过定义 $G(v) \triangleq h(v) - h(p)$得到;

式(3.205)是遵循 $G$ 在 $0 \leqslant v \leqslant \frac{1}{2}$和 $\beta = \sum_{u \in A} \lambda_u d_u$ 是凹函数的事实得到;

式(3.206)是由定义 $\beta = \sum_{u \in A} \lambda_u d_u$ 得到;

式(3.207)是由式(3.183)中定义的 $g^*(d)$和 $\theta\beta = d'$得到;

式(3.208)则是基于 $d' \leqslant d$ 和 $g^*$ 是非递减函数得到。

因此已经证明,对于任何失真 $p_{W,U|X}(w,u|x)$,均存在一个 $\theta \in [0,1]$和 $\beta \in [0,1/2]$,使得式(3.188)成立。

**2. 声明 3.4 的证明(私密情形)**

在式(3.4)中,由于向 $W$ 和 $Y$ 添加一个已知符号不会影响它们的互信息,因此可得

$$C_{\text{priv}}^{\text{IE}}(d) = \sup_{p_{E|X}(e|x)} I(Y \oplus X; E \mid X) \tag{3.209}$$

式中:$E = W \oplus X$,是在 $p_E(1) \leqslant d$ 条件下嵌入造成的失真。注意 $Y \oplus X = E \oplus V$,$V$ 代表二元对称信道的 Bernoulli($p$)噪声信源。在 $p_E(1) \leqslant d$ 的条件下可得如下不等式链

$$
\begin{aligned}
& I(Y \oplus X;\ E \mid X) \\
& = H(E \oplus V \mid X) - H(E \oplus V \mid E, X) && (3.210) \\
& \leqslant H(E \oplus V) - \sum_{e \in \{0,1\}} p_E(e) H(E \oplus V \mid E = e, X) && (3.211) \\
& = H(E \oplus V) - \sum_{e \in \{0,1\}} p_E(e) h(p) && (3.212) \\
& \leqslant h(p * d) - h(p) && (3.213)
\end{aligned}
$$

当 $E$ 分布为 Bernoulli($d$)，且独立于 $X$ 和 $Y$ 时，这个不等式链的等号成立，该结论得证。

## 参考文献


[1] Barron R J, Chen B, Wornell G W. The duality between information embedding and source coding with side information and some applications [J]. IEEE Transactions on Information Theory, 2003, 49 (5): 1159-1180.

[2] Barron R J. Systematic hybrid analog/digital signal coding [D]. Massachusetts Institute of Technology, 2000.

[3] Shamai S, Verdu S, Zamir R. Systematic lossy source/channel coding [J]. IEEE Transactions on Information Theory, 1998, 44(2): 564-579.

[4] Chen B, Wornell G W. Quantization index modulation: a class of provably good methods for digital watermarking and information embedding [J]. IEEE Transactions on Information Theory, 2002, 47 (4): 1423-1443.

[5] Wyner A, Ziv J. The rate-distortion function for source coding with side information at the decoder [M]. Piscataway: IEEE Press, 1976, 22(1): 1-10.

[6] Gel'fand S I, Pinsker M S. Coding for channel with random parameters [J]. Problems of Control and Information Theory, 1980, 9(1): 19-31.

[7] Heegard C, Gamal A E. On the capacity of computer memory with defects [J]. IEEE Transactions on Information Theory, 1983, 29(5): 731-739.

[8] Slepian D, Wolf J. Noiseless coding of correlated information sources [M]. Piscataway: IEEE Press, 1973, 19(4): 471-480.

[9] Zamir R, Feder M. On lattice quantization noise [J]. IEEE Transactions on Information Theory, 1996, 42(4): 1152-1159.

[10] Zamir R, Shamai S. Nested linear/lattice codes for Wyner-Ziv encoding [C]// Information Theory Workshop. IEEE, 1998: 92-93.

[11] Berger, Toby. Rate distortion theory: a mathematical basis for data compression [M]. Upper Saddle River: Prentice-Hall, 1971.

# 第4章

# 面向载体修改量降低的矩阵嵌入编码

纵观以图像隐写术为代表的数字媒体隐写术的发展，为了提高隐写的安全性，研究者所采取的技术路线有两种。第一种路线是采用一个载体信源的模型并尽量保持该模型，从而在模型限制下保证该嵌入过程的安全(也称 ε-secure)，然而在实际应用中面临的问题是载体对象建模的困难性，有研究者针对模型不匹配问题展开了研究，利用模型失配可实施检测，因此保持一个过于简化的模型会带来更大的安全风险。一个可行的方法是采用更加复杂的模型来对隐写载体进行建模，然而，大部分现有的面向模型保持的隐写方案往往针对某个特定模型，难以适用于更加复杂的载体模型。

另一个路线则是当前的主流路线，即最小化载体的隐写失真，例如第 1 章所介绍的汉明矩阵嵌入和 EMD 等隐写编码方法。这条路线的基本思想是将载体的修改模式赋予一个经过精细设计的失真度量，通过将秘密信息编码为与载体信息相关的某个线性码的伴随式，在该伴随式对应的码字集合中寻找所造成的隐写失真最小的码字序列。这类隐写编码的发展经历了最小化载体修改量、限制修改发生的位置、最小化加性(非加性)隐写失真几个阶段。第一个阶段是最小化载体修改量，事实上，越小的载体修改量通常对应着越低的被检测概率，在该阶段，矩阵嵌入框架初步被提出。然而，随着研究者发现图像纹理对隐写检测效果的影响，第二个阶段的工作是在降低载体修改量的基础上将信息嵌入导致的载体修改尽可能限制在一些纹理较复杂的区域，由此衍生了湿纸编码。第三个阶段则是当前最流行的隐写嵌入框架，即利用网格码来实现最小化隐写失真代价，研究者只需对载体的各元素隐写失真代价函数展开设计即可完成隐写方案。

本章主要对隐写编码发展的第一个阶段，即以降低载体修改量为目标的隐写编码方案展开研究，这类方案中最简单也是最有代表性的是第 1 章中所介绍的基于汉明码的二元矩阵嵌入框架，本章在其基础上进一步介绍这类方法中几种代表性的方案。

## 4.1 隐写嵌入优化问题概述

对于每个载体 $\boldsymbol{x}\in\mathcal{X}$，每种隐写嵌入方案对应于一个载密对象集及其对应的概率质量函数对 $\{\mathcal{Y},\pi\}$。这里，$\mathcal{Y}\subset\mathcal{X}$，是载体 $\boldsymbol{x}$ 所能修改得到的所有载密对象 $\boldsymbol{y}$ 的集合，$\pi$ 是$\mathcal{Y}$上对应

的概率质量函数，即对于一个给定的载体 $\boldsymbol{x}$，载密对象 $\boldsymbol{y}\in\mathcal{Y}$的概率为 $\pi(\boldsymbol{y})$。载密对象为一个取值于$\mathcal{Y}$的随机变量 $\boldsymbol{Y}$，即 $P(\boldsymbol{Y}=y)=\pi(\boldsymbol{y})$，则发送方能够传递给接收方的最大期望负载为式(4.1)所示的熵

$$H(\pi)\triangleq H(\boldsymbol{Y})=-\sum_{y\in\mathcal{Y}}\pi(y)\log_2\pi(\boldsymbol{y}) \tag{4.1}$$

从另一个角度来定义一个隐写方案，即它是如何对载体进行修改、如何利用载体进行通信以及如何最优化其性能。其性能的优化包括对一个给定的 $\boldsymbol{x}$、$\mathcal{Y}$和负载(失真)来找到对应的分布 $\pi$。

考虑集合$\mathcal{Y}$的如下特殊形式：$\mathcal{Y}=\mathcal{I}_1\times\mathcal{I}_2\times\cdots\times\mathcal{I}_n$，其中，$\mathcal{I}_i\subset\mathcal{I}$。以 LSB 嵌入为例，$\mathcal{I}_i=\{x_i,\bar{x}_i\}$，$\bar{x}_i$ 为 $x_i$ 的 LSB 翻转。在 8 位灰度图像 $\boldsymbol{x}$ 上的±1 嵌入中(如 LSB 匹配)，当 $x_i\notin\{0,255\}$时有$\mathcal{I}_i=\{x_i,x_i+1,x_i-1_i\}$。当$|\mathcal{I}_i|=2$ 时称其为二元嵌入；相应地，当$|\mathcal{I}_i|=3$时称其为三元嵌入。更加一般性的情形是，每个集合$\mathcal{I}_i$的大小是不等的，如对于不允许修改的像素(也称湿像素点，见第 5 章)，其对应的$\mathcal{I}_i$为$\{x_i\}$。

当载体对象 $\boldsymbol{x}$ 被修改为载密对象 $\boldsymbol{y}$ 时，其造成的失真由下式进行度量：

$$D:\mathcal{Y}\rightarrow\mathbb{R} \tag{4.2}$$

上式是一个受限的失真函数，即对于某个足够大的 $K$，所有的 $\boldsymbol{y}\in\mathcal{Y}$均有$|D(\boldsymbol{y})|<K$，且 $D$ 与 $\boldsymbol{x}$ 是相关的。

嵌入失真的期望值为

$$E_\pi[D]=\sum_{y\in\mathcal{Y}}\pi(\boldsymbol{y})D(\boldsymbol{y}) \tag{4.3}$$

这里需要引入的一个从大量实验证实的重要观点是发送方应当可以对失真函数进行定义，因为失真函数与统计检测性是相关的。一般情形下，失真越小的隐写方法对载体的破坏也越小。

考虑以下两种情形：

(1) 失真受限情形

为了最大化安全性，在失真受限情形下，发送方在$\mathcal{Y}$上找到一个有最大熵的分布 $\pi$，且其期望嵌入失真不超过一个给定的失真 $D_\varepsilon$。

$$\underset{\pi}{\text{maxmize}}\,H(\pi)=-\sum_{y\in\mathcal{Y}}\pi(\boldsymbol{y})\log_2\pi(\boldsymbol{y})\quad\text{s.t.}\quad E_\pi[D]=\sum_{y\in\mathcal{Y}}\pi(\boldsymbol{y})D(\boldsymbol{y})=D_\varepsilon \tag{4.4}$$

对于给定的失真，即对应的安全层级是固定的，则隐写的目标即为在该安全层级下尽可能地嵌入更多的负载信息。

(2) 负载受限情形

另一种更加有实际意义的情形是在给定的秘密信息负载下，最小化隐写失真，设秘密信息为 $m$ 比特。最优化问题即为在传递给定信息负载时找到一个分布 $\pi$ 来最小化失真。

$$\underset{\pi}{\text{maxmize}}\,E_\pi[D]=\sum_{y\in\mathcal{Y}}\pi(y)D(\boldsymbol{y})\quad\text{s.t.}\quad H(\pi)=m \tag{4.5}$$

## 4.2 用于大负载情形的矩阵嵌入方案

如第 1 章所述，矩阵嵌入作为一种通用的编码方法，可应用于大多数隐写方案以提高其嵌入效率，即每个嵌入修改对应更多的嵌入消息位数。较小的载体修改量通常对应更低的

载体统计特性破坏。这一点对于较长的嵌入消息来说更为重要，因为嵌入消息越长往往对应着更易被检出。然而，最早的基于汉明码的二元矩阵嵌入并不能较好地处理大负载情形。在文献[1]中，Jessica 等提出了适用于大负载情形的矩阵嵌入方案，包括两种方案，二者均能逼近嵌入效率上限(此处的嵌入效率主要针对修改量进行定义)，一种是基于 Simplex 码构建；另一种是基于低维度随机线性码进行构建。本节对这两种码进行介绍，首先对这两种隐写编码构建所需的编码基础进行介绍。

### 4.2.1 相关背景知识

将所有 $n$ 位列向量 $\boldsymbol{x}=(x_1,x_2,\cdots,x_n)^{\mathrm{T}}$ 的空间表示为 $\mathbb{F}_2^n$。二进制码 $\mathcal{C}$ 是 $\mathbb{F}_2^n$ 的任一子集，$\mathcal{C}$ 中的向量被称为码字，如果用有限域 $GF(2)=\{0,1\}$ 上的常见运算来定义两个向量 $\boldsymbol{x}$，$\boldsymbol{y}\in\mathbb{F}_2^n$ 的和以及一个向量与一个标量 $a\in\{0,1\}$ 的乘积，那么集合 $\mathbb{F}_2^n$ 是一个线性向量空间。注意，在二进制运算中，和与差是相同的，向量 $\boldsymbol{x}$ 的汉明权重 $w(\boldsymbol{x})$ 被定义为 $\boldsymbol{x}$ 中 1 的个数，即 $w(\boldsymbol{x})=x_1+\cdots+x_n$，向量 $\boldsymbol{x},\boldsymbol{y}$ 之间的距离定义为 $d(\boldsymbol{x},\boldsymbol{y})=w(\boldsymbol{x}-\boldsymbol{y})$，用 $B(\boldsymbol{x},r)$ 表示球心为 $\boldsymbol{x}\in\mathbb{F}_2^n$、半径为 $r$ 的球。

$$B(\boldsymbol{x},r)=\{\boldsymbol{y}\in\mathbb{F}_2^n\mid d(\boldsymbol{x},\boldsymbol{y})\leqslant r\} \tag{4.6}$$

$\boldsymbol{x}$ 和子集 $\mathcal{C}\subset\mathbb{F}_2^n$ 之间的距离定义为对于某个 $\boldsymbol{c}'\in\mathcal{C}$，$d(\boldsymbol{x},\mathcal{C})=\min_{c\in\mathcal{C}}d(\boldsymbol{x},c)=d(\boldsymbol{c},\boldsymbol{c}')$。$\mathcal{C}$ 的覆盖半径 $R$ 定义为

$$R=\max_{x\in\mathbb{F}_2^n}d(\boldsymbol{x},\mathcal{C}) \tag{4.7}$$

覆盖半径由离 $\mathcal{C}$ 最远的向量确定。此处需要定义一个“码字的平均距离”的概念。

$$R_a=2^{-n}\sum_{x\in\mathbb{F}_2^n}d(\boldsymbol{x},\mathcal{C}) \tag{4.8}$$

式中：$R_a$ 是从 $\mathbb{F}_2^n$ 中随机选择一个向量距离 $\mathcal{C}$ 的平均距离，依据定义有 $R_a\leqslant R$。

对于任意子集 $\mathcal{C}$ 和向量 $\boldsymbol{x}$，$\boldsymbol{x}+\mathcal{C}=\{\boldsymbol{y}\in\mathbb{F}_2^n\mid\boldsymbol{y}=\boldsymbol{x}+\boldsymbol{c},\boldsymbol{c}\in\mathcal{C}\}$，码 $\mathcal{C}$ 的冗余 $r$ 被定义为 $r=\log_2\dfrac{2^n}{|\mathcal{C}|}$，其中，$|\mathcal{C}|$ 是 $\mathcal{C}$ 的势。形成 $\mathbb{F}_2^n$ 的线性向量子空间的码称为线性码，如果向量子空间 $\mathcal{C}$ 具有维度 $k$，则称 $\mathcal{C}$ 是码长为 $n$、维度 $k$(余维度为 $n-k$)的线性码。也可以说 $\mathcal{C}$ 是一个 $[n,k]$ 码。由于在 $[n,k]$ 码中有 $2^k$ 个码字，所以线性码的冗余度等于其余维数，即 $r=n-k$。每个 $[n,k]$ 码具有由 $k$ 个向量组成的基。通过将基向量写成 $n\times k$ 维矩阵 $\boldsymbol{G}$ 的行，可以获得 $\mathcal{C}$ 的生成矩阵，每个码字可以被写为来自 $\boldsymbol{G}$ 的行的唯一线性组合。

对给定向量 $\boldsymbol{x},\boldsymbol{y}\in\mathbb{F}_2^n$，它们的点积被定义为 $\boldsymbol{x}\cdot\boldsymbol{y}=x_1y_1+\cdots+x_ny_n$，所有操作和计算均是二元的，如果 $\boldsymbol{x}\cdot\boldsymbol{y}=0$，则 $\boldsymbol{x}$ 和 $\boldsymbol{y}$ 正交。$\mathcal{C}$ 的正交补被定义为 $\mathcal{C}^{\perp}=\{\boldsymbol{x}\in\mathbb{F}_2^n\mid\boldsymbol{x}\cdot\boldsymbol{c}=0,\boldsymbol{c}\in\mathcal{C}\}$，它构成一个 $[n,n-k]$ 码，被称为 $\mathcal{C}$ 的对偶码，它的生成矩阵 $\boldsymbol{H}$ 有 $n-k$ 行和 $n$ 列。从正交性来看，对于每个 $\boldsymbol{x}\in\mathcal{C}$，有 $\boldsymbol{H}\boldsymbol{x}=0$，矩阵 $\boldsymbol{H}$ 称为 $\mathcal{C}$ 的奇偶校验矩阵。

对于任意 $\boldsymbol{x}\in\mathbb{F}_2^n$，向量 $\boldsymbol{s}=\boldsymbol{H}\boldsymbol{x}\in\mathbb{F}_2^n$ 称为 $\boldsymbol{x}$ 的伴随式，对于每个伴随式 $\boldsymbol{s}\in\mathbb{F}_2^{n-k}$，集合 $\mathcal{C}(\boldsymbol{s})=\{\boldsymbol{x}\in\mathbb{F}_2^n\mid\boldsymbol{H}\boldsymbol{x}=\boldsymbol{s}\}$ 称为陪集，注意 $\mathcal{C}(0)=\mathcal{C}$，应该清楚，与不同伴随式相关的陪集是不相交的。根据初等线性代数，每个陪集都可以写成 $\mathcal{C}(\boldsymbol{s})=\boldsymbol{x}+\mathcal{C}$，其中 $\boldsymbol{x}\in\mathcal{C}(\boldsymbol{s})$，是任意的。因此，总共有 $2^{n-k}$ 个不相交陪集，每个陪集都由 $2^k$ 个向量组成。$\mathcal{C}(\boldsymbol{s})$ 的成员中具有最小汉明重量的称为陪集首，本书中将其表示为 $\boldsymbol{e}_L(\boldsymbol{s})$。

在下面的介绍中需要以下 3 个简单的引理。

**引理 4.1**：给定一个陪集$\mathcal{C}(\boldsymbol{s})$，对于任意$\boldsymbol{x}\in\mathcal{C}(\boldsymbol{s})$，$d(\boldsymbol{x},\mathcal{C})=w(\boldsymbol{e}_L(\boldsymbol{s}))$。此外，如果对于$\boldsymbol{c}'\in\mathcal{C}$，有$d(\boldsymbol{x},\mathcal{C})=d(\boldsymbol{x},\boldsymbol{c}')$，那么向量$\boldsymbol{x}-\boldsymbol{c}'$即为陪集首。

**证明**：$d(\boldsymbol{x},\mathcal{C})=\min_{c\in\mathcal{C}} w(\boldsymbol{x}-\boldsymbol{c})=\min_{y\in\mathcal{C}(s)} w(\boldsymbol{y})=w(\boldsymbol{e}_L(\boldsymbol{s}))$，第二个等式遵循如下事实：如果$\boldsymbol{c}$遍历$\mathcal{C}$，则$\boldsymbol{x}-\boldsymbol{c}$遍历陪集$\mathcal{C}(\boldsymbol{s})$的所有成员。

**引理 4.2**：如果$\mathcal{C}$是$[n,k]$码且具有$(n-k)\times n$维的奇偶校验矩阵$\boldsymbol{H}$和覆盖半径$R$，则任意伴随式$\boldsymbol{s}\in\mathbb{F}_2^{n-k}$可以写成$\boldsymbol{H}$至多$R$列的和，并且$R$为最小值，因此，覆盖半径也可以定义为所有陪集首的最大权重，而码字的平均距离等于陪集首的平均汉明重量。

**证明**：任意$\boldsymbol{x}\in\mathbb{F}_2^n$只属于一个陪集$\mathcal{C}(\boldsymbol{s})$，从引理 4.1 可知，$d(\boldsymbol{x},C)=w(\boldsymbol{e}_L(\boldsymbol{s}))$，但重量$w(\boldsymbol{e}_L(\boldsymbol{s}))$必须相加以获得$\boldsymbol{s}$的$\boldsymbol{H}$中列数的最小值。

**引理 4.3**：（球体覆盖上界）对于任意覆盖半径为$\boldsymbol{R}$的码$\mathcal{C}\subset\mathbb{F}_2^n$，

$$|C|\geqslant\frac{2^n}{V(n,R)} \tag{4.9}$$

式中：$V(n,R)$是$\mathbb{F}_2^n$中半径为$R$的球体体积，$V(n,R)=\sum_{i=0}^{R}\binom{n}{i}$，此外，当$R<n/2$，

$$\log_2 V(n,R)\leqslant nH(R/n) \tag{4.10}$$

式中：$H(x)=-x\log_2 x-(1-x)\log_2(1-x)$，是二进制熵函数。

**证明**：任意半径为$R$的球会覆盖$V(n,R)$的向量，以码字为中心的球覆盖整个空间，但它们可能具有非空交集。因此，必须有$|C|V(n,R)\geqslant 2^n$，式(4.10)是编码中经常使用的不等式，其证明对于理解本书中隐写编码的内容并不重要，本书中不再对其予以证明。

### 4.2.2　嵌入效率的理论上限

在本节中，推导隐写方案在理论上可实现的嵌入效率的上限。此处讨论的嵌入效率依旧是平均每比特修改量对应的嵌入信息比特，在第 5 章中，嵌入效率的概念会得到进一步扩展。首先用编码语言重新定义嵌入效率，从而使得编码中的理论可被用来推导嵌入效率理论上界。$\mathbb{F}_2^n$上的一个嵌入方案对应一组嵌入和提取函数 Emb 和 Ext：

$$\begin{cases}\text{Emb}:\ \mathbb{F}_2^n\times\mathcal{M}\rightarrow F_2^n\\ \text{Ext}:\ \mathbb{F}_2^n\rightarrow\mathcal{M}\end{cases} \tag{4.11}$$

对于所有的$\boldsymbol{m}\in\mathcal{M}$，$\boldsymbol{x}\in\mathbb{F}_2^n$，有$\text{Ext}(\text{Emb}(\boldsymbol{x},\boldsymbol{m}))=\boldsymbol{m}$，这里$\mathcal{M}$是用于传递的所有秘密信息的集合。进一步假设，在最多$R$个载体元素被修改的前提下可以嵌入任意信息$\boldsymbol{m}\in\mathcal{M}$，即

$$d(\boldsymbol{x},\text{Emb}(\boldsymbol{x},\boldsymbol{m}))\leqslant\mathcal{R},\quad \boldsymbol{m}\in\mathcal{M},\boldsymbol{x}\in\mathbb{F}_2^n \tag{4.12}$$

$h(n,R)=\log_2|\mathcal{M}|$，称为该方案的嵌入容量，对应的最低嵌入效率为$\underline{e}=\frac{\log_2|\mathcal{M}|}{R}$；$R_a$为对于均匀分布的陪集$\boldsymbol{x}\in\mathbb{F}_2^n$和信息$m\in\mathcal{M}$嵌入修改量的期望值，嵌入效率则为$e=\frac{\log_2|\mathcal{M}|}{R_a}$。由于$R$是嵌入修改量的上限，所以对于任何嵌入方案均有$\underline{e}\leqslant e$。

以二元汉明矩阵嵌入方案为例，它对应$n=2^p-1$，$R=1$，并且$h(n,R)=p$，现在推广这个结构并得出$h$和$e$的上界。下面来看两个由 Galland[2] 提出的观点。

**观点 4.1**：具有覆盖半径为$R$的$(n,k)$码$\mathcal{C}$可以用来构造一个嵌入方案，该方案能够使用至多$R$个修改量来传送$(n-k)$个比特位。

**证明**：设 $\boldsymbol{H}$ 是码$\mathcal{C}$的奇偶校验矩阵，将嵌入函数定义为 $\text{Emb}(\boldsymbol{x},\boldsymbol{m})=\boldsymbol{x}+\boldsymbol{e}_L=\boldsymbol{y}$，式中：$\boldsymbol{e}_L$ 是陪集$\mathcal{C}(\boldsymbol{m}-\boldsymbol{Hx})$的陪集首；$\boldsymbol{m}\in\mathbb{F}_2^{n-k}$，是 $n-k$ 个信息比特的一部分；因为$\mathcal{C}$的覆盖半径为 $R$，所以 $d(\boldsymbol{x},\boldsymbol{y})=w(\boldsymbol{e}_L)\leqslant R$，提取函数 Ext 定义为 $\text{Ext}(\boldsymbol{y})=\boldsymbol{Hy}=\boldsymbol{Hx}+\boldsymbol{He}_L=\boldsymbol{Hx}+\boldsymbol{m}-\boldsymbol{Hx}=\boldsymbol{m}$。

这个命题的证明也解释了为什么使用符号 $R$ 和 $R_a$ 来表示嵌入修改量的最大值和嵌入修改量的平均值。这些符号已经具有 4.2.1 节中定义的覆盖半径和码字的平均距离的含义。对于在该观点中使用线性码实现的嵌入方案，这些概念是重合的。请注意，实际上，随机选择信息（伴随式为 $\boldsymbol{m}$）的嵌入修改量的平均值等于陪集首的平均重量。

**观点 4.2**：相反地，在$\mathbb{F}_2^n$ 中，对于任意阈值为 $R$ 和嵌入容量为$\log_2|\mathcal{M}|$的嵌入方案定义了一个覆盖半径为 $R$ 的码（不一定为线性的）。此外，令$\mathcal{C}^*$是半径为 $R$、长度为 $n$ 的最小码，$\log_2|\mathcal{M}|\leqslant n-\log_2|\mathcal{C}^*|$，这意味着嵌入容量被覆盖半径为 $R$ 的最小码的冗余所限制。

**证明**：对于每个信息 $\boldsymbol{m}\in\mathcal{M}$，集合 $\text{Ext}^{-1}(\boldsymbol{m})$是覆盖半径为 $R$ 的码。事实上，很容易得出，对于任意的 $\boldsymbol{x}\in\mathbb{F}_2^n$，$\boldsymbol{y}=\text{Emb}(\boldsymbol{x},\boldsymbol{m})\in\text{Ext}^{-1}(\boldsymbol{m})$，$d(\boldsymbol{x},\boldsymbol{y})\leqslant R$。为了证明其余的要求，令 $\boldsymbol{m}_0$ 是可以产生具有最小势$|\text{Ext}^{-1}(\boldsymbol{m}_0)|$的载体的消息，因为 $\text{Ext}^{-1}(\boldsymbol{m})$对不同信息来说是不相关的，对最小码字$\mathcal{C}^*$，有$|\mathcal{M}|\leqslant\dfrac{2^n}{|\text{Ext}^{-1}(\boldsymbol{m}_0)|}\leqslant\dfrac{2^n}{|\mathcal{C}^*|}$。

在建立了码和嵌入方案之间的这种正式关系之后，现在回到原来的问题来获得嵌入效率的理论上界。令 $h_{\max}(n,R)$是通过最多产生 $R$ 个修改量而可以嵌入 $n$ 个元素覆盖对象（或子集）中的最大位数。从观点 4.1 和 4.2 可知，$h_{\max}(n,R)$的上限是覆盖半径为 $R$、长度为 $n$ 的最小码字冗余，例如 $h_{\max}(n,R)\leqslant\log_2\dfrac{2^n}{|\mathcal{C}^*|}$，此外，在覆盖半径为 $R$ 长度为 $n$ 的所有$[n,k]$编码中，令 $r_L(n,R)$为最大的余维度 $n-k$，从观点 4.1 和观点 4.2 中知道 $r_L(n,R)\leqslant h_{\max}(n,R)$，因此

$$r_L(n,R)\leqslant h_{\max}(n,R)\leqslant\log_2\frac{2^n}{|\mathcal{C}^*|}\tag{4.13}$$

现在将式(4.13)、式(4.9)和式(4.10)合并以产生最大嵌入率的上限 $h_{\max}(n,R)/n$，可通过$n$ 位载体对象中造成$R$ 个修改量嵌入

$$\frac{h_{\max}(n,R)}{n}\leqslant H(R/n)\tag{4.14}$$

这个不等式对于给定的嵌入率 $\alpha=\dfrac{h(n,R)}{n}$能够推导出最低嵌入效率的上限$\underline{e}=\dfrac{h(n,R)}{R}$，从式(4.14)中，有

$$\begin{cases}\alpha\leqslant H(R/n)\\ H^{-1}(\alpha)\leqslant R/n\\ \underline{e}=\dfrac{h(n,R)}{R}\leqslant\dfrac{\alpha}{H^{-1}(\alpha)}\end{cases}\tag{4.15}$$

对于嵌入效率 $e$，同样的渐近上限是成立的

$$e=\frac{h(n,R)}{R}\leqslant\frac{\alpha}{H^{-1}(\alpha)}\tag{4.16}$$

式(4.14)和式(4.16)中的上界使用线性码渐近来实现，因为几乎所有覆盖半径为 $R$ 的

随机线性码的冗余度 $r_L(n,R)$，当 $R/n$ 从 $n\to\infty$ 时会渐进达到 $nH(R/n)$。因此，存在基于线性覆盖的渐近最优嵌入方案。

考虑长度为 $n$，嵌入信息的相对长度为 $\alpha$ 的线性编码在 $\mathbb{F}_2^n$ 的矩阵嵌入方案，即在一个 $n$ 个元素组成的载体对象中嵌入 $\alpha n$ 个比特位，根据观点 4.1 和观点 4.2 这样的方案将使用 $[n,n(1-\alpha)]$ 码来实现，此处需要得到 $R_a$ 的下界。

根据引理 4.2，可以通过对 $\boldsymbol{H}$ 的列相加计算得到的不同伴随式个数来得到距码字 $R_a$ 的平均距离。显然，在最乐观的情况下，$\begin{bmatrix}n\\i\end{bmatrix}$ 所有 $i$ 列可能的和都将导致新的不同的伴随式，其中 $i=1,2,\cdots,R$，$R$ 为覆盖半径，这事实上是理想的情形，例如汉明码。一般来说，$R_a$ 的下界会被给出。

对于任何整数 $n$，设 $R_n$ 是一个整数，$0\leqslant\xi_n<1$ 为一个实数，它满足

$$\begin{bmatrix}n\\0\end{bmatrix}+\begin{bmatrix}n\\1\end{bmatrix}+\cdots+\begin{bmatrix}n\\R_n-1\end{bmatrix}+\xi_n\begin{bmatrix}n\\R_n\end{bmatrix}=2^{\alpha_n} \tag{4.17}$$

这里有 $\alpha_n$ 个伴随式(信息)。从式(4.17)中，得到嵌入修改量的平均值 $R_a$ 的下界和嵌入效率 $e$ 的上界。

$$R_a\geqslant\frac{\sum_{i=1}^{R_n-1}i\begin{bmatrix}n\\i\end{bmatrix}+R_n\xi_n\begin{bmatrix}n\\R_n\end{bmatrix}}{2^{\alpha_n}} \tag{4.18}$$

$$e=\frac{n\alpha}{R_a}\leqslant\frac{n\alpha 2^{\alpha_n}}{\sum_{i=1}^{R_n-1}i\begin{bmatrix}n\\i\end{bmatrix}+R_n\xi_n\begin{bmatrix}n\\R_n\end{bmatrix}} \tag{4.19}$$

### 4.2.3　基于随机线性码的大负载矩阵嵌入方案

从 4.2.2 节可知随机线性码是渐近最优的。因此，可以尝试随机构建好的码，然而使用随机码的最大困难在于它们缺乏快速编码和解码算法所需的规则结构。然而，在大负载矩阵嵌入下，当有效载荷 $n-k$ 足够大时，码的维数 $k$ 将足够小，通过穷举搜索即可进行编码。

发送方从载体对象中提取一个 $\boldsymbol{x}\in\mathbb{F}_2^n$ 向量(如像素子集的最低有效位)和一个 $(n-k)\times n$ 的奇偶校验矩阵 $\boldsymbol{H}$。目标是将 $n-k$ 位伴随式 $\boldsymbol{Hx}$ 改为所需的信息 $\boldsymbol{m}=\boldsymbol{Hy}$，其中，$\boldsymbol{y}$ 要尽可能地接近 $\boldsymbol{x}$。因为，当且仅当 $\boldsymbol{x}-\boldsymbol{y}=\boldsymbol{e}_L(\boldsymbol{Hx}-\boldsymbol{m})$，陪集 $\mathcal{C}(\boldsymbol{Hx}-\boldsymbol{m})$ 是陪集首时，$\boldsymbol{H}(\boldsymbol{x}-\boldsymbol{y})=\boldsymbol{Hx}-\boldsymbol{m}$，$d(\boldsymbol{x},\boldsymbol{y})$ 将为最小值。为了寻找陪集首，首先要找到任意向量 $\boldsymbol{e}$ 满足 $\boldsymbol{He}=\boldsymbol{Hx}-\boldsymbol{m}$，如果 $c(\boldsymbol{e})$ 是离 $\boldsymbol{e}$ 最近的码字，那么从引理 4.1 可以得到 $\boldsymbol{e}-c(\boldsymbol{e})$ 是 $\mathcal{C}(\boldsymbol{Hx}-\boldsymbol{m})$ 的陪集首。以下算法 4.1 为该隐写编码方案的流程。

**算法 4.1**：

步骤 1：从载体对象中提取 $n$ 位载体 $\boldsymbol{x}$(沿着由隐写密钥生成的伪随机路径)，并读取长度为 $n-k$ 的消息 $\boldsymbol{m}$。

步骤 2：计算伴随式 $\boldsymbol{Hx}$。

步骤 3：寻找 $\boldsymbol{He}=\boldsymbol{m}-\boldsymbol{Hx}$ 的解 $\boldsymbol{e}$。

步骤 4：在所有 $2^k$ 个码字的列表中，找出与 $\boldsymbol{e}$ 最接近的码字，用 $\boldsymbol{c}(\boldsymbol{e})$ 表示。

步骤 5：修改载体对象，使 $\boldsymbol{y}=\boldsymbol{x}-\boldsymbol{e}+\boldsymbol{c}(\boldsymbol{e})$。

步骤 6：如果没有更多的信息位被嵌入，停止；否则跳转至步骤 1。

步骤 7：通过相同的嵌入路径提取消息比特，并且从 $n$ 个比特位 $\boldsymbol{y}$ 的每个段计算 $n-k$ 个比特位 $\boldsymbol{m}$，秘密信息 $\boldsymbol{m}=\boldsymbol{H}\boldsymbol{y}$。

注意到，如果 $\boldsymbol{H}$ 是随机生成的，但已经以系统形式呈现，那么寻找这样的 $\boldsymbol{e}$ 将非常容易。因此，编码中最耗时的部分是找出最接近的码字 $\boldsymbol{c}(\boldsymbol{e})$。由于总共有 $2^k$ 个长度为 $n$ 的码字，因此将所有码字的表保存在内存中需要 $n2^k$ 比特。寻找最接近的码字需要相同的计算顺序 $O(n2^k)$。由于复杂度和内存需求呈指数级增长，码的维数 $k$ 应该很小，例如 $k\leqslant 14$。注意，对于固定的 $k$，使用$[n,k]$码可嵌入的嵌入率为 $\alpha_n$，$\alpha_n=\dfrac{n-k}{n}$。

假定发送者想要将 $K$ 位嵌入到 $N$ 个元素的载体对象中，这意味着相对消息长度 $\alpha=K/N$。发送者需使 $n$ 满足

$$\alpha_{n-1}=\frac{n-1-k}{n-1}\leqslant\alpha<\frac{n-k}{n}=\alpha_n$$

嵌入和提取过程将使用随机的$[n,n(1-\alpha_n)]$码。与使用汉明码的矩阵嵌入类似，码字长度 $n$ 在载密对象中一并被发送给接收方。对于不同的 $n$，发送者和接收者还需要共享矩阵 $\boldsymbol{H}$。在图 4-1 中，展示了对于码长 $n\leqslant 165$，维数 $k=10$ 和 $k=14$ 的随机线性码的嵌入效率。随机码的一个有效的特性是可提供连续动态变化的码族。允许发送方选择码长 $n$ 以使 $\alpha_n=(n-k)/n$ 与相对有效负载长度紧密匹配，从而有效地使用载体对象中的可用嵌入空间。

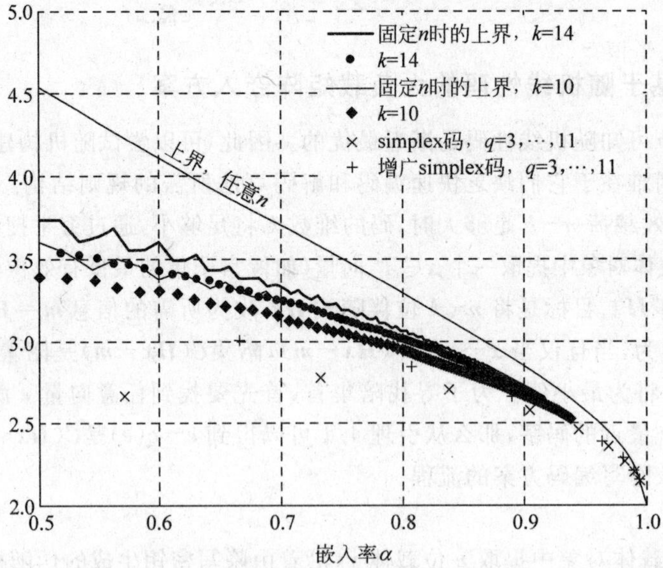


图 4-1　嵌入效率与相对容量(大负载情形)

为了看到编码提高了多少嵌入效率，检查两条嵌入率为 $\alpha=0.9$ 和 0.8 的信息。从图 4-1 中可以读出嵌入效率。对于维数为 14 的随机线性码，嵌入效率分别从 2(无编码)提高到 2.7 和 3。因此，编码可以有效减少嵌入信息的影响。这是一个实质性的改进，因为对于某些嵌入方法，隐写分析工具的性能可能对这个范围内的嵌入率非常敏感。另外，注意随

机码的嵌入效率与长度为 $n$ 的$[n,n(1-\alpha)]$编码效率的上界(见式(4.18))非常接近。

图 4-1 还通过比较维数 $k=10$ 和 14 的码来表明如何增加嵌入效率。然而,在不大幅增加复杂度的前提下,码字维度很难增加,因为编码的复杂度是 $O(n2^{n(1-\alpha)})$。为了让读者了解在个人计算机上可实现的典型嵌入速度,使用长度为 $n=100$ 的随机码来模拟嵌入到具有 $N=1280\times1024$ 像素的图像中。测量了码字维数 $k=10,12$ 和 14 的结果。该测试是在运行速度为 3.4GHz,运行内存为 1 GBRAM 的 Pentium IV 上运行的,算法在 C++ 中实现,并在 Linux 下使用 GCC 3.4.3 进行编译,结果汇总在表 4-1 中。

**表 4-1　在块长度为 $n=100$,维度 $k=10,12$ 和 14 情况下对分辨率为 1280×1024 的灰度图像的嵌入时间**

| 维度 $k$ | 嵌入时间/s |
|---|---|
| 10 | 0.82 |
| 12 | 2.42 |
| 14 | 8.65 |

### 4.2.4　基于 Simplex 码的大负载矩阵嵌入

本节中介绍一种众所周知的结构化码,即$[2^q-1,q]$的 Simplex 码。因为 Simplex 码是汉明码的对偶,所以它们的生成矩阵 $\boldsymbol{G}$ 等于二进制汉明码的奇偶校验矩阵。例如,对于$q=3$,

$$\boldsymbol{G}=\begin{bmatrix}0&0&0&1&1&1&1\\0&1&1&0&0&1&1\\1&0&1&0&1&0&1\end{bmatrix}\tag{4.20}$$

Simplex 码是恒重码,这意味着所有非零码字具有相同的权重,等于 $2^{q-1}$,这也是任何两个码字之间的距离。

对于任意 $\boldsymbol{x}\in\mathbb{F}_2^{2^q-1}$,解码过程总是找出最接近 $\boldsymbol{x}$ 的码字。这意味着可以使用 Simplex 码的解码算法来实现嵌入功能。下面介绍 Simplex 码的解码算法,使用函数 bin: $\{0,1,\cdots,2^p-1\}\to\mathbb{F}_2^p$,它是 dec() 的逆函数,它将一个整数 $i$ 映射到其二进制表示 bin($i$),将其写为一个列向量,并将最重要的位作为第一个元素。

令$\mathcal{C}$为生成矩阵为 $\boldsymbol{G}$ 的$[2^q-1,q]$Simplex 码,将 $\boldsymbol{G}$ 的第 $i$ 行表示成$\boldsymbol{v}_i$,令 $\boldsymbol{x}$ 为噪声码字(任意的向量 $\boldsymbol{x}\in\mathbb{F}_2^{2^q-1}$),并且令$\hat{\boldsymbol{x}}=(0,x_1,x_2,\cdots,x_{2^q-1})^t\in\mathbb{F}_2^{2^q}$,即 $\boldsymbol{x}$ 前加入 0。最接近 $\boldsymbol{x}$ 的码字 $\boldsymbol{c}(\boldsymbol{x})$ 为 $\boldsymbol{c}(\boldsymbol{x})=\sum_{i=1}^{q}u_i\boldsymbol{v}_i^t$,其中,$\boldsymbol{u}=(u_1,\cdots,u_q)=\mathrm{bin}(i_0-1)$ 并且 $i_0=\arg\max_i\,(\boldsymbol{1}-2\,\hat{\boldsymbol{x}})^t\boldsymbol{H}_{2^q}$。此处需注意的是该积是以正则整数算术进行的,并且 argmax 占据向量$(\boldsymbol{1}-2\,\hat{\boldsymbol{x}})^t\boldsymbol{H}_{2^q}$的 $2^q$ 个元素,符号 $\boldsymbol{1}$ 是 $2^q$ 个 1 组成的列向量,$\boldsymbol{H}_{2^q}$是 $2^q$ 阶 Hadamard(Sylvester)矩阵。例如,该矩阵可以通过 $\boldsymbol{H}_{2^q}=\boldsymbol{H}_2\otimes\cdots\otimes\boldsymbol{H}_2$ 的 Kronecker 内积获得,存在$q$ 个 $\boldsymbol{H}_2$ 的Kronecker 内积

$$\boldsymbol{H}_2=\begin{bmatrix}1&1\\1&-1\end{bmatrix}$$

此外,$\boldsymbol{H}_{2^q}$是由 1 和 $-1$ 组成的 $2^q\times2^q$ 的方阵,它们的行与每个其他的 $\boldsymbol{H}_{2^q}\boldsymbol{H}_{2^q}^t=2^q\boldsymbol{I}_{2^q}$ 都相互正交,该正交是指欧几里得空间中通常的点积的正交性。计算乘积$(\boldsymbol{1}-2\,\hat{\boldsymbol{x}})^t\boldsymbol{H}_{2^q}$的复杂度为 $O(2^{2q})$,另外,将矩阵保存在内存中需要相同的空间。幸运的是,有一种更快的算法

来获得结果，同时也消耗更少的内存，即快速 Hadamard 变换。

定义$\mathbb{Z}^n \to \mathbb{Z}^n$ 的变换 $\boldsymbol{x} \mapsto \boldsymbol{x}^t \boldsymbol{H}_n$，该变换称为 Hadamard 变换，其中，$\mathbb{Z}$ 是所有整数的集合，快速变换使用如下的公式：

$$\boldsymbol{H}_{2^q} = \boldsymbol{M}_{2^q}^{(1)} \boldsymbol{M}_{2^q}^{(2)} \cdots \boldsymbol{M}_{2^q}^{(q)} \tag{4.21}$$

式中：

$$\boldsymbol{M}_{2^q}^{(i)} = \boldsymbol{I}_{2^{q-i}} \otimes \boldsymbol{H}_2 \otimes \boldsymbol{I}_{2^{i-1}} \tag{4.22}$$

每个 $\boldsymbol{M}_{2^q}^{(i)}$ 是稀疏的，每行和每列只有两个非零元素，这意味着大大减少了存储所有 $q$ 个矩阵 $\boldsymbol{M}_{2^q}^{(i)}$ 的存储需求 $O(q^{2^q})$。计算一个单一乘积 $\boldsymbol{x}^t \boldsymbol{M}_{2^q}^{(i)}$ 只需要 $3 \times 2^q$ 步操作。因此，使用式(4.21)和式(4.22)评估整个 Hadamard 变换需要 $O(q^{2^q})$次操作，这明显比直接实现更好。

现在使用$[2^q-1,q]$Simplex 码描述矩阵嵌入，设 $\boldsymbol{G}$ 是具有行 $\boldsymbol{v}_1, \cdots, \boldsymbol{v}_q$ 的生成矩阵（见式(4.20)）。在 $2^q-1$ 个像素中嵌入 $2^q-1-q$ 个比特，对应于嵌入率 $\alpha_q = \dfrac{2^q-1-q}{2^q-1}$。因此，如果发送者需要在 $N$ 元素载体对象中传送 $K$ 个比特，则需要选择参数 $q$ 以使得

$$\alpha_{q-1} \leqslant \frac{K}{N} < \alpha_q$$

同样，$q$ 应该在载密对象中传达。算法 4.2 描述了嵌入过程，奇偶校验矩阵 $\boldsymbol{H}$ 应该以系统形式被预先计算好以加快步骤 2 和 3。

Simplex 码的性能不如随机线性码字的性能好。而且，它们没有像随机码$\left(\alpha_q = \dfrac{2^q-1-q}{2^q-1}\right)$那样密集地涵盖嵌入率 $\alpha$ 的范围。另一方面，它们很容易达到嵌入率 $\alpha >$ 0.95 的范围，并且计算复杂度较低。就码长 $n=2^q-1$ 而言，其计算复杂度为 $O(n\log_2 n)$。

**算法 4.2：**

步骤 1：从载体对象中取 $p=2^q-1$ 个比特 $\boldsymbol{x}$（由隐写密钥确定伪随机路径），另取长度为 $2^q-q-1$ 的信息 $\boldsymbol{m}$。

步骤 2：计算伴随式 $\boldsymbol{Hx}$。

步骤 3：寻找能求解 $\boldsymbol{He}=\boldsymbol{m}-\boldsymbol{Hx}$ 的任意向量 $\boldsymbol{e}$。

步骤 4：通过 Hadamard 转换式(4.12)构建$\hat{\boldsymbol{e}}=(0,e_1,\cdots,e_{2^q-1})^{\mathrm{T}}$，并计算 $\boldsymbol{E}=(1-2\hat{\boldsymbol{e}})^t \boldsymbol{H}_{2^q}$：

(a) $\boldsymbol{E}^{(0)}=(1-2\hat{\boldsymbol{e}})^t, i=1,2,\cdots,q, \boldsymbol{E}^{(i)}=\boldsymbol{E}^{(i-1)}\boldsymbol{M}_{2^q}^{(i)}$；

(b) $\boldsymbol{E}=(E_1,E_2,\cdots,E_{2^q})=\boldsymbol{E}^{(q)}$；

(c) 在 $E_1,E_2,\cdots,E_{2^q}$ 中寻找最大值 $E_{i_0}$；

(d) $\boldsymbol{u}=\mathrm{bin}(i_0-1)$；

(e) 离 $\boldsymbol{e}$ 最近的码字为 $\boldsymbol{c}(\boldsymbol{e}) = \sum_{i=1}^{q} u_i \boldsymbol{v}_i^t$，其中，$\boldsymbol{v}_i$ 是 $\boldsymbol{G}$ 的第 $i$ 行；

(f) 载密对象为 $\boldsymbol{y}=\boldsymbol{x}+\boldsymbol{e}-\boldsymbol{c}(\boldsymbol{e})$。

还有其他的码通过对码进行常规操作，例如延长（增加一个长度）或增加（增加一个码字到生成矩阵），这些码字也具有良好的性能，并且可以使用具有简单解码算法的 Simplex 码来编码。通过用全 1 的向量扩展 Simplex 码得到一个线性的$[2^q-1,q+1]$码，它与删减的一阶 Reed-Muller 码一致。$q=3$ 时的增广 Simplex 码的生成矩阵是

$$\boldsymbol{G}=\begin{bmatrix}0&0&0&1&1&1&1\\0&1&1&0&0&1&1\\1&0&1&0&1&0&1\\1&1&1&1&1&1&1\end{bmatrix}$$

该码可以对算法 4.2 的步骤 4 进行简单修改来解码。步骤 4 是在 $e$ 前加入“0”和“1”：$\hat{\boldsymbol{e}}_0=(0,e_1,\cdots,e_{2^q-1})^{\mathrm{T}}$，$\hat{\boldsymbol{e}}_1=(1,e_1,\cdots,e_{2^q-1})^{\mathrm{T}}$，现在在步骤 4 的 $\boldsymbol{e}$ 中获得两个向量 $\boldsymbol{c}_0$ 和 $\boldsymbol{c}_1$。接近于 $\boldsymbol{e}$ 的向量被视为输出。为了避免计算两次 Hadamard 变换，要注意到，$(1-2\,\hat{\boldsymbol{e}}_1)^t\boldsymbol{H}_{2^q}=(1-2\,\hat{\boldsymbol{e}}_0)^t\boldsymbol{H}_{2^q}-2\boldsymbol{h}_1$，其中，$\boldsymbol{h}_1$ 是 $\boldsymbol{H}_{2^q}$ 的第一行。增广 Simplex 码的性能优于 Simplex 码，但同样不如随机线性编码。

## 4.3 基于矩阵扩展的快速矩阵嵌入方案

通过 4.1 节可知随机线性码所构造的矩阵嵌入方案能够达到很好的嵌入效率，但是其嵌入的计算复杂度是影响其实际应用的一个主要因素。文献[3]针对随机线性码的计算复杂度高的问题，提出了通过一些参考列来扩展矩阵的入速度。与原始的矩阵嵌入相比，该方法不仅可以显著降低计算复杂度，还能使嵌入效率增加。本节对这种基于矩阵扩展的快速矩阵嵌入机制进行介绍。

与 4.1 节相同，用 $w(\boldsymbol{a})$ 表示向量 $\boldsymbol{a}$ 的汉明权值，用 $d(\boldsymbol{a},\boldsymbol{b})$ 表示两个向量 $\boldsymbol{a}$ 和 $\boldsymbol{b}$ 之间的汉明距离。一个位 $a$ 的补码是 $\bar{a}$，指将 0 翻转为 1 或 1 翻转为 0，而一个向量 $\boldsymbol{a}$ 的补数是 $\bar{\boldsymbol{a}}$，指翻转 $\boldsymbol{a}$ 的所有元素。$n$ 维全 0 向量表示为 $\boldsymbol{0}_n^{\mathrm{T}}=(0,0,\cdots,0)$，而全 1 向量表示为 $\boldsymbol{1}_n^{\mathrm{T}}=(1,1,\cdots,1)$，其中“T”为转置。

此处假设载体是一个二进制序列，如像素灰度值的最不重要位(LSBs)或量化 DCT 系数的 LSBs。用 $\boldsymbol{a}^{\mathrm{T}}=(a_1,a_2,\cdots,a_n)\in GF^n(2)$ 表示 $n$ 维的载体块，因为消息在嵌入之前通常是经过加密的，因此可以将其视为二进制随机序列。用 $\boldsymbol{m}^{\mathrm{T}}=(m_1,m_2,\cdots,m_m)\in GF^m(2)$ 表示 $m$ 维的信息块，这与载体无关。

如果可通过在平均 $R_a$ 个变化量下将 $m$ 个比特位的信息 $\boldsymbol{m}$ 嵌入 $n$ 位载体 $\boldsymbol{a}$ 中，则可以定义嵌入率为 $\alpha=m/n$，嵌入效率 $e=m/R_a$。在 4.2.2 节中已经对嵌入效率的理论上限给予了证明，对于给定的嵌入速率，嵌入效率的上限为

$$e(\alpha)\leqslant\frac{\alpha}{H_2^{-1}(\alpha)},\quad 0\leqslant\alpha\leqslant 1 \tag{4.23}$$

$H_2(x)=-x\log_2 x-(1-x)\log_2(1-x)$ 为二进制熵函数。假设 $m\times n$ 维矩阵 $\boldsymbol{H}$ 是 $[n,n-m]$ 线性编码的奇偶校验矩阵，通过如下方式可以将信息矩阵 $\boldsymbol{m}^{\mathrm{T}}=(m_1,m_2,\cdots,m_m)$ 的 $m$ 比特位嵌入载体 $\boldsymbol{a}^{\mathrm{T}}=(a_1,a_2,\cdots,a_n)$ 的 $n$ 个比特位中，首先用异或运算计算 $\boldsymbol{Ha}$ 和 $\boldsymbol{m}$ 之间的差异。

$$\boldsymbol{Hx}=\boldsymbol{Ha}\oplus\boldsymbol{m} \tag{4.24}$$

寻找解向量 $\boldsymbol{x}_{\min}$ 为

$$\boldsymbol{x}_{\min}=\underset{x\in GF^n(2),\,\boldsymbol{Hx}=\boldsymbol{Ha}\oplus\boldsymbol{m}}{\operatorname{argmin}}\; w(\boldsymbol{x}) \tag{4.25}$$

最后得到载密对象 $\boldsymbol{b}$ 为

$$\boldsymbol{b} = \boldsymbol{a} \oplus \boldsymbol{x}_{\min} \tag{4.26}$$

接收方可以通过计算提取 $\boldsymbol{m}$

$$\boldsymbol{Hb} = \boldsymbol{H}(\boldsymbol{a} \oplus \boldsymbol{x}_{\min}) = \boldsymbol{Ha} \oplus \boldsymbol{Hx}_{\min} = \boldsymbol{Ha} \oplus \boldsymbol{Ha} \oplus \boldsymbol{m} = \boldsymbol{m} \tag{4.27}$$

为了减少修改量,关键问题是要寻找一个最小汉明重量的解,然而,当 $\boldsymbol{H}$ 是一个随机矩阵时,这是一个计算上的难题。为了用可行的计算复杂度求解式(4.24),4.2 节中 Fridrich 等提出仅仅使用小维度 $k$ 的随机线性编码$[n,k]$,且奇偶校验矩阵有如下形式:

$$\boldsymbol{H} = [\boldsymbol{I}_{n-k}, \boldsymbol{D}] \tag{4.28}$$

式中:$\boldsymbol{I}_{n-k}$ 是一个$(n-k)\times(n-k)$维的单位矩阵;$\boldsymbol{D}$ 是$(n-k)\times k$ 的随机矩阵。当式(4.28)用作式(4.24)的矩阵时,解空间由 $2^k$ 个向量组成,可以通过 $\boldsymbol{D}$ 的 $k$ 个随机列的所有线性组合来查找。用最小汉明重量求出解的计算复杂度是 $O(n2^k)$,这种求解方法也可称为原始矩阵嵌入。

在原始矩阵嵌入中,当随机列数增加时,式(4.24)的解空间呈指数扩张,因此有更多的机会找到一个较小的汉明重量的解决方案。这就是为什么当 $k$ 增加时,嵌入效率可以提高,但是寻找这个解决方案的计算复杂度呈指数增长。这里,可以将一些参考列附加到矩阵式(4.28)中来成倍地扩展解空间,但只需要线性增加时间来寻找解空间。

参考列被定义为单位矩阵的某些列的一个校验列,参考列等于该列的对应列的异或。对于附加一个参考列的情况,参考列是由单位矩阵的所有列的异或操作获得的,因此,它只是一个全 1 列。

首先来看附加一列的情形。在式(4.28)中当矩阵 $\boldsymbol{H}$ 仅附加一个参考列,全 1 列 $\boldsymbol{1}_{n-k}^{\mathrm{T}} = (1,\cdots,1)$,可以得到一个新的奇偶校验矩阵:

$$\boldsymbol{E}_1 = [\boldsymbol{H}, \boldsymbol{1}_{n-k}] = [\boldsymbol{I}_{n-k}, \boldsymbol{D}, \boldsymbol{1}_{n-k}] \tag{4.29}$$

现在分析下面两个方程所代表系统的解空间之间的关系:

$$\boldsymbol{Hx} = \boldsymbol{s} \tag{4.30}$$

$$\boldsymbol{E}_1 \boldsymbol{y} = \boldsymbol{s} \tag{4.31}$$

把式(4.30)的一个解分成两部分

$$\boldsymbol{x}^{\mathrm{T}} = (\boldsymbol{e}, \boldsymbol{d}) \tag{4.32}$$

式中:$\boldsymbol{e}$ 是 $\boldsymbol{x}$ 的前 $n-k$ 个比特位;$\boldsymbol{d}$ 是 $\boldsymbol{x}$ 的最后 $k$ 个比特位。可以根据 $\boldsymbol{x}$ 构造式(4.31)的如下两个解

$$\boldsymbol{y}_1^{\mathrm{T}} = (\boldsymbol{e}, \boldsymbol{d}, 0), \quad \boldsymbol{y}_2^{\mathrm{T}} = (\bar{\boldsymbol{e}}, \boldsymbol{d}, 1) \tag{4.33}$$

对于 $\boldsymbol{y}_1$,“0”是附加的参考位,这意味着当计算式(4.31)时,将不会被添加$\boldsymbol{E}_1$ 的参考列 $\boldsymbol{1}_{n-k}^{\mathrm{T}}$,因此如果 $\boldsymbol{x}$ 是式(4.30)的解,式(4.31)将保持不变。当把 $\boldsymbol{y}_2$ 代入式(4.31)中,参考列将会被添加,但是这可能会被 $\boldsymbol{e}$ 的补码所抵消,因为参考列是矩阵 $\boldsymbol{H}$ 的前 $n-k$ 列奇偶检验,抵消过程为

$$\begin{aligned} \boldsymbol{E}_1 \boldsymbol{y}_2 &= (\boldsymbol{I}_{n-k}, \boldsymbol{D}, \boldsymbol{1}_{n-k}) \cdot (\bar{\boldsymbol{e}}, \boldsymbol{d}, 1)^{\mathrm{T}} \\ &= I_{n-k} \bar{\boldsymbol{e}}^{\mathrm{T}} \oplus \boldsymbol{Dd}^{\mathrm{T}} \oplus \boldsymbol{1}_{n-k} 1 \\ &= \boldsymbol{I}_{n-k} \boldsymbol{e}^{T} \oplus \boldsymbol{I}_{n-k} \boldsymbol{1}_{n-k} \oplus \boldsymbol{Dd}^{\mathrm{T}} \oplus \boldsymbol{1}_{n-k} \\ &= \boldsymbol{I}_{n-k} \boldsymbol{e}^{\mathrm{T}} \oplus \boldsymbol{Dd}^{\mathrm{T}} \\ &= (\boldsymbol{I}_{n-k}, \boldsymbol{D})(\boldsymbol{e}, \boldsymbol{d})^{\mathrm{T}} = \boldsymbol{Hx} = \boldsymbol{s} \end{aligned} \tag{4.34}$$

一方面,式(4.31)的解空间是式(4.30)的两倍;另一方面,从每一个式(4.30)的解中,

可以通过附加一个“0”或“1”和如式(4.33)所示的翻转前 $n-k$ 比特位构造式(4.31)的两个相应的解。因此,可以通过以下方式,只利用式(4.30)的解空间来找到式(4.31)的最小重量解。对于式(4.30)的每个解 $\boldsymbol{x}$,$w(\boldsymbol{x})=w(\boldsymbol{e})+w(\boldsymbol{d})$ 表示其重量,对于式(4.33),式(4.31)的两个对应解的重量分别等于 $w(\boldsymbol{e})+w(\boldsymbol{d})$ 和 $n-k-w(\boldsymbol{e})+w(\boldsymbol{d})+1$,只需要记录最小的重量,并通过式(4.33)构造相应的解。

再考虑附加 $h$ 个参考列的情形。将 $\boldsymbol{I}_{n-k}$ 的列划分为不相交的组,第 $i$ 个参考列等于第 $i$ 列组的异或,因此第 $i$ 个参考列在第 $i$ 个部分为全1,其他部分为全0,这被用作第 $i$ 列组的奇偶校验。第 $i$ 部分的大小用 $t_i$ 表示,满足 $\sum_{i=1}^{h} t_i = n-k$,此处设置每部分大小相同,因为参考列的作用与它的位置无关。实际上,可把 $t_i$ 看作

$$t_i = \begin{cases} \left[\dfrac{n-k}{h}\right], & i = 1,\cdots,h-1 \\ (n-k)-(h-1)\left[\dfrac{n-k}{h}\right], & i = h \end{cases} \tag{4.35}$$

第 $i$ 个参考列 $\boldsymbol{r}_i$ 被构造成以下形式

$$\boldsymbol{r}_i^{\mathrm{T}} = (\boldsymbol{0}_{t_1},\cdots,\boldsymbol{0}_{t_{i-1}},\boldsymbol{1}_{t_i},\boldsymbol{0}_{t_{i+1}},\cdots,\boldsymbol{0}_{t_h}),\quad 1 \leqslant i \leqslant h \tag{4.36}$$

通过附加这些参考列,可以得到扩展矩阵

$$\boldsymbol{E}_h = \boldsymbol{H} \parallel \boldsymbol{r}_1 \parallel \cdots \parallel \boldsymbol{r}_h = [\boldsymbol{I}_{n-k},\boldsymbol{D},\boldsymbol{r}_1,\cdots,\boldsymbol{r}_h] \tag{4.37}$$

另一方面,也需要将式(4.30)的解 $\boldsymbol{x}=(\boldsymbol{e},\boldsymbol{d})$ 的子向量 $\boldsymbol{e}$ 划分成 $\boldsymbol{h}$ 个部分

$$\boldsymbol{x} = (\boldsymbol{e}_1,\boldsymbol{e}_2,\cdots,\boldsymbol{e}_h,\boldsymbol{d}) \tag{4.38}$$

式中:$\boldsymbol{e}_i$ 的维数等于 $t_i$。

将信息 $\boldsymbol{m}$ 的 $n-k$ 位嵌入到载体 $\boldsymbol{a}$ 的 $n+h$ 位时,用 $\boldsymbol{E}_h$ 表示,应该寻找下列方程组的解空间

$$\boldsymbol{E}_h\boldsymbol{y} = \boldsymbol{E}_h\boldsymbol{a} \oplus \boldsymbol{m} \tag{4.39}$$

为此,仅需寻找下式的解空间

$$\boldsymbol{H}\boldsymbol{x} = \boldsymbol{E}_h\boldsymbol{a} \oplus \boldsymbol{m} \tag{4.40}$$

事实上,对于式(4.40)的任一解 $\boldsymbol{x}^{\mathrm{T}}=(\boldsymbol{e}_1,\boldsymbol{e}_2,\cdots,\boldsymbol{e}_h,\boldsymbol{d})$,在式(4.39)中存在 $2^h$ 个相对应的解,形式为

$$\boldsymbol{y}^{\mathrm{T}} = (\boldsymbol{f}_1,\boldsymbol{f}_2,\cdots,\boldsymbol{f}_h,\boldsymbol{d},r_1,r_2,\cdots,r_h) \tag{4.41}$$

式中:如果 $r_i=0$,$\boldsymbol{f}_i=\boldsymbol{e}_i$;如果 $r_i=1$,$\boldsymbol{f}_i=\bar{\boldsymbol{e}}_i$,和式(4.25)具有相似的过程,可以验证由式(4.41)构造的 $2^h$ 个向量是式(4.39)的解。

事实上,设定第 $i$ 个参考位 $r_i=1$ 意味着添加第 $i$ 个参考列,等于添加参考列到 $\boldsymbol{I}_{n-k}$ 的第 $i$ 个组。因此,当设置 $r_i=1$ 并且翻转式(4.40)的解的第 $i$ 部分的比特位,式(4.39)将保持不变。换句话说,当从式(4.40)的一个解 $\boldsymbol{x}$ 中构造式(4.39)的解时,对于 $\boldsymbol{x}$ 的任一部分 $\boldsymbol{e}_i$,根据 $r_i=0$ 或 1 会出现两种情况,选择具有小汉明重量的情况。总之,式(4.39)的 $2^h$ 个解的最小汉明重量可以通过添加 $w(\boldsymbol{d})$ 来计算

$$\sum_{i=1}^{h} \min(\omega(\boldsymbol{e}_i),t_i-\omega(\boldsymbol{e}_i)+1) \tag{4.42}$$

基于上述方法,算法 4.3 中阐述了嵌入和提取过程。

**算法 4.3**：

步骤 1：生成一个具有式(4.28)形式的 $n\times(n-k)$ 奇偶校验矩阵 $\boldsymbol{H}$，通过附加 $h$ 列到式(4.37)将其扩展为矩阵 $\boldsymbol{E}_h$。

步骤 2：取一个长度为 $n+h$ 的载体块 $\boldsymbol{a}$ 和一个长度为 $n-k$ 的信息块 $\boldsymbol{m}$。

步骤 3：寻找 $\boldsymbol{Hx}=\boldsymbol{E}_h\boldsymbol{a}\oplus\boldsymbol{m}$ 所有的 $2^k$ 个解，并且以 $\boldsymbol{x}^{\mathrm{T}}=(\boldsymbol{e}_1,\boldsymbol{e}_2,\cdots,\boldsymbol{e}_h,\boldsymbol{d})$ 的形式写出每个解，根据式(4.42)从解中计算出重量，因此共可以计算出 $2^k$ 个重量，但仅保留重量的最小值及对应的解即可，表示为

$$\boldsymbol{x}^{*\mathrm{T}}=(\boldsymbol{e}_1^*,\boldsymbol{e}_2^*,\cdots,\boldsymbol{e}_h^*,\boldsymbol{d})$$

步骤 4：对于 $1\leqslant i\leqslant h$，如果 $w(\boldsymbol{e}_i^*)\leqslant t_i-w(\boldsymbol{e}_i^*)+1$，让 $\boldsymbol{f}_i^*=\boldsymbol{e}_i^*$ 且 $r_i=0$；否则，让 $\boldsymbol{f}_i^*=\overline{\boldsymbol{e}}_i^*$ 且 $r_i=1$，构造式(4.39)的最小重量解 $\boldsymbol{y}^*$，形如：

$$\boldsymbol{y}^{*\mathrm{T}}=(\boldsymbol{f}_1^*,\boldsymbol{f}_2^*,\cdots,\boldsymbol{f}_h^*,\boldsymbol{d},r_1,r_2,\cdots,r_h)$$

步骤 5：修改载体块 $\boldsymbol{a}$ 用以生成载密块 $\boldsymbol{b}$，形如 $\boldsymbol{b}=\boldsymbol{a}\oplus\boldsymbol{y}^*$。

步骤 6：提取过程为通过计算 $\boldsymbol{m}=\boldsymbol{E}_h\boldsymbol{b}$ 来提取信息块 $\boldsymbol{m}$。

此处使用一个简单的例子来展示算法 4.3 的过程，式中：$h=2$。

**例 4.1**：取 $n=6,k=2,t_1=t_2=2$ 生成最初的奇偶校验矩阵：

$$\boldsymbol{H}=\begin{bmatrix}1&0&0&0&0&0\\0&1&0&0&0&1\\0&0&1&0&1&1\\0&0&0&1&0&0\end{bmatrix}\tag{4.43}$$

附加两列之后，矩阵 $\boldsymbol{H}$ 扩展式为

$$\boldsymbol{E}_2=\begin{bmatrix}1&0&0&0&0&0&1&0\\0&1&0&0&0&1&1&0\\0&0&1&0&1&1&0&1\\0&0&0&1&0&0&0&1\end{bmatrix}\tag{4.44}$$

假设载体块为 $\boldsymbol{a}^{\mathrm{T}}=(1,0,0,0,1,1,1,0)$，将被嵌入的信息块为 $\boldsymbol{m}^{\mathrm{T}}=(0,0,1,1)$，解方程：

$$\boldsymbol{E}_2\boldsymbol{x}=\boldsymbol{E}_2\boldsymbol{a}\oplus\boldsymbol{m}\tag{4.45}$$

首先解 $\boldsymbol{Hx}=\boldsymbol{E}_2\boldsymbol{a}\oplus\boldsymbol{m}$，它有 4 个解向量：$\boldsymbol{x}_1^{\mathrm{T}}=(0,0,1,1,0,0)$，$\boldsymbol{x}_2^{\mathrm{T}}=(0,0,0,1,1,0)$，$\boldsymbol{x}_3^{\mathrm{T}}=(0,1,0,1,0,1)$，$\boldsymbol{x}_4^{\mathrm{T}}=(0,1,1,1,1,1)$。通过式(4.42)可以得到 4 个重量$\{1,2,3,4\}$，其中最小重量为 1，从 $\boldsymbol{x}_1$ 计算得来。例如 $\boldsymbol{x}^*=\boldsymbol{x}_1$，通过使用算法 4.3 中的步骤 4，可以得到式(4.45)的最小重量解，$y^{*\mathrm{T}}=(0,0,0,0,0,0,0,1)$。因此，仅通过修改 1 位，就可以生成载密对象 $\boldsymbol{b}^{\mathrm{T}}=(\boldsymbol{a}\oplus\boldsymbol{y}^*)^{\mathrm{T}}=(1,0,0,0,1,1,1,1)$，容易验证 $\boldsymbol{m}=\boldsymbol{E}_2\boldsymbol{b}$。

下面对本节所介绍的快速矩阵嵌入算法与 4.2 节所提出的原始矩阵嵌入方案的实验对比结果进行介绍。在算法 4.3 中，通过附加 $h$ 参考列，解空间的大小从 $2^k$ 扩展到 $2^{k+h}$，因此，对最小重量解的汉明重量的期望会减小，这将导致嵌入效率的提高。在原始矩阵嵌入中，通过添加 $h$ 个随机列，例如编码维度 $h'=h+k$，也可以得到相同扩展大小的解空间，从而期望嵌入效率的类似增量，但是这将导致计算复杂度从 $O(n2^k)$ 到 $O(n2^{k+h})$ 成倍地增加，在算法 4.3 中，为了在扩展的解空间中找到一个具有 $2^{k+h}$ 大小的最优解，只需要寻找一个 $2^k$ 的解空间，并根据式(4.42)为每个解做 $h$ 次的比较和相加。因此，计算复杂度等于 $O((n+$

$h)2^k$)，随着 $h$ 线性增加。因此，与原始矩阵嵌入相比，算法 4.3 在实现更快速的嵌入速度的同时，还可以达到相同的嵌入效率。

为了验证上述结论，使用 4.2 节的方法和算法 4.3 将信息分别嵌入一个随机载体中。对于 4.2 节中的方法，取 $k=14$，载体块的长度 $n$ 从 66 到 280 以得到不同的嵌入率；对于算法 4.3，取 $k=10$，$h=4$，$n$ 也是从 66 到 280。对于每个嵌入速率；嵌入 1000 个随机信息块，并且通过平均修改量计算嵌入效率。如图 4-2 所示，两种方法实现了相同的嵌入效率，然而该方法的嵌入速度明显高于原始矩阵嵌入。嵌入速度由每秒处理载体的千比特来测量。该测试是在英特尔 Core i5 处理器上进行的，运行速度为 2.67GHz，内存为 4GB。该算法在 C 语言中实现，并在 Microsoft Visual Studio 2008 中编译。

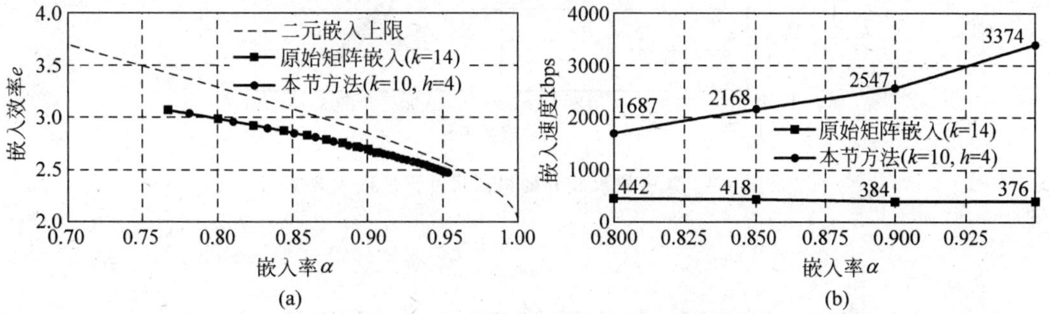


图 4-2　本节方法与 4.2 节方法的比较

(a) 嵌入效率与嵌入率的关系；(b) 嵌入速度与嵌入速率的关系

此外，在参数设置方面，算法 4.3 最重要的参数是参考列的数量 $h$。虽然嵌入效率可以通过增加 $h$ 来提高，但是当 $h$ 太大时提高效果将不再明显。图 4-3 展示的是当嵌入率 $\alpha=0.8$ 时，取 $k=4$，6 和 8，嵌入效率随 $h$ 的变化，嵌入效率的峰值出现在 $k=4$，$h=8$ 以及 $k=6$，$h=6$，还有 $k=8$，$k=8$。因此，提高嵌入效率的最大可用 $h$ 会受到 $k$ 的限制，然而，如何推导 $h$ 和 $k$ 之间的一般关系仍然是一个开放的问题。

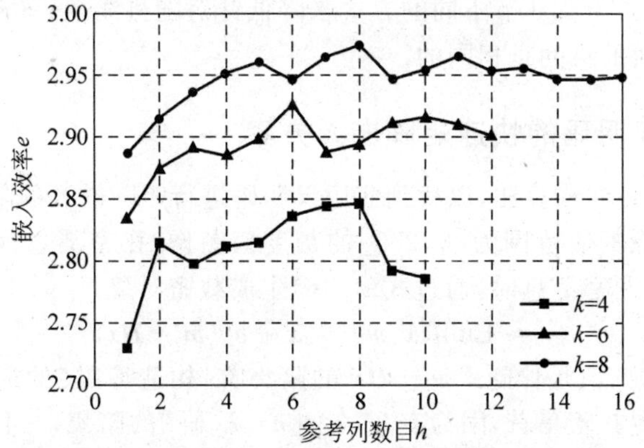


图 4-3　在 $k=4$，$k=6$，$k=8$，$\alpha=0.8$ 情况下嵌入效率随着嵌入率 $h$ 的变化

段大小 $t_i$ 是算法 4.3 的另一个重要参数，在这个参数中，可以试着为式(4.35)的每个部分设置统一的大小，因为每一个参考列都具有与它的位置无关的相同效果。实际上，以可调节的方式添加参考列不会提高性能，下面的实验说明了这一点。取 $k=10$，$h=4$ 将不同嵌

入速率的信息嵌入到两种方式中，分别设置成统一段尺寸和随机段尺寸，如图 4-4 所示，随机部分的大小将会降低嵌入效率，另一方面，从算法 4.3 可以很明显看出，段大小对计算复杂度没有影响。

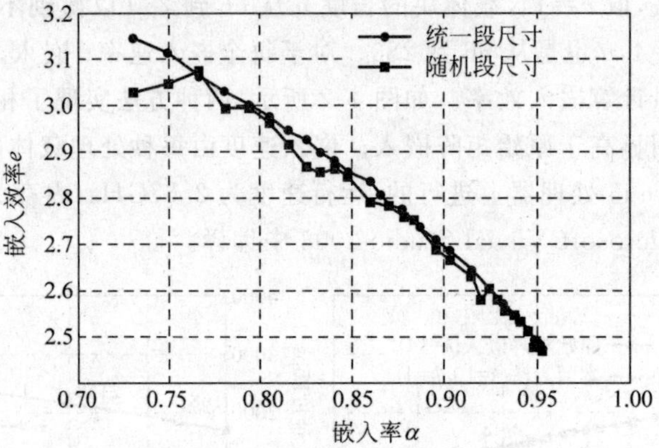


图 4-4　统一段尺寸和随机段尺寸下的嵌入效率

## 4.4　一种基于查表法的快速矩阵嵌入方案

在文献[4]中，作者提出了一种快速的矩阵嵌入方案。该方案主要针对陪集首计算复杂的问题，提出了使用查表算法来快速查找陪集首，该算法适用于使用汉明码和随机线性码的矩阵嵌入方案。在该方案中，陪集的伴随式用于在纠错码的标准阵列中寻找陪集首，对于汉明码，该方案改进了它的奇偶校验矩阵，以使得伴随式本身可以表明陪集首，因此，没有必要寻找不稳定的陪集首。对于随机线性码来说这种方法是最有效的陪集，并且只记住不能被伴随式所识别的陪集首。采用这种方法，表的大小将被大大减小，并且可以减小嵌入的计算复杂度。该方案采取了与 4.3 节不同的方式来降低针对随机线性码构造的矩阵嵌入的计算复杂度，但二者所针对的目的是相同的。

### 4.4.1　基于汉明码的快速矩阵嵌入方案

本节介绍一种快速嵌入算法，以找到使用汉明码进行矩阵嵌入的陪集首。以图像为例，假定载体图像 $X$ 是像素值范围为[0,255]的灰度值图像，秘密消息 $M$ 是比特流。当使用$[n,k]$分组码$\mathcal{C}$来嵌入秘密消息时，通过式(4.46)生成载密对象

$$\boldsymbol{y}=\mathrm{Emb}(\boldsymbol{x},\boldsymbol{m})=\boldsymbol{x}+\boldsymbol{e}_L(\boldsymbol{m}-\boldsymbol{Hx}) \tag{4.46}$$

因为 $\boldsymbol{e}_L(\boldsymbol{m}-\boldsymbol{Hx})$的值是伴随式 $\boldsymbol{m}-\boldsymbol{Hx}$ 的陪集首，构造编码$\mathcal{C}$的标准数组，并且根据所有陪集中的 $\boldsymbol{m}-\boldsymbol{Hx}$ 寻找陪集首，因为有 $2^{n-k}$个$[n-k]$码$\mathcal{C}$的陪集，并且每个陪集对应 $n-k$ 位的伴随式，所以寻找陪集首至少需要 $O((n-k)2^{n-k})$的计算复杂度。

以[7,4]汉明码为例，奇偶校验矩阵 $\boldsymbol{H}$ 为

$$\boldsymbol{H}=\begin{bmatrix}1&0&0&1&1&0&1\\0&1&0&1&0&1&1\\0&0&1&0&1&1&1\end{bmatrix} \tag{4.47}$$

假设对于一个嵌入组，载体向量 $\boldsymbol{x}=[0\ 0\ 0\ 0\ 0\ 0\ 0]$，秘密信息 $\boldsymbol{m}=[1\ 0\ 0]$，$\boldsymbol{m}-\boldsymbol{Hx}=[1\ 0\ 0]$，取向量[1 0 0]作为陪集首去寻找陪集首可得 $e_L(\boldsymbol{m}-\boldsymbol{Hx})=[1\ 0\ 0\ 0\ 0\ 0\ 0]$，载密向量 $\boldsymbol{y}$ 即为

$$\begin{aligned}\boldsymbol{y}=\boldsymbol{x}+e_L(\boldsymbol{m}-\boldsymbol{Hx})&=[0\ 0\ 0\ 0\ 0\ 0\ 0]+[1\ 0\ 0\ 0\ 0\ 0\ 0]\\&=[1\ 0\ 0\ 0\ 0\ 0\ 0\ 0]\end{aligned}$$

在接收端，嵌入信息被提取为 $\boldsymbol{m}'=\mathrm{Ext}(\boldsymbol{y})=\boldsymbol{Hy}=[1\ 0\ 0]$。

上面提出的查找表方法可以进一步简化。简化是基于以下两个准则：一是伴随式和其陪集首是一一对应的；二是改变奇偶校验矩阵 $\boldsymbol{H}$ 的任意两列的位置都不会改变汉明码的性质。

现在，可以使用这两种准则来简化嵌入算法。改变 $\boldsymbol{H}$ 列的位置使得所有列的数组以十进制的形式升序或降序排列，因为汉明编码的奇偶校验矩阵 $\boldsymbol{H}$ 的列会遍历所有可能的 0 或 1 的数组(除[0 0 0]外)，可以使矩阵 $\boldsymbol{H}$ 列的十进制形式遍历 1 到 $2^{n-k}-1$，通过这种方式，伴随式本身表示为陪集首，并且不必在表格中记下它们。

举个例子，取上述[7,4]汉明码，将式(4.47)修改为下面形式：

$$\boldsymbol{H}_{\mathrm{em}}=\begin{bmatrix}0&0&0&1&1&1&1\\0&1&1&0&0&1&1\\1&0&1&0&1&0&1\end{bmatrix}$$

很明显，$\boldsymbol{H}_{\mathrm{em}}$ 的所有列的十进制形式会从 1 到 7(从左往右)改变，这种新编码的伴随式和陪集首如表 4-2 所示。

**表 4-2　具有奇偶校验矩阵 $\boldsymbol{H}_{\mathrm{em}}$ 的[7,4]汉明编码的陪集**

| 伴随式 | 000 | 001 | 010 | 011 | 100 | 101 | 110 | 111 |
|---|---|---|---|---|---|---|---|---|
| 陪集首 | 0000000 | 1000000 | 0100000 | 0010000 | 0001000 | 0000100 | 0000010 | 0000001 |

从表 4-2 可以看出，如果伴随式转化成十进制形式 $e$，在陪集首中从左往右的第 $e$ 位即为 1，并且所有其他位都为 0，这表明载体向量 $\boldsymbol{x}$ 的第 $e$ 位应该改变并且其他位皆保持不变，通过这种方式，仅仅根据伴随式嵌入私密信息，而不必维持表格中编码$C$的陪集。例如，假设载体向量是 $\boldsymbol{x}=[0\ 0\ 0\ 0\ 0\ 0\ 0]$，秘密信息 $\boldsymbol{m}=[1\ 0\ 0]$，$e-\boldsymbol{Hx}=[1\ 0\ 0]$，因为[1 0 0]是十进制中的 4，$\boldsymbol{x}$ 中的第 4 位应改变，因此，秘密信息向量 $\boldsymbol{m}'=\boldsymbol{Hy}=[1\ 0\ 0]$，通过这种方式，秘密信息被正确地嵌入和提取，并且计算复杂度也较低。

基于汉明码的快速矩阵嵌入算法的过程如下。

步骤 1：为了嵌入 $n-k$ 个秘密信息位到载体图像的 $n$ 个像素中，寻找一个$[n,k]$汉明码，其中 $\boldsymbol{H}$ 是奇偶校验矩阵。

步骤 2：改变矩阵 $\boldsymbol{H}$ 列的位置，使所有的列以十进制的形式升序或降序排列。

步骤 3：在载体图像中取接下来的 $n$ 个像素，取得这些灰度值的最低位，用 $\boldsymbol{x}$ 表示，读取接下来的 $n-k$ 个秘密信息位，并且用 $\boldsymbol{m}$ 表示，计算 $\boldsymbol{m}-\boldsymbol{Hx}$。

步骤 4：将 $\boldsymbol{m}-\boldsymbol{Hx}$ 转换为十进制数 $e$。

步骤 5：在 $n$ 个载体像素中，改变第 $e$ 个像素灰度值的最低位，便可以得到秘密信息向量。

在接收端的提取过程是将接下来的 $n$ 个像素代入载密图像中，取得像素灰度值的最低

位，并用 $\boldsymbol{y}$ 表示，提取的秘密信息向量为 $\boldsymbol{m}'=\mathrm{Ext}(\boldsymbol{y})=\boldsymbol{H}\boldsymbol{y}$。

快速算法的嵌入速率 $e_r$、嵌入效率 $e_e$ 和运用汉明码的常规矩阵嵌入算法是一样的，因为在快速算法中陪集首和在常规算法中是完全相同的，即

$$e_r=\frac{n-k}{n} \tag{4.48}$$

$$e_e=\frac{n-k}{AC}=\frac{2^{n-k}(n-k)}{\sum_{i=1}^{2^{n-k}}w(\boldsymbol{e}_{L,i}(\boldsymbol{s}))} \tag{4.49}$$

因为汉明码的每个陪集首的重量是1，所以快速算法的嵌入效率 $e_e$ 也可以表示为

$$e_e=\frac{n-k}{\frac{1}{2^{n-k}}(2^{n-k}-1)}=\frac{(n-k)2^{n-k}}{2^{n-k}-1} \tag{4.50}$$

上面提出的快速嵌入算法不依赖于查表算法或求解方程组，因此寻找陪集首的计算复杂度为 $O(1)$。

### 4.4.2 基于随机线性码的快速矩阵嵌入方案

使用汉明码的矩阵嵌入隐写术具有较高的嵌入效率，但嵌入率较低。为了实现高嵌入率，许多研究试图找出一些其他用于矩阵嵌入的线性分块编码。4.2 节的嵌入方法使用的是随机线性码，其具有奇偶校验矩阵 $\boldsymbol{H}=[\boldsymbol{I}_{n-k},\boldsymbol{D}]$，其中，$\boldsymbol{I}_{n-k}$ 是 $(n-k)\times(n-k)$ 的单位矩阵，$\boldsymbol{D}$ 是 $(n-k)\times k$ 的矩阵，其元素从 $\mathbb{F}_2$ 中伪随机选择。随机线性码渐近地达到嵌入效率上界，并且拥有灵活的编码速率，因此对于矩阵嵌入隐写，通过构造编码率适当，比较小的分组大小的随机线性码可以实现任意的嵌入速率，较小尺寸的分组对于降低计算复杂度非常重要。

但是当奇偶校验矩阵 $\boldsymbol{H}$ 是一个伪随机矩阵时，寻找陪集首是一个非确定多项式(NP)问题。本节介绍针对随机线性码的快速嵌入算法。即使随机线性码的奇偶校验矩阵缺乏完美的汉明码结构，但是仍然可以使用伴随式在标准数列中寻找陪集首 $\boldsymbol{e}_L(\boldsymbol{m}-\boldsymbol{H}\boldsymbol{x})$，并且可以得到式(4.46)所示的载密对象。对于随机线性码，因为在奇偶校验矩阵 $\boldsymbol{H}$ 中存在一个单位矩阵，一些陪集首可以记作伴随式自身，假设伴随式为向量 $\boldsymbol{s}$，陪集首 $\boldsymbol{e}_L$ 为

$$\boldsymbol{e}_L=[\boldsymbol{s}\quad \boldsymbol{0}] \tag{4.51}$$

式中：$\boldsymbol{s}=\boldsymbol{m}-\boldsymbol{H}\boldsymbol{x}$；$\boldsymbol{0}$ 是 $1\times k$ 的全 0 向量，因此，不必记下所有的陪集首，对于其中的一些陪集，陪集首能用式(4.51)表示，用伴随式代表陪集首，对其他陪集，在表格中记下陪集首和它们的伴随式。通过这种方式，用于寻找陪集首的表格的大小将会减小。

假设陪集首不能用伴随式表示的陪集个数为 $p$，那么表中应该有 $p$ 个伴随式。由于每个伴随式是一个 $(n-k)$ 位的向量，搜索陪集首的计算复杂度是 $p\times(n-k)$。然而对于剩下的 $2^{n-k}-p$ 个陪集，伴随式表示陪集首自身，可以不用在表格中寻找它们。因此，在快速算法中，任一嵌入位的平均计算复杂度为

$$C_C=O\left(\frac{p(n-k)}{n-k}\right)=O(p) \tag{4.52}$$

以[8,2]随机线性码为例，其奇偶校验矩阵 $\boldsymbol{H}_{6*8}$ 为

$$H_{6*8}=\begin{bmatrix}1&0&0&0&0&0&1&0\\0&1&0&0&0&0&0&0\\0&0&1&0&0&0&1&1\\0&0&0&1&0&0&1&1\\0&0&0&0&1&0&0&0\\0&0&0&0&0&1&0&1\end{bmatrix}$$

[8,2]随机线性码的陪集如表 4-3 所示，该表格列出了伴随式和所有陪集的陪集首，并且大多数陪集首能由式(4.51)表示，只有那些标志性的陪集首不能被它们的伴随式得到，所以只能把这些陪集首记在一张表格上。通过这种方式，表格的大小可以显著减小。另外，从简化表格所发现的陪集首与所有陪集所发现的相同，快速算法的嵌入效率与常规矩阵嵌入的相同。

**表 4-3　具有奇偶校验矩阵 $H_{6*8}$ 的[8,2]汉明编码的陪集**

| 伴随式 | 陪集首 | 伴随式 | 陪集首 | 伴随式 | 陪集首 | 伴随式 | 陪集首 |
|---|---|---|---|---|---|---|---|
| 000000 | 00000000 | 010000 | 01000000 | 100000 | 10000000 | 110000 | 11000000 |
| 000001 | 00000100 | 010001 | 01000100 | 100001 | 10000100 | 110001 | 11000100 |
| 000010 | 00001000 | 010010 | 01001000 | 100010 | 10001000 | 110010 | 11001000 |
| 000011 | 00001100 | 010011 | 01001100 | 100011 | 10010000 | 110011 | 11001100 |
| 000100 | 00010000 | 010100 | 01010000 | 100100 | 10001100 | 110100 | 11010000 |
| 000101 | 00010100 | 010101 | 01010100 | 100101 | 10010100 | 110101 | 11010100 |
| 000110 | 00011000 | 010110 | 01011000 | 100110 | 10011000 | 110110 | 11011000 |
| 000111 | 00011100 | 010111 | 01011100 | 100111 | 10011100 | 110111 | 11011100 |
| 001000 | 00100000 | 011000 | 01100000 | 101000 | 10100000 | 111000 | 11100000 |
| 001001 | 00100100 | 011001 | 01100100 | 101001 | 10100100 | 111001 | 11100100 |
| 001010 | 00101000 | 011010 | 01101000 | 101010 | 10101000 | 111010 | 11101000 |
| 001011 | 00101100 | 011011 | 01101100 | 101011 | 10101100 | 111011 | 11101100 |
| 001100 | 00110000 | 011100 | 01110000 | 101100 | 00000010 | 111100 | 01000010 |
| 001101 | 00000001 | 011101 | 01000001 | 101101 | 00000110 | 111101 | 01000110 |
| 001110 | 00111000 | 011110 | 01111000 | 101110 | 00001010 | 111110 | 01001010 |
| 001111 | 00001001 | 011111 | 01001001 | 101111 | 00001110 | 111111 | 01001110 |

使用随机线性码的矩阵嵌入快速算法如下所示。

步骤 1：根据嵌入率 $e_r$，选择秘密信息大小 $n-k$ 和载体向量大小 $n$。

步骤 2：构造$[n,k]$系统随机线性码$\mathcal{C}_R$的奇偶校验矩阵 $\boldsymbol{H}$。

步骤 3：找到所有陪集的伴随式和陪集首。将这些陪集分成两部分。第一部分包括陪集首，可以由式(4.51)表示。第二部分包括其余的陪集。在表中记住第二部分的伴随式和陪集首。

步骤 4：取下载体图像中的 $n$ 个像素，得到其灰度值的最低位，并将它们表示为向量 $\boldsymbol{x}$。读取 $n-k$ 个秘密信息位并将它们表示为向量 $\boldsymbol{m}$。

步骤 5：如果 $\boldsymbol{m}$ 属于第一个陪集部分，对载体向量的修改为 $e_L(\boldsymbol{m}-\boldsymbol{Hx})=[\boldsymbol{s}\ \boldsymbol{0}]$，其中，$\boldsymbol{s}=\boldsymbol{m}-\boldsymbol{Hx}$，并且 $\boldsymbol{0}$ 是一个元素全为 0 的 $1\times k$ 的向量。因此，载密向量 $\boldsymbol{y}=\boldsymbol{x}+e_L(\boldsymbol{m}-\boldsymbol{Hx})=\boldsymbol{x}+[\boldsymbol{s}\ \boldsymbol{0}]$；如果 $\boldsymbol{m}-\boldsymbol{Hx}$ 属于第二个陪集部分，在表格中找出 $e_L(\boldsymbol{m}-\boldsymbol{Hx})$并将其添加到载体向

量中。

在接收端的提取算法 $m'=\mathrm{Ext}(y)=Hy$，快速算法和传统算法具有相同的嵌入速率 $e_r$ 和嵌入效率 $e_e$，快速算法的计算复杂度 $C_C$ 取决于陪集的数值 $p$，该数值应该记录在表格中，$p$ 越小，$C_C$ 越小。

## 4.5 本章小结

矩阵嵌入是在编码理论基础上衍生的一种适用于大多数隐写方案的通用隐写嵌入框架，是通过提高载体利用率来提高隐写的嵌入效率。对于最小化隐写修改量的问题，根据矩阵嵌入与信道编码之间的等价性，可以直接转化为针对特定伴随式的陪集首求解问题。为此，研究者基于一系列线性分组码进行矩阵嵌入方案的构造，除了最常用的汉明码外，低码率的随机线性码以及有着规则结构特征的线性码被纳入考虑，其中，随机线性码有着突出的性能，但是在实际应用中存在的最大问题是陪集首搜寻复杂度高，研究者提出了多种方案来试图降低其复杂度。尽管本章介绍了多种用于降低矩阵嵌入计算复杂度的方案，然而事实上，这些方法依然不能解决多种情形下的隐写嵌入问题。

同时，降低载体的修改量只是隐写方案安全性提高的一个方面，另一个方面是要对其修改位置的选择进行优化。研究者也对这种优化机制提出了针对性的隐写编码方法，即湿纸编码，第 5 章将对该部分内容进行介绍。

## 参考文献

[1] Fridrich J, Soukal D. Matrix embedding for large payloads [J]. IEEE Transactions on Information Forensics & Security, 2006, 1(3): 390-395.

[2] Galand F, Kabatiansky G. Information hiding by coverings [C]// Information Theory Workshop,. IEEE, 2003: 151-154.

[3] Wang C, Zhang W, Liu J, et al. Fast Matrix Embedding by Matrix Extending [J]. IEEE Transactions on Information Forensics & Security, 2012, 7(1): 346-350.

[4] Mao Q. A fast algorithm for matrix embedding steganography [J]. Digital Signal Processing, 2014, 25(1): 248-254.

# 第5章

# 湿纸编码及其扩展

第 4 章所介绍的面向载体修改量最小化的矩阵嵌入方案虽然能够很大程度上通过抑制载体的修改量来降低隐写造成的失真，但是对于相同的嵌入率和载体修改量，载体的安全性与载体自身的内容特性也有着重要的关系。如在图像隐写中，研究者发现，以高复杂度纹理图像为载体的载密对象对隐写分析工具的抵御能力要明显强于以低复杂度纹理图像为载体的载密对象。事实上，图像隐写分析工具中起重要作用的特征对图像平坦区域的修改非常敏感。因此，单纯对载体修改量进行抑制并不能达到设计高安全隐写方法的目的。一个好的隐写方案应当可以形成自适应嵌入能力。本章介绍以此为目的设计的湿纸编码，该编码可以在发送端自由设定不可被修改的载体元素，从而在信息嵌入时能够主动避开这些“湿元素”而只针对“干元素”进行修改，同时，接收方并不需要额外的信息来了解这两种不同类型载体元素的分布情况，可以直接根据共享的密钥重构矩阵来完成信息的提取。湿纸编码对于自适应隐写术的发展有着重要影响，并产生了多种扩展形式，对于另一种重要的隐写编码——ZZW 码族的产生也起着重要的推动作用。本章对湿纸编码及其几种重要的扩展编码进行介绍。

## 5.1 湿纸编码

湿纸编码[1]的机理是发送者将一个秘密消息嵌入载体对象 $X$ 的一个子集 $C$ 中，而不用与接收方共享 $C$。该集合 $C$ 可以是任意的，也称为选择通道，通常由发送者从载体对象中使用一个确定的、伪随机的或一个真正的随机过程确定。湿纸编码与 Costa 的脏纸编码高度相关[2]，可以视为一种记忆有确实单元的信息发送通道，也是第一个应用边信息进行编码的实例。

为了解释“湿纸编码”这个比喻，想象一下，$X$ 是一个暴露在雨中的图像，发送者只能稍微修改载体图像的干燥点（集合 $C$），而不是潮湿的斑点。在传输过程中，载体图像 $X$ 会变干，因此接收者不知道发送者使用了哪些像素。雨可以是随机的、伪随机的，完全由发送者决定，或者是任意的混合。这种通信设置使发送方在选择用于嵌入的干像素时完全自由，因为接收方不需要从载密图像中确定干像素来读取消息。特别是，发件人利用接收方无法获得的、因此对任何攻击者都不可用的边信息来制定像素选择规则，从而达到更好的安全性，而不是采用一些常用的选取机制来进行信息嵌入。

"湿纸"信道可以实现自适应隐写术，在湿纸编码之前，自适应隐写方案的一个基本问题是要求接收方能够从载密对象中恢复出嵌入消息的像素，这在一定程度上破坏了算法的安全性，因为这种额外信息的传输给攻击方提供了发起攻击的起点。另一个潜在的问题是，如果不使用额外信息传输信息嵌入位置，尽管可以采用一些特殊的选择规则，但是会带来容量的降低，且这种选择机制通常是相对固定的，从而会引发安全风险。下面对湿纸编码进行介绍。

### 5.1.1 湿纸码的编码与译码

假设发送方有一个包含 $n$ 元素 $\{x_i\}_{i=1}^n$，$x_i \in J$ 的载体对象 $X$，$J$ 是离散值 $x_i$ 的取值集合。例如，对于一个在空域表示的 8 位灰度图像，$J=\{0,1,\cdots,255\}$，$n$ 是载体图像 $X$ 中的像素个数。发送方使用选择规则(Selection Rule，SR)来选择 $k$ 个可修改元素 $x_j$，$j \in C \subset \{1,2,\cdots,n\}$。发送方可以使用和修改这些可修改元素来向接收方传递秘密消息。在嵌入过程中，其余的元素无法被修改。

进一步假设发送方和接收方约定一个奇偶函数 $P$，这是一个 $P: J \to \{0,1\}$ 的映射。这个映射原则上依赖于元素位置和由发送方和接收方共享的隐写密钥 $K$。在嵌入过程中，发送方要么把可修改元素 $x_j$，$j \in C$ 保持不变，要么用 $y_j$ 代替 $x_j$，即 $P(x_j)=1-P(y_j)$。载密对象 $Y$ 包含 $n$ 个元素 $\{y_j\}_i^n$。接收方将从载密对象 $\{P(y_j)\}_{i=1}^n$ 的比特流中解码消息位。

显然，如果接收方可以从载密对象中确定相同的可修改元素集，那么发送方就能够发送 $k=|C|$ 位比特秘密信息：即可修改元素对应的奇偶校验位数。但是，这个场景有两个尚未解决的问题。首先，接收方需要能够在限制了 SR 以及在发生嵌入修改的情况下确定与发送方相同的可修改元素集合。其次，消息携带元素可以从载密对象中确定，这可能有助于攻击者发起攻击。因此，需要一种不同的方法来同时解决这两个问题，即接收方可以读取正确的消息，但不需要知道可更改元素的集合(甚至是 SR 或嵌入操作 $x_j \to y_j$)，因为消息位不能直接作为元素参数进行通信。所有接收方都需要与发送方共享密钥和奇偶函数 $P$。

首先来介绍湿纸码的编码器。

发送方有一个二进制列向量 $\boldsymbol{b}=\{b_i\}_{i=1}^n$ 和一组索引 $C \subset \{1,2,\cdots,n\}$，$|C|=k$，这些索引对应的位可以被修改以嵌入消息。发送方想要发送 $q$ 位秘密信息 $\boldsymbol{m}=(m_1,m_2,\cdots,m_q)^{\mathrm{T}}$。先假定接收方知道 $q$。发送方和接收方使用共享的隐写密钥来生成维度为 $q \times n$ 的伪随机二进制矩阵 $\boldsymbol{D}$。发送者将修改一些 $b_j$，$j \in C$，使修改后的二进制列向量 $\boldsymbol{b}'=\{b_i'\}_{i=1}^n$ 满足：

$$\boldsymbol{D}\boldsymbol{b}' = \boldsymbol{m} \tag{5.1}$$

因此，发送方需要在 $GF(2)$ 中求解一个线性方程组。

在译码器端，接收到的载密对象为 $Y=\{y_i\}_{i=1}^n$。解码非常简单，接收方首先形成向量 $\boldsymbol{b}_i'=P(y_i)$，然后使用共享矩阵 $\boldsymbol{D}$ 获得消息 $\boldsymbol{m}=\boldsymbol{D}\boldsymbol{b}'$。注意，接收方不需要知道可修改元素集合 $C$ 来读取消息。

现在介绍如何发送接收方知道 $q$ 这一假设，发送方和接收方可以逐行生成矩阵 $\boldsymbol{D}$，而不是将其作为一个二维的 $q \times n$ 维数组生成。这允许使用可变长度的消息结构，其中消息的长度在某些消息头中。发送方可以将消息 $\boldsymbol{m}$ 的头 $\lceil \log_2 n \rceil$ 位保留为消息头，以通知接收方 $\boldsymbol{D}$ 中的行数，即消息长度 $q$。符号 $\lceil x \rceil$ 是大于或等于 $x$ 的最小整数。接收方首先生成 $\boldsymbol{D}$ 的第一个 $\lceil \log_2 n \rceil$ 行，通过接收的向量 $\boldsymbol{b}'$ 将它们相乘，然后读取消息头(消息长度 $q$)，生成其余的 $\boldsymbol{D}$ 并读取消息 $\boldsymbol{m}=\boldsymbol{D}\boldsymbol{b}'$。

译码机制类似于矩阵嵌入的信息提取环节，接收方也通过一个适当的矩阵乘以奇偶向量来提取消息位。不同的是，在矩阵嵌入中，发送者的目标是降低载体修改量以最大化嵌入效率。然而，在矩阵嵌入中，任何元素都可以被修改，在湿纸码中，可以修改的元素的集合是由发送者预先确定的，并由其决定嵌入容量。

余下的问题是式(5.1)的可解性问题，同时确定发送者可以通信的平均位数。显然，对于小的 $q$，式(5.1)有一个非常高的概率的解，这个概率随着 $q$ 的增加而减小。重写式(5.1)为

$$\boldsymbol{D}\boldsymbol{v} = \boldsymbol{m} - \boldsymbol{D}\boldsymbol{b} \tag{5.2}$$

使用编码器为了满足式(5.1)必须修改的比特对应的非零元素 $\boldsymbol{v}=\boldsymbol{b}'-\boldsymbol{b}$。在式(5.2)中，有 $k$ 个未知量 $v_j$，$j\in C$，而剩余的 $n-k$ 个 $v_i$ 为 0，$i\notin C$。因此，在等号左边可以把 $\boldsymbol{D}$ 中所有 $n-k$ 列移除 $v_i$，$i\notin C$。也可以从 $\boldsymbol{v}$ 中移除所有 $n-k$ 元素中的 $v_i$，$i\notin C$。为 $\boldsymbol{v}$ 保持相同的符号，式(5.2)现在变成：

$$\boldsymbol{H}\boldsymbol{v} = \boldsymbol{m} - \boldsymbol{D}\boldsymbol{b} \tag{5.3}$$

式中：$\boldsymbol{H}$ 是一个二元 $q\times k$ 矩阵，由 $\boldsymbol{D}$ 对应于索引 $C$ 的列组成；$\boldsymbol{v}$ 是一个未知的 $k\times 1$ 维二元向量。只要秩 $\mathrm{rank}(\boldsymbol{H})=q$，这个系统对于任意消息 $\boldsymbol{m}$ 都有解，$P_{q,k}(s)$ 是随机 $q\times k$ 阶二进制矩阵的秩是 $s$ 的概率，$s\leqslant\min(q,k)$，该结论的证明具体可见文献[3]中的引理 4。

$$P_{q,k}(s) = 2^{s(q+k-s)-qk}\prod_{i=0}^{s-1}\frac{(1-2^{i-q})(1-2^{i-k})}{(1-2^{i-s})} \tag{5.4}$$

从本章附录 5.1 可知，对于一个大的固定 $k$，$P_{q,k}(q)$ 随着 $q<k$ 的降低迅速接近 1(见图 5-1)。这表明，发送方可以平均以接近 $k$ 位的速率与接收方通信。接下来证明可通信的位数的期望值约等于 $k$。

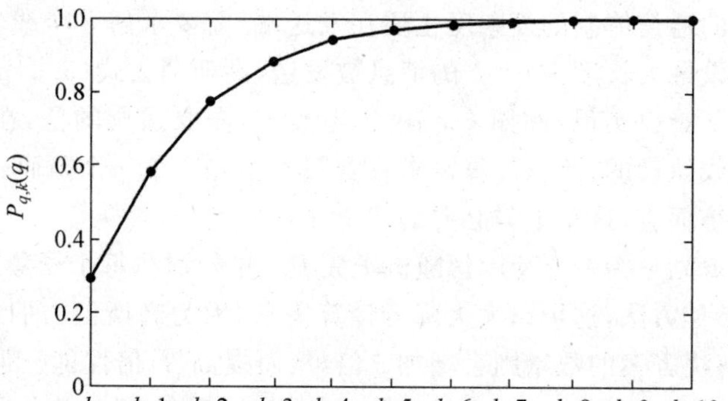


图 5-1　$k=100$ 时一个随机的 $q\times k$ 二元矩阵秩为 $q$ 的概率

为了嵌入最多的消息，发送方在保证式(5.3)仍然有解的基础上会持续给 $\boldsymbol{D}$ 增加行。将发送方能够至少通信 $k-r(r\geqslant 0)$ 位的概率表示为 $P_{\geqslant k-r}$。

当 $\boldsymbol{H}$ 中的第一个 $k-r$ 行形成一个秩是 $k-r$ 或 $k-r-i$ 的子矩阵，且每个与 $i$ 线性相关的行与右边的相应位相对应时，这将以 $2^{-i}$ 的概率发生。因此

$$P_{\geqslant k-r} = \sum_{i=0}^{k-r} \frac{1}{2^i} P_{k-r,k}(k-r-i) \tag{5.5}$$

可以至少通信 $k+r(r\geqslant 0)$ 比特的概率使用了类似的论点

$$P_{\geqslant k+r} = \sum_{i=0}^{k} \frac{1}{2^{r+i}} P_{k+r,k}(k-1) \tag{5.6}$$

从式(5.5)和式(5.6)中得，使用 $k$ 位可修改位进行通信的最大期望比特数 $q_{\max}$ 是

$$q_{\max}(k) = \sum_{i=1}^{\infty} i p_{=i} = \sum_{i=1}^{\infty} i(p_{\geqslant i} - p_{\geqslant i+1}) \tag{5.7}$$

式中：$p_{=i}=p_{\geqslant i}-p_{\geqslant i+1}$，是可以通信 $i$ 位的概率。图 5-2 展示了概率分布 $p_{=i}$，它看起来关于 $i=k$ 是对称的，并且很快就降到 0。这表明 $q_{\max}(k)\approx k$ 确实成立。在附录 5.1 中给出了该结论的精确公式及其推导。这个结果意味着，平均而言，使用上面描述的湿纸码，发送方可以将约 $k$ 位信息传递给接收方。

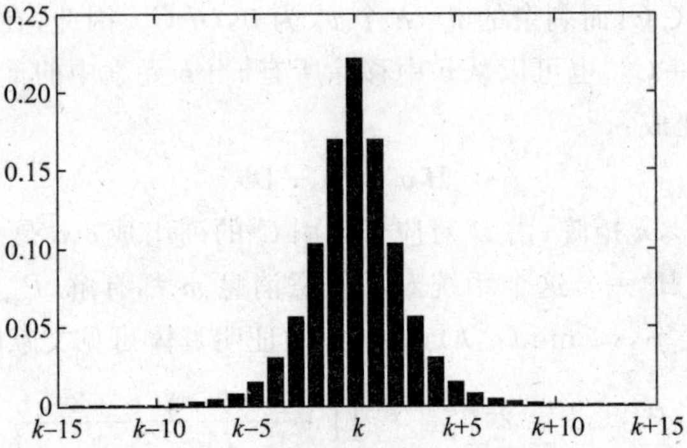


图 5-2 通信比特数的概率分布 $p_{=i}$

### 5.1.2 实用的编码器与译码器实现

湿纸码所建立的通信体制的复杂度主要在发送端，需要求解 $q$ 个线性方程在 $GF(2)$ 中的 $k$ 个未知数。假设最大长度为 $q=k$ 的消息被发送，高斯消去式(5.3)的复杂度是 $O(k^3)$，这将导致在大负载下难以实现，例如 $k>10^5$。事实上，需要强调的是，在常规隐写任务中，由于嵌入通常是离线执行的，所以计算需求在隐写术中并不是一个障碍。相反，对于一个用于实时隐蔽通信系统而言，这是十分必要的。

通过将比特流 $\boldsymbol{b}$ 划分为 $\beta$ 个互斥伪随机子集 $B_i$，并分别在每个子集上使用高斯消去法是求解式(5.3)的最佳方法，这可以大大降低计算需求，因为高斯消去的复杂度会随因子 $\beta^3$ 的增大而降低，而解决方案的数量则会增加 $\beta$ 倍，从而提高 $\beta^2$ 倍性能。但是，划分为子集需要每个子集传递其对应消息长度，这会导致信道容量的轻微减少(通常为几个百分点)。总的来说，信道容量的小幅下降是非常值得的。

假定通信方知道比率 $r=k/n$，$r_1\leqslant r\leqslant r_2$ 的典型值的范围。如果范围未知或 $r_2/r_1$ 太大，发送方可以修改下面的伪代码并将 $r$ 传递给接收方。$r$ 的具体值受嵌入算法的载体对象内容、SR 和其他细节的影响。为了保证编码时间短，通常希望在每个子集中有 $k_{\text{avg}}\approx 250$ 个可修改的位，并要求所有子集的大小大致相同。因此，可选择集合数量为 $\beta=\lceil nr_2/k_{\text{avg}}\rceil$。每个子集合 $B_i$ 的大小为 $n_i=\{\lfloor n/\beta\rfloor,\lceil n/\beta\rceil\}$，并使得 $n_1+n_2+\cdots+n_\beta=n$。编码器和译码器

都必须遵循同样的伪随机过程，将 $\boldsymbol{b}$ 划分为子集。这个过程可以使用隐写密钥作为参数。

对于每个子集 $B_i$，可修改数 $k_i$ 是不同的，并遵循超几何分布，其平均值为 $k/\beta$。发送方通过尝试在每个子集中嵌入尽可能多的位比特位数 $q_i$，动态地分配第 $i$ 个子集内嵌入的比特数 $q_i$（参见下面的伪代码）。请注意，在这个设置中，发送方在嵌入结束才能确定 $q_i$，因此不能嵌入 $q_i$ 到同一子集的头中，可以在下一个子集中嵌入上一个子集的载荷长度 $q_i$ 来解决这个问题。

假定使用共享的隐写密钥生成伪随机排列将 $\boldsymbol{b}$ 进行置乱，子集 $B_i$ 可以简单地作为 $n_i$ 连续比特和 $\boldsymbol{b}=(\boldsymbol{b}^{(1)},\boldsymbol{b}^{(2)},\cdots,\boldsymbol{b}^{(\beta)})$ 的分段，并且，其中，$\boldsymbol{b}^{(i)}$ 是 $B_i$ 中 $n_i$ 位向量。编码和解码算法的伪代码见表 5-1。这里假设 $r_1$，$r_2$ 和 $k_{\text{avg}}$ 是发送方和接收方约定的参数。

**表 5-1 编码器/解码器实现**

| 编码器 | | 解码器 | |
|---|---|---|---|
| E0 | 计算 $\beta=\lceil nr_2/k_{\text{avg}}\rceil$。使用一个 PRNG，生成一个有着 $\lceil n/\beta\rceil$ 列和足够多行的随机二进制矩阵 $\boldsymbol{D}$ | D0 | 计算 $\beta=\lceil nr_2/k_{\text{avg}}\rceil$。使用一个 PRNG，生成一个有着 $\lceil n/\beta\rceil$ 列和足够多行的随机二进制矩阵 $\boldsymbol{D}$ |
| E1 | 决定头大小 $h=\lceil\log_2(nr_2/\beta)\rceil+1$，$q=\lvert\boldsymbol{m}\rvert+\beta h$ | D1 | 决定头的大小 $h=\lceil\log_2(nr_2/\beta)\rceil+1$ |
| E2 | $\boldsymbol{b}'\leftarrow\boldsymbol{b}$，$i\leftarrow 1$ | D2 | $i\leftarrow\beta$ |
| E3 | $q_i=\lceil k_i(q+10)/k\rceil$，$q_i=\min\{q_i,2^h-1,\lvert\boldsymbol{m}\rvert\}$，<br>$\boldsymbol{m}^{(i)}\leftarrow\boldsymbol{m}$ 中下一个 $q_i$ | D3 | $\boldsymbol{D}\leftarrow\boldsymbol{D}$ 中的第 $n_\beta$ 列<br>$\boldsymbol{D}^{(\beta)}\leftarrow\boldsymbol{D}$ 中的第 $h$ 行，把 $q_\beta$ 读成 $\boldsymbol{D}^{(\beta)}\boldsymbol{b}'^{(\beta)}$ |
| E4 | 从 $\boldsymbol{D}$ 中选择最开始的 $n_i$ 列和 $q_i$ 行，表示此子矩阵 $\boldsymbol{D}^{(i)}$。计算 $q_i$ 个等式 $\boldsymbol{H}^{(i)}\boldsymbol{v}=\boldsymbol{m}^{(i)}-\boldsymbol{D}^{(i)}\boldsymbol{b}^{(i)}$ 中的 $k_i$ 个解 $v$，其中 $\boldsymbol{H}^{(i)}$ 是 $\boldsymbol{D}^{(i)}$ 的一个 $q_i\times k_i$ 子矩阵，它组成了 $\boldsymbol{D}^{(i)}$ 的这些列，而 $\boldsymbol{D}^{(i)}$ 也是与 $B_i$ 中的可修改位对应的。如果这个系统没解，编码器就会降低 $q_i$ 直到找到解 | D4 | $\boldsymbol{D}^{(\beta)}\leftarrow\boldsymbol{D}$ 中的第 $q_\beta-h$ 行，<br>$\boldsymbol{m}=\boldsymbol{D}^{(\beta)}\boldsymbol{b}'^{(\beta)}$ |
| E5 | 根据解 $\boldsymbol{v}$，通过改变或者保持 $\boldsymbol{b}^{(i)}$ 不变来获得矩阵 $\boldsymbol{b}'$ 的第 $i$ 段 $\boldsymbol{b}'^{(i)}$ | D5 | $i\leftarrow i-1$ |
| E6 | 二进制 $q_i$ 使用 $h$ 位同时把它们附加为 $\boldsymbol{m}$ | D6 | 解码 $\boldsymbol{m}$ 的最后 $h$ 位 $q_i$，同时从 $\boldsymbol{m}$ 中移除最后的 $h$ 位 |
| E7 | 把前 $q_i$ 位从 $\boldsymbol{m}$ 中移除 | D7 | 选择 $\boldsymbol{D}$ 中的最开始的 $n_i$ 列和 $q_i$ 行，表示此子矩阵 $\boldsymbol{D}^{(i)}$，$\boldsymbol{D}\leftarrow\boldsymbol{D}^{(i)}$ 中的前 $q_i$ 行，并附加 $\boldsymbol{D}\boldsymbol{b}'^{(i)}$ 给 $\boldsymbol{m}$，$\boldsymbol{m}\leftarrow\boldsymbol{D}\boldsymbol{b}'^{(i)}\&\boldsymbol{m}$ |
| E8 | $q\leftarrow q-q_i$，$k\leftarrow k\leftarrow k_i$，$i\leftarrow i+1$ | D8 | 如果 $i>1$，执行 5 |
| E9 | 如果 $i<\beta$，转到 3 | D9 | 否则 $\boldsymbol{m}$ 是提取的信息 |
| E10 | 如果 $i=\beta$，$q_\beta\leftarrow q$ | | |
| E11 | 二进制编码 $q_\beta$ 使用 $h$ 位，同时附加到 $\boldsymbol{m}$，$\boldsymbol{m}^{(\beta)}\leftarrow\boldsymbol{m}$ | | |
| E12 | 从 $\boldsymbol{D}$ 中选择最开始的 $n_\beta$ 列和 $q_\beta$ 行同时表示此子矩阵 $\boldsymbol{D}^{(\beta)}$。解决 $q_\beta$ 个等式 $\boldsymbol{H}^{(\beta)}\boldsymbol{v}=\boldsymbol{m}^{(\beta)}-\boldsymbol{D}^{(\beta)}\boldsymbol{b}^{(\beta)}$ 中的 $k_\beta$ 个未知数 $\boldsymbol{v}$。如果这个系统没有解，退出并报告未能嵌入消息 | | |
| E13 | 根据解 $v$，通过改变或者保持 $\boldsymbol{b}^{(\beta)}$ 不变来获得矩阵 $\boldsymbol{b}'$ 的第 $i$ 段 $\boldsymbol{b}'^{(\beta)}$ | | |

下面解释步骤 E4 和 E12。在这两个步骤中，发送者使用高斯消去法从 $\boldsymbol{H}^{(i)}$ 中形成一个上对角的 $q_i \times k_i$ 矩阵，在主对角线上需要 1 的每个地方都交换列。由于未知数比方程多($q_i \leqslant k_i$)，发送方可以为 $j=q_i+1,\cdots,k_i$ 设置 $v_j=0$ 并对未知项 $v_j$，$j=1,\cdots,q_i$ 进行反替换。假设消息是一个随机位流，那么在解向量 $\boldsymbol{v}$ 中，期望的 1 个数是 $q_i/2$。因此，平均而言，可通过改变 $q_i/2$(嵌入效率 2)来嵌入 $q_i$ 比特。

此外，在 $\boldsymbol{H}^{(i)}$ 使用高斯消去法和交换列的情况下，当它不能形成一个上对角矩阵时编码器被允许减少 $q_i$。注意，在最后一个子集中，编码过程可能会失败，因为这是发送方不能自由地减少 $q_\beta$ 的唯一子集。为了最小化 $q$ 接近 $k$ 时发生这种情况的概率，需要迫使编码器在所有其他子集中嵌入比最后一个多一点的比特。这就是为什么发送者从 $q+10$ 而不是 $q$ 开始来划分消息位的原因。同时，发送方保留了一个比预期值 $k_i$ 更大的消息头，以覆盖一个可能更大的 $k/\beta$。因为每个子集的头都有 $h$ 位，所以一个子集中的消息长度不能超过 $2^h-1$(步骤 $E3$)。可以使用该算法进行通信的最大位数大约是 $k-\beta h=k-\beta\lceil\log_2(r_2k-\beta)\rceil$。图 5-3 为在子集内放置消息位和报头的过程。

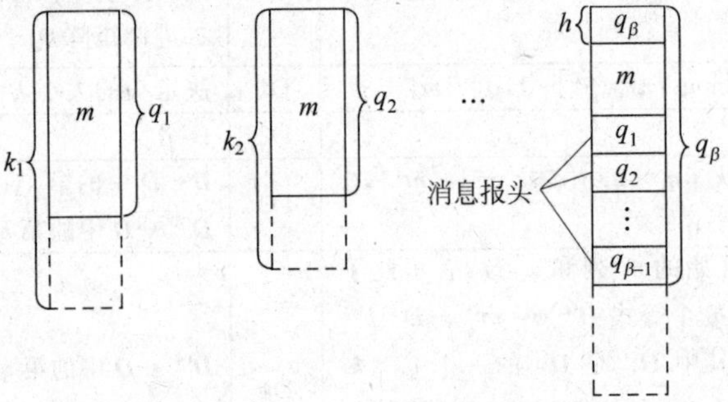


图 5-3 在子集内放置消息位和报头

为了尽量减少嵌入的影响，当在步骤 E4 和 E12 中嵌入一个比最大消息更短的消息时，发送方可以自由选择哪些 $v_j$ 应该被设置为 0，这将由高斯消去法决定。这种自由度可以用来进一步减少嵌入的影响。可以将每个可修改元素 $x_j$ 赋予数值 $f(x_j)$，表示其适应度。当求解包含 $k_i$ 个未知数 $\boldsymbol{v}$ 的 $q_i$ 个方程 $\boldsymbol{H}^{(i)}\boldsymbol{v}=\boldsymbol{m}^{(i)}-\boldsymbol{D}^{(i)}\boldsymbol{b}^{(i)}$ 时，发送方可以求解那些与最大适应度相对应的未知数 $v_j$，并将剩余的 $v_j$ 值设为零。这样，嵌入的影响就进一步减少，安全性也得到了提高。这里的适应度事实上与后面章节中所介绍的元素失真代价紧密相关。

同时可以在 $\boldsymbol{D}$ 上添加结构以加速编码。一个很明显的问题是，通过在矩阵 $\boldsymbol{D}$ 上添加一些结构(从而间接地在 $\boldsymbol{H}$ 上)，是否有可能更快地解决式(5.3)。一种可能加速编码的方法是使用稀疏矩阵 $\boldsymbol{D}$ 和 $\boldsymbol{H}$，假设 $\boldsymbol{H}$ 的元素是一个独立的、固定分布的独立同分布随机变量 $\tau$ 的实现，它具有{0,1}的取值范围和 $P(\tau=1)=\delta=1-P(\tau=0)$ 的概率，同时式中的 $\delta<1/2$。$\delta$ 的密度越小，在 E4 和 E12 的步骤中，高斯消去的速度就越快。此外，允许 $\boldsymbol{H}$ 的稀疏性为解决式(5.3)使用求解稀疏矩阵的求解器提供了新的可能性。然而，需要澄清的是，稀疏性如何影响嵌入容量 $q_{\max}(k,\delta)$，取决于 $\delta$。图 5-4 显示在到达密度 $\delta$ 的某个临界值之前，容量非常接近 $q_{\max}(k,1/2)$，然后会突然降到零。

根据文献[4]所证明的结果，一个具有密度 $\delta$ 的随机二进制 $k\times k$ 矩阵为非奇异的概率为 $\lim_{k\to\infty}P_{k,k}(k)=0.2889\cdots$，对于 $d(k)\to\infty$ 有 $\delta>(\log_2 k+d(k))/k$。虽然这个结果并没有

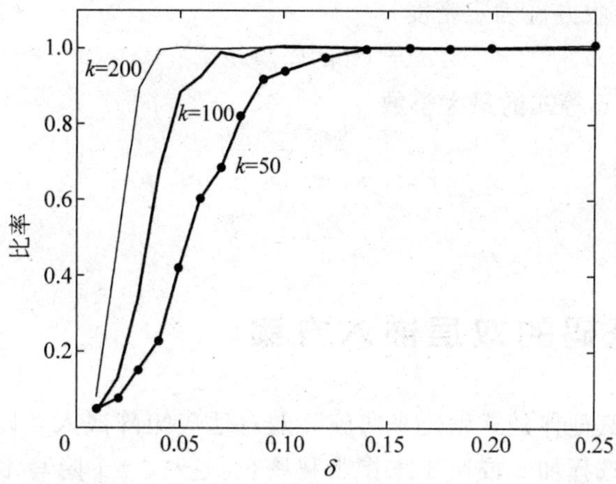


图 5-4　在三个不同的 $k$ 取值下比率 $q_{\max}(k,\delta)/q_{\max}(k,1/2)$ 与 $\delta$ 之间的函数

说明这个极限在给定的 $d$ 上有多快，并且局限于方阵，但它表明临界密度可能接近 $(\log_2 k)/k$。由于这是一个渐近的结果，可以采用仿真实验来为满足 $1-q_{\max}(k,\delta_1)/q_{\max}(k,1/2)<0.01$ 的较小的 $k$ 取值确定密度 $\delta_1(k)$ 的值。图 5-5 显示 $(\log_2 k)/k$ 确实是 $\delta_1(k)$ 的一个很好的近似。

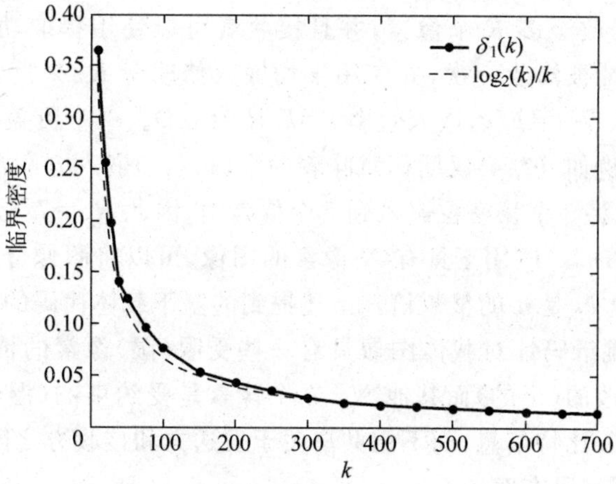


图 5-5　临界密度 $\delta_1(k)$ 和 $\log_2(k)/k$ 的比较

可以使用结构化高斯消元法与稀疏矩阵相结合。在结构化高斯消去法中，在每个子集中可修改元素位数 $k_i$ 是变化的。使用稀疏矩阵时，需要保证每个子集 $B_i$ 中，$\boldsymbol{H}^{(i)}$ 中 1 的密度不低于临界密度 $\delta(k_i)=(\log_2 k_i)/k_i$。接收方不知道 $k(k_i)$ 并且只知道 $nr_1 \leqslant k \leqslant nr_2$。因为 $\delta(k)$ 正在减少，所以临界密度将由嵌入期间可能遇到的最小 $k_i$ 决定。因此，发送方和接收方将设置密度 $\delta=(\log_2 k_{\min})/k_{\min}$，其中 $k_{\min}$ 是概率满足 $P(k_i<k_{\min})\leqslant p$ 的最大整数；$p$ 是由通信双方共享的一个较小的值（例如，$p=0.01$）。

在一组 $n_i$ 个随机选择的比特中有 $t$ 个可修改比特的概率 $P(t;\ n,k,n_i)$ 为

$$P(t;\ n,k,n_i)=\frac{\begin{bmatrix} n_i \\ t \end{bmatrix}\begin{bmatrix} n-n_i \\ k-t \end{bmatrix}}{\begin{bmatrix} n \\ k \end{bmatrix}} \tag{5.8}$$

因此，发送方和接收方需确定密度

$$\delta = (\log_2 k_{\min})/k_{\min} \tag{5.9}$$

式中：$k_{\min}$是满足如下不等式的最大整数

$$\sum_{t=0}^{k_{\min}} P(t;\ n, nr_i, \lceil n/\beta \rceil) \leqslant p \tag{5.10}$$

## 5.2 基于湿纸码的双层嵌入方案

湿纸码可以配合其他伴随式编码来实施高效自适应矩阵嵌入。以图像为例，一个像素可以通过从灰度值中选择加 1 或减 1 来携带秘密位，这种“±1 隐写术”相较于简单的 LSB 嵌入可以隐藏更长的消息。本节介绍张卫明等提出的一种基于湿纸码的典型双层嵌入方案[5]。该方案对 LSB 平面和次 LSB 平面分别采用二进制覆盖码和湿纸码。当所采用的二进制覆盖码达到 LSB 算法的嵌入效率上界时，该方法可以实现“±1 隐写术”嵌入效率的上界。

一个$(R,n,k)$嵌入方案 $F$ 包括嵌入函数和提取函数。发送者可以使用嵌入功能将 $k$ 比特嵌入 $n$ 个像素中，修改至多 $R$ 个像素，并且接收者可以使用提取功能提取嵌入的消息。这里限制每个像素只能被修改一次，并使用平均嵌入修改量 $R_a$ 来度量失真能量。定义平均失真 $D=R_a/n$，嵌入率 $\alpha=k/n$，嵌入效率 $e=k/R_a=\alpha/D$。一个覆盖码的伴随式编码可以建立一种嵌入方案。例如，(7,4)汉明码意味着一个(1,7,3)嵌入方案，它可以通过以 7/8 的概率改变一个 LSB 来将 3 个秘密位嵌入到 7 个像素中，因此 $R_a=7/8, D=1/8, \alpha=3/7, e=24/7$。为了将方案$(R,n,k)$应用于具有 $N$ 像素的图像，可以将图像分成 $N/n$ 个像素块，每个块有 $n$ 个像素，假设 $N$ 是 $n$ 的整数倍。上述提到的基于载体代码的方案被用来提高嵌入效率。5.1 节介绍的湿纸码针对载体图像具有一些受限(湿)像素的情况进行设计。例如，如果 $k$ 个像素是可修改的(干的)而其他 $N-k$ 个像素是受约束的(湿的)，则可以使用湿纸码成功地嵌入和接收 $k$ 比特信息，而不用共享关于发送方和接收方之间约束位置的知识，这里用 $W$ 表示一个湿纸编码方案。

下面对该双层嵌入(Double-Layered Embedding，DLE)方法进行介绍。设载体为具有 $N$ 个像素$(x_1,\cdots,x_N)$的灰度图像。对于一个像素值 $x_i$，用 $L(x_i)$表示它的 LSB，用 $S(x_i)$表示第 2 个 LSB。在第一层嵌入中，选择嵌入率、嵌入效率和平均失真的嵌入方案，并将消息位嵌入 LSB 平面。

$$(m_1,\cdots,m_{\alpha N}) = F[L(x_1),\cdots,L(x_N)] \tag{5.11}$$

由于 $F$ 的平均失真是 $D$，平均需要修改 $DN$ 个像素以满足式(5.11)。不失一般性，假定 $\alpha N$ 和 $DN$ 都是整数，正好 $DN$ 个像素需要修改。如果 $L(x_i)$发生变化，像素值 $x_i$ 可以增加或减少 1。通过选择加法或减法可以控制第二个 LSB $S(x_i)$。具体而言，对于一个奇数 $x_i$，加/减 1 等同于翻转或保持 $S(x_i)$。如果 $x_i$ 是偶数，则对 $S(x_i)$产生相反的影响。

因此，通过在第一层嵌入中适当选择加法或减法可以自由地改变 $DN$ 位置处的次 LSB，即利用第二层进行嵌入。其余的$(1-D)N$ 个次 LSB 是不可改变的。用湿纸编码的术语，即这些是 $DN$ 个干位置和$(1-D)N$ 个湿位置。也就是说，如果像素值在 8 位灰度图像

或者 $x_i=0$ 中饱和(例如 255),则只能在一个方向上改变。在这种情况下,$x_i$ 的次 LSB 将始终标记为湿位置。尽管如此,如果饱和像素很少,这种情况对整体性能的影响可以被忽略。因此,假设有 $DN$ 个干位置,并且在第一次迭代中有$(1-D)N$个湿位置,则可以用湿纸编码方案 $W$ 将额外位$(m_{\alpha N+1},\cdots,m_{(\alpha+D)N})$嵌入次 LSB 平面中

$$(m_{\alpha N+1},\cdots,m_{(\partial+D)N})=W[S(x_1),\cdots,S(x_N)] \tag{5.12}$$

因此,嵌入率变为 $\alpha+D$,而平均失真保持不变,依然为 $D$,因为不需要对载体数据进行额外的修改来满足式(5.12)。但是嵌入效率增加了 1,这是嵌入率和平均失真之间的比率,所描述的 DLE 方法的性能在下面的定理中陈述。

**定理 5.1**:设 $F$ 是嵌入率为 $\alpha$ 的二元嵌入方案,嵌入效率为 $e$,平均失真为 $D$。使用 $F$ 的 DLE 方法嵌入率为 $\alpha+D$,嵌入效率为 $e+1$,平均失真保持为 $D$。

**证明**:对于给定的嵌入率 $\alpha$,LSB 隐写的嵌入效率 $e$ 具有以下上限:

$$e(\alpha)\leqslant\frac{\alpha}{H^{-1}(\alpha)},\quad 0\leqslant\alpha\leqslant 1 \tag{5.13}$$

式中:$H(y)=-y\log_2 y-(1-y)\log_2(1-y)$,是二元熵函数,并且 $H^{-1}$ 是二元函数 $H$ 的逆函数。在文献[6]中,Willems 给出了"±1 隐写术"的嵌入率受平均失真约束 $D$ 的上限。

$$C(D)=\begin{cases}G(D), & D\leqslant 2/3\\ \log_2 3, & D\geqslant 2/3\end{cases} \tag{5.14}$$

当 $G(D)=H(D)+D$,为了评估嵌入效率,将式(5.14)重写为取决于给定的嵌入率 $\alpha$ 的嵌入效率 $e$ 的上界。

$$e(\alpha)\leqslant\frac{\alpha}{G^{-1}(\alpha)},\quad 0\leqslant\alpha\leqslant\log_2 3 \tag{5.15}$$

式中:$G^{-1}$ 是 $G$ 的反函数。

总结这些结果,可以得到以下定理。

**定理 5.2**:如果二元嵌入方案 $F$ 达到式(5.13)上界,则使用 $F$ 的 DLE 方法可实现上界即式(5.15)。

**证明**:假设 $F$ 的嵌入率为 $\alpha$,由于 $F$ 可以实现式(5.13)上界,因此它的嵌入效率是 $\alpha/H^{-1}(\alpha)$。$F$ 平均失真是 $H^{-1}(\alpha)$,因为嵌入效率是嵌入率和平均失真之间的比率。根据定理 5.1,DLE 使用 $F$ 平均失真也是 $H^{-1}(\alpha)$,并且嵌入率是 $\alpha+H^{-1}(\alpha)$。因此,它的嵌入效率是

$$e=\frac{\alpha+H^{-1}(\alpha)}{H^{-1}(\alpha)}$$

此外,因为 $G^{-1}(\alpha+H^{-1}(\alpha))=H^{-1}(\alpha)$,$F$ 的 DLE 达到了式(5.15)上界。以上证明表明如果所使用的二进制嵌入方案对于 LSB 隐写术是最佳的,则其对应的 DLE 隐写术对于"±1 隐写术"是最佳的。例如,普通的 LSB 嵌入方案在每个主像素中插入一个秘密位,并且平均需要修改其中的一半。它具有嵌入率 1 和嵌入效率 2,这是实现式(5.13)上界的一个特殊情形。由定理 5.2 可知,在 DLE 中使用 LSB 嵌入方案可以实现嵌入率为 1.5 和嵌入效率为 3 的式(5.15)上界。

此外,由于二进制随机线性代码渐近逼近式(5.13)上界,所以定理 5.2 衍生了如下定理。

**定理 5.3**:使用二元随机线性码的 DLE 方法可以渐近地逼近式(5.15)上界。

随机码的缺点是缺少编码的快速算法。在本书 4.2 节介绍了 Fridrich 等提出的一种适

用于大嵌入率 $\alpha \to 1$ 的基于随机码的嵌入方法。一个随机校验矩阵的系统形式 $\boldsymbol{H}_{(n-k)\times n}=\boldsymbol{I}_{n-k}\times\boldsymbol{D}$ 被用于伴随式编码。式中：$\boldsymbol{I}_{n-k}$ 是 $(n-k)\times(n-k)$ 维单位矩阵，并且只有子矩阵 $\boldsymbol{D}$ 是随机生成的。$\boldsymbol{H}_{(n-k)\times n}$ 可以将 $n-k$ 比特秘密信息嵌入到具有计算负荷 $O(n2^k)$ 的 $n$ 个像素中，嵌入率 $\alpha=(n-k)/n$ 必须足够大。

图 5-6 说明了随机线性码和相应的 DLE 方法在 $k=10$ 和 $k=14$ 时的性能，$n\leqslant 165$。据观察，通过增加 $k$ 和 $n$，随机线性码的嵌入效率逐渐接近式(5.13)上界，并且 DLE 方法的相应嵌入效率接近式(5.15)上界，证明了定理 5.3 的合理性。定理 5.2 也意味着只需要寻找好的二进制覆盖码而不是三进制码来有效地使用“±1 隐写术”。有许多适合于隐写应用的有效二进制覆盖码。

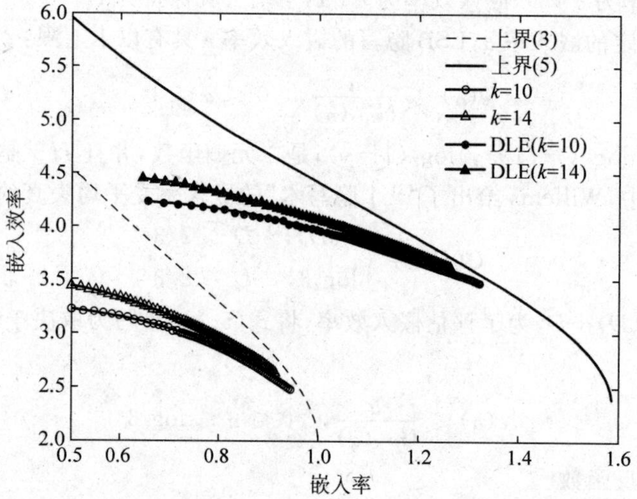


图 5-6 随机线性码与相应的 DLE 方法在 $k=10$ 和 $k=14$ 时的性能比较，其中 $n\leqslant 165$

## 5.3 ZZW 框架-结合汉明码和湿纸码的±1 嵌入方案

本节介绍一种湿纸码与汉明码相结合的重要的双层嵌入框架[7]，它是 5.2 节中方法的进一步发展，也称为 ZZW 码族。通过组合汉明码和湿纸码，从一个覆盖码(covering code)可以产生一个隐写码(Stego-code, SC)，该方法可以逼近各种嵌入率下嵌入效率的上界。

依然以图像为载体对该方案进行介绍。为了嵌入数据，载体图像被分成像素块，每个像素块包含 $N$ 个像素，用 $\boldsymbol{g}=(g_1,\cdots,g_N)$ 表示，令其 LSB 平面 $\boldsymbol{x}=(x_1,\cdots,x_N)$ 为载体。由于消息在嵌入前通常被加密，因此可以认为是一个二进制随机序列，消息块 $\boldsymbol{m}=(m_1,\cdots,m_n)\in\mathbb{F}_2^n$。一个隐写码 SC$(R,N,n)$ 可以将 $n$ 比特的消息嵌入 $N$ 个像素中，并最多发生 $R$ 个修改。从 5.1 节可知，隐写码和覆盖码之间存在着等价性。设 $\mathcal{C}$ 是一个覆盖半径为 $R$ 的 $[N,N-n]$ 二进制码，则可以通过 $\mathcal{C}$ 的伴随式编码构造一个隐写码 SC$(R,N,n)$。需要注意的是，覆盖半径 $R$ 是可能变化的最大数量，而隐写码的目的是最小化嵌入修改的平均数 $R_a$。因此，在以下描述中将用 $R_a$ 替换 $R$ 以表示隐写码，即当使用符号 SC$(R,N,n)$ 时，第一个参数意味着平均修改数。对于诸如汉明码和格雷码这样的完美码，平均修改数可以通过 $R_a = \frac{1}{2^n}\sum_{i=0}^{R} i\binom{N}{i}$ 计算。对于隐写码 SC$(R,N,n)$，嵌入率为 $\alpha=n/N$，这是每个像素携带的比特数。平均失真为 $D=R_a/N$，它是载体图像的平均修改率，嵌入效率为 $e=n/R_a=\alpha/D$，这是每次修改对应的嵌入比特的平均数量。

### 5.3.1　基础的汉明湿纸信道

对于所有整数 $k\geqslant 1$，$[2^k-1,2^k-k-1]$汉明码的覆盖半径是1，它可以用来构造一个隐写码，并通过改变至多1个像素来将 $k$ 位信息嵌入到 $2^k-1$ 个像素中。以[7,4]汉明码为例，设 $\boldsymbol{H}$ 是[7,4]汉明码的奇偶校验矩阵

$$\boldsymbol{H}=\begin{bmatrix}0&0&0&1&1&1&1\\0&1&1&0&0&1&1\\1&0&1&0&1&0&1\end{bmatrix}\tag{5.16}$$

给定一个长度为7的载体 $\boldsymbol{x}$ 和一个3位的消息块 $\boldsymbol{m}$，例如 $\boldsymbol{x}=(1\quad 0\quad 0\quad 1\quad 0\quad 0\quad 0)$和 $\boldsymbol{m}=(1\quad 1\quad 0)$，计算

$$\boldsymbol{H}\cdot\boldsymbol{x}^{\mathrm{T}}=\begin{bmatrix}1\\0\\1\end{bmatrix},\quad \begin{bmatrix}1\\0\\1\end{bmatrix}\oplus\begin{bmatrix}1\\1\\0\end{bmatrix}=\begin{bmatrix}0\\1\\1\end{bmatrix}\tag{5.17}$$

获得的结果(0 1 1)由3个二元比特表示，即 $\boldsymbol{H}$ 的第三列。通过更改 $\boldsymbol{x}$ 的第三个位并得到 $\boldsymbol{x}'=(1\quad 0\quad 1\quad 1\quad 0\quad 0\quad 0)$，嵌入过程完成。为了提取消息，只需要计算

$$\boldsymbol{H}\cdot\boldsymbol{x}'^{\mathrm{T}}=\begin{bmatrix}1\\1\\0\end{bmatrix}=\boldsymbol{m}^{\mathrm{T}}\tag{5.18}$$

在上述嵌入过程中，如果 $\boldsymbol{H}\cdot\boldsymbol{x}^{\mathrm{T}}=\boldsymbol{m}^{\mathrm{T}}$，则不需要改变。这以 $1/2^3$ 的概率发生，因为该消息是密文的随机序列；否则可以以 $7/2^3$ 的概率改变 $\boldsymbol{x}$ 的一个比特来使 $\boldsymbol{H}\cdot\boldsymbol{x}^{\mathrm{T}}=\boldsymbol{m}^{\mathrm{T}}$。因此，所做的平均变化次数是 $7/2^3$，这意味着已经构建了一个隐写码 SC$(7/2^3,7,3)$。一般来说，对于任意整数 $k\geqslant 1$，使用$[2k-1,2k-k-1]$汉明码，可以用相同的方法获得隐写码 SC$((2^k-1)/2^k,2^k-1,k)$。当 $k=1$ 时，汉明隐写码 SC$(1/2,1,1)$就是简单的LSB隐写术，它可以将一位消息嵌入每个像素并以1/2概率修改其LSB。

现在通过将LSB嵌入信道分成两个不同的信道来提高汉明隐秘码的嵌入效率。不失一般性，假设载体的长度为 $L2^k$，将其分成 $L$ 个不相交的块。相应的LSB块表示为

$$(x_1,\cdots,x_{2^k}),\cdots,(x_{(L-1)2^k+1},\cdots,x_{L2^k})\tag{5.19}$$

首先，用或操作将每个块压缩到一个位：

$$y_i=\bigoplus_{j=1}^{2^k} x_{i2^k+j},\quad i=0,1,\cdots,L-1\tag{5.20}$$

取$(y_0,\cdots,y_{L-1})$作为第一个嵌入信道，并对其应用简单的LSB隐写术，即SC(1/2,1,1)。因此，每个 $y_i$ 可以携带一个消息位，并且需要以概率1/2进行更改。其次，从每个载体块中取出前 $2^k-1$ 个元素，然后写入

$$\boldsymbol{x}_1=(x_1,\cdots,x_{2^k-1}),\cdots,\boldsymbol{x}_L=(x_{(L-1)2^k+1},\cdots,x_{L2^k-1})\tag{5.21}$$

设 $\boldsymbol{H}$ 是具有如式(5.16)形式的$[2^k-1,2^k-k-1]$汉明码的奇偶校验矩阵。在第一个信道的嵌入过程中,如果需要修改某些 $y_i$,例如 $y_1$,可以翻转第一个块中的任何 $2^k$ 位来改变 $y_1$,因此可以将第一个块通过 $\boldsymbol{Hx}_1^{\mathrm{T}}$ 映射到任意 $k$ 位需要的比特。实际上,如果 $\boldsymbol{Hx}_1^{\mathrm{T}}$ 只是想要的 $k$ 位,可以翻转 $x_{2^k}$ 来改变 $y_1$,否则通过改变这个块中前 $2^k-1$ 位中的一个,使得 $\boldsymbol{Hx}_1^{\mathrm{T}}$ 等于任何其他的 $k$ 位向量。考虑到这一点,构建第二个嵌入通道如下:

$$\boldsymbol{Hx}_1^{\mathrm{T}},\boldsymbol{Hx}_2^{\mathrm{T}},\cdots,\boldsymbol{Hx}_L^{\mathrm{T}} \tag{5.22}$$

该通道由 $Lk$ 位组成。因为在第一个信道的嵌入过程中平均有 $L/2$ 个 $y_i$ 需要修改,这些修改位对应的 $Lk/2$ 比特可以在第二个嵌入信道如式(5.22)中自由修改。禁止对其余 $Lk/2$ 位进行任何修改,可以得到一个典型的湿纸码,得到 $Lk/2$ 个干位置和 $Lk/2$ 个湿位置。利用5.1节中的二进制湿纸编码方法,可以平均嵌入大约 $Lk/2$ 个比特的消息,因此称第二个嵌入信道为基本的汉明湿纸通道。

实际上,可以通过两个步骤嵌入消息。在第一步中,将 $L$ 位嵌入到信道如式(5.20)中,并标记需要更改的 $y_i$ 的索引,但在此步骤中没有实际进行更改。在第二步中,使用湿纸编码构建汉明湿纸通道式(5.22)并以嵌入率 $Lk/2$ 嵌入消息。在湿纸编码的过程中,每一个标记索引 $i$ 的块都会翻转一个比特,$1\leqslant i\leqslant L$,这也完成了第一步所需的修改。结合这两个步骤,平均将 $1+k/2$ 比特的消息嵌入到长度为 $2^k$ 的覆盖块中,修改量为1/2,这意味着获得了隐写码 $\mathrm{SC}(1/2,2^k,1+k/2)$,$k\geqslant1$。

### 5.3.2 一般性的总体框架

将5.3.1节中的方法推广到任何隐写码 $\mathrm{SC}(R_a,N,n)$,将载体图像划分为图像块,每个图像块包含 $N2^k$ 个像素。在不失一般性的情况下,假设载体图像由 $LN2^k$ 个像素组成。将每个块的LSB写为矩阵,如下所示:

$$\left\{\begin{matrix} x_{1,1},\cdots,x_{1,N} \\ x_{2,1},\cdots,x_{2,N} \\ \vdots \\ x_{2^k,1},\cdots,x_{2^k,N} \end{matrix}\right. \tag{5.23}$$

在第一步中,将每列压缩为一位

$$y_i=\bigoplus_{j=1}^{2^k}x_{j,i},\quad i=1,2,\cdots,N \tag{5.24}$$

把 $\mathrm{SC}(R_a,N,n)$ 应用于$(y_1,\cdots,y_N)$,可以以平均修改量 $R_a$ 来嵌入 $n$ 位消息。在第二步中,令

$$\boldsymbol{x}_1=(x_{1,1},\cdots,x_{2^k-1,1}),\cdots,\boldsymbol{x}_N=(x_{1,N},\cdots,x_{2^k-1,N}) \tag{5.25}$$

采用与5.3.1节相同的方法构建汉明湿纸信道

$$\boldsymbol{Hx}_1^{\mathrm{T}},\boldsymbol{Hx}_2^{\mathrm{T}},\cdots,\boldsymbol{Hx}_N^{\mathrm{T}} \tag{5.26}$$

该嵌入信道的长度为 $Nk$,包括平均 $R_ak$ 个干位置和$(N-R_a)k$ 个湿位置。因为总共有 $L$ 个块,所以每块都可以引入这样的汉明湿纸信道。可以级联它们来采用湿纸编码,最后将平均 $n+R_ak$ 位的消息嵌入每个长度为 $N2^k$ 的块中,修改量为 $R_a$。从而得到一个隐写码 $\mathrm{SC}(R_a,N2^k,n+R_ak)$,$k\geqslant0$。在第二步中,只使用与第一步中修改位置相对应的 $R_a$ 列来携带额外的消息而无须进行额外修改。如果任何其他列也用于传送 $k$ 位消息,则需要两次额

外的更改，其概率为$(2^k-1)/2^k$，这会导致低嵌入效率。上面的结构意味着，对于任何隐写码$SC(R_a, N, n)$，存在与其相关联的一组隐写码$SC(R_a, N2^k, n+R_ak), k\geqslant 0$。用$S(k)$表示$SC(R_a, N2^k, n+R_ak), k\geqslant 0$，$S(0)$就是$SC(R_a, N, n)$。

**定义 5.1**：定义与$SC(R_a, N, n)$相关的$S(k), k\geqslant 0$，为隐写码族(Stego-Code Family, SCF)。由于隐写码和覆盖码是等价的，如果$SC(R_a, N, n)$可以从覆盖码$\mathcal{C}$中获得，称$S(k)$为$\mathcal{C}$的SCF。

对于隐写码$SC(R_a, N, n)$，其嵌入率$\alpha=n/N$，嵌入效率$e=n/R_a$，平均失真$D=R_a/N$。那么$SC(R_a, N, n)$的SCF具有的嵌入率$\alpha(k)$、嵌入效率$e(k)$和平均失真$D(k)$如下：

$$\begin{cases}\alpha(k)=\dfrac{n+R_ak}{N2^k}=\dfrac{\alpha+Dk}{2^k}\\[2ex] e(k)=\dfrac{n+R_ak}{R_a}=e+k\\[2ex] D(k)=\dfrac{R_a}{N2^k}=\dfrac{D}{2^k}\end{cases}\tag{5.27}$$

例如，覆盖半径为3的[23,12]格雷码的平均嵌入修改量为

$$R_a=\frac{C_{23}^1}{2^{11}}+\frac{C_{23}^2}{2^{11}}\times 2+\frac{C_{23}^3}{2^{11}}\times 3=2.853\tag{5.28}$$

格雷码对应隐写码$SC(2.853, 23, 11)$，因此其隐写码族为$SC(2.853, 23\times 2^k, 11+2.85k), k\geqslant 0$。如图5-7所示，二进制格雷码的SCF提供了一系列隐写编码方案，其嵌入效率比二进制汉明码更好。5.3.1节得到的隐写码族为$SC(1/2, 2^k, 1+k/2), k\geqslant 0$，是$SC(1/2, 1, 1)$的SCF，$k=1$时即为汉明码。从图5-7可以看出，用[35,11]BCH码的SCF可以得到超过二进制汉明码($k=1$)的SCF曲线的点。可以使用随机线性码来构造隐写码族，更接近嵌入效率的上限。

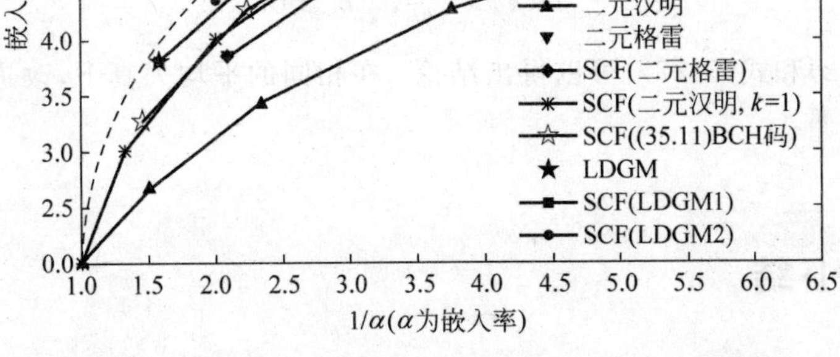

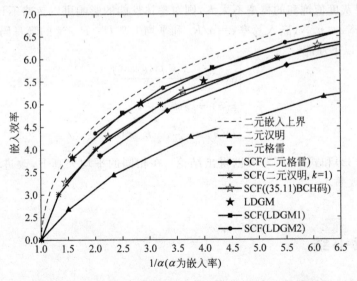

图5-7　隐写码族的性能，横坐标表示$1/\alpha$，$\alpha$是嵌入率

### 5.3.3 ±1隐写术的隐写码族

假设载体是灰度图像,用 $g_i$ 表示一个像素的灰度值,$0 \leqslant g_i \leqslant 255$,其 LSB 用 $x_i$ 表示。对于隐写码 $SC(R_a, N, n)$,仍然假设图像由长度为 $N2^k$ 的 $L$ 个不相交像素块组成。每个块被排列成如式(5.23)那样的矩阵。为了简单起见,只使用第一列来解释对汉明湿纸码的修改。

式(5.23)中的第一列 LSB 是$(x_{1,1}, \cdots, x_{2^k,1})$,对应的灰度值列是$(g_{1,1}, \cdots, g_{2^k,1})$。$y_1 = x_{1,1} \oplus \cdots \oplus x_{2^k,1}$,是第一个嵌入信道的第一个比特,并且该列通过

$$\boldsymbol{H}x_1^{\mathrm{T}} = \boldsymbol{H}(x_{1,1}, \cdots, x_{2^k-1,1})^{\mathrm{T}} \tag{5.29}$$

被映射为 $k$ 个比特。

令

$$z_1 = \left(\left\lfloor \frac{g_{11}}{2} \right\rfloor + \cdots + \left\lfloor \frac{g_{2^k,1}}{2} \right\rfloor\right) \bmod 2 \tag{5.30}$$

若 $y_1$ 需要翻转,可以改变$(x_{1,1}, \cdots, x_{2^k,1})$中的任何一个分量。具体如何改变是由 $k$ 位 $\boldsymbol{Hx}_1^{\mathrm{T}}$ 决定的。例如,假设 $x_{i,1}$,$1 \leqslant i \leqslant 2^k$ 应该改变,这可以通过 $g_{i,1}+1$ 或 $g_{i,1}-1$ 来实现。可以使用加 1 或减 1 的选择来控制$\lfloor g_{i,1}/2 \rfloor \bmod 2$ 的值,从而控制 $z_1$ 的值。这意味着,当翻转 $y_1$ 时,可以得到一个自由位 $z_1$,或通过相同的改变获得湿纸码的一个干位置。换句话说,当改变 $y_1$ 时,可以通过一次改变将$(g_{1,1}, \cdots, g_{2^k,1})$映射到任何 $k+1$ 个比特$(\boldsymbol{Hx}_1^{\mathrm{T}}, z_1)$。对式(5.23)的每一列进行这样的操作,汉明湿纸信道式(5.26)可以修改为式(5.31)

$$\boldsymbol{Hx}_1^{\mathrm{T}}, z_1 \boldsymbol{Hx}_2^{\mathrm{T}}, z_2, \cdots, \boldsymbol{Hx}_N^{\mathrm{T}}, z_N \tag{5.31}$$

这是一个长度为 $N(k+1)$ 且有 $R_a(k+1)$ 个干位置的嵌入信道。因此可以得到隐写码族 $SC(R_a, N2^k, n+R_a(k+1))$,$k \geqslant 0$。可以称它们为 $SC(R_a, N, n)$的改进 SCF。

注意,当像素值 $g_{i,1}$ 饱和时,即 $g_{i,1}=0$ 或 255 时,上述嵌入过程可能失败。在这种情况下,仅允许在一个方向上改变。当 $g_{i,1}=0$ 时,不允许 $g_{i,1}-1$。可以用 $g_{i,1}+3$ 来满足 $z_1$。同样,当 $g_{i,1}=255$ 而 $g_{i,1}+1$ 需要满足 $z_1$ 时,使用 $g_{i,1}-3$ 代替。这当然会引入更大的失真。但是,如果灰度值饱和的概率不太大,则对整体性能的影响可以忽略不计。

对于嵌入率 $\alpha = n/N$、嵌入效率 $e = n/R_a$ 和平均失真 $D = R_a/N$ 的隐写码 $SC(R_a, N, n)$,改进 SCF 具有以下性能:

$$\begin{cases} \alpha(k) = \dfrac{\alpha + D(k+1)}{2^k} \\ e(k) = e + k + 1 \\ D(k) = \dfrac{D}{2^k}, \quad k \geqslant 0 \end{cases} \tag{5.32}$$

比较式(5.32)和式(5.27),可以得出结论:在相同的平均失真下,改进 SCF 可以提高嵌入率和嵌入效率。

## 5.4 本章小结

本章介绍了湿纸编码及其扩展编码,湿纸编码是真正意义上第一种可以供发送方自由选择载体修改位置的通用隐写编码类型,其本质是利用双方共享的密钥来生成随机二元奇偶校验矩阵,将秘密消息视为以该矩阵为奇偶校验矩阵的线性码的伴随式,在该伴随式对应

的陪集中寻找特定的码字来作为载密对象。该码字需要具备两个约束条件：一是对应于发送方设定的不可修改位对应的比特应当与载体相应位置比特相同；二是该码字距离载体对象的汉明距离尽可能小。因此，湿纸编码本质上与第4章所介绍的面向最小化修改量的隐写编码采用了同一框架，有所区别的是二者在伴随式对应的陪集中选取码字所采取的标准不同。湿纸码的一个重要优点是它可以与其他二元矩阵嵌入编码结合形成具有更高嵌入效率和嵌入率的双层矩阵嵌入编码。本章对其中重要的扩展类型ZZW码族进行了介绍。ZZW码族是将由二元线性码构建的二元覆盖码与湿纸码分别应用于载体的不同层来构建双层矩阵嵌入方案，它可以在实现自适应矩阵嵌入的同时达到降低载体修改量的目的。该码族对基于卷积码构造的网格隐写编码的提出有着重要的推动作用。

## 附录　计算平均编码率

**引理 5.1**：函数 $\pi(n)=\prod_{i=1}^{n}(1-2^{-i})$，$n\geqslant 0$ 随着 $\lim_{n\to\infty}\pi(n)=\pi(\infty)=0.2889\cdots$ 单调递减。此外，对于 $n\geqslant 0$，有

$$\pi(n)=\pi(\infty)(1+\rho\pi(n)) \tag{5.33}$$

式中：$0<\rho\pi(n)<2^{2-n}$，$n\geqslant 0$。

**证明**：

$$\begin{aligned}\pi(n)&=\prod_{i=1}^{\infty}(1-2^{-i})\prod_{i=n+1}^{\infty}(1-2^{-i})^{-1}\\&=\pi(\infty)\exp\left(-\sum_{i=n+1}^{\infty}\ln(1-2^{-i})\right)\\&=\pi(\infty)\exp\left(\sum_{k=1}^{\infty}\frac{1}{k}\sum_{i=n+1}^{\infty}(2^{-k})^{-i}\right)\\&=\pi(\infty)\exp\left(\sum_{k=1}^{\infty}\frac{1}{k(2^k-1)2^{kn}}\right)\end{aligned}$$

通过使用泰勒展开并交换求和来扩展自然对数。因此，对于 $n>1$，通过直接计算可得

$$\begin{aligned}\pi(\infty)<\pi(n)&<\pi(\infty)\exp\left(\sum_{k=1}^{\infty}2^{-kn}\right)\\&=\pi(\infty)\exp\left(\frac{1}{2^n-1}\right)<\pi(\infty)\times\exp(2^{1-n})\\&<\pi(\infty)(1+2^{2-n})\end{aligned}$$

同时 $\pi(\infty)=0.2889\cdots$

使用 $\pi(n)$，重写式(5.6)～式(5.8)为

$$P_{q,k}(s)=2^{s(q+k-s)-qk}\frac{\pi(q)\pi(k)}{\pi(s)\pi(q-s)\pi(k-s)} \tag{5.34}$$

$$p_{\geqslant k-r}=\sum_{i=0}^{k-r}\frac{2^{-i^2-ri-i}}{\pi(i)\pi(i+r)}\frac{\pi(k-r)\pi(k)}{\pi(k-r-i)}$$

$$=\pi(\infty)\sum_{i=0}^{k-r}\frac{2^{-i^2-ri-i}}{\pi(i)\pi(i+r)}\frac{(1+\rho_\pi(k-r))(1+\rho_\pi(k))}{1+\rho_\pi(k-i-r)} \tag{5.35}$$

$$p_{\geqslant k+r}=\frac{1}{2^r}\sum_{i=0}^{k-r}\frac{2^{-i^2-ri-i}}{\pi(i)\pi(i+r)}\frac{\pi(k+r)\pi(k)}{\pi(k-i)}$$

$$=\frac{\pi(\infty)}{2^r}\sum_{i=0}^{k}\frac{2^{-i^2-ri-i}}{\pi(i)\pi(i+r)}\frac{(1+\rho_\pi(k+r))(1+\rho_\pi(k))}{1+\rho_\pi(k-i)} \tag{5.36}$$

**引理 5.2**：对于 $0\leqslant r\leqslant k/2$，

$$p_{\geqslant k-r}=\pi(\infty)\sum_{i=0}^{\infty}\frac{2^{-i^2-ri-i}}{\pi(i)\pi(i+r)}+\rho_1(r,k) \tag{5.37}$$

式中：$|\rho_1(r,k)|<2^{3-k/4}$。

对于 $k/2\leqslant r\leqslant k$，有

$$1-p_{\geqslant k-r}<2^{3-k/2} \tag{5.38}$$

对于 $r\geqslant 0$，有

$$p_{\geqslant k+r}=\frac{\pi(\infty)}{2^r}\sum_{i=0}^{\infty}\frac{2^{-i^2-ri-i}}{\pi(i)\pi(i+r)}+\rho_2(r,k) \tag{5.39}$$

式中：$|\rho_2(r,k)|<2^{3-k/2}$。

对于 $r\geqslant 0$，有

$$p_{\geqslant k+r}<2^{3-r} \tag{5.40}$$

**证明**：先证明式(5.37)。令

$$Q(a,b)=\pi(\infty)\sum_{i=a}^{b}(2^{-i^2-ri-i})/\pi(i)\pi(i+r)/(1+\rho_\pi(k-r))(1+\rho_\pi(k))/(1+\rho_\pi(k-r-i))$$

同时 $Q_o(a,b)=\pi(\infty)\sum_{i=a}^{b}(2^{-i^2-ri-i})/(\pi(i)\pi(i+r))$。使用引理5.1，显而易见，对于任意 $0<l<l'<k-r$，有

$$\begin{aligned}Q_0(0,l)(1-2^{2-k+r+l})&<\frac{1}{1+\rho_\pi(k-r-l)}Q_0(0,l)\\&<Q_0(0,l)<Q_0(0,l)\,(1+\rho_\pi(k/2))^2\\&<Q_0(0,l)(1+2^{4-k/2})\end{aligned} \tag{5.41}$$

$$0<Q_0(l,l')<Q_0(l,\infty)<2^{1-l^2} \tag{5.42}$$

记 $p_{\geqslant k+r}=Q(0,k/4)+Q(k/4+1,k-r)$，同时使用式(5.41)和式(5.42)，则

$$\begin{aligned}&(1-2^{2-k/4})(Q_0(0,\infty)-Q_0(k/4+1,\infty))\\&<Q(0,k/4)+Q(k/4+1,k-r)\\&<(Q_0(0,\infty))-Q_0(k/4+1,\infty)(1+2^{4-k/2})+2^{1-k^2/16}\end{aligned}$$

将式(5.42)应用到 $Q_0(k/4+1,\infty)$，并用较小的边界替换当前边界后，可得 $p_{\geqslant k+r}=Q(0,k-r)=Q_0(0,\infty)+\rho_1(r,k)$，式中：$|\rho_1(r,k)|<2^{3-k/4}$。为了证明式(5.38)，记

$$\begin{aligned}1-2^{2-k/2}<1-\rho_\pi(k/2)&<p_{\geqslant k+r}\\&=\frac{\pi(k)}{\pi(r)}+\sum_{i=1}^{\infty}\frac{2^{-i^2-ri-i}}{\pi(i)\pi(i+r)}\frac{\pi(k-r)\pi(k)}{\pi(k-r-i)}\end{aligned}$$

$$<\frac{1+\rho_\pi(k)}{1+\rho_\pi(r)}+2^{1-r}<1+2^{3-k/2}$$

为了证明式(5.39)，定义

$$R(a,b)=\pi(\infty)2^{-r}\sum_{i=a}^{b}\frac{2^{-i^2-ri-i}}{\pi(i)\pi(i+r)}\times\frac{(1+\rho_\pi(k+r))(1+\rho_\pi(k))}{1+\rho_\pi(k-i)}$$

$$R_0(a,b)=\pi(\infty)2^{-r}\sum_{i=a}^{b}\frac{2^{-i^2-ri-i}}{\pi(i)\pi(i+r)}$$

使用引理5.1，可得

$$\begin{aligned}(1-2^{2-k/2})R_0(0,k/2)&<\frac{R_0(0,k/2)}{1+\rho_\pi(k/2)}<R(0,k/2)\\&<R_0(0,k/2)(1+\rho_\pi(k))^2\\&<R_0(0,k/2)(1+2^{3-k})\end{aligned}\tag{5.43}$$

$$0<R_0(k/2+1,k)<2^{-k^2/4}\tag{5.44}$$

令 $p_{\geqslant k+r}=R(0,k/4)+R(k/4+1,k-r)$，并使用式(5.43)和式(5.44)，则有

$$(1-2^{2-k/2})(R_0(0,\infty)-R_0(k/2+1,\infty))<R(0,k)$$

$$<(R_0(0,\infty)-R_0(k/2+1,\infty))(1+2^{3-k})+2^{-k^2/4}$$

因此，$p_{\geqslant k+r}=R(0,k)=R_0(0,\infty)+\rho_2(r,k)$，其中 $|\rho_2(r,k)|<2^{3-k/2}$。

不等式(5.40)很容易从式(5.36)直接证明。

**引理5.3**：$p_{=k-r}=p_{=k+r}+\rho_3(r,k)$，式中：

对于 $0\leqslant r\leqslant k/2$，有 $|\rho_3(r,k)|<2^{5-k/4}$；对于 $0\leqslant i\leqslant k/2$，有 $p_{=i}<2^{4-k/2}$；对于 $i>k+k/2$，有 $p_{=i}<2^{4-i+k}$。

**证明**：通过式(5.38)和式(5.40)很容易证明第二和第三个不等式。对于 $r\leqslant k/2$ 的近似对称性 $p_{=k-r}\equiv p_{=k+r}$ 证明如下：

$$\begin{aligned}p_{\geqslant k-r+1}&=\pi(\infty)\sum_{I=0}^{\infty}\frac{2^{-i^2-(r-1)i-i}}{\pi(i)\pi(i+r-1)}+\rho_1(r,k)\\&=\pi(\infty)\sum_{I=0}^{\infty}\frac{2^{-i^2-ri-i}(2^i-2^{-r})}{\pi(i)\pi(i+r)}+\rho_1(r,k)\\&=-p_{\geqslant k+r}+\sum_{I=0}^{\infty}\frac{2^{-i(i+r)}}{\pi(i)\pi(i+r)}+\rho_1(r,k)+\rho_2(r,k)\end{aligned}$$

或

$$p_{\geqslant k-r+1}+p_{\geqslant k+r}=\sum_{I=0}^{\infty}\frac{2^{-i(i+r)}}{\pi(i)\pi(i+r)}+\rho_1(r,k)+\rho_2(r,k)$$

因此

$$\begin{aligned}p_{=k-r}-p_{=k+r}&=p_{\geqslant k-r}+p_{\geqslant k+r+1}-(p_{\geqslant k-r+1}+p_{\geqslant k+r})\\&=\sum_{i=0}^{\infty}\frac{2^{-i(i+r)}\left(1-\dfrac{2^{r+1}}{2^{r+i+1}-1}\right)}{\pi(i)\pi(i+r)}+\rho_3(r,k)\\&=\rho_3(r,k)\end{aligned}$$

式中：$\rho_3(r,k)=\rho_1(r,k)+\rho_1(r-1,k)+\rho_2(r,k)+\rho_2(r-1,k)<2^{5-k/4}$。

现在证明这个总和确实等于零。经过一些单调但简单的代数处理之后，可以将其总和改写为

$$\sum_{i=0}^{\infty}\frac{2^i(2^{r+i+1}-1-2^{r+1})}{2^{r+1}\prod_{k=1}^{r+1}\left(1-\frac{1}{2^k}\right)\prod_{k=1}^{i}(2^{k+r+1}-1)(2^k-1)} \tag{5.45}$$

为了证明式(5.45)为零，首先通过对 $n$ 进行归纳证明，$r,n$ 为正且 $t\neq 0$。

$$s_{r,n}=\sum_{i=0}^{n}\frac{t^i(t^{r+i+1}-1-t^{r+1})}{t^{r+1}\prod_{k=1}^{r+1}\left(1-\frac{1}{t^k}\right)\prod_{k=1}^{n}(t^{k+r+1}-1)(t^k-1)}=-\frac{1}{t^{r+1}\prod_{k=1}^{r+1}\left(1-\frac{1}{t^k}\right)\prod_{k=1}^{n}(t^{k+r+1}-1)(t^k-1)} \tag{5.46}$$

对于 $n=0$，需要证明下式的正确性。

$$\frac{t^{r+1}-1-t^{r+1}}{t^{r+1}\prod_{k=1}^{r+1}\left(1-\frac{1}{t^k}\right)}=-\frac{1}{t^{r+1}\prod_{k=1}^{r+1}\left(1-\frac{1}{t^k}\right)}$$

假设式(5.46)对于 $n$ 成立，则

$$\begin{aligned}s_{r,n+1}&=\frac{-1}{t^{r+1}\prod_{k=1}^{r+1}\left(1-\frac{1}{t^k}\right)\prod_{k=1}^{n}(t^{k+r+1}-1)(t^k-1)}+\\&\quad\frac{t^{n+1}(t^{n+r+2}-1-t^{r+1})}{t^{r+1}\prod_{k=1}^{r+1}\left(1-\frac{1}{t^k}\right)\prod_{k=1}^{n+1}(t^{k+r+1}-1)(t^k-1)}\\&=\frac{-(t^{n+r+2}-1)(t^{n+1}-1)+t^{n+1}(t^{n+r+2}-1-t^{r+1})}{t^{r+1}\prod_{k=1}^{r+1}\left(1-\frac{1}{t^k}\right)\prod_{k=1}^{n+1}(t^{k+r+1}-1)(t^k-1)}\\&=-\frac{1}{t^{r+1}\prod_{k=1}^{r+1}\left(1-\frac{1}{t^k}\right)\prod_{k=1}^{n+1}(t^{k+r+1}-1)(t^k-1)}\end{aligned}$$

综上，完成归纳。

式(5.45)为0这一结论现在很容易通过观察对于固定的 $r$ 和 $t=2$，$\lim_{n\to\infty}s_{r,n}=0$ 来证明。

**引理 5.4**：

$$q_{\max}(k)=\sum_{i=1}^{\infty}ip_{=i}=\sum_{i=1}^{\infty}i(p_{\geqslant i}-p_{\geqslant i+1})=k+\rho_4(k)$$

式中：$|\rho_4(k)|<k^2 2^{8-k/4}$。

**证明**：

$$\sum_{i=1}^{\infty}ip_{=i}=\sum_{i=0}^{k/2}ip_{=i}+\sum_{i=k/2+1}^{k+k/2}ip_{=i}+\sum_{i=1+k+k/2}^{\infty}ip_{=i}$$

使用引理 5.3，

$$\begin{aligned}\sum_{i=0}^{k/2}ip_{=i}&<(k(k/2+1))/(2)2^{4-k/2}<k^2 2^{2-k/2}\sum_{i=k+k/2+1}^{\infty}ip_{=i}\\&<\sum_{i=k+k/2+1}^{\infty}i2^{4-i+k}<2^{4+k}(2^{-k-k/2-1})/(1-1/2)\end{aligned}$$

$$(k + k/2 + 1 + 1) < k2^{5-k/2}$$

因为对于任意 $0<a<b, 0\leqslant q<1$，有

$$\sum_{i=a}^{b} iq^i \leqslant (q^a)/(1-q)(a+(q)/(1-q))$$

此外 $\sum_{i=1+k/2}^{k+k/2} ip_{=i} = k + \rho(k)$，其中，$\rho(k) < k^2 2^{6-k/4}$。

把这三个和全都加起来，可以得 $q_{\max}(k)=k+\rho_4(k)$，其中，$\rho_4(k)<k^2 2^{8-k/4}$。

## 参考文献


[1] Fridrich J, Goljan M, Lisonek p, et al. Writing on wet paper [J]. IEEE Transactions on Signal Processing, 2005, 53(10): 3923-3935.

[2] Costa M H M. Writing on dirty paper [J]. IEEE Transactions on Information Theory, 1983, 29(3): 439-441.

[3] Brent R P, Gao S, Lauder A G B. Random Krylov spaces over finite fields[J]. SIAM Journal on Discrete Mathematics, 2003, 16(2): 276-287.

[4] Cooper C. On the rank of random matrices [J]. Random Structures & Algorithms, 2000, 16(2): 209-232.

[5] Zhang W, Zhang X, Wang S. A Double Layered "Plus-Minus One" Data Embedding Scheme [J]. IEEE Signal Processing Letters, 2007, 14(11): 848-851.

[6] Willems F M J, Dijk M V. Capacity and codes for embedding information in gray-scale signals [J]. IEEE Transactions on Information Theory, 2005, 51(3): 1209-1214.

[7] Zhang W, Zhang X, Wang S. Maximizing Steganographic Embedding Efficiency by Combining Hamming Codes and Wet Paper Codes[C]. International Workshop on Information Hiding. Springer, Berlin, Heidelberg, 2008: 60-71.

# 第6章

# 面向最小化加性隐写失真的矩阵嵌入

第 4 章和第 5 章分别介绍了面向最小化载体修改量的矩阵嵌入以及载体修改位置可选的矩阵嵌入方案，事实上，这两类方法本质上均是将秘密信息视为一个码的伴随式，并在伴随式对应的陪集中寻找最佳的码字。面向最小化载体修改量的矩阵嵌入方法均是针对不同的编码寻找其对应伴随式与载体汉明距离最小的码字，而湿纸编码是通过在伴随式对应的陪集中限定某些与载体元素对应的位不发生变化，在这样的约束下去寻找距离最小的码字。在这两种需求的驱动下，研究者提出了面向最小化加性隐写失真的矩阵嵌入，也是当前数字隐写术中的一种主流隐写编码框架。

面向最小化加性隐写失真的矩阵嵌入框架是将每个载体元素赋予一个经过启发式方法定义的失真代价度量，该度量用于衡量对该载体元素进行修改所引起的被检测风险。在该框架下，嵌入效率被扩展为单位隐写失真多嵌入的秘密信息比特。本章对该框架进行介绍的同时给出了最小化加性隐写失真框架下的失真效率理论上限。同时，对于两种典型方案：基于低密度生成矩阵码（Low Density Generator Matrix，LDGM）的矩阵嵌入方案[1]以及当前最流行的基于卷积码和维特比算法的网格隐写码（Syndrome-Trellis Codes，STCs）[2]。基于 LDGM 的矩阵嵌入方案是基于 Survey Propagation（SP）消息传递算法来寻找最佳码字，网格隐写码则是基于维特比算法和伴随式网格来寻找累计失真最小的码字。

## 6.1 面向最小化加性隐写失真的矩阵嵌入框架及其嵌入效率上限

载体对象是包含 $n$ 个元素 $\boldsymbol{g}=(g_1,\cdots,g_n)\in\mathcal{G}^n$ 的序列，式中：$\mathcal{G}=\{0,\cdots,2^r-1\}$；$r$ 是描述每个载体元素所需的位数。大多数隐写的工作用符号分配函数 $symb$：$\mathcal{G}^n\mapsto\mathbb{F}_q$ 来获得$\mathcal{G}$的表示。例如，$\mathrm{symb}(g_i)=g_i \bmod 2$（$\mathrm{symb}(g_i)=g_i \bmod 3$）分配一个比特（三进制符号）给每个载体元素。因此，载体对象 $\boldsymbol{g}$ 可以被表示为向量 $\boldsymbol{x}\in\mathbb{F}_q^n$。隐写方案是一对嵌入和提取映

射 Emb: $\mathbb{F}_q^n \times \mathcal{M} \to \mathbb{F}_q^n$,Ext: $\mathbb{F}_q^n \to \mathcal{M}$,且满足

$$\mathrm{Ext}(\mathrm{Emb}(\boldsymbol{x},M)) = M, \quad \forall \boldsymbol{x} \in \mathbb{F}_q^n, \quad \forall M \in \mathcal{M} \tag{6.1}$$

式中,$\mathcal{M}$是可以传递的所有消息 $M$ 的集合,该方案的嵌入能力是 $\log_2|\mathcal{M}|$位。$\mathrm{Emb}(\boldsymbol{x},M)=\boldsymbol{y}$ 是通过修改 $\boldsymbol{g}$ 得到的载密对象 $\boldsymbol{g}'$的有限域表示,使得 $\mathrm{symb}(g_i')=g_i$。例如,在 $\mathrm{symb}(g_i)=g_i \bmod 2$ 的 LSB 嵌入中,$g_i$ 的二进制表示被翻转。在±1 嵌入中,$g_i$ 随机改变 1 或−1。修改的自然性对隐写方案的安全程度有重大影响。

在该方案中,首次提出对每个载体对象被修改所造成的影响进行衡量,然而方案中依然只给出了最小化修改量的方案。使用标量值 $\rho_i \geqslant 0$ 来度量像素 $i$ 处进行嵌入更改的影响。那么总的嵌入影响是

$$D(\boldsymbol{x},\boldsymbol{y}) = \|\boldsymbol{x}-\boldsymbol{y}\|_D = \sum_{i=1}^{n} \rho_i |x_i - y_i| \tag{6.2}$$

可以将 $\rho_i$ 解释为在像素 $i$ 处进行嵌入改变的代价,该框架也是最小化失真代价框架,在第 5 章有详细介绍。这种可检测性度量应该设计为与嵌入变化的统计检测性相关联。实际上,$\rho_i$ 通常是使用启发式原则提出的。例如,对于非负参数 $\alpha$ 和权重因子 $\omega_i \geqslant 0$

$$\rho_i = \omega_i |g_i - g_i'|^{\alpha} \tag{6.3}$$

如果嵌入变化是概率性的,那么可将式(6.2)理解为期望值。

若对于任意 $i$,有 $\omega_i=1$ 且$|g_i-g_i'|=1$,$D$ 是嵌入修改的数量。对于 $\omega_i=1$ 和 $\alpha=2$,$D$ 是修改的能量。式(6.2)中隐含地假定嵌入影响是相加的,因为它被定义为各个像素处失真代价度量的总和。然而,一般而言,嵌入修改可能会在它们自己之间相互作用,反映出这样的事实:对邻近像素进行两次改变可能比对彼此远离的两个像素做出相同改变更易被察觉。将像素之间的相互作用考虑在内的失真度量不是加性的。然而,如果嵌入变化的密度较低,则可加性假设是合理的,因为修改后的像素之间的距离通常很大,并且嵌入变化不会太大干扰。

假定载体长度为 $n$,嵌入信息长度为 $m$,失真代价度量为 $\rho_i$,希望嵌入对载体造成的影响的期望值 $E[D(x,y)]$尽可能小,期望值将遍历所有载体对象和长度为 $m$ 的所有消息。本节仅考虑二元嵌入的情形,即$\mathbb{F}_q=GF(2)$。在附录 6.1 中,展示了对于二进制情况最小的期望值嵌入影响是

$$D(n,m,\rho) = \sum_{i=1}^{n} p_i \rho_i \tag{6.4}$$

式中:

$$p_i = \frac{\mathrm{e}^{-\lambda\rho_i}}{1+\mathrm{e}^{-\lambda\rho_i}} \tag{6.5}$$

$\lambda$ 由以下约束给出

$$\sum_{i=1}^{n} H(p_i) = m \tag{6.6}$$

式中:$H(x)$是二元熵函数。在嵌入过程中将以概率 $p_i$ 修改第 $i$ 个像素。因此,如果设计一个嵌入方案来修改具有这些概率的像素并且实现 $m$ 位秘密信息的传递,则该方案可以尽可能降低隐写嵌入造成的影响。

## 6.2 基于低密度生成矩阵码的矩阵嵌入

文献[1]中提出了一种可以最小化嵌入修改量的通用隐写编码框架，该框架对于后来基于卷积码的网格隐写编码的提出有着重要的影响。通过将嵌入更改的成本与每个元素关联起来，基于 LDGM 来构造矩阵编码器。对消息进行最佳编码的问题需要一个接近速率失真限的二进制量化器。在该方案中使用了信任传播算法和 LDGM 码来实现这个量化器。下面对这类重要的隐写编码方案进行介绍。

假设接收者知道相对消息长度(即嵌入率)$\alpha=m/n$，并由此确定秘密消息比特数量 $m$。事实上，这可以是预先协商好的，也可以使用一个预先约定好的方式来对该数值进行量化从而使其嵌入到载体的特定区域。假定$\mathcal{C}$是一个具有 $n\times(n-m)$生成矩阵 $\boldsymbol{G}$ 和一个 $m\times n$ 奇偶校验矩阵 $\boldsymbol{H}$ 的$[n,n-m]$二进制码。这两个矩阵在发送方和接收方之间共享。令$\mathcal{C}(\boldsymbol{m})=\{\boldsymbol{u}\in\{0,1\}^n \mid \boldsymbol{Hu}=\boldsymbol{m}\}$为对应于伴随式 $\boldsymbol{m}\in\{0,1\}^m$($\boldsymbol{m}$ 是秘密消息)的陪集。以下嵌入方案在 $n$ 个元素的载体对象 $\boldsymbol{x}$ 中传递 $m$ 位秘密信息

$$\boldsymbol{y}=\mathrm{Emb}(\boldsymbol{x},\boldsymbol{m})\triangleq\arg\min_{\boldsymbol{u}\in\mathcal{C}(\boldsymbol{m})}\|\boldsymbol{x}-\boldsymbol{u}\|_D$$

$$\mathrm{Ext}(\boldsymbol{y})=\boldsymbol{Hy}=\boldsymbol{m} \tag{6.7}$$

式中：$\boldsymbol{y}$ 对应载密图像中提取的载体对象。为了尽量减少嵌入的影响，发送方应选择陪集$\mathcal{C}(\boldsymbol{m})$中最接近 $\boldsymbol{x}$ 的码字 $\boldsymbol{y}$(在度量函数 $\|\cdot\|_D$ 下最接近)。

令任意 $v_m\in\mathcal{C}(\boldsymbol{m})$，

$$\min_{\boldsymbol{u}\in\mathcal{C}(\boldsymbol{m})}\|\boldsymbol{x}-\boldsymbol{u}\|_D=\min_{\boldsymbol{c}\in\mathcal{C}}\|\boldsymbol{x}-(\boldsymbol{v}_m+\boldsymbol{c})\|_D=D(\boldsymbol{x}-\boldsymbol{v}_m,\mathcal{C})=\min_{\boldsymbol{w}\in\{0,1\}^{n-m}}\|\boldsymbol{x}-\boldsymbol{v}_m-\boldsymbol{Gw}\|_D \tag{6.8}$$

用 $D(\boldsymbol{x}-\boldsymbol{v}_m,\mathcal{C})$表示 $\boldsymbol{x}-\boldsymbol{v}_m$ 和$\mathcal{C}$之间的距离。从式(6.8)中可看到嵌入是一个二元量化问题。发送者需要找到 $\boldsymbol{w}\in\{0,1\}^{n-m}$，那么 $\boldsymbol{Gw}$ 最接近 $\boldsymbol{x}-\boldsymbol{v}_m$。或者可以说发送方正在将源序列 $\boldsymbol{z}=\boldsymbol{x}-\boldsymbol{v}_m$ 压缩为 $n-m$ 个信息位 $\boldsymbol{w}$，以使得重构的向量 $\boldsymbol{Gw}$ 尽可能接近源序列。此处将最接近的码字 $\boldsymbol{Gw}$ 表示为 $\boldsymbol{c}_{m,x}$。

假设存在寻找 $\boldsymbol{v}_m$ 和 $\boldsymbol{c}_{m,x}$ 的有效算法，载密对象 $\boldsymbol{y}$ 是

$$\boldsymbol{y}=\boldsymbol{x}+\boldsymbol{c}_{m,x}-\boldsymbol{z}=\boldsymbol{c}_{m,x}+\boldsymbol{v}_m \tag{6.9}$$

完成对此嵌入方案的描述需要四部分。首先需要描述生成码的过程，发现 $\boldsymbol{v}_m$ 的算法以及二进制量化的算法。同时还需要解释为什么这种嵌入方案的失真接近上界，即式(6.4)。其中最困难的步骤是二进制量化。事实上，它决定了码的选择并决定了计算的复杂性。下面给出二进制量化器的实现细节，这是基于伴随式的嵌入方案的核心元素。本书只对隐写方案的实际使用方法进行介绍，更多相关基础理论与方法请参阅文献[3,4]。

当所有 $\rho_i$ 都相同时，$D$ 就是嵌入变化的数量，并且嵌入失真最小化的问题变成了隐写术中已知的矩阵嵌入问题。量化任务式(6.8)相当于找到$\mathcal{C}(\boldsymbol{m})$的陪集首位，这是一个 NP 难题。从二进制量化解释来看，率失真理论意味着压缩 $n$ 位到 $n-m$ 位的任何信源编码算法的速率 $R=1-m/n$由 $R=1-m/n\leqslant 1-H(d)$界定，其中，$d=D/n$，是载体每比特的平均失真。每单位失真对应的嵌入平均消息位数由 $e=m/D$ 表示；$\alpha=m/n$ 是相对消息长度，即嵌入率。率失真

限等于任意矩阵嵌入方案的嵌入效率上界

$$e \leqslant \frac{\alpha}{H^{-1}(\alpha)} \tag{6.10}$$

对于固定的 $\alpha$ 且 $n \to \infty$，这个边界对于几乎所有的线性码都是满足的。这就解释了为什么所提出的框架当 $n$ 足够大时是接近最优的。当然，最大的问题是如何发现码，哪些高效算法存在大的 $n$。在该方案之前所提出的结构码[1,2,14,15]和随机码[6,7]难以接近界限，且其复杂度增长过快。

结合调查传播(SP)消息传递算法[4]与 LDGM 可以构造低复杂度的二进制量化器，其性能非常接近速率失真界限[5]。当 $n \to \infty$，且码是低密度时，即矩阵的行与列中 1 的数目是有界时，其性能接近理论上界。

从对生成矩阵 $\boldsymbol{G}$ 的描述开始。对于给定的嵌入率 $\alpha$，选择 $\boldsymbol{G}$ 作为一个面向翻转概率 $p=1-\alpha$ 的二进制对称信道(BSC)而设计的 LDPC 码的奇偶校验矩阵。矩阵是随机生成的，但有一个约束条件，即每行中 1 的个数遵循预定义的不规则分布。其具体的生成方法可以参考文献[6]，本书不作详细介绍。该矩阵可以通过置换行和列来处理以便找到陪集成员 $\boldsymbol{v}_m$，并实现快速消息提取。

### 6.2.1 码的图表示

每个码$\mathcal{C}$都按照以下方式表示为因子图。假设 $\boldsymbol{G}$ 是满秩，对于每个码字 $\boldsymbol{c} \in \mathcal{C}$恰好存在一个 $\boldsymbol{w} \in \{0,1\}^{n-m}$，使得 $\boldsymbol{c}=\boldsymbol{G}\boldsymbol{w}$。因此，每个码字 $\boldsymbol{c}$ 可以与 $2n-m$ 的向量$(\boldsymbol{c},\boldsymbol{w})$唯一关联，称为扩展码字，它满足

$$[\boldsymbol{I},\boldsymbol{G}]\begin{bmatrix}\boldsymbol{c}\\ \boldsymbol{w}\end{bmatrix}=0 \tag{6.11}$$

式中：$\boldsymbol{I}$ 是 $n \times n$ 单位矩阵。因此，式(6.11)可以被看作是通过具有两种类型节点的二向图定义的码，其包括 $n$ 个校验节点和 $2n-m$ 个变量节点。图 6-1 为对应的示例。左边的二分图有 6 个校验节点 $a,\cdots,f$ 和 9 个变量节点。

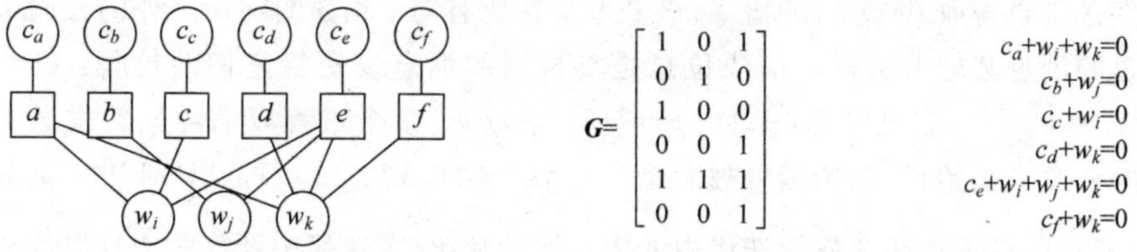


图 6-1 具有生成矩阵 $\boldsymbol{G}$ 的线性码的因子图表示

下面介绍相关术语和因子图的符号，最上方连接到校验位的比特 $c_a,c_b,c_c,\cdots$称为信源比特；下方的比特 $w_i,w_j,w_k$ 称为信息位。所有校验的集合表示为 $C$，所有信息位的集合为 $V$。连接到信息位 $i$ 的所有校验位集合表示为 $C(i)$，连接到校验位 $a$ 的所有信息位的索引集表示为 $V(a)$。进一步表示 $\bar{V}(a)=V(a)\cup\{a\}$，其中索引 $a$ 用于与校验 $a$ 相关的信源位 $Z_a$。如对于上面的例子，$C(i)=\{a,c,e\}$，$V(a)=\{i,k\}$，$\bar{V}(a)=\{i,k,a\}$。

### 6.2.2 置信传播

看待量化问题式(6.8)的一种方法是将 $\boldsymbol{z}=\boldsymbol{x}-\boldsymbol{v}_m$ 视为翻转概率为 $p<1/2$ 的二进制对

称信道(BSC)中的有噪码字，目的是进行最大似然解码并找到最接近 $\boldsymbol{z}$ 的码字 $\boldsymbol{c}_{m,x}$。在LDPC码中，使用置信传播(BP)消息传递算法来解决这个问题。它首先在所有可能的二元向量 $(\boldsymbol{v},\boldsymbol{w})\in\{0,1\}^{2n-m}$ 上形成概率分布 $p(\boldsymbol{v},\boldsymbol{w})$。令 $\phi_a(v_a,\omega_{V(a)})$ 为所有来自 $\bar{V}(a)$ 的所有比特的异或。然后，

$$p(\boldsymbol{v},\boldsymbol{w})=\frac{1}{Z}\prod_{i\in V}\psi_i(w_i)\prod_{a\in C}\psi_a(v_a)\prod_{a\in C}(1-\phi_a(v_a,w_{V(a)}))\tag{6.12}$$

式中：$Z$ 是归一化因子；$\psi_i(w_i)=1/2,\forall i$，当 $v_a=z_a$ 时，$\psi_a(v_a)=1-p$；当 $v_a\neq z_a$，$\psi_a(v_a)=1-p$。需要注意的是，信息比特 $\omega_i$ 的选择并不影响概率，而源比特 $z_a$ 和 $v_a$ 之间的不匹配是由于BSC中比特翻转的影响，用 $p_i(0)$ 表示取值概率：

$$p_i(w_i=0)=\frac{1}{Z}\sum_{v\in\{0,1\}^n}\sum_{\substack{w\in\{0,1\}^{n-m}\\ w_i=0}}p(\boldsymbol{v},\boldsymbol{w})$$

式中：$Z$ 是归一化因子。类似地可以获得 $p_i(1)$。根据哪个取值概率更大，将信息比特设置为0或1。当码图无周期(树结构)时，可以使用置信传播算法有效地计算取值概率。该算法也用于有周期的图形(如二向图)。

BP算法具有迭代特性，每次循环中校验从相邻信息比特接收到的消息并将消息发送回信息比特。信息位处理从它们的校验位收到的消息并将消息发送回它们的校验位。在第 $l$ 次迭代中，由校验位 $a$ 发送给信息位 $i$ 的消息是有序对 $(M_{a\to i}^{(l)}(0),M_{a\to i}^{(l)}(1))$，自信息位发送的消息对是 $(M_{i\to a}^{(l)}(0),M_{i\to a}^{(l)}(1))$，更新公式是

$$M_{i\to a}^{(l)}(\omega_i)=\prod_{b\in C(j)\backslash a}M_{b\to i}^{(l-1)}(\omega_i)$$

$$M_{a\to i}^{(l)}(\omega_i)=\sum_{w_{V(a)}\backslash i}(1-\phi_a(v_a,w_{V(a)}))\prod_{j\in\bar{V}(a)\backslash i}M_{j\to a}^{(l)}(w_j)$$

在对消息进行归一化后使得每一轮满足 $M_{i\to a}^{(l)}(0)+M_{i\to a}^{(l)}(1)=1$，消息具有以下概率解释。校验位 $a$ 向其邻接信息位 $i$ 发送自身成立的概率，该概率是在给定除 $i$ 以外的所有与 $a$ 相邻的信息位在上一轮中发送的消息以及信源序列 $\boldsymbol{z}$ 的基础上求得。信息位 $i$ 向其邻接校验位 $a$ 发送其自身取0(或1)的概率，该概率是在所有与 $i$ 相邻的除 $a$ 之外的校验节点在上一轮发送的消息基础上求得。信源位总是将相同的消息发送给它们的校验：$(\Pr\{v_a=0|z_a\},\Pr\{v_a=1|z_a\})$，它可以是 $(p,1-p)$ 或 $(1-p,p)$。整个过程以信源比特发送消息到信息比特的校验来初始化(初始消息被表示为 $((M_{i\to a}^{(0)}(0),M_{i\to a}^{(0)}(1)))$。BP算法一直运行到收敛为止(消息向量不在两个连续迭代中变化)，然后从第 $\hat{l}$ 次迭代中计算的消息取值通过下式计算：

$$p(w_i)=\prod_{b\in C(i)}\hat{M}_{b\to i}^{(\hat{l})}(w_i)$$

通过选择具有较大 $p_i(w_i)$ 的 $w_i$ 的值来最终确定信息比特。

### 6.2.3 调查传播

BP的问题在于，只有当 $\boldsymbol{z}$ 已经接近时(在具有奇偶校验矩阵 $\boldsymbol{G}$ 的关联LDPC码的纠错能力范围内)，它才会收敛。由于 $\boldsymbol{z}$ 由(随机)消息 $\boldsymbol{m}$ 确定，所以不太可能接近码字。因此，BP算法不能用于嵌入。所有码字空间可分解成不相交的簇，BP将在其中找到最接近的码

字。而调查传播(survey propagation,SP)是一个用于发现离 $z$ 最近的簇的算法,同时也是一种消息传递算法,通过一系列抽取和消息传递步骤完成信息位的取值。

与 BP 类似,在 SP 算法中,信源和信息位将消息发送到校验位,然后校验位处理接收到的消息并发送消息给信息位。这些比特再次处理接收到的消息,并将消息发送回校验位等。当连续两次迭代中由信息比特发送的消息之间的差值小于预先设定的阈值,则迭代过程停止。消息传递算法收敛后,部分信息位完成赋值且对应的二向图被简化。消息传递在简化图上再次进行,直到收敛,一部分信息位被设置为位,图再次被简化,整个过程重复直到所有信息位都被确定。在两个方向上的消息传递更新称为一次迭代。分配位和简化图的过程称为抽取,进行消息传递更新直到收敛并随后抽取的整个过程是一轮。

由信息位和校验位交换的消息是非负实数的五维向量。在第 $l$ 次迭代中,第 $i$ 个信息位发送向量 $\boldsymbol{M}_{i\to a}^{(l)}=(M_{i\to a}^{0f(l)},M_{i\to a}^{1f(l)},M_{i\to a}^{0w(l)},M_{i\to a}^{1w(l)},M_{i\to a}^{*(l)})$ 给校验位 $a$。

信息位到校验位的更新规则:

$$
\begin{aligned}
M_{i\to a}^{0f(l)} &= \prod_{b\in C(i)\setminus\{a\}}[M_{b\to i}^{0f(l-1)}+M_{b\to i}^{0w(l-1)}]-\prod_{b\in C(i)\setminus\{a\}}M_{b\to i}^{0w(l-1)} \\
M_{i\to a}^{1f(l)} &= \prod_{b\in C(i)\setminus\{a\}}[M_{b\to i}^{1f(l-1)}+M_{b\to i}^{1w(l-1)}]-\prod_{b\in C(i)\setminus\{a\}}M_{b\to i}^{1w(l-1)} \\
M_{i\to a}^{0w(l)} &= \prod_{b\in C(i)\setminus\{a\}}[M_{b\to i}^{0f(l-1)}+M_{b\to i}^{0w(l-1)}]-\prod_{b\in C(i)\setminus\{a\}}M_{b\to i}^{0w(l-1)}-\sum_{c\in C(i)\setminus\{a\}}M_{c\to i}^{0f(l-1)}\prod_{b\in C(i)\setminus\{a,c\}m}M_{b\to i}^{0\omega(l-1)} \\
M_{i\to a}^{1w(l)} &= \prod_{b\in C(i)\setminus\{a\}}[M_{b\to i}^{1f(l-1)}+M_{b\to i}^{1w(l-1)}]-\prod_{b\in C(i)\setminus\{a\}}M_{b\to i}^{1w(l-1)}-\sum_{c\in C(i)\setminus\{a\}}M_{c\to i}^{1f(l-1)}\prod_{b\in C(i)\setminus\{a,c\}m}M_{b\to i}^{1\omega(l-1)} \\
M_{i\to a}^{*(l)} &= \omega_{\text{info}}\prod_{b\in C(i)\setminus\{a\}}M_{b\to i}^{*(l-1)}
\end{aligned}
\tag{6.13}
$$

校验位到信息位的更新规则:

$$
\begin{aligned}
M_{a\to i}^{0f(l)} &= \frac{1}{2}\left(\prod_{j\in\hat{V}(a)\setminus\{i\}}[M_{j\to a}^{0f(l)}+M_{j\to a}^{1f(l)}]+\prod_{j\in\hat{V}(a)\setminus\{i\}}[M_{j\to a}^{0f(l)}-M_{j\to a}^{1f(l)}]\right) \\
M_{a\to i}^{1f(l)} &= \frac{1}{2}\left(\prod_{j\in\hat{V}(a)\setminus\{i\}}[M_{j\to a}^{0f(l)}+M_{j\to a}^{1f(l)}]-\prod_{j\in\hat{V}(a)\setminus\{i\}}[M_{j\to a}^{0f(l)}-M_{j\to a}^{1f(l)}]\right) \\
M_{a\to i}^{0\omega(l)} &= \prod_{j\in\hat{V}(a)\setminus\{i\}}[M_{j\to a}^{*(l)}+M_{j\to a}^{1\omega(l)}+M_{j\to a}^{0\omega(l)}]-\omega_{\text{sou}}\prod_{j\in\hat{V}(a)\setminus\{i\}}[M_{j\to a}^{1w(l)}+M_{j\to a}^{0w(l)}] \\
M_{a\to i}^{1\omega(l)} &= M_{a\to i}^{0\omega(l)} \\
M_{a\to i}^{*(l)} &= \prod_{j\in\hat{V}(a)\setminus\{i\}}[M_{j\to a}^{*(l)}+M_{j\to a}^{l\omega(l)}+M_{j\to a}^{0\omega(l)}]
\end{aligned}
\tag{6.14}
$$

在第 $l$ 次迭代中计算偏置方程:

$$
\begin{aligned}
\mu_i(0) &= \prod_{a\in C(i)}[M_{a\to i}^{of(l)}+M_{a\to i}^{ow(l)}]-\prod_{a\in C(i)}M_{a\to i}^{0w(l)}-\sum_{b\in C(i)}M_{b\to i}^{0f(l)}\prod_{a\in C(i)\setminus\{b\}}M_{a\to i}^{0w(l)} \\
\mu_i(1) &= \prod_{a\in C(i)}[M_{a\to i}^{1f(l)}+M_{a\to i}^{1w(l)}]-\prod_{a\in C(i)}M_{a\to i}^{1w(l)}-\sum_{b\in C(i)}M_{b\to i}^{1f(l)}\prod_{a\in C(i)\setminus\{b\}}M_{a\to i}^{1w(l)} \\
\mu_i(*) &= w_{\text{info}}\prod_{a\in C(i)}M_{a\to i}^{*(l)}
\end{aligned}
\tag{6.15}
$$

第 $a$ 个校验位向第 $i$ 个信息位发送向量 $\boldsymbol{M}_{a\to l}^{(l)}=(M_{a\to l}^{0f(l)},M_{a\to l}^{1f(l)},M_{a\to l}^{0w(l)},M_{a\to l}^{1w(l)},M_{a\to l}^{*(l)})$。

信源位始终将相同的消息发送给其校验位:

$$M_{z_a \to a}^{(l)} = (\psi_a(0), \psi_a(1), 0, 0, w_{sou}) \tag{6.16}$$

式中：$w_{sou}$是常数，通常 $\omega_{sou}=1.1$；且 $\psi_a(1)=z_a e^{\gamma}+(1-z_a)e^{-\gamma}$，$\psi_a(0)=\dfrac{1}{\psi_a(1)}$。注意到 $\gamma>0$ 是一个常数；$z_a$ 是在第 $r$ 轮中被压缩的向量 $\boldsymbol{z}^{(r)}$ 的第 $a$ 个分量，$\boldsymbol{z}^{(1)}=\boldsymbol{z}$。

参数 $\gamma$ 反映消息传递算法为了找到尽可能接近于 $\boldsymbol{z}$ 的码字 $\boldsymbol{c}_{m,x}$ 的努力。$\gamma$ 越大，付出的代价越大。另一方面，码$C$的结构限制了这种努力的强度。通过给每个信源位 $z_a$ 分配它自己的参数 $\gamma_a$ 可以控制每个信源位被保留的概率，从而控制在该像素处发生修改的概率。这使得该方案可以与任意定义的元素失真代价相结合完成隐写的嵌入。

现在给出 SP 算法的详细描述，图 6-2 给出了该算法的伪代码。它定义了两个过程：实现消息传递迭代的主函数 SP()和 SP_iter()。

```
procedure w = SP(G, z)
  while not all_bits_fixed(w)
    bias = SP_iter(z, G)
    bias = sort(bias)
    if max(bias)>t
      num = min(num_max, num_of_bits(bias>t))
    else
      num = num_min
    [G,z,w] = dec_most_biased_bits(G,z,w,num)
  end
end
```

```
procedure bias = SP_iter(z, G)
  M_zaa = normalize(calc_source_message(z))
  M_ai = send_src_message(G, M_zaa)
  while |M_ai_old-M_ai|<e OR iter<max_iter
    M_ai_old = M_ai
    M_ia = normalize(calc_ia(M_ai))
    M_ai = normalize(calc_ai(M_ia, M_zaa))
    if iter>start_damp then M_ai = normalize(damp(M_ai))
    iter = iter+1
  end
  bias = calc_bias(M_ai)
end
```

图 6-2　SP 算法的伪代码

SP 算法(SP()函数)从二向图 $G^{(1)}$ 开始第一轮迭代，对应生成矩阵 $\boldsymbol{G}$ 和信源向量 $\boldsymbol{z}^{(1)}=\boldsymbol{z}$。使用这些参数，运行 SP_iter()来计算每个自由信息位的偏差 $B_i=|u_i(1)-u_i(0)|$(开始时，所有信息位都是无约束的)。偏差 $B_i$ 表示每个自由信息位被设置为特定值的趋势。下一步使用这些信息根据它们的偏差对自由信息比特进行排序，在本轮中按照偏差值从大到小选择前 num 个信息比特，对其使用下面的抽取策略：将 num 设置为满足 $B_i>t$ 的自由信息位的数量，$t$ 为一个固定阈值，num 不超过 num_max。如果没有 $B_i>t$，则将 num 设置为某个小常量 num_min。最后一步是抽取函数 dec_most_biased_bits()。

抽取函数的目的是设置最偏向信息位的个数，事实上，偏差值越大，代表该信息位的赋值准确性概率越高，从图中去除已经确定的信息位，精简图 $G^{(1)}$ 和向量 $\boldsymbol{z}^{(1)}$，并为了下一轮获得一个新图 $G^{(2)}$ 和向量 $\boldsymbol{z}^{(2)}$。图精简的过程如下：如果 $\mu_i(1)>\mu_i(0)$，则将 num 个偏置值较大的信息位设置为 1，否则将它们设置为零。对于每个信息位 $i$ 及其设定值 $w_i^{set}$，执行以下操作：$z_a^{(2)}=XOR(z_a^{(1)}, w_i^{set})$，$\forall a \in C(i)$。其中对于每个不变的校验位有 $z_a^{(2)}=z_a^{(1)}$。此操作为下一轮创建等价信源矢量。最后，通过移除所有完成设置的信息位(修改对应的校验位)从 $G^{(1)}$ 中获得图 $G^{(2)}$。

在抽取步骤之后可以获得为 SP_iter()函数下一轮迭代准备的一对新的输入参数 $G^{(2)}$ 和 $\boldsymbol{z}^{(2)}$。再次重复以上步骤可以得到一个较小的图 $G^{(3)}$ 和一个新的信源矢量 $\boldsymbol{z}^{(3)}$。当图 $G^{(r)}$ 不包含任何边(所有信息位都被设置)时，SP 算法在第 $r$ 轮结束。

对于第 $r$ 轮中的 SP_iter()函数，该函数采用源矢量 $\boldsymbol{z}^{(r)}$ 和图 $G^{(r)}$，并为每个不受限信息位返回一个偏向量。这个函数的核心是消息传递迭代过程。这个过程通过从图 $G^{(r)}$ 中的信源位向它们的校验位发送消息 $M_{z_a \to a}^{(0)}$ 来启动。每次迭代包括使用式(6.13)用消息 $M_{a \to i}^{(l-1)}$

来更新消息 $M_{i\to a}^{(l)}$，以及用式(6.14)来从 $M_{i\to a}^{(l)}$ 得到 $M_{a\to i}^{(l)}$。在式(6.14)中，使用常数消息 $M_{Z_a\to a}^{(l)}=M_{Z_a\to a}^{(0)}$。所有的消息总是归一化的，以便所有五维消息向量元素的总和等于1，由normalize()表示。为了加速迭代，在几次初始迭代(start_damp)之后，使用加速过程。这个过程使用下式来调整 $M_{a\to i}^{(l)}$ 消息：$M_{a\to i}^{(l)}=(M_{a\to i}^{(l)}\cdot M_{a\to i}^{(l-1)})^{1/2}$，其中，乘积和平方根都是对各元素进行操作，调整后的消息必须再次归一化。

在消息传递算法收敛或达到最大迭代次数后，为每个自由信息位 $i$ 计算偏差 $B_i=|\mu_i(1)-\mu_i(0)|$，其中定义在式(6.15)中的三维向量($\mu_i(0)$，$\mu_i(1)$，$\mu_i(*)$)被归一化为和为1。

值得一提的是，对信源矢量 $\boldsymbol{z}=\boldsymbol{x}-\boldsymbol{v}_m$ 运行SP算法可得信息位比特 $\boldsymbol{w}$ 对应的向量以及式(6.9)中嵌入所需的码字 $\boldsymbol{c}_{m,x}=\boldsymbol{G}\boldsymbol{w}$。下一节解释如何获得任意陪集成员 $\boldsymbol{v}_m$。

### 6.2.4　陪集成员的确定以及伴随式计算

在嵌入过程中，发送者需要为消息 $\boldsymbol{m}$ 找到陪集 $\mathcal{C}(\boldsymbol{m})$ 的任意成员，这需要知道奇偶校验矩阵 $\boldsymbol{H}$，提取过程如式(6.7)也需要奇偶校验矩阵来获取消息。然而存在的问题是只有稀疏的生成矩阵 $\boldsymbol{G}$ 而不是 $\boldsymbol{H}$。使用高斯消元法来计算 $\boldsymbol{H}$ 将具有立方复杂度，并且 $\boldsymbol{H}$ 将在过程中变得密集。幸运的是，由于此处处理的是LDPC码的对偶码，所以需要完成的任务相当于使用LDPC码进行编码，因此存在有效的处理方法。本处简要介绍基于行列置换的稀疏矩阵部分对角化方法，更详细的描述可以阅读参考文献[7]。

假设 $\boldsymbol{G}$ 可以通过置换行和列形成下面的形式：

$$\boldsymbol{G}^{\mathrm{T}}=\begin{bmatrix}\boldsymbol{A} & \boldsymbol{B} & \boldsymbol{T}\\ \boldsymbol{C} & \boldsymbol{D} & \boldsymbol{E}\end{bmatrix}$$

式中：$\boldsymbol{T}$ 是规则下对角矩阵。此处希望矩阵 $\boldsymbol{D}$ 相对较小，矩阵的尺寸如图6-3所示。定义 $\boldsymbol{\phi}^{-1}=(-\boldsymbol{E}\boldsymbol{T}^{-1}\boldsymbol{B}+\boldsymbol{D})^{-1}$，矩阵

$$\boldsymbol{H}=(\boldsymbol{I},\boldsymbol{\phi}^{-1}(-\boldsymbol{E}\boldsymbol{T}^{-1}\boldsymbol{A}+\boldsymbol{C}),\quad \boldsymbol{T}^{-1}[\boldsymbol{A}+\boldsymbol{B}\boldsymbol{\phi}^{-1}(-\boldsymbol{E}\boldsymbol{T}^{-1}\boldsymbol{A}+\boldsymbol{C})])$$

是系统形式的奇偶校验矩阵。这可以通过验证 $\boldsymbol{G}^{\mathrm{T}}\boldsymbol{H}^{\mathrm{T}}=\boldsymbol{0}$ 而容易地看出，因为 $\boldsymbol{H}$ 是系统形式的，所以容易找到陪集 $\mathcal{C}(\boldsymbol{m})$ 的一个成员为 $\boldsymbol{v}_m=(\boldsymbol{m},\boldsymbol{0})^{\mathrm{T}}$，其中零向量长度为 $n-m$。

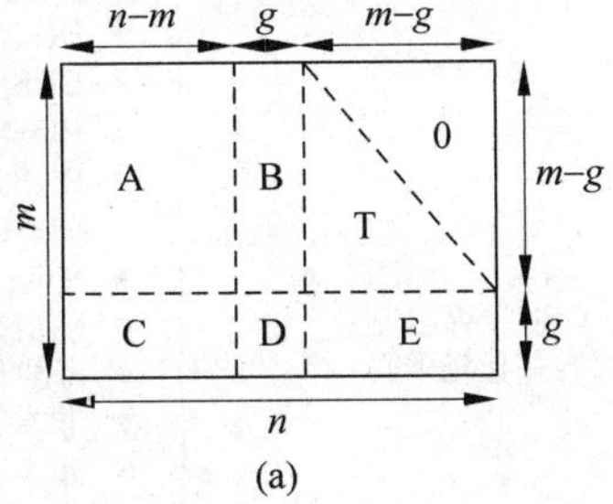

(a)

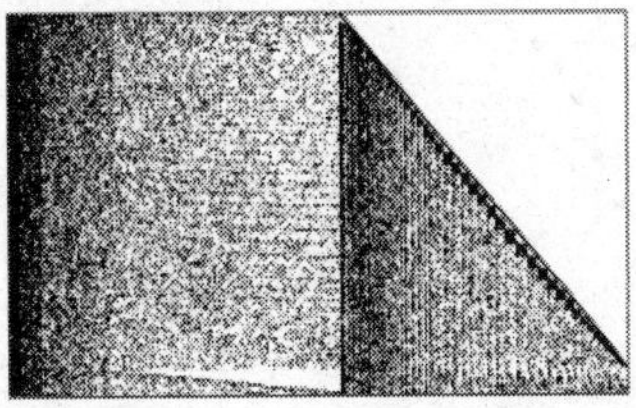
(b)

图6-3　矩阵尺寸

(a) 行列置换后矩阵 $\boldsymbol{G}^{\mathrm{T}}$ 的结构。矩阵 $\boldsymbol{T}$ 是下三角形，$\boldsymbol{D}$ 应尽可能小；(b) 应用贪婪算法后的结果。矩阵 $\boldsymbol{D}$ 的大小为 $0.033\cdot n$

对于秘密信息的提取，即伴随式 $\boldsymbol{m}$ 的计算。根据式(6.7)，消息提取等于计算载密 $\boldsymbol{y}$ 与校验矩阵的乘积 $\boldsymbol{H}\boldsymbol{y}$，这是通过乘法实现

$$\boldsymbol{m}=\boldsymbol{y}_1+\boldsymbol{\phi}^{-1}(-\boldsymbol{E}\boldsymbol{T}^{-1}\boldsymbol{A}+\boldsymbol{C})\boldsymbol{y}_2+\boldsymbol{T}^{-1}[\boldsymbol{A}+\boldsymbol{B}\boldsymbol{\phi}^{-1}(-\boldsymbol{E}\boldsymbol{T}^{-1}\boldsymbol{A}+\boldsymbol{C})]\boldsymbol{y}_3 \quad (6.17)$$

将 $\boldsymbol{y}$ 分解成长度分别为 $n-m$, $g$ 和 $m-g$ 的三个较短的向量，$\boldsymbol{y}=(\boldsymbol{y}_1,\boldsymbol{y}_2,\boldsymbol{y}_3)$。由于 $\boldsymbol{T}$ 是规则、下三角的稀疏矩阵，通过回代可以有效地计算某个向量 $\boldsymbol{u}$ 的 $\boldsymbol{T}^{-1}\boldsymbol{u}$。而且，除 $\phi^{-1}$ 之外，所有矩阵都是稀疏的。$\phi$ 的逆可以预先计算且只需计算一次。此外，$\phi$ 的维度是 $g\times g$，其中 $g$ 很小，并且乘以 $\phi^{-1}$ 具有与 $g^2$ 成正比的低复杂度。因此，式(6.17)中两个乘法的复杂度分别为 $O(n+g^2)$ 和 $O(n)$。例如，对于(3,6)规则 LDPC 码，计算伴随式(即提取消息)的平均复杂度为 $0.017^2n^2+O(n)$，其中，$n$ 是码长。在常数失真代价度量下，文献[1]对 SP 算法进行了实现，使用 Intel C++9.0 编译器实现。每个更新等式都使用带有 SSE 指令的 float 数据类型进行手动优化。使用具有 64 位 Linux 的 Intel Core2 X6800 2.93GHz CPU 机器获得了图 6-4 中的结果，其中使用了两个 CPU 内核。

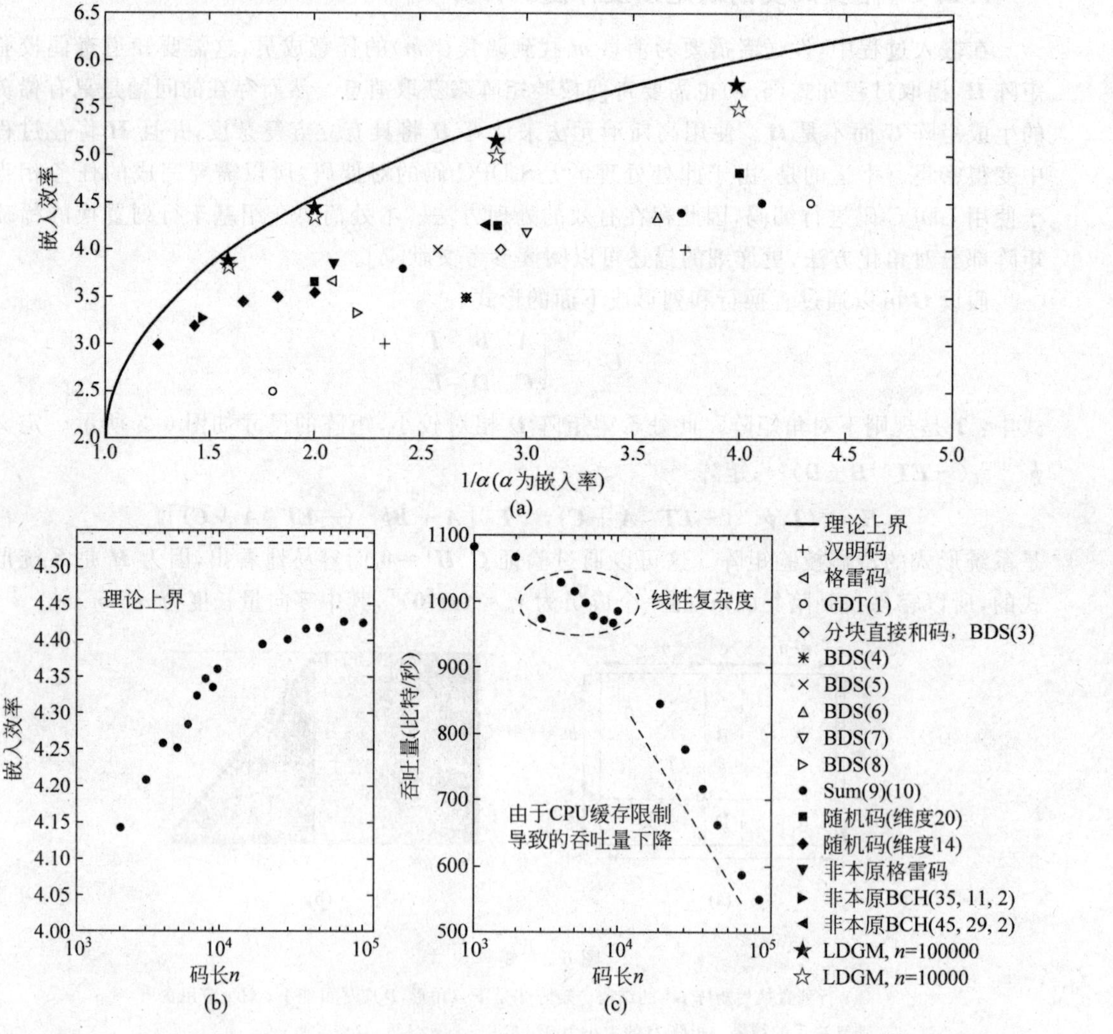


图 6-4 矩阵嵌入中运行 SP 算法的结果

(a) 与其他码嵌入效率的比较；(b) $\alpha=1/2$ 时不同码长下与理论上界的比较；(c) $\alpha=1/2$ 时不同码长下的吞吐率

### 6.2.5 参数的选取

本节对于 6.2.4 节中涉及的几个关键参数进行讨论。以下参数不依赖于码长或消息长度：start_damp=4，$t=0.8$，$w_{sou}=1.1$，$w_{info}=1$。可以使用参数 $e$(如 $e=0.001$)或通过限制最大迭代次数来控制迭代次数。将迭代次数 max_iter 限制为 40～100 比较合适，同时在 max_iter 中提供线性加速。通过实验可以确定参数 $\gamma$ 以最大化每个嵌入率下的性能，例如 $\gamma_{0.63}=0.94$，$\gamma_{0.5}=1.13$，$\gamma_{0.35}=1.37$，$\gamma_{0.25}=1.65$。参数 num_max 和 num_min 被设置为载体对象中像素总数的 1% 和 0.1%。这些值在运行时不会改变。更一般地，可以将 num_min 设置为 0.1×num_max。该算法可以通过以牺牲一些嵌入效率为代价扩大 num_max 来加速。

可以通过嵌入效率评估该方案的性能。图 6-4(a)显示了与在此之前的方案的比较。本章介绍的结果被标记为"LDGM"，每个嵌入效率值通过对 20 个随机生成的消息进行平均得到。对于每个嵌入率，对长度 $n=10\,000$ 和 $n=100\,000$ 的码运行两种 SP 算法。

每个码的生成矩阵是随机生成的，其中每行和每列中 1 的个数由特定的度分布概率给出。在文献[1]中作者测试了针对 BSC 和二进制擦除通道(BEC)上的普通消息传递优化的度数分布。虽然两个信道上均得到了令人满意的结果，但为 BSC 优化的度分布提供了更高的嵌入效率。因此，这里报告的所有结果都是针对 BSC 信道优化的矩阵嵌入的结果。作为一个例子，在图 6-4(b)和(c)中展示了针对以下度数分布获得的代码的性能和速度。

$$\begin{aligned}\lambda(x) = {} & 0.446\,760\,142\,783\,23x + 0.293\,670\,093\,856\,1x^2 + 0.085\,704\,194\,057\,467x^5 + \\ & 0.081\,992\,169\,061\,6x^6 + 0.004\,931\,931\,938\,076\,233x^{12} + \\ & 0.017\,115\,184\,041\,391x^{13} + 0.031\,428\,010\,044\,3x^{39}\end{aligned}$$

$$\rho(x) = x^9$$

图 6-4(b)显示了该方案随着码长的增加逐步接近嵌入效率的理论上限。在码长 $n=10^5$ 时，该方案的嵌入效率与理论嵌入效率相差仅为不到每修改量 0.1 比特。图 6-4(c)显示了复杂度与码长之间的关系，吞吐量定义为每秒嵌入的比特数，其中码长大于$10^4$ 时吞吐量的下降是由 CPU 高速缓存的限制决定的，而不是因为 SP 算法的影响。

## 6.3 面向最小化加性隐写失真的网格隐写编码

6.2 节介绍的基于 LDGM 的矩阵嵌入方案是最小化隐写失真框架的初步尝试，然而由于 LDGM 码自身的限制，例如无法自由构造特定码率的码以及下三角变化计算量较大等，这些缺点限制了该码在数字隐写领域的进一步应用。本节介绍一种真正意义上实用的最小化隐写失真的矩阵嵌入框架——网格隐写编码[2]，它从 2011 年提出至今，依然是数字隐写领域，尤其是图像隐写领域的主流隐写编码，同时也是近年来隐写编码领域最重要的成果，当前最先进的图像隐写方案基本都采用了网格隐写编码所定义的框架，且该框架也被其他信息隐藏的分支领域所采用。

本节对文献[2]所提出的网格隐写编码方法进行介绍，该方法让每个载体元素被修改后的可能值都赋予了一个度量，该度量表示该元素的单点失真代价，即在 6.1 节中所介绍的框架。同时,假定总失真是每个元素的失真之和。网格码事实上可以被视为卷积码的伴随式译码,将秘密信息视为卷积码的伴随式,同时利用其一种特殊的伴随式网格,结合维特比算法在该网格下将每个载体元素的失真代价作为网格中的路径权重,通过网格中的路径寻优来找到最佳的载密对象。此外,该方案的优势还在于可以将湿纸信道直接纳入该框架,将湿元素定义为权重极大的路径边缘,使得寻优时自动忽略该元素的修改模式,同时,网格隐写编码可以很容易地从二元情形扩展到其他情形,在保证算法效率的基础上形成更复杂但是更加有效的嵌入方案。

### 6.3.1 失真函数与最小化隐写失真问题的一般化表述

不失一般性,以图像 $\boldsymbol{x}$ 为例,$x_i$ 为其第 $i$ 个像素,当然,也可以指其他载体形式,如对于 JPEG 图像而言第 $i$ 个 DCT 系数等。令 $\boldsymbol{x}=(x_1,\cdots,x_n)\in\chi=\{\mathcal{I}\}^n$,是具有像素动态范围$\mathcal{I}$的 $n$ 像素载体图像。例如,对于 8 位灰度图像,$\mathcal{I}=\{0,\cdots,255\}$。

发送者通过对载体图像进行修改来向接收方发送载密图像以传达秘密信息,载密图像为 $\boldsymbol{y}=(y_1,\cdots,y_n)\in\mathcal{Y}=\mathcal{I}_1\times\mathcal{I}_2\times\cdots\times\mathcal{I}_n$,其中$\mathcal{I}_i\in\mathcal{I}$使得 $x_i\in\mathcal{I}_i$。当$|\mathcal{I}_i|=2$ 时称嵌入操作是二元的,同理当$|\mathcal{I}_i|=3$ 时嵌入操作是三元的。例如,±1 修改(有时称为 LSB 匹配)可以通过在动态范围的边界处进行适当修改的$\mathcal{I}_i=\{x_i-1,x_i,x_i+1\}$来进行表示。

使用失真函数 $D$ 来度量嵌入修改的影响。发送方的目的是在尽可能多地提高嵌入负载的情况下使得 $D$ 尽可能小。本章中,失真函数定义为加性的,事实上,对于当前绝大多数先进算法而言,所采用的隐写嵌入框架都是加性隐写失真代价函数框架。

$$D(\boldsymbol{x},\boldsymbol{y})=\sum_{i=1}^{n}\rho_i(\boldsymbol{x},y_i) \tag{6.18}$$

式中:$\rho_i:\chi\times\mathcal{I}_i\to[-K,K]$,$0<K<\infty$,表示用 $y_i$ 代替载体元素 $x_i$ 的成本的有界函数。请注意,$\rho_i$ 的取值有可能取决于整个载体图像 $\boldsymbol{x}$,从而允许发送者充分考虑到像素间的依赖性[5]。$\rho_i(\boldsymbol{x},y_i)$值与其他像素变化无关的事实意味着嵌入修改之间不会相互影响。

$D(\boldsymbol{x},\boldsymbol{y})$的有界性在实践中并不限制发送者,因为当某个特定值 $y_i$ 被禁止时(通常在实际隐写方案中的要求[16])可以通过从$\mathcal{I}_i$中排除 $y_i$ 来解决。实际上,集合$\mathcal{I}_i$,$i\in\{1,\cdots,n\}$可能取决于载体像素从而无法应用于接收方。为了处理这种情况,可以将 $\rho_i$ 的域扩展到$\chi\times\mathcal{I}$,并在 $y_i\notin\mathcal{I}_i$时定义 $\rho_i(\boldsymbol{x},y_i)=\infty$。为了保证失真代价函数定义的一般性,此处并不要求对所有的 $y_i\in\mathcal{I}_i$有 $\rho_i(\boldsymbol{x},x_i)\leqslant\rho_i(\boldsymbol{x},y_i)$,在有些情形下,对像素进行修改未必比保持不变有更差的安全性。

假设发送方以伪随机比特流的形式获得需要嵌入的载荷信息,如通过压缩或加密原始消息的方式。进一步地,可以假设嵌入算法将每个载体图像 $\boldsymbol{x}$ 与一对$\{\mathcal{Y},\pi\}$相关联,其中$\mathcal{Y}$是可以修改 $\boldsymbol{x}$ 得到的所有载密图像的集合,并且 $\pi$ 是表征发送方行为的概率分布,$\pi(\boldsymbol{y})\triangleq P(\boldsymbol{y}=\boldsymbol{y}|\boldsymbol{x})$,$\{\mathcal{Y},\pi\}$的选择取决于载体图像。在讨论问题的开始可以将载体对象 $\boldsymbol{x}$ 视为一个保持不变的常量参数,为了简化表示,可以将失真代价函数表示为 $D(\boldsymbol{y})\triangleq D(\boldsymbol{x},\boldsymbol{y})$。

如果接收方已知 $\boldsymbol{x}$,则发送方平均可以最多发送 $H(\pi)$比特的秘密信息

$$H(\pi)=-\sum_{y\in\gamma}\pi(y)\log_2\pi(\boldsymbol{y}) \tag{6.19}$$

同时引入平均失真为

$$E_\pi[D] = -\sum_{y\in\gamma}\pi(\boldsymbol{y})D(\boldsymbol{y}) \tag{6.20}$$

根据 $\pi$ 来选择载密图像，根据 Gel'fand-Pinsker 定理，关于 $\boldsymbol{x}$ 的先验知识并没有给接收方带来任何优势，只要发送方已知 $\boldsymbol{x}$ 就可以实现相同的性能。事实上，对于一个有效的最小化隐写失真的矩阵嵌入方法，应当在信息提取阶段都不需要获取载体对象 $\boldsymbol{x}$ 或失真代价函数 $D$ 的相关先验知识。

嵌入过程中尽量减少失真的任务可以归纳为以下两种形式：

(1) 载荷限制下的发送(Payload-limited Sender，PLS)：嵌入固定长度为 $m$ 的载荷位，同时最小化平均失真

$$\underset{\pi}{\text{minimize}}\, E_\pi[D] \quad \text{s. t. } H(\pi) = m \tag{6.21}$$

(2) 失真限制下的发送(Distortion-limited Sender，DLS)：在最大平均失真 $D_\varepsilon$ 的约束下最大化平均载荷

$$\underset{\pi}{\text{maxmize}}\, H(\pi) \quad \text{s. t. } E_\pi[D] = D_\varepsilon \tag{6.22}$$

与 DLS 相比，PLS 在隐写术中使用范围更广，也被讨论得更加深入。当失真函数是内容驱动时，发送者可以选择最大化有效载荷并对整体失真加以限制。本书重点对 PLS 问题加以讨论。

上述两个嵌入问题都与香农描述的保真度准则和边信息在发送方已知的信源编码的问题相关，即所谓的 Gel'fand-Pinsker 问题。问题(6.21)和(6.22)是相互对立的，这意味着第一个问题的最优分布对于某个值而言对于第二个问题也是最优的。遵循最大熵原理，最优解应当具有 Gibbs 分布的形式(参见本章附录中的推导)。

$$\pi(\boldsymbol{y}) = \frac{\exp(-\lambda D(\boldsymbol{y}))}{Z(\lambda)} \overset{(a)}{=} \prod_{i=1}^{n}\frac{\exp(-\lambda\rho_i(y_i))}{Z_i(\lambda)} \triangleq \prod_{i=1}^{n}\pi_i(y_i) \tag{6.23}$$

其中通过从相应的约束(6.21)或(6.22)求解代数方程获得参数 $\lambda\in[0,\infty)$；$Z(\lambda) = \sum_{y\in\gamma}\exp(-\lambda D(\boldsymbol{y}))$，$Z_i(\lambda) = \sum_{y\in\mathcal{I}_i}\exp(-\lambda\rho_i(y_i))$ 是相应的划分函数。

通过以概率 $\pi_i$ 改变每个像素 $i$，可以用最优 $\pi$ 进行模拟嵌入。这对于隐写方案的设计者非常重要，他们可以使用盲隐写分析方法来测试采用了$\{\mathcal{Y},\pi\}$的隐写方案的安全性而无须对其进行具体实施。该模拟方法也可以用于对实际方法在统计检测性上的具体提升进行模拟。当前针对隐写术中的隐写编码方法，一个已建立的评估方法是比较其嵌入效率与理论上限之间的差距，即对于固定的嵌入率期望值 $\alpha=m/n$ 计算其嵌入效率 $e(a)=\alpha n/E_\pi[D]$，此处的嵌入效率是指每单位失真对应的嵌入信息比特。当针对的是修改量时，嵌入效率是指单位修改量对应的嵌入信息比特，这在前几章中一直沿用此概念。事实上，在最佳化加性隐写失真框架提出之前，嵌入效率通常对应此概念。对于更加一般形式的函数 $\rho_i$，这个度量的解释变得不太清晰。一个较容易理解的解释是比较嵌入算法的有效载荷长度 $m$ 与在 DLS 问题中固定 $D_\varepsilon$ 下最优载荷 $m_{\max}$，可以将下式称之为编码损失。

$$l(D_\varepsilon) = \frac{m_{\max} - m}{m_{\max}} \tag{6.24}$$

对于二元嵌入的情形，其失真函数的设计范围与其他情形相比较窄。然而二元嵌入情形非常重要，因为绝大多数方法都是在此情形下实现的，本节介绍的方法也是从二元嵌入情形出发，逐步扩展到非二元操作情形。对于用$\mathcal{I}_i=\{x_i,\bar{x}_i\}$，$x_i\neq\bar{x}_i$ 表示的二进制嵌入，定义

$\rho_i^{\min}=\min\{\rho_i(\boldsymbol{x},x_i),(\boldsymbol{x},\bar{x}_i)\}$，$Q_i=|\rho_i(\boldsymbol{x},x_i)-\rho_i(\boldsymbol{x},\bar{x}_i)|\geqslant 0$ 并将式(6.18)重写为

$$D(\boldsymbol{x},\boldsymbol{y})=\sum_{i=1}^{n}\rho_i^{\min}+\sum_{i=1}^{n}Q_i\cdot[\rho_i^{\min}<\rho_i(\boldsymbol{x},y_i)] \tag{6.25}$$

因为第一个和不取决于 $\boldsymbol{y}$，所以当在 $\boldsymbol{y}$ 上最小化 $D$ 时，仅考虑第二项就足够了。因此，在载体 $\boldsymbol{x}$ 上进行嵌入的同时最小化式(6.25)等同于在载体 $\boldsymbol{z}$ 中进行嵌入

$$z_i=\begin{cases}x_i, & \rho_i^{\min}=\rho_i(\boldsymbol{x},x_i)\\ \bar{x}_i, & \rho_i^{\min}=\rho_i(\boldsymbol{x},\bar{x}_i)\end{cases} \tag{6.26}$$

同时最小化

$$\widetilde{D}(\boldsymbol{z},\boldsymbol{y})=\sum_{i=1}^{n}\tilde{\rho}(\boldsymbol{z},y_i)\triangleq\sum_{i=1}^{n}Q_i\cdot[y_i\neq z_i] \tag{6.27}$$

对于所有 $i$，具有非负代价 $\tilde{\rho}(\boldsymbol{z},z_i)=0\leqslant\tilde{\rho}_i(\boldsymbol{z},\bar{z}_i)=Q_i$（当载体像素 $z_i$ 改变为$\bar{z}_i$ 时，失真$\widetilde{D}$总是增加）。因此，进行二进制嵌入操作时，本节将始终考虑如下形式的失真函数：

$$D(\boldsymbol{x},\boldsymbol{y})=\sum_{i=1}^{n}Q_i\cdot[y_i\neq x_i] \tag{6.28}$$

此处 $Q_i\geqslant 0$。

例如，F5[8] 使用 $Q_i=1$（嵌入修改量）的失真函数，而 nsF5[9] 使用湿纸码，其中 $Q_i\in\{1,\infty\}$。在一些嵌入算法中载体被预处理并在嵌入之前量化，此时 $Q_i$ 与像素 $x_i$ 处的量化误差成正比。

此外，对于二进制嵌入操作，如果对于所有 $i$ 而言 $Q_i=Q(i/n)$，其中，$Q$ 是非递减函数 $Q$：$[0,1]\to[0,K]$。以下失真函数在隐写术中是非常有意义的：当所有像素在改变时对可检测性具有相同的影响时，常数失真代价 $Q(x)=1$；当失真与均匀分布在$[-Q/2,Q/2]$上的量化误差有关时，对于某个量化步长 $Q>0$，线性失真代价 $Q(x)=2x$；当失真与不均匀分布的量化误差有关时，平方失真代价 $Q(x)=3x^2$。这三类失真代价函数对于验证最小化隐写失真框架下的隐写编码方法有着重要的意义，已经成为标准的测试失真代价函数。对于使用中的失真代价函数 $Q$，通常需要进行归一化操作，以便在嵌入完整有效负载 $m=n$ 时使 $E_\pi[D]/n=\sum_{i=1}^{n}\pi_iQ_i/n=0.5$。基于此，图 6-5 显示了三个失真代价函数下的平均像素失真的下限。

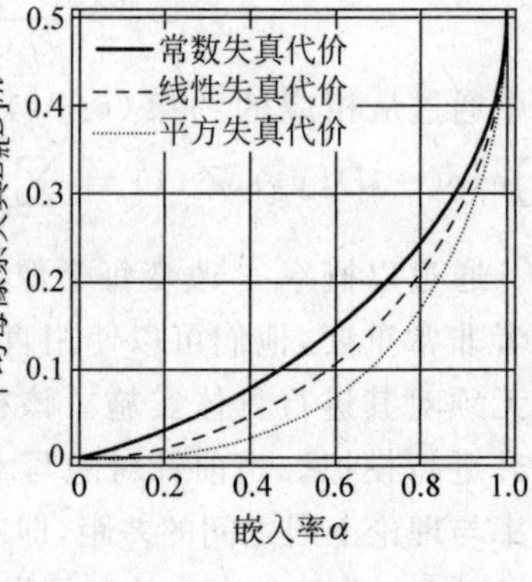


图 6-5　平均每像素失真的下限与相对负载（嵌入率）之间的关系

在实际应用中，一些载体像素要求在嵌入过程中不发生改动，即$\mathcal{I}_i=\{x_i\}$，因此 $Q_i=\infty$（此处对应所谓的湿像素）会阻止嵌入算法修改它们。由于这些像素基本上是恒定的，在这种情况下，计算相对负载通常是相对于干像素集$\{x_i\,|\,Q_i<\infty\}$来进行定义，即 $\alpha=m/|\{x_i\,|\,Q_i<\infty\}|$。整个信道称为湿纸信道，其特征在于干像素的失真代价函数和信道的相对湿度 $T=|\{x_i\,|\,Q_i=\infty\}|/n$。处理 JPEG 图像时通常需要使用湿纸信道。

### 6.3.2　从卷积码到网格隐写编码

在实际应用中，PLS和DLS均可以使用伴随式编码来实现。首先看一下二元嵌入问题。设$\mathcal{P}: \mathcal{I}_i \to \{0,1\}$是满足$\mathcal{P}(x_i) \neq \mathcal{P}(y_i)$且在发送者和接收者之间共享的奇偶函数，例如$\mathcal{P}(x) = x \bmod 2$。发送者和接收者之间执行的嵌入和提取映射分别为Emb：$\chi \times \{0,1\}^m \to y$以及Ext：$y \to \{0,1\}^m$，这两个映射满足

$$\mathrm{Ext}(\mathrm{Emb}(\boldsymbol{x},\boldsymbol{m})) = \boldsymbol{m}, \quad \forall \boldsymbol{x} \in \chi, \quad \forall \boldsymbol{m} \in \{0,1\}^m$$

特别地，假定接收方没有任何关于失真函数$D$的先验知识，因此嵌入方案在这个场景下可以看作是通用的。解决PLS问题的常用信息论策略称为装箱(Binning)[10]，可以使用线性码的陪集来实现。如果使用随机线性码，则这种结构称为伴随式编码，涉及PLS问题的容量的讨论。

在伴随式编码中，嵌入和提取映射是使用长度为$n$、维数为$n-m$的二元线性码$\mathcal{C}$实现的：

$$\mathrm{Emb}(\boldsymbol{x},\boldsymbol{m}) = \arg \min_{p(\boldsymbol{y}) \in c(\boldsymbol{m})} D(\boldsymbol{x},\boldsymbol{y}) \tag{6.29}$$

$$\mathrm{Ext}(\boldsymbol{y}) = \mathbb{H}\rho(\boldsymbol{y}) \tag{6.30}$$

式中：$\mathcal{P}(\boldsymbol{y}) = (\mathcal{P}(y_1), \cdots, \mathcal{P}(y_n))$；$\mathbb{H} \in \{0,1\}^{m \times n}$是码$\mathcal{C}$的奇偶校验矩阵；$\mathcal{C}(\boldsymbol{m}) = \{z \in \{0,1\}^n \mid \mathbb{H}z = \boldsymbol{m}\}$，是与伴随式$\boldsymbol{m}$对应的陪集；并且所有操作都是二元的。

在第4章已经讨论过，由于随机线性码在最佳二元陪集量化器计算中的复杂度是呈指数上升的，因此随机线性码在实际应用中很难达到良好的效果。本节所介绍的工作引入了一个丰富的码族，可以用与码长成线性关系的时间和空间复杂度来优化解决量化器的问题。由于DLS是PLS的对偶问题，一旦已知适当的信息长度$m$，就可以通过式(6.29)和式(6.30)解决。这可以通过$m = m_{\max}(1-l')$获得，其中，$m_{\max} = H(\pi_\lambda)$，是在最优分布式(6.23)达到平均失真$D_\epsilon$情况下获得的最大平均有效载荷；$l'$是算法在试验中获得的编码损失的期望值。

此外，解决非二元情形下的嵌入问题的一种可能的有效方法是增加取值集合的大小，并使用非二进制码(如三元汉明码)。还有一种可行的思路是将多元问题分解为多个二元嵌入问题的结合，只要每个二元问题得到最优解，即可得到PLS和DLS的最优解。

本节重点介绍具有失真函数式(6.27)的二进制PLS问题的解决办法，即基于卷积码的网格隐写编码(Syndrome-Trellis Codes，STC)。由于STC是卷积码对偶形式，因此STC背后的构造并非新的信息论理论。然而，对于实际隐写术来说，STC有着重要的意义，因为它可以解决隐写中面临的实际问题，即使在湿像素的情况下也可以通过定义合适的失真代价函数来达到非常不错的编码损失。且各类失真代价函数可以共享同一个网格，因而对于嵌入算法而言具有极强的通用性。首先，给出码的描述以及它们的图形表示、伴随式网格。这样的结构是为维特比算法准备的，这对于求解(6.29)是最优的方法。

设计有效的隐写方案的目标是针对任意嵌入率$\alpha$开发高效的伴随式编码方案，其中更主要的是侧重于小嵌入率下的情形(例如，考虑$\alpha \leqslant 1/2$)。在隐写术中，依据均方根法准则[11]，嵌入率必须随着载体对象尺寸的增大而减小，才可以保持相同的安全水平。而且，来自空域和DCT域的隐写分析结果表明，数字图像隐写的安全嵌入率总是远低于1/2。用线

性码$\mathcal{C}$的 $R=(n-m)/n$ 表示其码率，则 $\alpha\to 0$ 转化为 $R=1-\alpha\to 1$，这是用于隐写术中的伴随式编码应有的特征。

由于香农在1959年引入了信源编码的保真度准则，卷积码可能是第一个适用于这个准则的实用编码[12]。这是因为预期的像素失真的边界与使用最优编码算法(维特比算法)获得的失真之间的差距随着代码的长度增加指数地减小。维特比算法的复杂度在码的分组长度上是线性的，但是与它的约束长度成指数关系。

当应用于PLS问题时，由于(6.29)中的最佳载密图像可以使用维特比算法找到，所以卷积码可以用于伴随式编码。这使得卷积码(小约束长度)适合于隐写场景，因为可以使用整个载体对象，并且可以通过调整约束长度来折中速度和性能。通过增加约束长度，可以实现任意接近边界的平均每像素失真，从而使编码损耗接近于零。卷积码通常用移位寄存器来表示，它们从一组信息位生成码字，在信道编码中，其实施通常考虑对于 $k=2,3,\cdots$ 的码率 $R=1/k$。

卷积码的标准网格表示通常用于PLS的对偶问题，如分布式信源编。当使用移位寄存器实现时，卷积码的主要缺点来自于对特定于隐写术的小嵌入率(码率接近1)的要求。速率 $R=(k-1)/k$ 的卷积码需要 $k-1$ 个移位寄存器以便实现 $\alpha=1/k$ 的方案。不幸的是，在这种结构中维特比算法的复杂性随着 $k$ 呈指数增长。

因此，在隐写方案中使用卷积码的奇偶校验矩阵来表示网格，而不是常用的高码率卷积码的穿孔形式来表示。事实上文献[13]表明，对码率为 $R=(k-1)/k$ 的卷积码可以在其对偶域中利用校验矩阵构造网格来进行最优译码，此时复杂度低得多，而且性能没有任何损失。在对偶域中，长度为 $n$ 的码由奇偶校验矩阵而不是生成矩阵表示，这对于卷积码很常见。直接在对偶域中实施维特比算法可以实现嵌入函数(6.29)所需的陪集量化器如式(6.29)。消息可以由接收者使用共享的奇偶校验矩阵直接提取。

### 6.3.3 网格隐写编码的设计

尽管网格码也是一类卷积码，可以使用移位寄存器的经典方法来描述，但是对于隐写领域中的用途而言，使用其对偶形式进行描述更加有利，即通过校验矩阵来构造伴随式网格。如图6-6所示，通过沿着主对角线放置尺寸为 $h\times w$ 的子矩阵 $\hat{\mathbb{H}}$ 来获得长度为 $n$，尺寸为 $m$ 的二进制伴随式网格码的奇偶校验矩阵 $\mathbb{H}\in\{0,1\}^{m\times n}$。子矩阵 $\hat{\mathbb{H}}$ 彼此相邻并依次向下移动一行，形成稀疏且带状的 $\mathbb{H}$。子矩阵的高度 $h$(称为约束高度)是影响算法速度和效率(通常为 $6\leqslant h\leqslant 15$)的主要参数。$\hat{\mathbb{H}}$ 的宽度由期望的嵌入率决定，其可由没有湿元素时的嵌入率 $\alpha=m/n$ 直接计算得到。如果对于某个 $k\in\mathbb{N}$ 而言，$m/n$ 等于 $1/k$，则选择 $w=k$。对于更一般的情形，找出 $k$ 使得 $1/(k+1)<m/n<1/k$。矩阵 $\mathbb{H}$ 由宽度 $k$ 和 $k+1$ 的子矩阵混合构成，使得最终矩阵 $\mathbb{H}$ 的大小为 $m\times n$。通过这种方式，可以为任意长度的消息和载体创建奇偶校验矩阵。子矩阵 $\hat{\mathbb{H}}$ 充当发送者和接收者之间共享的输入参数。为了简单起见，在下面的描述中假设 $m/n=1/w$，因此矩阵 $\mathbb{H}$ 的大小为 $b\times(b\cdot w)$，其中，$b$ 是 $\hat{\mathbb{H}}$ 在 $\mathbb{H}$ 中的重复次数。

类似于卷积码的网格表示，网格隐写编码 $\mathcal{C}=\{z\in\{0,1\}^n\mid\mathbb{H}z=\boldsymbol{m}\}$ 的每个码字可以通

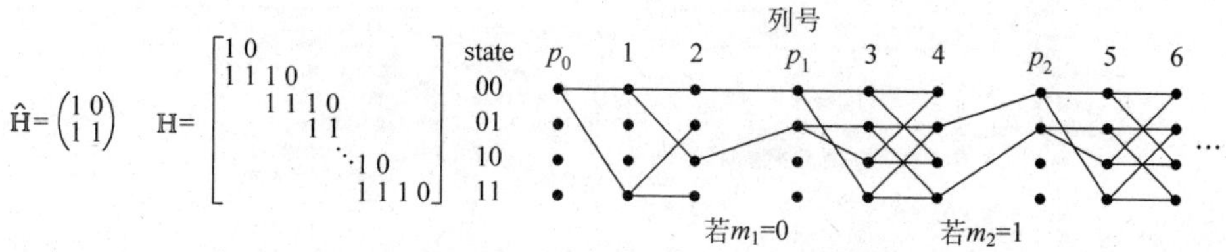


图 6-6　由子矩阵$\hat{\mathbb{H}}$ ($h=2$, $w=2$)构造的奇偶校验矩阵$\mathbb{H}$及其对应的伴随式网格示例。$\mathbb{H}$中的最后 $h-1$ 子矩阵被裁剪以实现期望的嵌入率 $\alpha$。伴随式网格由 $w+1$ 列的重复块组成，其中“$p_0$”和“$p_i$”，$i>0$ 分别表示起始列和截断列。标记为 $l\in\{1,2,\cdots\}$ 的列对应于奇偶校验矩阵$\mathbb{H}$中的第 $l$ 列

过伴随式网格中的唯一一条路径表示。同时，对于一个固定的码，其伴随式网格由伴随式(即秘密信息)$\boldsymbol{m}$ 生成，因此该网格中的所有路径即是陪集$\mathcal{C}(\boldsymbol{m})=\{\boldsymbol{z}\in\{0,1\}^n \mid \mathbb{H}\boldsymbol{z}=\boldsymbol{m}\}$的成员集合。伴随式网格的一个例子如图 6-6 所示。伴随式网格是一个由网格单元组成的图形，每个网格单元包含 $2^h(w+1)$ 个节点，这些节点分布在一个 $w+1$ 列和 $2^h$ 行的网格中。两个相邻列之间的节点形成一个二向图，即所有边只连接来自两个相邻列的节点。网格的每个单元对应奇偶校验矩阵$\mathbb{H}$中的一个子矩阵$\hat{\mathbb{H}}$，每列中的节点称为状态。

每个满足$\mathbb{H}\boldsymbol{z}=\boldsymbol{m}$ 的 $\boldsymbol{z}\in\{0,1\}^n$ 表示一条通过网格的路径，该伴随式网格的表示事实上是将伴随式计算分解为$\mathbb{H}$的列与 $\boldsymbol{z}$ 给定的权重进行线性组合的过程。每条路径从网格中最左边的全零状态开始并向右延伸。该路径延伸的过程是使用越来越多的 $\boldsymbol{z}$ 位逐步计算伴随式。例如，图 6-6 中的前两个边将第 $p_0$ 列的状态 00 与下一列的状态 11 和 00 连接起来，对应于将$\mathbb{H}$的第一列分别加入($\mathcal{P}(y_1)=1$)或不加入($\mathcal{P}(y_1)=0$)至伴随式。在第一个网格单元的末尾，终止与伴随式对应部分不匹配的所有路径，从而可以获得一个新的网格列，它将作为下一个单元的起始列。在每个单元的最后一列与下一个单元的第一列均根据对应的伴随式比特来执行同样的操作，从而有效减少路径的数目。

为了找到最接近的载密对象，为网格中的所有边分配权重。在伴随式网格中每条边的权重用标记 $l$，$l\in\{1,\cdots,n\}$进行索引，其对应于载体对象 $\boldsymbol{x}$ 的第 $l$ 位。如果$\mathcal{P}(x_l)=0$，则水平的边(对应于不添加$\mathbb{H}$的第 $l$ 列)具有权重 0，对应于添加$\mathbb{H}$的第 $l$ 列的边具有权重 $Q_l$。如果$\mathcal{P}(x_l)=1$，则边的权重赋予相反。最后，连接网格的各个单元的所有边都具有零权重。

二进制嵌入问题(6.29)现在可以通过具有时间和空间复杂度 $O(2^h n)$的维特比算法来最优地解决。该算法由前向和后向两部分组成。算法的前面部分由 $n+b$ 个步骤组成。在完成第 $i$ 步之后，可以获得最左边的全零状态与网格的第 $i$ 列中的每个状态之间的最短路径。因此，在第 $n+b$ 步，可以获得通过整个网格的最短路径。在向后部分中，回溯最短路径，并且从边的标签来构建最佳载密对象。在图 6-7 中使用伪代码描述了针对伴随式网格修改的维特比算法。

STC 的构造不止包括沿着对角线重复相同的子矩阵$\hat{\mathbb{H}}$，沿主对角线包含至多 $h$ 个非零项的任何奇偶校验矩阵$\mathbb{H}$都可以进行伴随式网格的构建，在其上所实施的维特比算法将具有相同的复杂度 $O(2^h n)$。实际上，在实际算法中只需要子矩阵$\hat{\mathbb{H}}$的结构而不需要真的构建矩阵$\mathbb{H}$。从图 6-6 中网格的最后两列可以看出，网格列之间的连通性非常规则，因此可结

```
Forward part of the Viterbi algorithm

wght[0] = 0
wght[1,...,2^h-1] = infinity
indx = indm = 1
for i = 1,...,num of blocks (submatrices in H) {
 for j = 1,...,w {                          // for each column
  for k = 0,...,2^h-1 {                     // for each state
   w0 = wght[k] + x[indx]*rho[indx]
   w1 = wght[k XOR H_hat[j]] + (1-x[indx])*rho[indx]
   path[indx][k] = w1 < w0 ? 1 : 0          // C notation
   newwght[k] = min(w0, w1)
  }
  indx++
  wght = newwght
 }
  // prune states
 for j = 0,...,2^(h-1)-1
  wght[j] = wght[2*j + message[indm]]
 wght[2^(h-1),...,2^h-1] = infinity
 indm++
}
```

```
Backward part of the Viterbi alg.

embedding_cost = wght[0]
state = 0, indx--, indm--
for i = num of blocks,...,1 (step -1) {
  for j = w,...,1 (step -1) {
    y[indx] = path[indx][state]
    state = state XOR (y[indx]*H_hat[j])
    indx--
  }
  state = 2*state + message[indm]
  indm--
}

Legend

INPUT: x, message, H_hat
  x = (x[1],...,x[n]) cover object
  message = (message[1],...,message[m])
  H_hat[j] = j th column in int notation

OUTPUT: y, embedding_cost
  y = (y[1],...,y[n]) stego object
```

图 6-7　针对伴随式网格修改的维特比算法的伪代码

合当前的并行计算机制来实现加速。

在算法的前向部分需要存储一个比特来表示输入边的标签以便能够在后向部分重建路径。这种空间复杂度是线性的，如对于 $h=10, n=10^6$ 的情形总共需要 $2^{10}\times10^6/8$ 个字节(122MB)的空间。

### 6.3.4　性能良好的网格隐写编码的构造

关于网格码实际应用的一个显著问题是如何针对固定参数 $h$ 和 $w$，以及给定失真代价函数来优化 $\hat{\mathbb{H}}$ 的结构。如果 $\hat{\mathbb{H}}$ 取决于失真代价函数，则该失真代价函数将不得不以某种方式传达给接收方。幸运的是，情况并非如此，为一个失真函数优化的子矩阵 $\hat{\mathbb{H}}$ 也适用于其他失真函数。在本节中通过实验研究这些问题，并描述获得良好子矩阵的实用算法。

假定希望为给定约束高度 $h$ 和相对有效载荷 $\alpha=1/w$ 设计大小为 $h\times w$ 的子矩阵 $\hat{\mathbb{H}}$。在文献[14]中描述了几种计算给定卷积码的预期失真的方法，这些方法用于汉明度量下的信源编码问题。然而，这些算法的计算复杂度太高，难以被用于实际隐写算法的设计中。相反，可以通过暴力搜索得到的性能较好的矩阵来总结一个好的网格码构建应当具备的条件。

首先，$\hat{\mathbb{H}}$ 不应该有相同的列，因为伴随式网格将包含两个或更多具有完全相同权重的不同路径，这会导致整体性能下降。通过对小矩阵进行穷举搜索可以发现最好的子矩阵 $\hat{\mathbb{H}}$ 在第一行和最后一行都有 1。例如，当 $h=7, w=4$ 时，从穷举搜索中获得的最佳 1000 个代码中超过 97%满足该规则。因此，可以在那些不包含相同列并且第一行和最后一行中的所有位都设置为 1(其余位随机分配)的矩阵中搜索性能较好的矩阵。可以随机生成 10～1000 个满足这些规则的子矩阵，并通过用随机载体和消息运行维特比算法来实验性地估计它们的性能(嵌入效率)。为了可靠的估计，需要至少尺寸为 $n=10^6$ 的载体对象，如图 6-8 所示。

常数失真代价中表现比较优秀的码在其他失真代价函数中可以同样表现优秀，因此网格隐写编码的构造与失真代价函数并无关系。

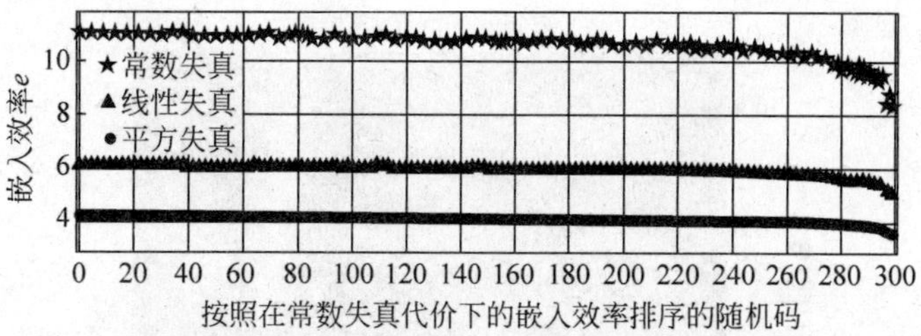


图 6-8　对于相对有效载荷 $\alpha=1/2$ 和约束高度 $h=10$ 满足设计规则的 300 个随机网格码的嵌入效率。所有的码都由维特比算法在一个 $n=10^6$ 元素的随机载体对象和常数，线性和平方失真代价上进行的随机消息嵌入进行评估

### 6.3.5　湿纸信道在网格码中的处理

本节介绍在一个由相对湿度 $T=|\{i|Q_i=\infty\}|/n$ 以及干元素的失真代价函数定义的湿纸信道中如何应用网格隐写编码。虽然 STC 可以直接应用于这个问题，但是不能确保在不改变任何湿像素的情况下嵌入消息，事实上，不修改任何湿元素的概率取决于湿像素的数量、有效载荷和码本身。在实际应用中，隐写嵌入的目标是使这个概率非常小或确保必须改变的湿像素的数量很小(例如，一个或两个)。现在介绍解决这个问题的两种不同方法。

假定湿纸信道为具有独立同分布的湿概率为 $0\leqslant T<1$ 的信道。这个假设是合理的，因为在嵌入之前，可以使用载密密钥来置乱载体对象。对于湿纸信道，相对载荷在干元素的数目上进行定义，$\alpha=m/|\{i|\rho_i<\infty\}|$。当设计针对具有 $n$ 个元素的载体，相对湿度 $T$ 和期望的相对载荷 $\alpha$ 的湿纸信道的码时，奇偶校验矩阵 $\mathbb{H}$ 必须具有尺寸$[(1-T)\alpha n]\times n$。

随机置乱使得维特比算法不太可能因为必须修改某个湿元素而导致嵌入失败，失败概率 $p_w$ 随着 $\alpha$ 和 $T$ 的减小而减小，并且也取决于约束高度 $h$。对具有 $n=10^6$ 个载体元素，$T=0.8$ 和 $h=10$ 进行 1000 次独立实验，可以发现对于 $\alpha=1/2$，$p_w\approx0.24$；对于 $\alpha=1/4$，$p_w\approx0.009$；对于 $\alpha=1/10$，$p_w\approx0$。实际上，消息长度 $m$ 可以用作伪随机数发生器的种子。如果嵌入过程失败，则嵌入 $m-1$ 个比特会导致不同的置换，同时嵌入大致相同的消息量。在 $k$ 次试验中，不得不修改湿像素的概率至多为 $p_w^k$，可以使其变得任意小。

在另一种情形下，发送者可以允许少量的湿元素被修改，比如一个或两个，而不会以任何显著的方式影响统计可检测性。利用这个事实，可以将所有湿元素的失真代价设置为$\hat{Q}_i=C$，$C>\sum_{Q_i<\infty}Q_i$，其中对于干元素，有$\hat{Q}_i=Q_i$。通过具有失真代价$\hat{Q}_i$ 的维特比算法获得通过伴随式网格的最佳路径，该路径的权重 $c$ 可以表示为 $c=n_cC+c'$ 的形式，其中，$n_c$ 是必须改变的湿元素的最小数量，$c'$是在允许改变的像素上的路径的最小权重。

图 6-9 显示了在 $n=10^6$ 且 $h=11$ 的 STC 中需要改变的湿元素的平均数目。$Q_i$ 的准确值在该实验中无关紧要。该实验表明，只要 $\alpha\leqslant0.7$，STC 可以与任意 $T$ 一起使用。从图 6-10 中可以看出，增加湿像素的数量并不会导致常数失真代价下嵌入效率发生明显的变化。只要修改的湿元素的数量很小，在其他失真代价函数下其嵌入效率也不发生明显变化。

$Q(x)\approx x^d$ 作为失真代价函数情况下的编码损失如图 6-11 所示。编码损失随着相对

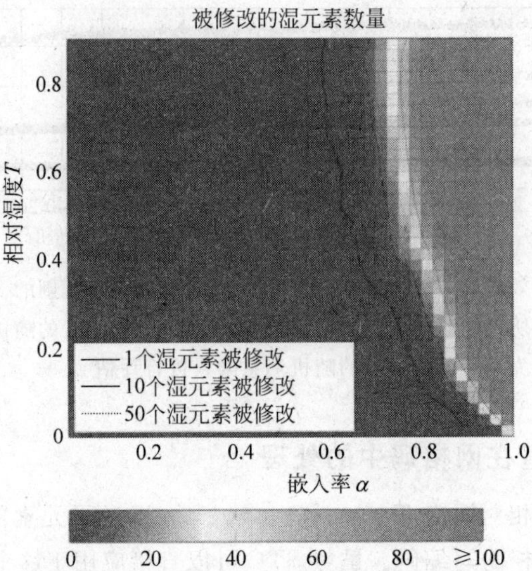


图 6-9 当 $h=11, n=10^6$ 时嵌入过程中需要改变的湿元素的平均数量

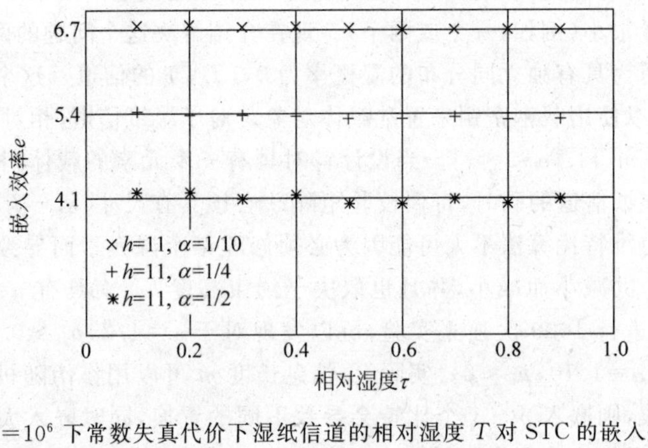


图 6-10 在 $n=10^6$ 下常数失真代价下湿纸信道的相对湿度 $T$ 对 STC 的嵌入效率的影响。仅在修改的干元素处计算失真并且 $\alpha=m/(n-Tn)$

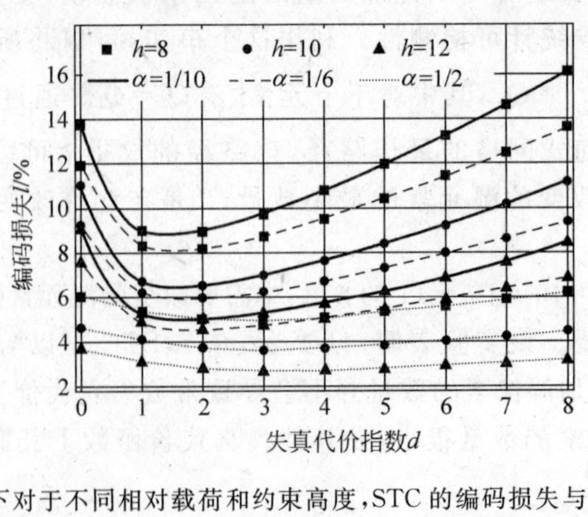


图 6-11 在 $n=10^6$ 情况下对于不同相对载荷和约束高度，STC 的编码损失与失真代价函数指数的比较

负载 $\alpha$ 的减小而增加。这种影响可以通过使用较大的约束高度 $h$ 来补偿。图 6-12 为与第 5 章介绍的 ZZW 码族的对比，网格码的显著优势在于其适用于各类失真代价函数，且失真代价函数不需要被共享。

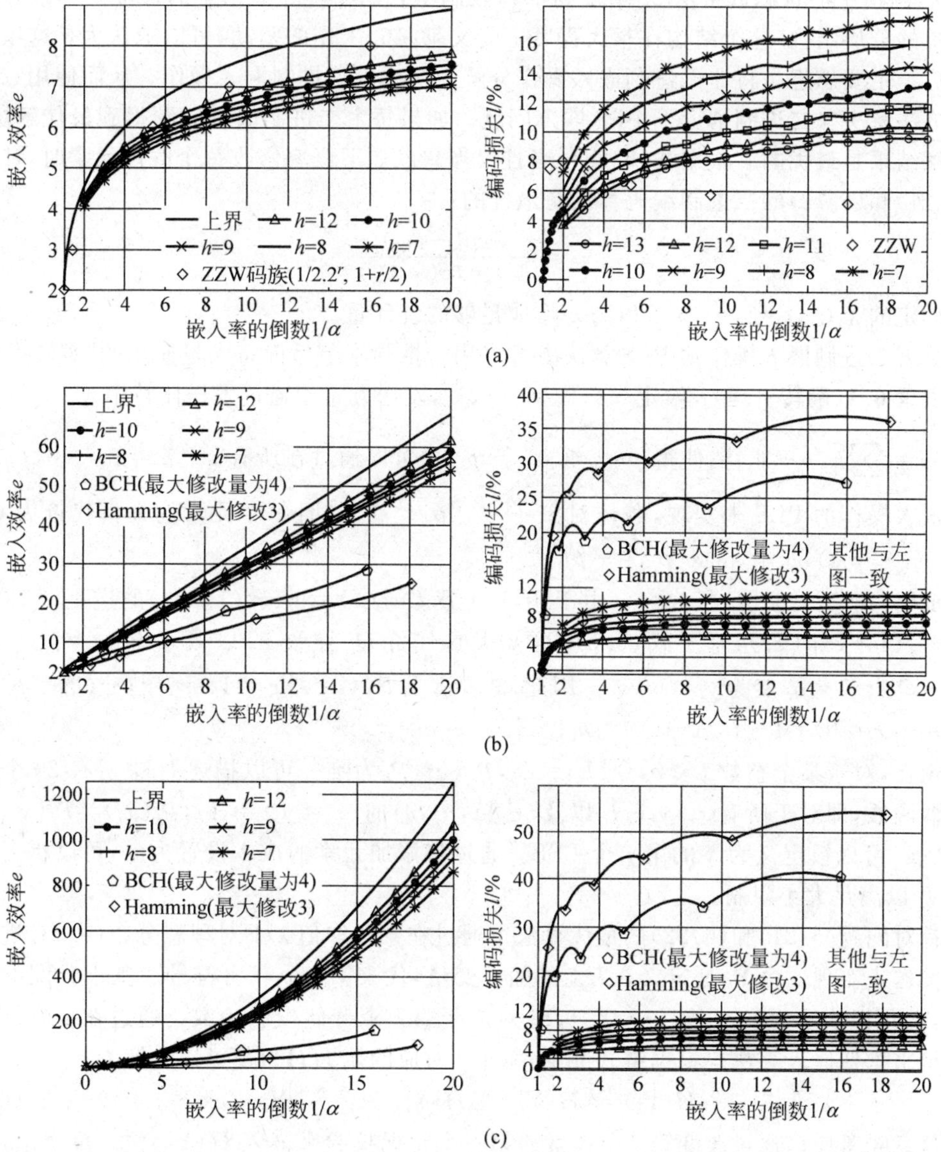


图 6-12 针对三种失真代价函数的嵌入效率和编码损失

(a) 常数失真代价；(b) 线性失真代价；(c) 平方失真代价

将一组样本划分为不同的组合(即所谓的装箱)的概念是用于解决许多信息理论和信息隐藏问题的常用工具。从这个角度来看，隐写嵌入问题是一个纯粹的信源编码问题，即给定了载体 $\boldsymbol{x}$，由消息索引对应的箱中找到最近的隐写对象 $\boldsymbol{y}$。在数字水印技术中，发送者和接收者之间存在攻击信道，这就需要良好的信源和信道编码的组合。这种组合可以使用嵌套卷积(网格)码来实现，也称为脏纸码[15]。

### 6.3.6 多层网格码的构造

尽管将STC扩展为非二进制嵌入情形非常容易，但它们的复杂性迅速增加(对于约束高度 $h$，网格中的状态数量从 $2^h$ 增加到 $q^h$)，限制了它们在实际应用中的性能。本节介绍一种简单的分层结构，这个结构在很大程度上受文献[16]工作的驱动，可以被认为是这项工作的推广。主要思想是将非二进制嵌入操作分解为一系列二进制嵌入操作。从而使用二元嵌入的方法解决非二进制情形下PLS嵌入问题。如果每个二进制嵌入问题得到最佳解决，这个分解结果是最优的。根据式(6.28)，当且仅当它以如下概率修改每个载体元素时，针对问题(6.21)和(6.22)的二进制编码算法是最优的：

$$\pi_i = \frac{\exp(-\lambda_{Q_i})}{1+\exp(-\lambda_{Q_i})} \tag{6.31}$$

对于固定的 $\lambda, Q_i, i=1,\cdots,n$ 可以为 $\pi$ 形成足够的统计量。

具有二进制嵌入操作的PLS解决方案可用于推导本节后面将大量使用的“翻转引理”。

**引理 6.1(翻转引理)**：给定一组概率 $\{p_i\}_{i=1}^n$，发送方希望通过发送比特串 $y=\{y_i\}_{i=1}^n$ 来传送 $m=\sum_{i=1}^n h(p_i)$ 比特，使得 $p(y_i=0)=p_i$。这可以通过在所有 $i$ 上 $\mathcal{I}=\mathcal{I}_i=\{0,1\}$ 的二进制嵌入操作的PLS来实现，载体对象 $x_i=[p_i<1/2]$ 且每个元素的失真代价为 $Q_i=\ln(\tilde{p}_i/(1-\tilde{p}_i))$，$\tilde{p}_i=\max\{p_i,1-p_i\}$。

**证明**：不失一般性，令 $\lambda=1$。由于[0,1]上函数 $f(z)=\ln(z/(1-z))$ 的逆是 $f^{-1}(z)=\exp(z)/(1+\exp(z))$，基于式(6.31)可知失真代价 $Q_i$ 导致 $x_i$ 以概率 $P(y_i\neq x_i|x_i)=f^{-1}(-Q_i)=1-\tilde{p}_i$ 变为 $y_i=1-x_i$。因此，需要满足 $P(y_i=0|x_i=1)=f^{-1}(-Q_i)=p_i$ 以及 $P(y_i=0|x_i=0)=1-f^{-1}(-Q_i)=p_i$。

现在，对于某个整数 $L\geqslant 0$，令 $|I_i|=2^L$，$\mathcal{P}_1,\cdots,\mathcal{P}_L$ 为唯一可以描述 $I_i$ 中所有 $2^L$ 个元素的奇偶函数，即对于所有 $x_i, y_j\in I_i$ 以及 $i\in\{1,\cdots,n\}$ 的 $(x_i\neq y_i)\Rightarrow\exists j,\mathcal{P}_j(x_i)\neq\mathcal{P}_j(y_i)$。例如，$\mathcal{P}_j(x)$ 可以被定义为 $\boldsymbol{x}$ 的第 $j$ 个LSB。通过将添加元素的成本设置为∞，可以扩大单个集合 $I_i$ 以满足大小限制。

针对问题(6.21)和(6.22)的最优算法可通过在某个取值 $\lambda$ 下对理想分布(6.23)进行采样并发送来实现。令 $\boldsymbol{Y}_i$ 是定义在 $\mathcal{I}_i$ 上的随机变量，代表第 $i$ 个载密符号。基于分配的奇偶校验，$\boldsymbol{Y}_i$ 可以表示为 $\boldsymbol{Y}_i=(Y_i^1,\cdots,Y_i^L)$，$Y_i^j$ 对应于第 $j$ 个奇偶校验函数。通过在 $L$(层数)上的归纳来构造嵌入算法。根据链式准则，每个 $i$ 对应的熵 $H(\boldsymbol{Y}_i)$ 都可以分解为

$$H(\boldsymbol{Y}_i) = H(Y_i^1) + H(Y_i^2,\cdots,Y_i^L \mid Y_i^1) \tag{6.32}$$

这意味着应该通过改变第 $i$ 个像素的第一个奇偶校验来嵌入 $H(Y_i^1)$ 位。事实上，应该根据取值分布 $P(Y_i^1)$ 来分配这些奇偶校验。使用翻转引理，这个任务相当于一个PLS，在第一步中平均可以嵌入 $m_1=\sum_{i=1}^n H(Y_i^1)$ 个比特。

嵌入第一层后，可以获得所有载密元素的奇偶校验 $P_1(y_i)$，允许计算条件概率 $P(Y_i^2,\cdots,Y_i^L \mid Y_i^1=P_1(y_i))$ 并再次使用链式准则。在第二层中平均嵌入 $m_2=\sum_{i=1}^n H(Y_i^2 \mid Y_i^1=P_1(y_i))$ 比特。总而言之，有 $L$ 个这样的步骤，在已知前一个奇偶校验的基础上每次确定一个奇偶校验值。在该奇偶校验的基础上发送满足校验的 $y_i$。

如果所有单独的层都以最佳方式实现，则平均发送 $m=m_1+\cdots+m_L$ 个比特。通过链式准则，这在每个元素中都是 $H(\boldsymbol{Y}_i)$，这证明了这种结构的最优性。从理论上讲，奇偶校验的顺序可以是任意的。如以下示例所示，使用 STC 时，顺序对于实际实现很重要，通常应当从高有效位向低有效位的顺序来进行嵌入。算法 6.1 描述了以图像为例使用两层 STC 以任意失真代价实现±1 嵌入的步骤。

**算法 6.1**：基于双层 STC 实现±1 嵌入 $m$ 比特负载

**输入**：$\boldsymbol{x}\in\chi=\{\mathcal{I}\}^n=\{0,\cdots,255\}^n$， $\rho_i(\boldsymbol{x},z)\in[-K,+K]$， $z\in\mathcal{I}_i=\{x_i-1,x_i,x_i+1\}$

1：定义 $\mathcal{P}_1(z)=z\bmod 2,\mathcal{P}_2(z)=[(z\bmod 4)>1]$

2：通过 $p_i(\boldsymbol{x},z)=C\gg K$ 禁止其他颜色，$z\notin\mathcal{I}_i\cap\mathcal{I}$

3：找到 $\lambda\geqslant 0$ 使得 $\pi$ 在 $X$ 上的分布满足 $H(\pi)=m$

4：定义 $p_i''=\Pr_\pi(\mathcal{P}_2(Y_i)=0)$，令 $m_2=\sum_i h(p'')$，$\boldsymbol{x}''\in\{0,1\}^n$，$X''=[p''<1/2]$，$Q''=|\ln(p''_i/(1-p''_i))|$

5：以失真代价 $Q_i'$ 使用二进制 STC 嵌入 $m_2$ 位并产生新的向量 $\boldsymbol{y}''=(y_1'',\cdots,y_n'')\in\{0,1\}^n$

6：定义 $p_i'=\Pr_\pi(\mathcal{P}_1(Y_i)=0|\mathcal{P}_2(Y_i)=y_i'')$，$X'\in\{0,1\}^n$，$X_i'=[p_i'<1/2]$，$Q_i'=|\ln(p_i'/(1-p_i'))|$

7：以失真代价 $Q_i'$ 使用二进制 STC 将 $m-m_2$ 比特嵌入到 $\boldsymbol{x}'$ 中并产生新的向量 $y'=(y_1',\cdots,y_n')\in\{0,1\}^n$

8：令 $y_i\in\mathcal{I}_i$，使得 $p_2(y_i)=y_i''$ 且 $p_1(y_i)=y_i'$

9：返回载密对象 $\boldsymbol{y}=(y_1,\cdots,y_n)$

10：消息可以从 $(\mathcal{P}_2(y_1),\cdots,\mathcal{P}_2(y_n))$ 和 $(\mathcal{P}_1(y_1),\cdots,\mathcal{P}_1(y_n))$ 中利用 STC 进行提取

实际上，每层中嵌入的比特数量 $m_j$ 需要传送给接收方。$m_j$ 作为伪随机置换的种子，用于置乱第 $j$ 层中的所有比特。如果由于较大的嵌入率和湿度，STC 不能嵌入给定的消息，则可以通过嵌入稍微不同的比特数来尝试不同的置换。

下面来看一个例子，为了简单起见，对于 $i\in\{1,\cdots,n\}$ 和足够大的 $n$，设 $x_i=2,I_i=\{1,2,3\}$，$\rho_i(1)=\rho_i(3)=1$ 和 $\rho_i(2)=0$。对于这样的三元嵌入，使用两个 LSB 为载体。假设 $\alpha=0.9217$，需要解决问题(6.21)，对应的有 $\lambda=2.08$，$P(Y_i=1)=P(Y_i=3)=0.1$ 和 $P(Y_i=2)=0.8$。为了使 $|\mathcal{I}_i|$ 是 2 的幂，将符号 0 纳入并且定义 $\rho_i(0)=\infty$，这意味着 $P(Y_i=0)=0$。令 $y_i=(y_i^2,y_i^1)$ 是 $y_i\in\{0,\cdots,3\}$ 的二进制表示，其中，$y_i^1$ 是 $y_i$ 的 LSB。

从 LSB 开始，可以得到 $P(Y_i^1=0)=0.8$。如果 LSB 需要改变，那么 $P(Y_i^2=0|Y_i^1=1)=0.5$，而 $P(Y_i^2=0|Y_i^1=0)=0$。在实践中，第一层可以通过任意可以最小化修改数的伴随式编码来实现嵌入 $m_1=n\cdot h(0.2)$ 位。第二层必须用湿纸码来实现，因为需要嵌入一个比特或保持像素不变(相对载荷为 1)。

然而，如果符号 1 和 3 的权重稍有变化，那么将不得不在第二层中使用 STC，这是因为大的相对载荷($\alpha=1$)和大的湿度($T=0.8$)会导致无法嵌入。从 MSB $y_i^2$ 开始的相反分解揭示出 $P(Y_i^2=0)=0.1$，$P(Y_i^1=0|Y_i^2=0)=0$，$P(Y_i^1=0|Y_i^2=1)=0.8/0.9$。这两层现在可以很容易地由 STC 实施，因为湿度不是那么严重($T=0.1$)。

### 6.3.7 网格码在隐写算法中的应用方式

本节介绍网格隐写码在空间域和变换域(JPEG)隐写方法中的应用方式。过去,大多数嵌入方案都受到如何对消息进行编码以便接收方可以读取它这一限制。F5 或 MMx 中的"收缩"等问题即源于这一实际限制。在网格码提出的情况下,由于它可以在任意失真代价函数下都能够以接近理论上限的性能解决 PLS 和 DLS 问题,因此,对于隐写算法的设计可以拥有更多的自由度,留给设计者的一个主要工作就是对失真代价函数的设计。这是一个开放性的问题,一个通常采取的手段是从隐写分析所提取的特征入手来对失真代价函数进行设计。当然,近两年来随着深度学习技术的快速发展,已经逐步有研究者采用对抗生成网络来对失真代价函数进行设计。

首先来看 DCT 域隐写术。为了应用网格隐写编码,首先需要设计一个加性失真函数,可以通过模拟嵌入来仿真最优码。假设载体是对灰度位图进行 JPEG 压缩得到的载体图像。设$\mathcal{A}$是在块 DCT 变换之后对应于 DCT 交流系数的一组索引,并且令 $c_i$ 为用量化步长 $q_i$ 对 $i\in\mathcal{A}$进行量化之前的第 $i$ 个交流系数。令 $\chi$ 表示包含量化交流 DCT 系数除以其相应的量化步长的所有矢量的集合。在普通的 JPEG 压缩中,$c_i$ 被量化为 $x_i=[c_i/q_i]$。

可以采用的失真代价函数如下:通过$\bar{x}_i=x_i+\text{sign}(c_i/q_i-x_i)$定义二进制嵌入操作 $\mathcal{I}_i\triangleq\{x_i,\bar{x}_i\}$,其中,如果 $x>0$,则 $\text{sign}(x)$为 1;如果 $x<0$ 则为$-1$;并且 $\text{sign}(0)\in\{-1,1\}$在取值域内随机均匀取值。简单地说,$x_i$ 是量化 DCT 交流系数,$\bar{x}_i$ 是在相反方向上量化时的相同系数。令 $e_i=|c_i/q_i-x_i|$是由 JPEG 压缩引入的量化误差。通过用$\bar{x}_i$ 代替 $x_i$,误差变为$|c_i/q_i-\bar{x}_i|=1-e_i$。如果 $e_i=0.5$,那么 $c_i/q_i$ 取整的方向取决于 JPEG 压缩器的实现方式,原始图像的微小扰动可能导致不同的结果。令$\mathcal{P}(x)=x\text{mod}2$。通过构造,$\mathcal{P}$满足奇偶函数$\mathcal{P}(x_i)\neq\mathcal{P}(\bar{x}_i)$的性质。失真代价函数定义的形式为 $D(\boldsymbol{x},\boldsymbol{y})=\sum_{i=1}^{n}Q_i\cdot[x_i\neq y_i]$,式中:$n=|\mathcal{A}|$。

考虑以下四种利用 $e_i$ 和 $q_i$ 的方法。所有方法在 $c_i/q_i\in(-0.5,0.5)$时取 $Q_i=\infty$,其他 $Q_i$ 的定义不同,如下所示:

S1:如果 $c_i/q_i\notin(-0.5,0.5)$,则 $Q_i=q_i(1-2e_i)$,如在扰动量化中[24]。

S2:如果 $c_i/q_i\notin(-0.5,0.5)$,则 $Q_i=q_i(1-2e_i)$,与 S1 相同但 $Q_i$ 通过量化步长加权。

S3:如果 $c_i/q_i\in(-1,-0.5]\cup[0.5,1)$,$Q_i=1$,其他情况下 $Q_i=1-2e_i$。

S4:如果 $c_i/q_i\in(-1,-0.5]\cup[0.5,1)$,$Q_i=q_i$,其他情况下 $Q_i=q_i(1-2e_i)$。

为了表明未压缩载体图像中边信息的重要性,在测试中包含了 nsF5[16] 算法,它可以表示为 $x_i=[c_i/q_i]$,$\bar{x}_i=x_i-\text{sign}(x_i)$,若 $x_i=0$,则 $Q_i=\infty$;否则 $Q_i=1$。这样,总有$|\bar{x}_i|<|x_i|$。nsF5嵌入可以最小化对非零 AC DCT 系数的更改次数。

对以上策略在 6500 个数字照相机图像数据库上进行测试,较小的尺寸为 512 像素。JPEG 的质量因子为 75。采用了 548 维 CC-PEV 特征集合作为隐写分析工具。图 6-13 显示了针对 PLS 问题以上各策略的最小平均分类误差 $P_E$。将满足 $c_i/q_i=0.5$ 的系数赋予零失真代价的策略 S1 和 S2 比不使用任何边信息的 nsF5 算法更差。另一方面,策略 S4 也是最好的,该策略利用了关于量化步长的信息。通过实施这一策略,必须根据图像内容处理湿纸信道道，其中通过对湿像素赋予 $Q_i=C$ 的失真代价，$C$ 足够大。

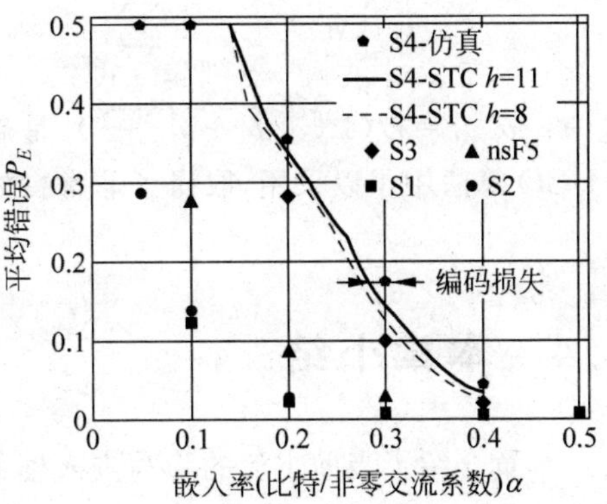


图 6-13　不同失真代价函数下的性能比较

对于空域的隐写方案，为了表明基于 STC 的多层结构的优点，这里介绍一种实用的嵌入方案。单个像素失真 $p_{i,j}(y_{i,j})$ 函数代表改变第 $i,j$ 个像素 $x_{i,j}$ 的失真代价，首先从其邻域开始考察，同时考虑其修改值 $y_{i,j}$。对平滑区域中的像素进行修改通常有更大概率会导致隐写分析特征的变化，因此应当赋予更高的失真代价。相对应的，邻域像素变化幅度较大的高纹理区域则可以以较大的概率而改变，因此应当赋予较小的失真代价。

可以采用的失真代价函数定义如下：如图 6-14 所示，按图示根据一组直线方向上的四个像素组在四个不同方向的模型构建空域的失真函数，图示的四个方向的像素组构成一个基团。根据各个方向的统计量来决定 $\rho_{i,j}(y_{i,j})$ 值。由于强烈的像素间依赖性，大多数像素块包含非常相似的值，因此相邻像素之间的差异往往非常接近于零。随着差异变大，符合这些差异的基团的数量迅速下降。从这个角度来看，修改任何差异较小的基团都会导致更大的失真。令 $\boldsymbol{x}\in\{0,\cdots,255\}^{n_1\times n_2}$ 是在空间域中表示的 $n_1\times n_2$ 灰度载体图像，$n=n_1n_2$。定义由水平像素差值 $D^{\rightarrow}_{i,j}(\boldsymbol{x})=x_{i,j+1}-x_{i,j}$，$i=1,\cdots,n_1$，$j=1,\cdots,n_2-1$ 计算的共生矩阵：

$$A^{\rightarrow}_{P,q,r}(\boldsymbol{x})=\sum_{i=1}^{n_1}\sum_{j=1}^{n_2-3}\frac{[(D^{\rightarrow}_{i,j},D^{\rightarrow}_{i,j+1},D^{\rightarrow}_{i,j+2})(\boldsymbol{x})=(p,q,r)]}{n_1(n_2-3)}$$

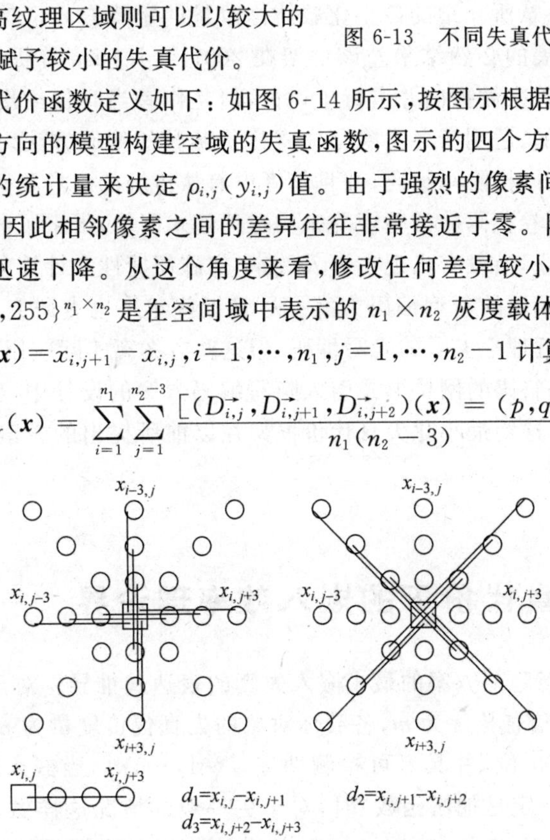


图 6-14　像素基团的四个方向的像素组。最终的失真 $\rho_{i,j}(y_{i,j})$ 是考虑像素 $x_{i,j}$ 的变化导致四个方向上的统计差异变化来计算

式中：$[(D^{\rightarrow}_{i,j},D^{\rightarrow}_{i,j+1},D^{\rightarrow}_{i,j+2})(\boldsymbol{x})=(p,q,r)]=[(D^{\rightarrow}_{i,j}(\boldsymbol{x})=p)\&(D^{\rightarrow}_{i,j+1}(\boldsymbol{x})=q)\&(D^{\rightarrow}_{i,j+2}(\boldsymbol{x})=r)]$。显然 $A^{\rightarrow}_{p,q,r}(\boldsymbol{x})\in[0,1]$ 是像素 $\{x_{i,j},x_{i,j+1},x_{i,j+2},x_{i,j+3}\}$ 的相邻四元组在整个图像中的差分 $x_{i,j+1}-x_{i,j}=p$，$x_{i,j+2}-x_{i,j+1}=q$ 和 $x_{i,j+3}-x_{i,j+2}=r$ 的归一化计数。上标箭头"→"表示通过从右侧减去左侧像素来计算差值。类似地，定义矩阵 $A^{\nearrow}_{p,q,r}(\boldsymbol{x})$，$A^{\uparrow}_{p,q,r}(\boldsymbol{x})$ 和 $A^{\nwarrow}_{p,q,r}(\boldsymbol{x})$。设 $y_{i,j}\boldsymbol{x}_{\sim i,j}$ 是通过用值 $y_{i,j}$ 替换像素 $x_{i,j}$ 而获得的图像。最后，通过下式定义失真度量 $D(\boldsymbol{y})=\sum_{i=1}^{n_1}\sum_{j=1}^{n_2}\rho_{i,j}(y_{i,j})$。

$$\rho_{i,j}(y_{i,j}) = \sum_{\substack{p,q,r \in \{-255,255\} \\ s \in \{\rightarrow,\nearrow,\uparrow,\nwarrow\}}} w_{p,q,r} \mid A^8_{p,q,r}(x) - A^8_{p,q,r}(y_{i,j} x \sim i,j) \mid \tag{6.33}$$

式中：$w_{p,q,r}=1/(1+\sqrt{p^2+q^2+r^2})$，是启发式选择权重。该失真代价函数的定义在著名的HUGO算法中予以采用，取得了非常良好的抗检测效果。

## 6.4 本章小结

本章介绍了当前主流的隐写嵌入框架——以最小化加性隐写失真为目的的矩阵嵌入。事实上，该框架是第4章所介绍的最小化载体修改量的矩阵嵌入框架以及第5章所介绍的湿纸编码框架结合发展的必然结果。该框架在2007年Jessica等提出的基于LDGM的矩阵嵌入框架的论文中首次被提出并进行了讨论，但是作者当时仅给出了一些理论分析结果而无法给出一个实用的、适用于各类隐写失真代价函数的编码方法。直到卷积码被纳入考虑，诞生了广泛应用的网格隐写编码，并且作者没有从传统的由卷积码生成矩阵构造的网格出发，而是选择了使用卷积码的校验矩阵来构造伴随式网格，带来了数字隐写编码领域的一次重大变革。迄今为止，尚没有出现在嵌入效率、实施便捷性和计算复杂度等多个方面的综合性能超出网格隐写编码的新型编码方案。尽管近些年来也有研究者尝试使用Polar码、阶梯码等实现更加逼近理论上限的隐写编码，但这些方案离实际应用依然存在着一些距离。更为重要的是，网格码将码的网格形式引入隐写编码方案的设计中，事实上，很多熟知的码均有对应的网格形式，这给最小化失真代价框架在以前所提出的方案中重新进行优化提供了很大的空间。

## 附录 任意失真代价下的嵌入效率理论界

本附录给出了任意隐写方案的最小嵌入失真的表达式推导。对于一个隐写方案，其载体对象长度为$n$，秘密信息长度为$m$，各载体对象的失真代价度量为$\rho_i, i=1,\cdots,n$。对于该方案以$n$个像素传递$m$位，并具有可检测性$\rho_i, i=1,\cdots,n$。当嵌入影响是可检测性度量$\rho_i$的任意函数(即，不一定是加法函数)时，对于更一般的情况这样做。对于$\boldsymbol{x},\boldsymbol{y}\in\{0,1\}^n$，将修改模式$\boldsymbol{s}\in\{0,1\}^n$定义为$s_i=\delta(x_i,y_i)$，其中，当$a=b$时有$\delta(a,b)=1$；否则$\delta(a,b)=0$。此外，定义$D(\boldsymbol{s})=D(\boldsymbol{x},\boldsymbol{y})$为$s_i=1$时对载体对象进行修改造成的影响。假定载体对象$\boldsymbol{x}$对接收方也是已知的。通过Gelfand-Pinsker定理[9]，这里得出的结论不依赖于这个假设。发送方传送修改模式，假设发送方以概率$p(\boldsymbol{s})$选择每个模式$\boldsymbol{s}$，可以传送的信息量是$p(\boldsymbol{s})$的熵

$$H(p) = -\sum_{s} p(\boldsymbol{s}) \log_2 p(\boldsymbol{s})$$

该问题现在被简化为在所有可能的翻转模式空间中寻找概率分布$p(\boldsymbol{s})$，它使如下的嵌入影响的期望值最小化

$$\sum_{s} D(\boldsymbol{s}) p(\boldsymbol{s})$$

同时该期望值收到的约束为

$$H(p)=\sum_{s}p(s)\log_2 p(s)=m,\quad \sum_{s}p(s)=1$$

这个问题可以使用拉格朗日乘子解决。令

$$F(p(s))=\sum_{s}p(s)D(s)+\mu_1\left(m-\sum_{s}p(s)\log_2 p(s)\right)+\mu_2\left(\sum_{s}p(s)-1\right)$$

则当且仅当 $p(s)=A\mathrm{e}^{-\lambda D(s)}$，

$$\frac{\partial F}{\partial p(s)}=D(s)-\mu_1(\log_2 p(s)+1/\ln(2))+\mu_2=0$$

式中：$A^{-1}=\sum_{s}\mathrm{e}^{-\lambda D(s)}$；且 $\lambda$ 由下式决定：

$$-\sum_{s}p(s)\log_2 p(s)=m$$

因此，概率 $p(s)$服从关于嵌入影响 $D(s)$的指数分布。

如果模式 $s$ 的嵌入影响是单例模式的加性函数(只有一个元素被修改的模式)，则 $D(s)=s_1\rho_1+\cdots+s_n\rho_n$，且 $p(s)$有如下形式：

$$p(s)=A\mathrm{e}^{-\lambda\sum_{i=1}^{n}s_i\rho_i}=A\prod_{i=1}^{n}\mathrm{e}^{-\lambda s_i\rho_i},\quad A^{-1}=\sum_{s}\prod_{i=1}^{n}\mathrm{e}^{-\lambda s_i\rho_i}=\prod_{i=1}^{n}(1+\mathrm{e}^{-\lambda\rho_i})$$

这进一步表明

$$p(s)=\prod_{i=1}^{n}p_i(s_i)$$

式中：$p_i(1)$和 $p_i(0)$是第 $i$ 个像素在嵌入过程中被修改(未被修改)的概率

$$p_i(0)=\frac{1}{1+\mathrm{e}^{-\lambda\rho_i}},\quad p_i(1)=\frac{\mathrm{e}^{-\lambda\rho_i}}{1+\mathrm{e}^{-\lambda\rho_i}}$$

当然，这进一步意味着联合概率分布 $p(s)$可以被分解，因此只需要知道第 $i$ 个像素被修改的概率 $p_i$，可以用熵表示：

$$H(p)=\sum_{i=1}^{n}H(p_i)$$

式中应用于标量的函数 $H$ 是二元熵函数。图 6-15 为在四种不同的失真代价函数下最小嵌入影响与相对消息长度之间的关系。

注意，当 $\rho_i=1$ 时，$\forall i$，可以得到

$$m=\sum_{i=1}^{n}H(p_i)=\sum_{i=1}^{n}H\left(\frac{\mathrm{e}^{-\lambda}}{1+\mathrm{e}^{-\lambda}}\right)$$

$$E\left(\sum_{i=1}^{n}p_i\rho_i\right)=\frac{n\mathrm{e}^{-\lambda}}{1+\mathrm{e}^{-\lambda}}$$

因此，每个载体元素的嵌入影响 $d/n$ 和相对消息长度 $m/n$ 之间存在以下关系：

$$\frac{d}{n}=H^{-1}\left(\frac{m}{n}\right)$$

若将 $\rho_i$ 从最小到最大排序并归一化，使得 $\sum_{i}\rho_i=1$。令 $\rho$ 为[0,1]上的黎曼可积非递减函数并满足 $\rho(i/n)=\rho_i$。那么对于 $n\to\infty$，每个元素的平均失真为

$$d=D/n=\frac{1}{n}\sum_{i=1}^{n}p_i\rho_i\to\int_0^1 p(x)\rho(x)\mathrm{d}x$$

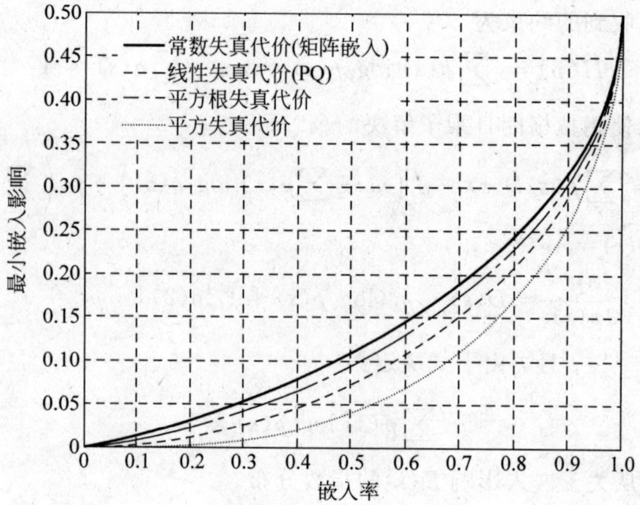


图 6-15 在四种不同的失真代价函数下最小嵌入影响与相对消息长度之间的关系

式中：$p(x)=\dfrac{e^{-\lambda\rho(x)}}{1+e^{-\lambda\rho(x)}}$。同理

$$\alpha=m/n=\frac{1}{n}\sum_{i=1}^{n}H(p_i)\rightarrow\int_0^1(p(x))\mathrm{d}x$$

通过直接计算

$$\begin{aligned}\ln 2\times\int_0^1 H(P(x))\mathrm{d}(x)&=\lambda\int_0^1\frac{\rho(x)e^{-\lambda\rho(x)}}{1+e^{-\lambda\rho(x)}}\mathrm{d}x+\int_0^1\ln(1+e^{-\lambda\rho(x)})\mathrm{d}x\\&=\lambda\int_0^1\frac{(\rho(x)+x\rho'(x))e^{-\lambda\rho(x)}}{1+e^{-\lambda\rho(x)}}\mathrm{d}x+\ln(1+e^{-\lambda\rho(1)})\end{aligned}$$

第二个等式是通过整合第二部分得到的。因此，可以以参数形式获得嵌入容量与失真之间的关系

$$d(\lambda)=G_\rho(\lambda)$$

$$\alpha(\lambda)=\frac{1}{\ln 2}(\lambda F_\rho(\lambda)+\ln(1+e^{-\lambda\rho(1)}))$$

式中：$\lambda$ 是一个非负参数，且

$$G_\rho(\lambda)=\int_0^1\frac{\rho(x)e^{-\lambda\rho(x)}}{1+e^{-\lambda\rho(x)}}\mathrm{d}x$$

$$F_\rho(\lambda)=\int_0^1\frac{(\rho(x)+x\rho'(x))e^{-\lambda\rho(x)}}{1+e^{-\lambda\rho(x)}}\mathrm{d}x$$

## 参考文献

[1] Fridrich J, Filler T. Practical methods for minimizing embedding impact in steganography[C]//International Society for Optics and Photonics, 2007: 650502.

[2] Filler T, Judas J, Fridrich J. Minimizing Additive Distortion in Steganography Using Syndrome-Trellis Codes [J]. IEEE Transactions on Information Forensics & Security, 2011, 6(3): 920-935.

[3] Maneva E, Mossel E, Wainwright M J. A new look at survey propagation and its generalizations [J]. Journal of the ACM, 2007, 54(4): 17.

[4] Wainwright M J, Maneva E. Lossy source encoding via message-passing and decimation over generalized codewords of LDGM codes[C]// International Symposium on Information Theory, 2005. ISIT 2005. IEEE, 2005: 1493-1497.

[5] Martinian E, Wainwright M J. Analysis of LDGM and compound codes for lossy compression and binning [J]. Workshop on Information Theory and its Applications 2006: 229-233.

[6] Richardson T J, Shokrollahi M A, Urbanke R L. Design of capacity-approaching irregular low-density parity-check codes [J]. IEEE Transactions on Information Theory, 2001, 47(2): 619-637.

[7] Richardson T J, Urbanke R L. Efficient encoding of low-density parity-check codes [J]. IEEE Transactions on Information Theory, 2002, 47(2): 638-656.

[8] Westfeld A. F5—A Steganographic Algorithm[C]// Information Hiding, International Workshop, Ihw 2001, Pittsburgh, Pa, Usa, April 25-27, 2001, Proceedings. DBLP, 2001: 289-302.

[9] Fridrich J. Statistically undetectable jpeg steganography: dead ends challenges, and opportunities [C]// The Workshop on Multimedia & Security. DBLP, 2007: 3-14.

[10] Moulin P, Koetter R. Data-Hiding Codes [J]. Proceedings of the IEEE, 2005, 93(12): 2083-2126.

[11] Filler T, Fridrich J, Ker A D. The square root law of steganographic capacity for Markov covers [J]. Proceedings of Spie the International Society for Optical Engineering, 2009, 7254: 107-116.

[12] Viterbi A, Omura J. Trellis Encoding of Memoryless Discrete-Time Sources with a Fidelity Criterion [M]. Piscataway: IEEE Press, 1974, 20(3): 325-332.

[13] Sidorenko V, Zyablov V. Decoding of convolutional codes using a syndrome trellis [J]. IEEE Transactions on Information Theory, 1994, 40(5): 1663-1666.

[14] Calderbank A R, Fishburn P C, Rabinovich A. Covering properties of convolutional codes and associated lattices [J]. IEEE Transactions on Information Theory, 1995, 41(3): 732-746.

[15] Wang C K, Doërr G, Cox I. Trellis coded modulation to improve dirty paper trellis watermarking [C]// International Society for Optics and Photonics, Security, Steganography, and Watermarking of Multimedia Contents IX. 2007, 6505: 65050G.

[16] Zhang X, Zhang W, Wang S. Efficient double-layered steganographic embedding [J]. Electronics Letters, 2007, 43(8): 482-483.

# 第7章

# 矩阵嵌入的一般化网格实现

STCs是基于卷积码的伴随式网格构建的隐写编码，其嵌入性能主要基于两方面：一是面向最小化加性隐写失真函数的矩阵嵌入框架。在文献[1]中，Filler等指出，不考虑载体各元素修改时的相互影响，将失真函数表现为各载体元素的修改失真之和的形式，可以构造出实用中接近理想的隐写嵌入方案，即非相互作用的嵌入失真模型，也称加性隐写失真函数。另一方面，STCs所利用的时不变卷积码有着天然的网格结构，这使得与加性隐写失真函数可以有效结合的维特比算法[2]可以在该结构上得以实施，从而在加性隐写失真函数下，得到最佳的载密对象。事实上，除了卷积码外，对于一些低维度的线性码，也可以根据其校验矩阵构造对应的伴随式网格。而对于卷积码，除了伴随式网格外，可以从生成矩阵的角度进行网格的构造。另外，近年来在信源/信道编码领域，可以以系统方法构建的时变卷积码已被验证可以取得接近经过优选的时不变卷积码的性能，若以其来构建网格码，可以避免当前时不变网格码的构造子矩阵易被攻击者获得的缺点。本章介绍由低纬度线性分组码构建的网格隐写编码、时不变卷积码的最小跨长生成矩阵构造方法、基于周期时变卷积码的网格隐写编码。这些网格隐写编码可以与STC一样，均可以达到最小化加性隐写失真的目的。

## 7.1 低维度线性分组码的网格隐写编码

针对基于线性码的矩阵嵌入框架，尽管从长码的角度看，基于卷积码网格码的性能要明显优于传统的基于线性分组码的方案，但是对于一些需要短码长隐写编码的场合，以汉明码和随机线性码为代表的低维度线性分组码依然有着不可替代的作用。针对低维度线性分组码的矩阵嵌入框架，相关的研究往往面向最小化隐写中的载体修改量。本节利用一种与STCs中的网格具有类似构建机制的BCJR伴随式网格[3,4]来对基于线性分组的矩阵嵌入方案进行网格化拓展。通过对秘密信息和载体对象进行分块使其同样能够在码长范围内达到最小化加性隐写失真的效果。

### 7.1.1　低维度线性分组码的 BCJR 伴随式网格的构建

对于最小汉明距离为 $d_{\min}$ 的二元线性分组码 $C(N,K,d_{\min})$，$N$ 和 $K$ 分别为其码字长度和信息位长度，若其校验位的长度满足 $P=N-K\leqslant 15$，则称之为低维度二元线性分组码。在这里，线性分组码的 BCJR 网格[4]被拓展至其伴随式形式。设有向图 $T_{\bar{m}}(V,E,\lambda)$ 为其对应于秘密信息分块$\bar{\boldsymbol{m}}$的 BCJR 伴随式网格，$V$ 为网格中的节点集合；$E$ 为连接节点的边的集合；$\lambda$ 为各条边所对应的比特集合；该网格中每条路径对应一个长度为 $N$ 的比特序列，该序列为线性分组码 $C$ 对应于伴随式$\bar{\boldsymbol{m}}$的陪集元素。

二元线性分组码 $C(N,K,d_{\min})$ 的 BCJR 陪集网格 $T_{\bar{m}}(V,E,\lambda)$ 的构造方式可描述如下：将校验矩阵表示为列向量的形式，$\boldsymbol{H}=(\boldsymbol{h}_1,\boldsymbol{h}_2,\cdots,\boldsymbol{h}_N)$，其中，$\boldsymbol{h}_i$ 为 $P$ 维二元列向量。则对于每个秘密信息分块$\bar{\boldsymbol{m}}\in\{0,1\}^P$，其所对应的 BCJR 伴随式网格即为陪集 $\Gamma=\{\boldsymbol{c}\mid\boldsymbol{H}\cdot\boldsymbol{c}=\bar{\boldsymbol{m}},\boldsymbol{c}\in\{0,1\}^N\}$ 的网格表示。这里，分组长度 $N$ 对应网格的深度，对于每个深度 $i\in\{0,1,2,\cdots,N\}$，其所在列的节点集合包含 $2^P$ 个节点，每个节点以一个 $P$ 维二元数组所表示的状态来进行标识。节点集合 $V$ 中共包含 $2^P\times(N+1)$ 个节点，$V_{i,j}$ 为深度 $i$ 所在列的第 $j$ 个节点。

对于任意的陪集元素 $\boldsymbol{c}=(c_1,\cdots,c_N)^{\mathrm{T}}\in\Gamma$，将其对应的网格路径包含的边依次记为 $e_1,e_2,\cdots,e_N$，$e_j\in E_{i-1,i}$，其中，$E_{i-1,i}$ 为连接深度 $i-1$ 和 $i$ 中节点的所有边的集合。这里以三个属性来描述一条边 $e_j$，即离开节点所对应的起始节点状态 $\mathrm{init}(e_j)$，目的节点状态 $\mathrm{dst}(e_j)$，对应的编码比特 $\lambda(e_j)$，则依据式(7.1)可进行 BCJR 伴随式网格的构造。

$$\begin{cases}\mathrm{init}(e_j)=\sum_{k=1}^{i-1}c_k\cdot\boldsymbol{h}_k+\bar{\boldsymbol{m}}(i-1)\\ \mathrm{dst}(e_j)=\sum_{k=1}^{i}c_k\cdot\boldsymbol{h}_k+\bar{\boldsymbol{m}}(i)\\ \lambda(e_j)=c_j\end{cases}\tag{7.1}$$

其中，起始节点状态和目的节点状态满足，即所有路径均是从全零状态节点出发，最终回归全零状态节点，$\bar{\boldsymbol{m}}(i)=\begin{cases}(\bar{m}_1,\cdots,\bar{m}_i,0,\cdots,0)^{\mathrm{T}}, & i<P\\ (\bar{m}_1,\cdots,\bar{m}_P)^{\mathrm{T}}, & i\geqslant P\end{cases}$，$\mathrm{init}(e_1)=\mathrm{dst}(e_N)=\{0\}^P$。由 $\mathrm{init}(e_i)=\mathrm{dst}(e_{i-1})$，$i=2,\cdots,N$，易知：

$$\begin{aligned}\mathrm{dst}(e_N)-\mathrm{init}(e_1)&=\sum_{i=1}^{N}[\mathrm{dst}(e_i)-\mathrm{init}(e_i)]\\&=\boldsymbol{H}\cdot\boldsymbol{c}\oplus\bar{\boldsymbol{m}}=\boldsymbol{0}\end{aligned}\tag{7.2}$$

从式(7.2)可知，式(7.1)所构造的网格是对应于秘密信息块$\bar{\boldsymbol{m}}$的伴随式网格，事实上，BCJR 伴随式网格的构造并不局限于该形式，例如可以在全零序列对应的伴随式网格的基础上将其最终目的节点从全零状态节点设置为与秘密信息块对应的状态节点也可以实现相同的效果。

以校验矩阵如式(7.3)所示的(7,4,3)线性分组码为例，

$$\boldsymbol{H}=\begin{bmatrix}1&0&0&1&0&1&1\\0&1&0&1&1&1&0\\0&0&1&0&1&1&1\end{bmatrix}\tag{7.3}$$

对应于秘密信息块$\boldsymbol{m}=(1\quad 0\quad 1)^{\mathrm{T}}$的 BCJR 伴随式网格如图 7-1 所示。

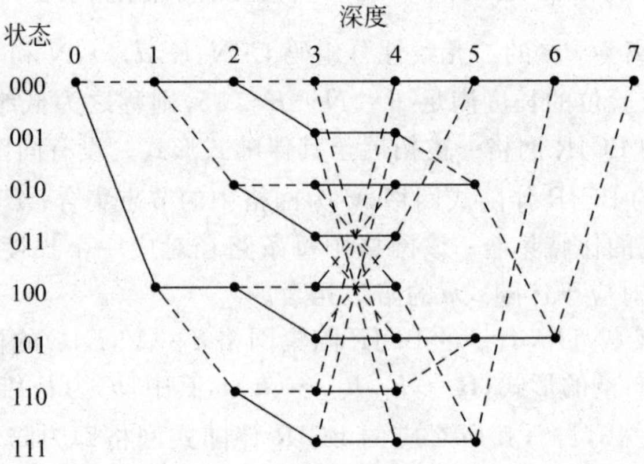


图 7-1　BCJR 伴随式网格示例

实线代表比特 0，虚线代表比特 1。

## 7.1.2　BCJR 伴随式网格隐写编码方案

设载体对象为$\boldsymbol{x}\in\{0,1\}^n$，秘密信息为$\boldsymbol{m}\in\{0,1\}^m$，嵌入率为$\alpha=m/n$，则 BCJR 伴随式网格的构造既可以基于低维汉明码、格雷码等典型线性分组码，也可以利用通信双方共享的密钥随机生成删余汉明码的校验矩阵。根据维特比算法的特点，该网格隐写编码的复杂度为$O(n\times 2^{P+1})$，因此在实际应用中，为了折中编码复杂度和嵌入性能，将该类低维度线性分组码的校验位长度限制为$3\leqslant P\leqslant 15$。另一方面，为了保证构造的随机线性分组码的最小汉明距离，所对应的校验矩阵中应不包含任意相等的两列，即分组码长与校验位长度间应满足$N\leqslant 2^P-1$。同时，为了尽可能提高载体利用率，分组码长$N$与校验位长度$P$之间应满足$P/(N+1)<\alpha\leqslant P/N$。在构造或采用的校验矩阵的基础上，以图 7-2 所示的方式完成在当前载体对象和秘密信息下的 BCJR 网格隐写编码。

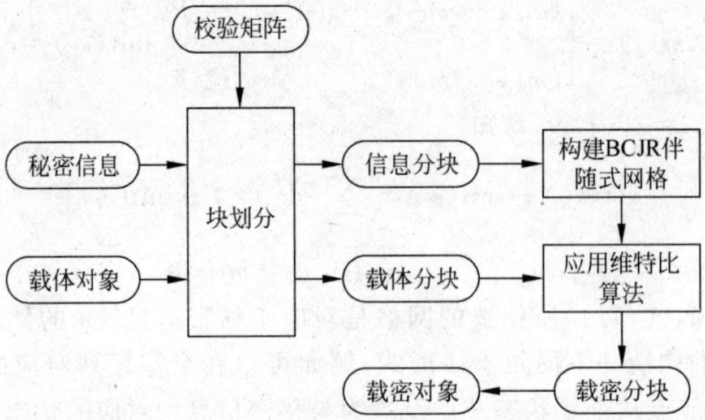


图 7-2　基于低维度线性分组码的 BCJR 伴随式网格隐写编码框架

根据构造的校验矩阵$\boldsymbol{H}\in\{0,1\}^{P\times N}$，载体对象和秘密信息分别被划分为对应维度的载体分块$\boldsymbol{x}_i\in\{0,1\}^N$和秘密信息分块$\boldsymbol{m}_i\in\{0,1\}^P$，$i=1,2,\cdots,\lfloor n/N\rfloor$。则对于每个载体-信息对$\{\boldsymbol{x}_i,\boldsymbol{m}_i\}$，在构造其对应的 BCJR 伴随式网格后，结合定义的载体失真测度配置采用维

特比算法来得到局部隐写失真最小化的载密分块，进而对其进行合并得到整体隐写失真次优的载密对象。在维特比算法中，对网格中的每条边 $e_i$ 赋予一个如式(7.4)所示的边失真 $\phi(e_i)$，其中，$e_i$ 为深度 $i-1$ 和 $i$ 之间的边。

$$\phi(e_i) = \rho_i \cdot (x_i \oplus \lambda(e_i)) \tag{7.4}$$

对每个节点赋予一个累计失真 $\Phi$，则对于边 $e_i$ 所连接的两个节点有

$$\Phi(\mathrm{dst}(e_i)) = \Phi(\mathrm{init}(e_i)) + \phi(e_i) \tag{7.5}$$

对于每个节点，若其连接多条边，则只保留其中对应累计失真较小的边。最终，选取连接深度 0 和深度 $N$ 对应列中的零状态节点的路径作为载密对象分块对应的路径，其对应的比特序列即为最小化局部隐写失真的载密对象块。

下面对所提的基于低维度线性分组码的 BCJR 伴随式网格编码方案性能进行评估。这里采用文献[5,6]中所涉及的三种典型的加性隐写失真测度配置来对该方案进行评测，在下文中的其他基于矩阵嵌入的隐写编码方案中，均采用这三种加性隐写失真配置作为评价嵌入性能的标准失真测度配置。这三类加性隐写失真测度包括归一化的常数失真测度配置($\rho_i=1$)，线性失真测度配置($\rho_i=2i/n$)，以及平方失真测度配置 $\rho_i=3i^2/n^2$，$i=1,2,\cdots,n$。

不失一般性，载体对象和秘密信息所对应的二元序列均由伪随机序列发生器生成。载体长度设置为 $n=8000$，嵌入性能以嵌入效率 $e=\alpha/d_{\mathrm{st}}$ 来进行衡量，其中，$d_{\mathrm{st}}=D_{\mathrm{st}}/n$，为载体各元素的平均失真，$\alpha$ 为嵌入率，嵌入效率代表单位失真所嵌入的秘密信息比特数。分别计算汉明码和随机构造的低维度随机线性码所实现的网格编码的嵌入效率，汉明码的校验位长度 $P\in\{3,4,5\}$，构造的随机码校验位长度 $P\in\{5,6,7\}$，嵌入率 $\alpha\in\{1/2,1/3,1/4,1/5,1/6\}$，则在三种失真测度配置下针对这两类码的实验结果如图 7-3～图 7-5 所示。图中横坐标为嵌入率的倒数，纵坐标为嵌入效率，每个点均为 20 次实验结果的平均值。

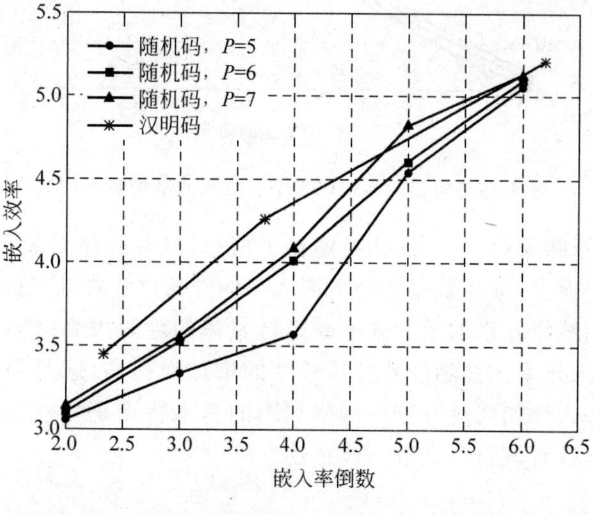


图 7-3　汉明码与构造的随机码在常数失真测度配置下的嵌入效率

由图 7-3～图 7-5 可知，在三种不同类型的隐写失真测度配置下，以 7.1.1 节中的约束条件构造的低维度随机码可以达到与汉明码接近的嵌入效率，在嵌入率为 1/6 左右时，汉明码与构造的随机码在三种隐写失真测度配置下的嵌入效率均分别超过了 5、11 和 40。以平

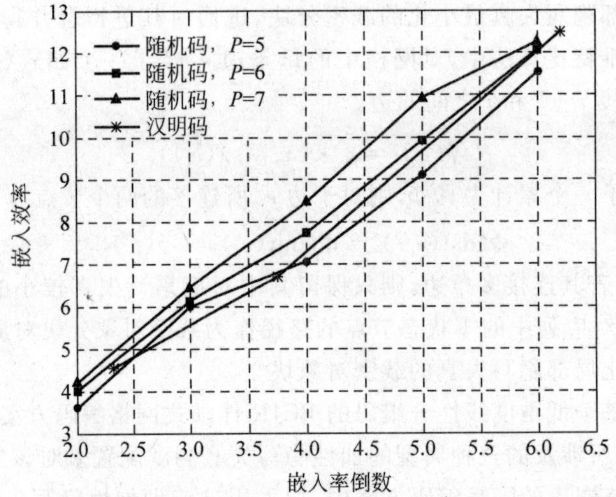


图 7-4　汉明码与构造的随机码在线性失真测度配置下的嵌入效率

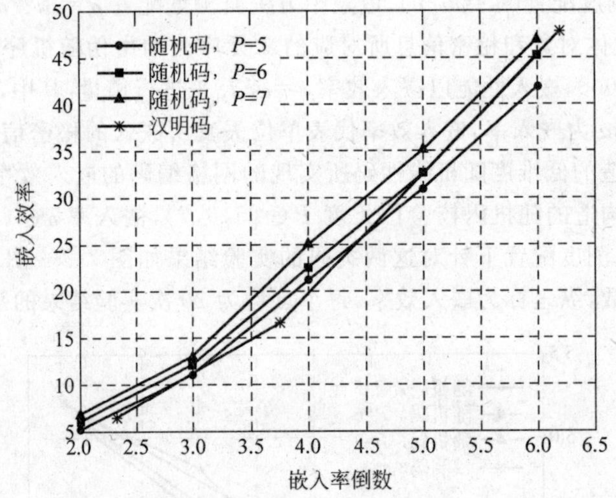


图 7-5　汉明码与构造的随机码在平方失真测度配置下的嵌入效率

方失真测度为例，这意味着每嵌入 40 比特的秘密信息，只对载体对象造成不超过 1 的隐写失真。对于这两类码而言，嵌入效率均随着嵌入率的降低逐步提高，这说明本文所提的网格方案能够随着可利用载体元素的增加来不断降低整体的隐写失真。另一方面，对于构造的低维度随机码，其嵌入效率往往随着校验位长度的增加而提高，这与网格中的边越多，对应的网格隐写编码的嵌入性能就越好这一网格编码的基本特点是一致的，在后文中将继续从卷积码的网格结构来针对该特点做进一步描述。

## 7.2　时不变卷积码的最小跨长生成矩阵网格隐写编码

在面向最小化加性隐写失真的矩阵嵌入框架下，最优载密对象的求解问题可以转化为两个独立的问题：一是对以秘密信息为伴随式的特殊陪集序列 $z\in\{0,1\}^n$ 的求解；二是对应掩码在二元对称信道中的最大似然译码算法。本节以时不变卷积码为研究对象，从其最小跨长生成矩阵(Minimal Span Generator Matrix，MSGM)网格[7]出发来构建其对应的网格隐写编码，称为最小跨长网格码(MSGM Trellis Codes，MSGM-TCs)。该隐写编码可视为 STCs 的一种同构实现方式，但是在某些嵌入率下可以在保持性能相近的前提下达到比 STCs 更低的计算复杂度和计算存储开销。该方案的信息嵌入过程如图 7-6 所示。

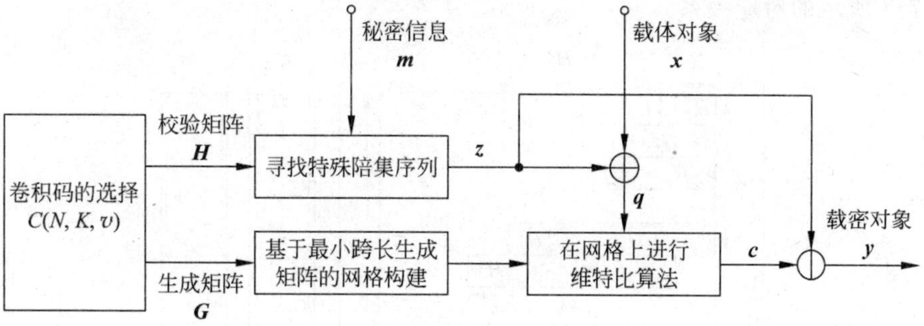


图 7-6　MSGM-TCs 的信息嵌入过程

在嵌入过程中，首先根据嵌入率 $\alpha$ 选择适合的卷积码 $C(N,K,v)$，$v$ 为卷积码的寄存器级数，通常 $v=h-1$。利用卷积码的校验矩阵 $\boldsymbol{H}$ 寻找满足 $\boldsymbol{H}\cdot\boldsymbol{z}=\boldsymbol{m}$ 的任一陪集序列 $\boldsymbol{z}$，同时，利用卷积码的最小跨长生成矩阵 $\boldsymbol{G}$ 构建网格。值得注意的是，由于本节针对的是时不变卷积码，因此该网格是由重复的网格单元串联而成，在具体的隐写任务中无须反复计算。在该网格上，利用维特比算法寻找与序列 $\boldsymbol{q}=\boldsymbol{x}\oplus\boldsymbol{z}$ 间失真最小的码字 $\boldsymbol{c}$ 作为载体的修改序列，并得到最终的载密对象 $\boldsymbol{y}=\boldsymbol{x}\oplus\boldsymbol{c}$。下面着重对嵌入过程中所涉及的三个主要问题展开分析，包括卷积码的选择对嵌入效率的影响、特殊陪集序列 $\boldsymbol{z}$ 的快速求解以及基于最小跨长生成矩阵的网格构建。

嵌入效率是衡量隐写编码方案性能的核心指标，对于一个隐写编码方案而言，若它在常数失真测度配置下能保持较高的嵌入效率，则它在其他类型的失真测度配置下往往也能保持较好的性能[5]。本节在常数隐写失真测度配置下对所提方案中卷积码的选择对嵌入效率的影响进行分析，嵌入效率为 $e=m/(n\cdot d_{\text{st}})$，其中，$m$ 和 $n$ 分别为秘密信息和载体对象的长度；$d_{\text{st}}$ 为单位失真下平均嵌入的比特数，在常数失真测度配置下，即为载体每造成 1 比特修改量平均嵌入的信息比特数。事实上，$d_{\text{st}}$ 对应于卷积码用于信源编码时的平均单点失真[8]，对于无记忆离散时间信源，若采用基于卷积码的网格信源编码，其对应的平均单点失真上限 $\bar{d}_{\text{st}}$ 满足：

$$\bar{d}_{\text{st}} \leqslant d_{\text{st}}^{*} + d_b \cdot 2^{-hE(R)}/(1-2^{-\varepsilon E(R)})^2 \tag{7.6}$$

式中：$h$ 为卷积码的记忆长度；$d_b$ 和 $d_{\text{st}}^{*}$ 均为常数；$E(R)$ 和 $\varepsilon$ 均为随码率 $R=K/N$ 提高而增大的正数。

结合嵌入效率 $e$ 的形式与式(7.6)可知，对于固定长度的秘密信息，若选择用于隐写编码的时不变卷积码为 $C(N,K,v)$，则其嵌入效率受三方面因素的影响，包括卷积码的码率 $R=K/N$，卷积码的记忆长度 $h$ 以及卷积码的码长 $n$。在本节中，为了方便起见，假定所采用的卷积码的码率 $R=1-\alpha$，则在该情形下，卷积码的码长与载体长度是相等的。对于 $R\neq 1-\alpha$ 的情形，可利用密钥对载体的嵌入区域进行选择从而使其满足该等式。

### 7.2.1 时不变卷积码的陪集序列快速构建方案

在确定用于构造网格隐写编码的时不变卷积码 $C(N,K,v)$ 后，利用其校验矩阵 $\boldsymbol{H}\in\{0,1\}^{m\times n}$ 的结构特点，设计了一种能够求解满足 $\boldsymbol{H}\cdot\boldsymbol{z}=\boldsymbol{m}$ 的特殊陪集序列 $\boldsymbol{z}\in\{0,1\}^n$ 的快速算法。设秘密信息序列 $\boldsymbol{m}=\{s_1,s_2,\cdots,s_m\}^{\mathrm{T}}$，则校验矩阵 $\boldsymbol{H}$ 逐行与序列 $\boldsymbol{z}$ 和 $\boldsymbol{m}$ 逐分块间有如图 7-7 所示的对应关系。

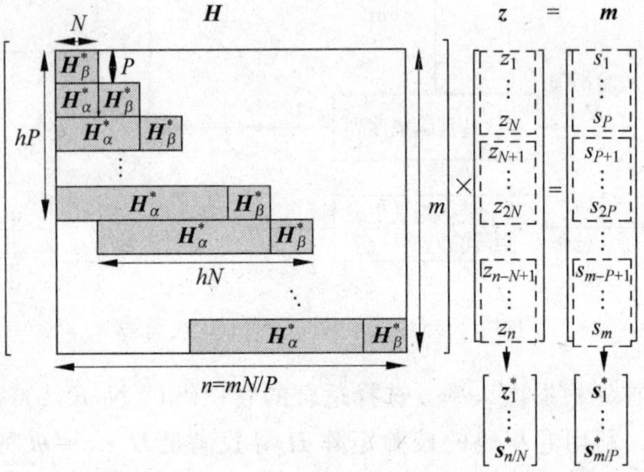


图 7-7　校验矩阵 $\boldsymbol{H}$ 逐行与序列 $\boldsymbol{z}$ 和 $\boldsymbol{m}$ 逐分块间的对应关系

如图 7-7 所示，$P=N-K$，校验矩阵 $\boldsymbol{H}$ 中的阴影区域为其非零元素所在部分，其中每一行包含至多 $hN$ 个非零元素，同时，序列 $\boldsymbol{z}$ 中的每个元素 $z_i$ 的取值至多可以影响秘密信息序列 $\boldsymbol{m}$ 中的 $hP$ 个元素。将校验矩阵 $\boldsymbol{H}$ 中每连续 $P$ 行的非零元素区域视为一个非零元素块，如图 7-7 所示，除起始区域外每个非零元素块可分为 $\boldsymbol{H}_\alpha^*$ 和 $\boldsymbol{H}_\beta^*$ 两个子块（首个非零元素块仅包含 $\boldsymbol{H}_\beta^*$）。其中：$\boldsymbol{H}_\alpha^*$ 代表与上一个非零元素块重叠的部分；$\boldsymbol{H}_\beta^*$ 代表与上一个非零元素块不重叠的部分。同时，序列 $\boldsymbol{z}$ 和 $\boldsymbol{m}$ 分别以长度 $N$ 和 $P$ 分块为 $(\boldsymbol{z}_1^*\ \ \boldsymbol{z}_2^*\ \ \cdots\ \ \boldsymbol{z}_{n/N}^*)^{\mathrm{T}}$ 和 $(\boldsymbol{s}_1^*\ \ \boldsymbol{s}_2^*\ \ \cdots\ \ \boldsymbol{s}_{m/P}^*)^{\mathrm{T}}$，根据校验矩阵 $\boldsymbol{H}$ 的结构特点利用式(7.7)所示的递推公式来计算序列 $\boldsymbol{z}$。

$$\begin{cases}\boldsymbol{z}_1^*=f_{\boldsymbol{H}_\beta^*}(\boldsymbol{m}_1^*)\\ \boldsymbol{z}_{i+1}^*=f_{\boldsymbol{H}_\beta^*}(\boldsymbol{H}_\alpha^*\cdot(\boldsymbol{z}_{i-h+1}^*\ \ \cdots\ \ \boldsymbol{z}_i^*)^{\mathrm{T}}\oplus\boldsymbol{m}_{i+1}^*),\quad i=1,2,\cdots,n/N-1\end{cases}\tag{7.7}$$

式中：函数 $\boldsymbol{A}=f_{\boldsymbol{H}_\beta^*}(\boldsymbol{B})$ 意味着满足 $\boldsymbol{H}_\beta^*\cdot\boldsymbol{A}=\boldsymbol{B}$ 的任意解，由于 $\boldsymbol{H}_\beta^*\in\{0,1\}^{P\times N}$ 为一个低维度的固定矩阵，且 $(\boldsymbol{H}_\alpha^*\cdot(\boldsymbol{z}_{i-h+1}^*\ \ \cdots\ \ \boldsymbol{z}_i^*)^{\mathrm{T}}\oplus\boldsymbol{m}_{i+1}^*)\in\{0,1\}^P$，因此函数 $f_{\boldsymbol{H}_b^*}(\cdot)$ 的映射关系可以作为先验信息预先计算后反复使用，与 $\boldsymbol{H}_\alpha^*$ 相关的乘法运算与其类似。则该特殊陪集序列 $\boldsymbol{z}$ 的求解算法包括在 $P$ 阶伽罗华域 $\mathrm{GF}(2^P)$ 上的 $hn/N$ 次选择运算和 $n/N$ 次加法运算，该特殊陪集求解算法的复杂度随着所采用卷积码的码率提高而降低，与网格中的维特比算法的计算复杂度相比，该特殊陪集求解算法的计算复杂度是可以忽略的。

### 7.2.2 时不变卷积码的最小跨长生成矩阵网格

本节从时不变卷积码的生成矩阵出发来构建其最小跨长生成矩阵网格[7]，该网格是时不变卷积码的一种最小网格形式。若选取的卷积码为 $C(N,K,v)$，且其生成矩阵有如式(7.8)所示的多项式形式：

$$\boldsymbol{G}(D)=\boldsymbol{G}_1+\boldsymbol{G}_2 D+\cdots+\boldsymbol{G}_h D^{h-1} \tag{7.8}$$

式中：$\boldsymbol{G}_1,\boldsymbol{G}_2,\cdots,\boldsymbol{G}_h$ 均为 $K\times N$ 维标量矩阵；$h$ 为记忆长度；$h-1$ 为寄存器级数；因此其对应的 $K\times hN$ 维标量形式为

$$\widetilde{\boldsymbol{G}}=(\boldsymbol{G}_1 \quad \boldsymbol{G}_2 \quad \cdots \quad \boldsymbol{G}_h) \tag{7.9}$$

最小跨长生成矩阵最初被用于构建二元线性分组码的最小网格结构[9]，但是由于线性分组码并不具备卷积码的时不变结构特性，其特殊陪集序列的求解并无对应的快速方法，只能通过高斯消元法进行计算，因此该网格结构并不适应于构造基于线性分组码的网格隐写编码。而对于时不变卷积码，基于7.2.1节中所提的特殊陪集序列快速求解方法，可利用该网格结构构造其对应的网格隐写编码。

对于一个非零二元向量 $\boldsymbol{x}=(x_1,x_2,\cdots,x_n)$，记 $L(\boldsymbol{x})$ 和 $R(\boldsymbol{x})$ 分别为其非零元素的最小和最大索引，$\sigma(\boldsymbol{x})=(L(\boldsymbol{x}),\cdots,R(\boldsymbol{x}))\subseteq\{1,2,\cdots,n\}$，为其跨长索引，则 $|\sigma(\boldsymbol{x})|=R(\boldsymbol{x})-L(\boldsymbol{x})+1$ 称为向量 $\boldsymbol{x}$ 的跨长。将式(7.9)所示的基本生成矩阵 $\widetilde{\boldsymbol{G}}$ 中的每一行记作 $\boldsymbol{g}_i$，$i=1,2,\cdots,K$，$\sigma(\boldsymbol{g}_i)$ 为其跨长索引，则基本生成矩阵 $\widetilde{\boldsymbol{G}}$ 的跨长 $\Theta(\widetilde{\boldsymbol{G}})$ 可以记为其各行向量跨长之和：

$$\Theta(\widetilde{\boldsymbol{G}})=\sum_{i=1}^{K}|\sigma(\boldsymbol{g}_i)| \tag{7.10}$$

为了构建最小网格，利用高斯消元法将基本生成矩阵 $\widetilde{\boldsymbol{G}}$ 转化为最小跨长形式 $\boldsymbol{g}_1,\boldsymbol{g}_2,\cdots,\boldsymbol{g}_K$，最小跨长生成矩阵需满足 L-R 性质，即对于任意的 $i\neq j\in\{1,2,\cdots,K\}$，均有 $L(\boldsymbol{g}_i)\neq L(\boldsymbol{g}_j)$，$R(\boldsymbol{g}_i)\neq R(\boldsymbol{g}_j)$。该最小跨长形式可由一种贪婪算法[9]循环计算得到：循环寻找一组满足 $L(\boldsymbol{g}_i)=L(\boldsymbol{g}_j)$，$R(\boldsymbol{g}_i)\leqslant R(\boldsymbol{g}_j)$ 或 $L(\boldsymbol{g}_i)\geqslant L(\boldsymbol{g}_j)$，$R(\boldsymbol{g}_i)=R(\boldsymbol{g}_j)$ 的行向量 $\{\boldsymbol{g}_i,\boldsymbol{g}_j\}$，以 $\boldsymbol{g}_i\oplus\boldsymbol{g}_j$ 替换 $\boldsymbol{g}_i$。

若最小跨长矩阵的多项式形式为 $\hat{\boldsymbol{G}}(D)=\boldsymbol{G}_1+\boldsymbol{G}_2 D+\cdots+\boldsymbol{G}_h D^{h-1}$，则对应卷积码的生成矩阵 $\boldsymbol{G}_s$ 为

$$\boldsymbol{G}_s=\begin{bmatrix} \boldsymbol{G}_1 & \boldsymbol{G}_2 & \cdots & \boldsymbol{G}_h & & & & \\ & \boldsymbol{G}_1 & \boldsymbol{G}_2 & \cdots & \boldsymbol{G}_h & & & \\ & & \boldsymbol{G}_1 & \boldsymbol{G}_2 & \cdots & \boldsymbol{G}_h & & \\ & & & \boldsymbol{G}_1 & \boldsymbol{G}_2 & \cdots & \boldsymbol{G}_h & \\ & & & & \boldsymbol{G}_1 & \boldsymbol{G}_2 & \cdots & \boldsymbol{G}_h \\ & & & & & & \ddots & \end{bmatrix} \tag{7.11}$$

从纵向上看，除了起始和截断部分，该生成矩阵由子矩阵 $\overline{\boldsymbol{G}}=(\boldsymbol{G}_h,\boldsymbol{G}_{h-1},\cdots,\boldsymbol{G}_1)^{\mathrm{T}}$ 沿对角线方向循环移位叠放构成，该 $hK\times N$ 维子矩阵 $\overline{\boldsymbol{G}}$ 称为矩阵单元，其对应的网格结构称为网格单元(Trellis Module，TM)，卷积码的最小跨长网格即可由该网格单元循环串联得到。对于行向量形式的最小跨长矩阵 $\hat{\boldsymbol{G}}=(\hat{\boldsymbol{g}}_1,\hat{\boldsymbol{g}}_2,\cdots,\hat{\boldsymbol{g}}_K)^{\mathrm{T}}$，若 $j\in\sigma(\hat{\boldsymbol{g}}_i)$，则 $\hat{\boldsymbol{G}}$ 中索引位置为 $(i,j)$ 的元素被认为是"激活"元素。当 $\hat{\boldsymbol{G}}$ 被重排为矩阵单元形式时，其中各元素的"激活"属性保持不变。令 $\partial=(\partial_1,\partial_2,\cdots,\partial_{hK})$ 为矩阵单元 $\overline{\boldsymbol{G}}$ 各行向量的跨长集合，则根据式(7.12)和式(7.13)定义两类集合 $\boldsymbol{A}_i$ 和 $\boldsymbol{B}_i$。$\boldsymbol{A}_i$ 代表矩阵单元第 $i$ 列中激活元素对应的索引集合；$\boldsymbol{B}_i$ 代表集合 $\boldsymbol{A}_i$ 与 $\boldsymbol{A}_{i+1}$ 的交集。

$$\boldsymbol{A}_i = \{j: i \in \partial_j\} \tag{7.12}$$

$$\boldsymbol{B}_i = \begin{cases} \boldsymbol{A}_i \cap \boldsymbol{A}_{i+1}, & i = 1, \cdots, N-1 \\ \partial_{-K}(\boldsymbol{A}_N) \cap \boldsymbol{A}_1, & i = 0 \\ \boldsymbol{A}_N \cap \partial_K(\boldsymbol{A}_1), & i = N \end{cases} \tag{7.13}$$

式中：若 $\boldsymbol{t}=\{t_1,t_2,\cdots,t_n\}$，则$\partial_a(\boldsymbol{t})=\{t_1+a,t_2+a,\cdots,t_n+a\}$；$\alpha_i$ 和$\beta_i$ 分别为集合$\boldsymbol{A}_i$ 和$\boldsymbol{B}_i$ 的势。利用这两类集合可对网格单元进行构造。对于 $i=0,1,\cdots,N$，$\boldsymbol{V}_i$ 为其深度 $i$ 所对应列中的节点集合，每个节点与一个 $\beta_i$ 维二元数组表示的状态对应，$\boldsymbol{E}_{i-1,i}$ 为连接深度 $i$ 与 $i-1$所在列中节点的边的集合。网格单元中节点集合 $\boldsymbol{V}_i$ 的势为$|\boldsymbol{V}_i|=2^{\beta_i}$，边集合 $\boldsymbol{E}_{i-1,i}$ 的势为$|\boldsymbol{E}_{i-1,i}|=2^{\alpha_i}$。与 7.1.1 节相似，以三个属性来描述一条边 $e_i$，即离开节点所对应的起始节点状态 $\mathrm{init}(e_i)$，到达节点对应的目的节点状态 $\mathrm{dst}(e_i)$，对应的编码比特 $\lambda(e_i)$，并以式(7.14)进行网格单元的构造。

$$\begin{cases} \mathrm{init}(e_i) = \boldsymbol{u} \cap \boldsymbol{B}_{i-1} \\ \mathrm{dst}(e_i) = \boldsymbol{u} \cap \boldsymbol{B}_i \\ \lambda(e_i) = \boldsymbol{u} \cdot (\bar{\boldsymbol{g}}_i \cap \boldsymbol{A}_i) \end{cases} \tag{7.14}$$

式中：$\boldsymbol{u}$ 为 $\alpha_i$ 维二元序列；$\bar{\boldsymbol{g}}_i$ 为矩阵 $\bar{\boldsymbol{G}}$ 的第 $i$ 行。若 $\boldsymbol{u}=\{u_1,\cdots,u_N\}$为二元序列且 $\boldsymbol{B}=\{j_1,\cdots,j_s\}\subseteq\{1,2,\cdots,N\}$，则运算"$\boldsymbol{u}\cap\boldsymbol{B}$"的结果为 $\boldsymbol{u}$ 的子向量$\{u_{j_1},\cdots,u_{j_s}\}$。

以一个基本生成矩阵为$\widetilde{\boldsymbol{G}}=\begin{bmatrix}\mathbf{1}&\mathbf{1}&\mathbf{0}&\mathbf{1}&0&0\\0&0&\mathbf{1}&\mathbf{1}&0&0\end{bmatrix}$的(3,2,2)卷积码为例，其"激活"元素以粗体表示，其当前的跨长为 6，以两个行向量相加的结果替换第一行可以得到最小跨长为 5 的最小跨长矩阵$\widetilde{\boldsymbol{G}}_1=\begin{bmatrix}\mathbf{1}&\mathbf{1}&\mathbf{1}&0&0&0\\0&0&\mathbf{1}&\mathbf{1}&0&0\end{bmatrix}$，对应的矩阵单元 $\bar{\boldsymbol{G}}_1$ 为

$$\bar{\boldsymbol{G}}_1 = \begin{bmatrix} 0 & 0 & 0 \\ \mathbf{1} & 0 & 0 \\ \mathbf{1} & \mathbf{1} & \mathbf{1} \\ 0 & 0 & \mathbf{1} \end{bmatrix} \tag{7.15}$$

相应的集合参数 $\boldsymbol{A}_i,\boldsymbol{B}_i,\alpha_i,\beta_i$ 以及各边集合 $\boldsymbol{E}_{1,2},\boldsymbol{E}_{2,3},\boldsymbol{E}_{3,4}$分别如表 7-1 和表 7-2 所示。

**表 7-1　矩阵单元 $\bar{\boldsymbol{G}}_1$ 对应的集合参数**

| $i$ | $\boldsymbol{A}_i$ | $\boldsymbol{B}_i$ | $\alpha_i$ | $\beta_i$ |
|---|---|---|---|---|
| 0 | — | {2} | — | 1 |
| 1 | {2,3} | {3} | 2 | 1 |
| 2 | {3} | {3} | 1 | 1 |
| 3 | {3,4} | {4} | 2 | 1 |

**表 7-2　边集合 $\boldsymbol{E}_{1,2},\boldsymbol{E}_{2,3},\boldsymbol{E}_{3,4}$的属性**

| 边集合 | $\boldsymbol{u}$ | $\mathrm{init}(e_i)$ | $\mathrm{dst}(e_i)$ | $\lambda(e_i)$ |
|---|---|---|---|---|
| $\boldsymbol{E}_{1,2}$ | 00 | 0 | 0 | 0 |
| | 01 | 0 | 1 | 1 |
| | 10 | 1 | 0 | 1 |
| | 11 | 1 | 1 | 0 |

续表

| 边 集 合 | $\boldsymbol{u}$ | $\mathrm{init}(e_i)$ | $\mathrm{dst}(e_i)$ | $\lambda(e_i)$ |
|---|---|---|---|---|
| $\boldsymbol{E}_{2,3}$ | 0 | 0 | 0 | 0 |
| | 1 | 1 | 1 | 1 |
| $\boldsymbol{E}_{3,4}$ | 00 | 0 | 0 | 0 |
| | 01 | 0 | 1 | 1 |
| | 10 | 1 | 0 | 1 |
| | 11 | 1 | 1 | 0 |

则依据表 7-1 和表 7-2,该卷积码对应的最小跨长生成矩阵的网格单元结构如图 7-8 所示。图中,虚线代表比特 1,实线代表比特 0,整个网格由若干个重复的网格单元构成。结合特殊陪集序列的求解以及在该最小网格上实施维特比算法,可以实现对应的网格隐写编码。

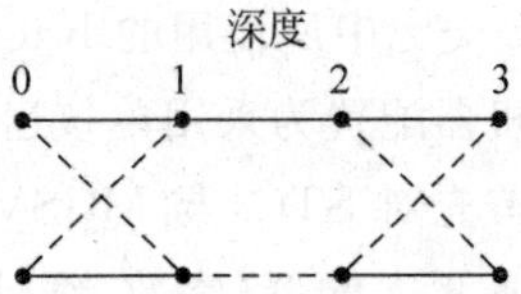


图 7-8 最小跨长矩阵$\widetilde{\boldsymbol{G}}_1$对应的网格单元

## 7.2.3 网格隐写编码的时间复杂度近似度量

由于网格隐写编码的计算复杂度主要来源于维特比算法,在信道编码理论中,该算法的计算复杂度可由每编码 1 比特平均边符号数来进行衡量[10],也称为网格复杂度(trellis complexity,TC),该网格复杂度可通过对网格单元计算得到。利用该度量来衡量网格隐写编码的计算复杂度,以网格中每深度平均节点数来衡量其空间复杂度,也称存储开销。从这两方面对 STCS 与基于最小跨长生成矩阵的网格隐写编码的复杂度进行比较分析。

对于卷积码 $C(N,K,v)$,其对应的 STCs 方案所构建的伴随式网格单元的网格复杂度满足式(7.16):

$$\mathrm{TC}_{\mathrm{STCs}} \leqslant \frac{N}{K} \times 2^{v+\min(K,N-K)} \tag{7.16}$$

而在本节所提的 MSGM-TCs 方案中,网格是基于最小跨长生成矩阵来构建的,其对应的网格复杂度为

$$\mathrm{TC}_{\mathrm{MSGM\text{-}TCs}} = \sum_{i=1}^{N} 2^{\alpha_i}/K \tag{7.17}$$

式中:$\alpha_i$ 为矩阵单元 $\overline{\boldsymbol{G}}$ 的第 $i$ 行中的“激活”元素数目。因此,为了尽可能地降低网格编码的计算复杂度,需要在保证嵌入效率的前提下寻找能够最小化 $\sum_{i=1}^{N} 2^{\alpha_i}$ 的生成矩阵。

另一方面,尽管空间复杂度(space complexity,SC)并非传统隐写术的核心指标,但对于未来可能应用于移动计算节点中的隐蔽通信场合,隐写算法运算时所需的存储量往往是受限的。这里对网格隐写编码的空间复杂度进行分析,维特比算法的存储开销主要是路径存储开销,用来存储每个节点的保留边,其空间复杂度往往由网格中每深度平均节点数来衡量[11]。STCs 所对应网格的空间复杂度为

$$SC_{\text{STCs}} \leqslant 2^h \tag{7.18}$$

本节所提的 MSGM-TCs 网格隐写编码方案中网格的空间复杂度为

$$TC_{\text{MSGM-TCs}} = \sum_{i=1}^{N} 2^{\beta_i} / N \tag{7.19}$$

式中：$\beta_i$ 为网格单元中集合 $\boldsymbol{B}_i$ 的势。

网格隐写编码的嵌入效率随着卷积码的码率增大而提高，下面选取高码率时不变卷积码 $C(N,N-1,v)$为实验对象[5,11,12]。为了公正地评价所提的 MSGM-TCs 的嵌入性能以及复杂度，将本节的方案在 Visual C++2008 平台下实现，并采用 Syndrome-Trellis Codes Toolbox[13]中所使用的 Intel Streaming SIMD Entensions 指令集对其性能进行优化，运行时的机器配置为采用单核运算的 Intel Core2 T5450 1.66GHz CPU。

首先对 STCs 与 MGSM-TCs 的嵌入效率进行比较，采用 7.1.2 节所示的三种典型隐写失真测度配置(常数、线性、平方)，记忆长度设置为 $h \in \{3,5,7,10\}$，嵌入率设置为 $\alpha \in \{1/2,1/3,1/4,1/5,1/6,1/7\}$。载体对象和秘密信息均由二进制伪随机序列发生器生成，载体长度(即码长)设置为 $n=10^4$，则两个网格隐写编码方案在三种不同隐写失真测度配置下的嵌入效率如图 7-9～图 7-11 所示。图中横坐标为嵌入率的倒数，纵坐标为嵌入效率，每个点均为 20 次实验的平均值。图中对应的嵌入效率理论上限由附录 6.1 计算得到。

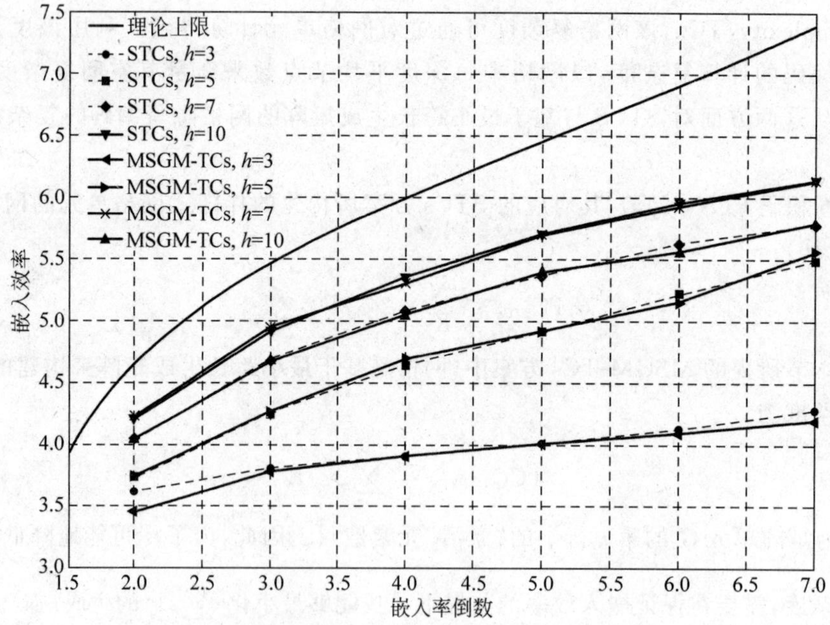


图 7-9　常数失真测度配置下两种网格隐写编码的嵌入效率

由图 7-9～图 7-11 可知，STCs 和 MGSM-TCs 这两种网格隐写编码在三种典型失真测度配置下的嵌入效率基本一致，这表明 MGSM-TCs 可视为 STCs 的一种同构形式，在无嵌入性能损失的前提下能够进一步降低网格的复杂度。

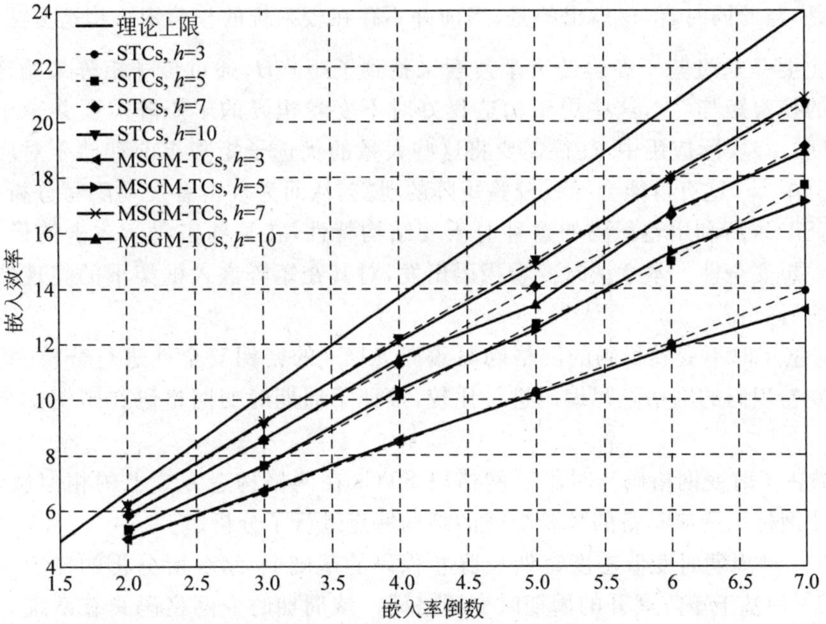


图 7-10 线性失真测度配置下两种网格隐写编码的嵌入效率

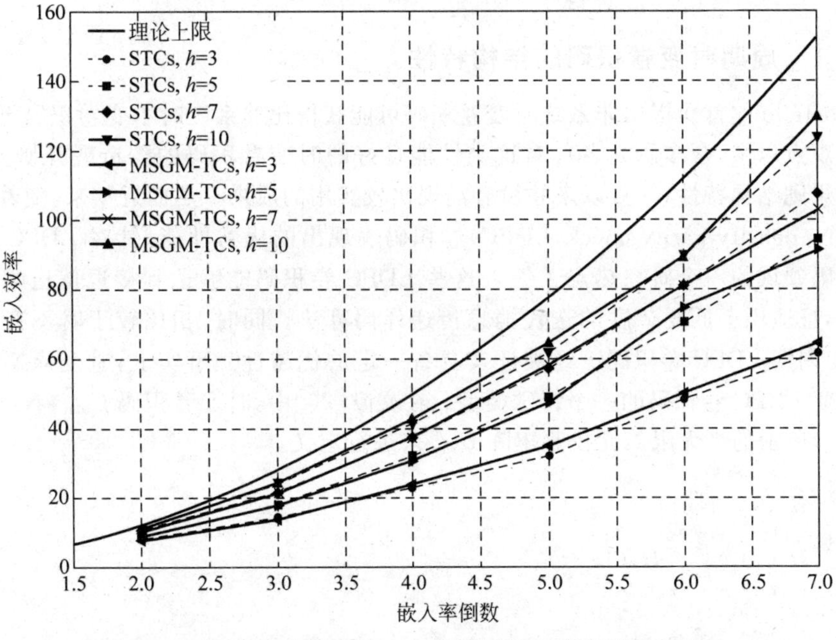


图 7-11 平方失真测度配置下两种网格隐写编码的嵌入效率

## 7.3 基于周期时变卷积码的网格隐写编码

网格码 STCs 是时不变卷积码在矩阵嵌入框架下的实现，由于其近似最优的嵌入性能以及与码长呈线性关系的计算复杂度，当前已经被广泛应用于自适应图像、视频隐写方案的设计。但是,与此同时,值得指出的是,当前并不存在较系统的校验矩阵构造方法,实际所采用的方法主要是通过基于经验的穷举搜索来找到子矩阵$\hat{\boldsymbol{H}}$,通过该子矩阵来循环构造时不变卷积码的校验矩阵[5,6],这些用于构造良好时不变卷积码的子矩阵需要共享于发送方与接收方之间。在实际应用中,往往需要将这些大量的优选子矩阵提前存储于对应的公开软件实现代码中[13],这有可能会导致校验矩阵的泄露,从而为攻击者发动隐写分析造成便利。另一方面,STCs 所利用卷积码的这种时不变结构特性,在某些密码学攻击情形下,无法保证密钥的理想安全性。本章从时变卷积码出发,对其在矩阵嵌入框架下的实现展开了以下三个方面的研究:

(1) 对基于时不变卷积码的网格隐写编码 STCs 的密钥安全性进行分析,并将其与基于周期时变卷积码的网格隐写编码进行比较,推证了周期时变网格码在密钥安全性上的明显优势。

(2) 描述了时变网格码与时不变网格码 STCs 在网格构造方式上的相似性,并对性能良好的时变网格码所应具备的校验矩阵的结构特点进行了分析。

(3) 在一种周期时变低密度奇偶校验卷积码的基础上,结合所分析的校验矩阵构造特点,提出了一种基于矩阵展开的周期时变网格码。该周期时变网格码具有系统灵活的构造方法,能够保持与优选后的时不变网格码 STCs 相近的嵌入性能,同时具有更高的密钥安全性。

### 7.3.1 周期时变卷积码的结构特性

从 Costello[14] 首次提出非系统时变卷积码可能获得比非系统时不变卷积码更大的自由距离这一观点以来,众多研究者针对这类性能良好的时变卷积码的构造展开研究[15-17],但由于其不规则结构特性,一直以来并没有涌现出较实用的成果。然而近年来,随着低密度奇偶校验(low-density parity-check,LDPC)卷积码表现出的优秀性能,针对 LDPC 的研究已经成为编码领域的一个研究热点[18-22]。这些 LDPC 卷积码能够达到接近信道编码理论上限的性能,且适用于低复杂度的迭代消息传递译码算法。同时,相比较于时不变 LDPC 卷积码,时变周期 LDPC 卷积码已经被证实具备一定的优越性。事实上,时变周期 LDPC 卷积码是时变 LDPC 卷积码的一个特殊类型。在文献[20]中,时变卷积码 $C_{\text{conv}}(N,K)$ 由一个如式(7.20)所示的半无限二元校验矩阵 $\boldsymbol{H}_{\text{conv}}$ 来进行定义。

$$\boldsymbol{H}_{\text{conv}}=\begin{bmatrix}\hat{\boldsymbol{H}}_0(0) & & & & & & \\ \hat{\boldsymbol{H}}_1(1) & \hat{\boldsymbol{H}}_0(1) & & & & & \\ \vdots & \vdots & \ddots & & & & \\ \hat{\boldsymbol{H}}_{m_s}(m_s) & \hat{\boldsymbol{H}}_{m_s-1}(m_s) & \cdots & \hat{\boldsymbol{H}}_0(m_s) & & & \\ & \hat{\boldsymbol{H}}_{m_s}(m_s+1) & \hat{\boldsymbol{H}}_{m_s-1}(m_s+1) & \cdots & \hat{\boldsymbol{H}}_0(m_s+1) & & \\ & \ddots & \ddots & & \ddots & & \\ & & \hat{\boldsymbol{H}}_{m_s}(t) & \hat{\boldsymbol{H}}_{m_s-1}(t) & \cdots & \hat{\boldsymbol{H}}_0(t) & \\ & & \ddots & \ddots & & & \ddots\end{bmatrix} \tag{7.20}$$

式中：子矩阵$\hat{\boldsymbol{H}}_i(j), i=0,1,\cdots,m_s, j=0,1,\cdots,t$ 均为维度为$(N-K)\times N$的二元矩阵，且$K<N$；参数 $m_s$ 代表寄存器级数。以连续 $N-K$ 行为一个矩阵块，根据校验矩阵的结构特点可知，每个矩阵块中最多包含 $m_s+1$ 个非零子矩阵，每一行中非零元素数目的最大值以约束长度 $v_s=(m_s+1)\cdot N$ 来衡量。

若存在一个正整数 $T_s$，使得对任意 $i=0,1,\cdots,m_s$ 和 $j=0,1,\cdots,t$，均有$\hat{\boldsymbol{H}}_i(j)=\hat{\boldsymbol{H}}_i(j+T_s)$，则 $T_s$ 称为 $\boldsymbol{H}_{\mathrm{conv}}$ 的周期，时变卷积码 $C_{\mathrm{conv}}(N,K)$称为周期时变卷积码。特别地，当周期 $T_s=1$ 时，对应的卷积码称为时不变卷积码。本章主要以这类时变周期卷积码为研究对象，探讨其网格隐写编码方法的实现与相关问题。

### 7.3.2　时变卷积码的伴随式网格

本节对基于高码率时变卷积码的网格隐写编码的伴随式网格的构造进行阐述，事实上，其构造方式与 STCs 中所采用的网格构造方法类似，不同的是其中各网格单元之间存在区别。对于校验矩阵为$\widetilde{\boldsymbol{H}}_{\mathrm{conv}}(t)$的时变卷积码 $C(N,N-1)$，如式(7.20)所示的校验矩阵形式可改写为如式(7.21)所示的形式。式中：$h$ 为记忆长度；$h_k(i,j)\in\{0,1\}, i=1,2,\cdots,h$；$j=1,2,\cdots,N$；$k=1,2,\cdots,t$。

$$\widetilde{\boldsymbol{H}}_{\mathrm{conv}}(t)=\begin{bmatrix} h_1(1,1) & \cdots & h_1(1,N) & & & & & & \\ h_1(2,1) & \cdots & h_1(2,N) & h_2(1,1) & \cdots & h_2(1,N) & & & \\ \vdots & \ddots & \vdots & h_2(2,1) & \cdots & h_2(2,N) & & & \\ h_1(h,1) & \cdots & h_1(h,N) & \vdots & \ddots & \vdots & & & \\ & & & h_2(h,1) & \cdots & h_2(h,N) & & & \\ & & & & & & \ddots & & \\ & & & & & & \ddots & & \\ & & & & & & h_t(1,1) & \cdots & h_t(1,N) \end{bmatrix} \tag{7.21}$$

在网格中，每一列包含 $2^h$ 个节点，每个节点对应一个 $h$ 维二元序列。$e_{i,j}$代表第 $i$ 个网格单元中的第 $j$ 条边；$\mathrm{init}(e_{i,j})$和 $\mathrm{dst}(e_{i,j})$分别表示边的起始节点状态和目的节点状态；$\lambda(e_{i,j})\in\{0,1\}$，为边所对应的编码比特。若 $\boldsymbol{m}=(s_1,\cdots,s_m)^{\mathrm{T}}$ 为二元嵌入信息，$\boldsymbol{E}_1=(e_{1,1},\cdots,e_{1,N},e_{2,1},\cdots,e_{2,N},\cdots,e_{m,N})$为其所构造的时变伴随式网格中的一条路径，则其应满足式(7.22)～式(7.26)。

$$\mathrm{dst}(e_{i,j})=\mathrm{init}(e_{i,j})\oplus[\lambda(e_{i,j})\cdot(h_i(h,j),\cdots,h_i(2,j),h_i(1,j))] \tag{7.22}$$

$$\mathrm{dst}(e_{i,j})=\mathrm{init}(e_{i,j+1}) \tag{7.23}$$

$$R(\mathrm{dst}(e_{i,N}))=s_i \tag{7.24}$$

$$\mathrm{init}(e_{i+1,1})=[\mathrm{dst}(e_{i,N})\oplus s_i]\gg 1 \tag{7.25}$$

$$\mathrm{init}(e_{1,1})=\mathrm{dst}(e_{m,N})=0 \tag{7.26}$$

式中：符号“$\gg$”代表非循环右移位，如$(0010)\gg 1=(001)$；函数 $R(\boldsymbol{a})$代表向量 $\boldsymbol{a}$ 的最低比特位。由式(7.22)和式(7.23)可知

$$\mathrm{dst}(e_{i,N})=\mathrm{init}(e_{i,1})\oplus\sum_{j=1}^{N}[\lambda(e_{i,j})\cdot(h_i(h,j),\cdots,h_i(2,j),h_i(1,j))] \tag{7.27}$$

进一步地,根据式(7.25),可以得到

$$\text{init}(e_{i+1,1}) = \left[\text{init}(e_{i,1}) \oplus \sum_{j=1}^{N}[\lambda(e_{i,j}) \cdot (h_i(h,j),\cdots,h_i(2,j),h_i(1,j))] \oplus m_i\right] \gg 1 \tag{7.28}$$

式(7.24)和式(7.26)可转化为如式(7.29)和式(7.30)的形式。

$$R(\text{init}(e_{i,1})) \oplus \sum_{j=1}^{N}[\lambda(e_{i,j}) \cdot h_i(1,j)] = s_i \tag{7.29}$$

$$\text{init}(e_{i,1}) = \sum_{k=1}^{i-1}\sum_{j=1}^{N}\lambda(e_{i-k,j}) \cdot (h_{i-k}(h,j)\cdots h_{i-k}(k+1,j)) \tag{7.30}$$

即

$$\left(\sum_{k=1}^{i-1}\sum_{j=1}^{N}\lambda(e_{i-k,j}) \cdot h_{i-k}(k+1,j)\right) \oplus \sum_{j=1}^{N}[\lambda(e_{i,j}) \cdot h_i(1,j)] = s_i \tag{7.31}$$

因此有

$$\boldsymbol{H} \cdot \lambda(\boldsymbol{E}_1) = \boldsymbol{m} \tag{7.32}$$

式中:$\lambda(\boldsymbol{E}_1)=(\lambda(e_{1,1}),\cdots,\lambda(e_{1,N}),\lambda(e_{2,1}),\cdots,\lambda(e_{2,N}),\cdots,\lambda(e_{m,N}))^{\mathrm{T}}$,这意味着满足式(3.10)~式(3.14)构造特点的任意路径均为时变卷积码 $C(N,N-1)$ 陪集集合 $\boldsymbol{\delta}(\boldsymbol{m})=\{\boldsymbol{\omega}\in\{0,1\}^n \mid \boldsymbol{H}\cdot\boldsymbol{\omega}=\boldsymbol{m}\}$ 中的元素。

### 7.3.3 良好的时变网格码校验矩阵的结构特性分析

在文献[5,6]中,Fridrich 等根据经验总结了非时变卷积码构造性能良好的网格隐写码所应具备的结构特点:子矩阵 $\hat{\boldsymbol{H}}$ 的首行以及尾行均不能为全零向量,同时,不应该包含相同的两列。但是他们并未对这两点性质进行进一步的分析。事实上,这两条性质同样适用于时变网格隐写码的设计。不失一般性,本节以高码率时变网格码 $C(N,N-1)$ 为研究对象,对其校验矩阵所需具备的两点基本性质进行阐述。为了便于分析,将时变网格码构造中所利用的校验矩阵 $\widetilde{\boldsymbol{H}}_{\text{conv}}(t)$ 记为式(7.33)所示的形式。

$$\widetilde{\boldsymbol{H}}_{\text{conv}}(t) = \begin{bmatrix} \boldsymbol{H}_1(1) & & & & \\ \boldsymbol{H}_2(1) & & & & \\ \vdots & \ddots & \boldsymbol{H}_1(i) & & \\ \boldsymbol{H}_h(1) & \ddots & \boldsymbol{H}_2(i) & & \\ & & \vdots & \ddots & \\ & & \boldsymbol{H}_h(i) & \ddots & \\ & & & & \boldsymbol{H}_1(t) \end{bmatrix} \tag{7.33}$$

式中:$h$ 为记忆长度;$\boldsymbol{H}_j(i)=[h_i(j,1)\quad h_i(j,2)\quad\cdots\quad h_i(j,N)]$,$i=1,2,\cdots,t$,$j=1,2,\cdots,h$。

时变网格码的伴随式网格结构包含由不同子矩阵构成的网格单元,下面基于网格单元对时变网格码的校验矩阵所应具备的结构特性进行分析。网格中第 $i$ 个网格单元对应式(7.33)中的第 $i$ 个子矩阵 $\hat{\boldsymbol{H}}(i)=[\boldsymbol{H}_1(i)^{\mathrm{T}},\cdots,\boldsymbol{H}_h(i)^{\mathrm{T}}]^{\mathrm{T}}$。

记子矩阵 $\hat{\boldsymbol{H}}(i)$ 所对应的网格单元为 $\Omega(E,V)$,$E$ 和 $V$ 分别为边与节点的集合,$v_{j,k}\in V$,

代表其 $j+1$ 深度所在列的第 $k+1$ 个节点，$j=0,1,\cdots,N$，且 $k=0,\cdots,2^h-1$，每个节点对应一个由 $h$ 维二元序列表示的状态。对于网格中的每个节点，若为某条边的目的节点，则称为“激活”节点，维特比算法只对激活节点进行利用；与之相对的，将无边到达的节点称为“未激活”节点。所采用的卷积码的记忆长度 $h$ 的增大之所以能够有效提高网格码的嵌入效率，事实上是因为每列中的“激活”节点的数目随着记忆长度增加，使得能够实现路径优选的边选择运算次数增大。

对于时变网格码中的每个网格单元而言，其首列中至多存在 $2^{h-1}$ 个与前一个网格单元相连的“激活”起始节点。在最后一列，只有节点状态的最低比特位与秘密信息比特相同的节点所连接的路径才可得以保留，且这些节点的累计隐写失真会转移至与之相连的下一个网格单元的首列“激活”起始节点上。因此，第 $i+1$ 个网格单元中首列“激活”起始节点数目由第 $i$ 个网格单元中最后一列的“激活”节点数目决定，在对应子矩阵 $\hat{\boldsymbol{H}}(i)$ 的第 $i$ 个网格单元中，有效遍历路径的数量为 $N_a\cdot 2^N$，$N_a$ 为其首列中“激活”起始节点的数目，这意味着对于一个适用于构造伴随式网格隐写编码的高码率时变卷积码 $C(N,N-1)$，其每个子矩阵 $\hat{\boldsymbol{H}}(i)$ 所对应的网格单元的最后一列都该具备尽可能多的“激活”节点。在对时变网格码的每个子矩阵所该具备的结构特点进行分析前，首先给出定理 7.1。

**定理 7.1**：记 $\Theta(J,K)$ 为子矩阵 $\hat{\boldsymbol{H}}(i)$ 所对应的网格单元中连接节点 $v_{0,J}$ 与 $v_{N,K}$ 的路径集合，$J$ 为节点 $v_{0,j}$ 状态的十进制形式；$K$ 为节点 $v_{N,k}$ 状态的十进制形式。每条路径以一个 $N$ 维二元序列表示，$|\Theta(J,K)|$ 为集合 $\Theta(J,K)$ 的势。若不存在非零解 $\boldsymbol{\lambda}$ 满足 $\hat{\boldsymbol{H}}(i)\cdot\boldsymbol{\lambda}=\boldsymbol{0}$，则对于任意状态 $J$ 和 $K$，当 $\Theta(J,K)\neq\varnothing$ 时，有 $|\Theta(J,K)|=1$；若存在非零解 $\boldsymbol{\lambda}$ 满足 $\hat{\boldsymbol{H}}(i)\cdot\boldsymbol{\lambda}=\boldsymbol{0}$，则对于任意 $J$ 和 $K$，当 $\Theta(J,K)\neq\varnothing$ 时，有 $|\Theta(J,K)|=2$，且 $\sum_{\mu\in\Theta(j,k)}\mu=\boldsymbol{\lambda}^*$。

**证明**：由式(7.27)可知，当 $\Theta(J,K)\neq\varnothing$ 时有

$$J\oplus K=\hat{\boldsymbol{H}}(i)\cdot\boldsymbol{\lambda} \tag{7.34}$$

若存在两个不同的解 $\boldsymbol{\lambda}_a=(\lambda_1^a,\cdots,\lambda_N^a)^{\mathrm{T}}$ 和 $\boldsymbol{\lambda}_b=(\lambda_1^b,\cdots,\lambda_N^b)^{\mathrm{T}}$ 均满足式(7.34)，则有

$$\hat{\boldsymbol{H}}(i)\cdot(\boldsymbol{\lambda}_a\oplus\boldsymbol{\lambda}_b)=\boldsymbol{0} \tag{7.35}$$

这意味着 $\boldsymbol{\lambda}^*=\boldsymbol{\lambda}_a\oplus\boldsymbol{\lambda}_b$ 为 $\hat{\boldsymbol{H}}(i)\cdot\boldsymbol{\lambda}=\boldsymbol{0}$ 的非零解。因此，若 $|\Theta(J,K)|=2$，则 $\hat{\boldsymbol{H}}(i)\cdot\boldsymbol{\lambda}=\boldsymbol{0}$ 必定存在非零解，显然，这是一个充要条件，证毕。

在此基础上对性能良好的时变网格码的校验矩阵所应具备的如下两个结构特点展开分析。

(1) 校验矩阵中每个子矩阵的首行或尾行均不为全零向量

不失一般性，设由子矩阵 $\hat{\boldsymbol{H}}(i)=[\boldsymbol{H}_1(i)^{\mathrm{T}},\cdots,\boldsymbol{H}_h(i)^{\mathrm{T}}]^{\mathrm{T}}$ 所构造的网格单元的首列中“激活”起始节点的数目为最大值 $2^{h-1}$，且从上至下依次被标记为 $0,1,\cdots,2^{h-1}-1$。

若 $\boldsymbol{H}_h(i)=\boldsymbol{0}$，根据式(7.34)可知 $k\leqslant 2^{h-1}-1$，这意味着第 $i$ 个网格单元最后一列中“激活”节点的数目至多为 $2^{h-1}$。即第 $i+1$ 个网格单元中首列“激活”起始节点的数目至多为 $2^{h-2}$，则该网格单元中的遍历路径至多为 $2^{N+h-2}$，从而造成网格隐写编码的性能大幅下降。

若 $\boldsymbol{H}_1(i)=\boldsymbol{0}$，由式(7.34)可知 $(J\oplus K)\bmod 2=\boldsymbol{0}$，这意味着所有从满足 $(J-s_i)\bmod 2=1$ 的节点 $v_{0,j}$ 出发的路径均会被在网格单元的最后一列被删除，$s_i$ 为第 $i$ 个秘密信息比特，这

与第 $i-1$ 个网格单元最后一列的“激活”节点数目为 $2^{h-1}$ 时是等价的，即 $\boldsymbol{H}_h(i-1)=\boldsymbol{0}$ 的情形。因此，在任意子矩阵 $\hat{\boldsymbol{H}}(i)$ 中，首行或尾行都不应为全零向量。

(2) 校验矩阵中每个子矩阵应不包含相同的列

假定 $\hat{\boldsymbol{H}}(i)=(\boldsymbol{H}_1^*(i),\cdots,\boldsymbol{H}_N^*(i))$ 为校验矩阵中第 $i$ 个子矩阵 $\hat{\boldsymbol{H}}(i)$ 的列向量形式，即 $\boldsymbol{H}_j^*(i)=[h_i(1,j)\quad h_i(2,j)\quad\cdots\quad h_i(h,j)]^{\mathrm{T}}, i=1,2,\cdots,t, j=1,2,\cdots,N$。若 $\boldsymbol{H}_\alpha^*(i)=\boldsymbol{H}_\beta^*(i), \alpha\neq\beta$，则必定存在一个非零解 $\boldsymbol{\lambda}'=(0,\cdots,0,\underset{\alpha-th}{1},0,\cdots,0,\underset{\beta-th}{1},0,\cdots,0)^{\mathrm{T}}$ 满足 $\hat{\boldsymbol{H}}(i)\cdot\boldsymbol{\lambda}'=\boldsymbol{0}$。由定理 7.1 可知，对于任意两个首列及尾列中的节点 $v_{0,J}$ 与 $v_{N,K}$，若 $\Theta(J,K)\neq\varnothing$，则必然有 $|\Theta(J,K)|=2$，这意味着存在至少两条连接节点 $v_{0,J}$ 与 $v_{N,K}$ 的遍历路径。由于网格单元中的遍历路径数目只由首列“激活”起始节点决定，这变相降低了网格单元最后一列中“激活”节点的数目。因此，任意子矩阵 $\hat{\boldsymbol{H}}(i)$ 都应不包含相同的列。

### 7.3.4 周期时变网格隐写编码的构造

构建周期时变网格码的一个重要任务是性能良好的周期时变卷积码的构造。在本节，通过设计高码率周期时变卷积码 $C(N,N-1)$ 来完成对周期时变网格隐写编码的构造。周期时变卷积码往往是通过其校验矩阵来进行定义，这里，从 LDPC 周期时变卷积码的构造方法出发来设计适用于网格隐写编码的高码率周期时变卷积码。当前的 LDPC 卷积码设计方法主要包括 Tanner 法[23] 和 JFZ 方法[20,24] 这两类。前者是通过研究伪循环分组码与时不变卷积码之间的相似性来构造周期 LDPC 时变卷积码；后者则采用一种矩阵展开手段将分组码的校验矩阵扩展为周期时变卷积码。但是，这两类 LDPC 卷积码由于其稀疏性，均不适用于构造网格隐写编码。

通过结合 LDPC 周期时变卷积码的构造方式以及时变网格码校验矩阵所应具备的结构特点，提出一类基于矩阵展开的高码率周期时变卷积码，它可以结合网格构造方法配合维特比算法实现最小化加性隐写失真的网格隐写编码。

对于一个二元基础矩阵 $\boldsymbol{A}\in\{0,1\}^{m_A\times n_A}$，设 $\{\boldsymbol{A}_l\}_{l\in L}$ 为与之对应的一个分解矩阵集合，其中，$\boldsymbol{A}_l\in\{0,1\}^{m_A\times n_A}$，$\sum_{l\in L}\boldsymbol{A}_l=\boldsymbol{A}$；$L$ 为一个有限集合。对于某个正整数 $r$，设 $\{\boldsymbol{K}_l\}_{l\in L}$ 为一个维度为 $r\times r$ 的二元矩阵集合，每个 $\boldsymbol{K}_l$ 均为式(7.36)所示的矩阵 $\boldsymbol{Z}$ 的循环右移形式。

$$\boldsymbol{Z}=\sum_{i=0}^{\kappa}\boldsymbol{I}_i \tag{7.36}$$

式中：$\kappa=\lfloor r/2\rfloor$；$\boldsymbol{I}_i$ 为 $r$ 维单位矩阵的 $i$ 阶循环右移形式。这意味着在每个矩阵 $\boldsymbol{K}_l$ 中，每行或每列均包含 $\kappa+1$ 个“1”。根据矩阵集合 $\{\boldsymbol{A}_l\}_{l\in L}$ 和 $\{\boldsymbol{K}_l\}_{l\in L}$ 得到一个如式(7.37)所示的 $m_Ar\times n_Ar$ 维二元过渡矩阵 $\boldsymbol{B}$。

$$\boldsymbol{B}=\sum_{l\in L}(\boldsymbol{A}_l\otimes\boldsymbol{K}_l) \tag{7.37}$$

式中，$\boldsymbol{M}\otimes\boldsymbol{N}$ 代表矩阵 $\boldsymbol{M}$ 和 $\boldsymbol{N}$ 的克罗内克积(Kronecker product)。

记 $\eta=\gcd(m_Ar,n_Ar)$ 为 $m_Ar$ 和 $n_Ar$ 的最大公约数，利用该公约数 $\eta$ 从左上角开始对过渡矩阵 $\boldsymbol{B}$ 以循环右移 $N=n_Ar/\eta$ 个单位元素，下移 $N-K=m_Ar/\eta$ 个单位元素的方式实施“对角线切割”，两个 $m_Ar\times n_Ar$ 维的分解矩阵 $\bar{\boldsymbol{B}}_0$ 和 $\bar{\boldsymbol{B}}_1$ 可以依据切割线划分得到，二者满足 $\bar{\boldsymbol{B}}_0+\bar{\boldsymbol{B}}_1=\boldsymbol{B}$。

考虑常对角矩阵(也称 Toeplitz 矩阵)$\boldsymbol{T}_0$ 和 $\boldsymbol{T}_1$,这里 $\boldsymbol{T}_k$ 是指一个半无限矩阵,除了主对角线下 $l$ 单位的对角线上的元素全为 1 外,其余元素均为 0。即当 $j=i+k$ 时,$(\boldsymbol{T}_k)_{j,i}=1$,否则,$(\boldsymbol{T}_k)_{j,i}=0$。利用常对角矩阵和分解矩阵的克罗内克积之和得到一个如式(7.38)所示的中间矩阵 $\boldsymbol{B}'$。

$$\boldsymbol{B}' = \boldsymbol{T}_0 \otimes \overline{\boldsymbol{B}}_0 + \boldsymbol{T}_1 \otimes \overline{\boldsymbol{B}}_1 = \begin{bmatrix} \overline{\boldsymbol{B}}_0 & 0 & 0 & 0 & \\ \overline{\boldsymbol{B}}_1 & \overline{\boldsymbol{B}}_0 & 0 & 0 & \ddots \\ 0 & \overline{\boldsymbol{B}}_1 & \overline{\boldsymbol{B}}_0 & 0 & \ddots \\ 0 & 0 & \overline{\boldsymbol{B}}_1 & \overline{\boldsymbol{B}}_0 & \ddots \\ & \ddots & \ddots & \ddots & \ddots \end{bmatrix} \tag{7.38}$$

最后,对 $\boldsymbol{B}'$ 中的每个子矩阵首尾均添加一个全为 1 的行向量 $\boldsymbol{w}\in\{1\}^N$,即可得到周期时变网格码构建所需要的校验矩阵 $\widetilde{\boldsymbol{H}}$。

$$\widetilde{\boldsymbol{H}} = \begin{bmatrix} \boldsymbol{w} & 0 & 0 & 0 & \\ \overline{\boldsymbol{B}}_0 & \boldsymbol{w} & 0 & 0 & \ddots \\ \overline{\boldsymbol{B}}_1 & \overline{\boldsymbol{B}}_0 & \boldsymbol{w} & 0 & \ddots \\ \boldsymbol{w} & \overline{\boldsymbol{B}}_1 & \overline{\boldsymbol{B}}_0 & \boldsymbol{w} & \ddots \\ & \boldsymbol{w} & \overline{\boldsymbol{B}}_1 & \ddots & \ddots \\ & \ddots & \ddots & \ddots & \ddots \\ & & & & \boldsymbol{w} \end{bmatrix} \tag{7.39}$$

构造的周期时变卷积码的码率为 $R=K/N=(n_{\boldsymbol{A}}-m_{\boldsymbol{A}})/n_{\boldsymbol{A}}$,周期为 $T_s=r$,可用于嵌入率为 $\alpha=1-R$ 时的网格隐写编码,将以该周期时变卷积码构造的网格码称为周期时变伴随式网格码(time-varying periodic syndrome-trellis Codes,TVP-STCs)。

以基础矩阵 $\boldsymbol{A}=[1\quad 1\quad 1]$ 为例简述其对应的周期时变卷积码的构造,$m_{\boldsymbol{A}}=1$,$n_{\boldsymbol{A}}=3$。设有限集 $L=\{1\}\times\{1,2,3\}$,其对应的分解矩阵 $\{\boldsymbol{A}_l\}_{l\in L}$ 表示为 $\{\boldsymbol{A}_{m,n}\}$,$m=1,2,\cdots,m_{\boldsymbol{A}}$,$n=1,2,\cdots,n_{\boldsymbol{A}}$。$\boldsymbol{A}_{m,n}$ 为式(7.40)定义的 $m_{\boldsymbol{A}}\times n_{\boldsymbol{A}}$ 维二元矩阵。

$$(\boldsymbol{A}_{m,n})_{i,j} = \begin{cases} A_{i,j}, & (m,n)=(i,j) \\ 0, & (m,n)\neq(i,j) \end{cases} \tag{7.40}$$

以 $r=5$ 为例,则矩阵 $\boldsymbol{Z}$ 可由式(7.36)计算得到,$\boldsymbol{Z}_i$ 为其 $i$ 阶循环右移形式。

$$\boldsymbol{Z} = \begin{bmatrix} 1 & 1 & 0 & 0 & 0 \\ 0 & 1 & 1 & 0 & 0 \\ 0 & 0 & 1 & 1 & 0 \\ 0 & 0 & 0 & 1 & 1 \\ 1 & 0 & 0 & 0 & 1 \end{bmatrix} \tag{7.41}$$

类似地,矩阵集合 $\{\boldsymbol{K}_l\}_{l\in L}$ 可表示为 $\{\boldsymbol{K}_{m,n}\}$,$m=1,2,\cdots,m_{\boldsymbol{A}}$,$n=1,2,\cdots,n_{\boldsymbol{A}}$,令

$$\boldsymbol{K}_{m,n} = \boldsymbol{Z}_{\mathrm{mod}(a^{m-1}b^{n-1},r)} \tag{7.42}$$

式中:$a$ 和 $b$ 均为较小的整数,在本章主要关注高码率周期时变卷积码 $C(N,N-1)$,因此参数 $a=1$。若设 $b=1$,则过渡矩阵 $\boldsymbol{B}$ 为

$$\boldsymbol{B} = [\boldsymbol{Z}_1\quad \boldsymbol{Z}_1\quad \boldsymbol{Z}_1] \tag{7.43}$$

对过渡矩阵 $\boldsymbol{B}$ 的"对角线切割"过程如图 7-12～图 7-14 所示。

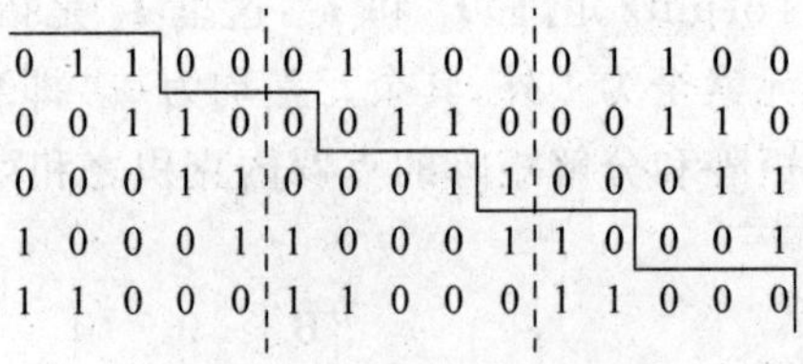


图 7-12　过渡矩阵 $\boldsymbol{B}$ 的结构

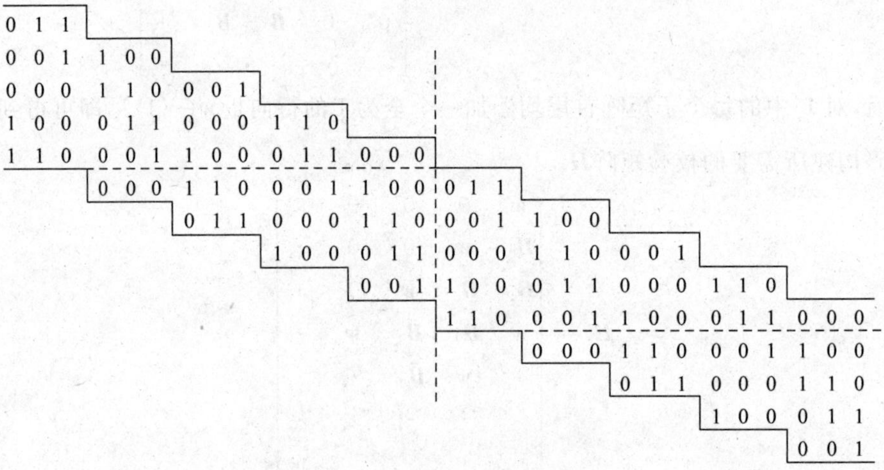


图 7-13　中间矩阵 $\boldsymbol{B}'$ 的结构

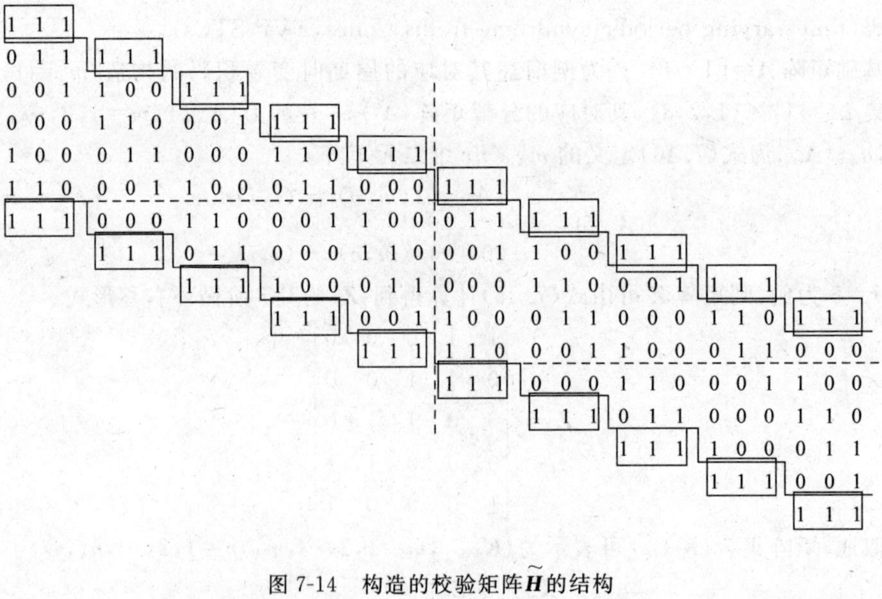


图 7-14　构造的校验矩阵 $\widetilde{\boldsymbol{H}}$ 的结构

如图 7-14 所示，所构造的周期时变卷积码的码率为 $R=(n_A-m_A)/n_A=2/3$，周期为 $T_s=5$，记忆长度为 $h=r+2=7$。

为了评估所提的周期时变网格码 TVP-STCs 的嵌入性能，分别在常数、线性和平方这三种典型失真测度配置下对其嵌入效率进行计算，并与 STCs 进行比较，载体对象和秘密信息均由二元伪随机序列发生器生成，载体长度设为 $n=6000$，式(7.42)中的参数 $b$ 设为 3，嵌入率设置为 $\alpha\in\{1/2,1/3,1/4,1/5,1/6\}$，记忆长度设置为 $h\in\{7,9,10\}$，基础矩阵设置为 $\boldsymbol{A}\in\{1\}^{1/\alpha}$，则这两种网格码在三种典型失真测度配置下的嵌入效率比较如图 7-15～图 7-17 所示。横坐标为嵌入率倒数，纵坐标为嵌入效率。图中每个点均为 20 次实验平均值。

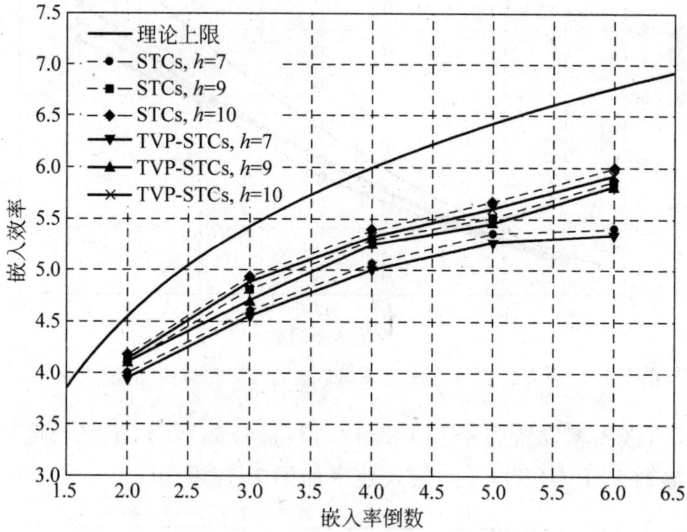


图 7-15 常数失真测度配置下 STCs 与 TVP-STCs 的嵌入效率

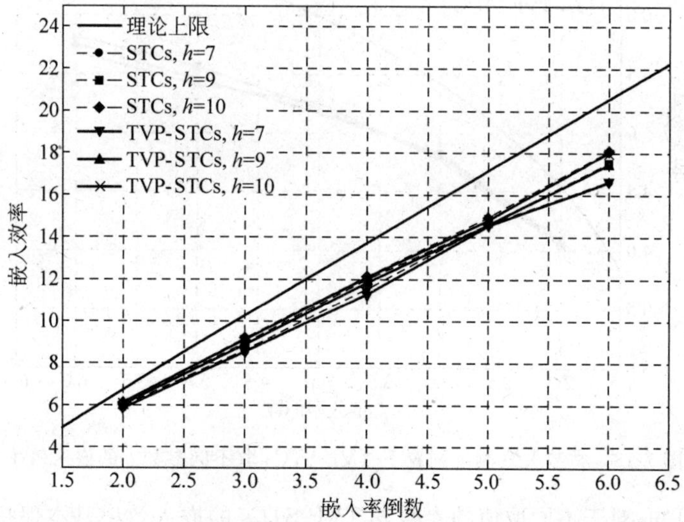


图 7-16 线性失真测度配置下 STCs 与 TVP-STCs 的嵌入效率

从图 7-15～图 7-17 可以看出，基于周期时变卷积码构造的 TVP-STCs 方案相比较于优选的时不变卷积码所构造的 STCs 方案，在嵌入性能方面只有极小的退化，二者都是能逼近理论上限的网格编码方案。同时，由于二者均采用伴随式网格进行网格量化，因此，在相同码率以及记忆长度下，二者的时间复杂度和空间复杂度是完全一致的。

此外，对参数 $b$ 的取值对于所设计的周期时变网格码的嵌入效率的影响进行分析，在常

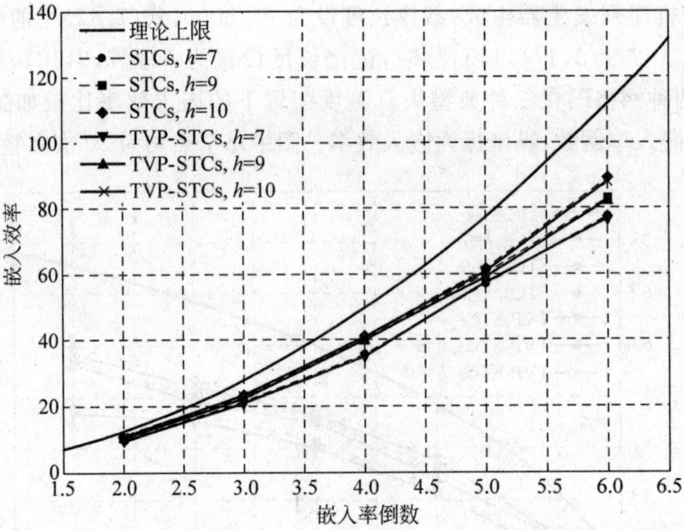


图 7-17 平方失真测度配置下 STCs 与 TVP-STCs 的嵌入效率

数失真测度配置下，嵌入率设置为 $\alpha \in \{1/2, 1/3, 1/4, 1/5, 1/6\}$，记忆长度设置为 $h=10$，则对于不同取值的参数 $b$，TVP-STCs 的嵌入效率如图 7-18 所示。

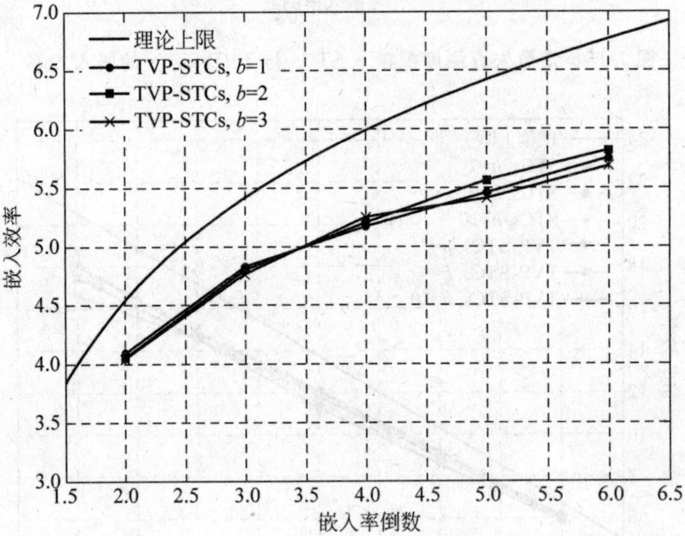


图 7-18 常数失真测度配置下 TVP-STCs 取不同参数 $b$ 的嵌入效率

由图 7-18 可知，对于不同取值的参数 $b$，TVP-STCs 的嵌入效率基本保持不变，这意味着式(7.37)中矩阵集合 $\{\boldsymbol{K}_l\}_{l\in L}$ 有着较强的自由度，从而确保了 TVP-STCs 的构造方式的灵活性。

## 7.4 本章小结

以线性码为基础的矩阵嵌入是当前应用最广泛的图像隐写编码。网格码 STCs 作为时不变卷积码在矩阵嵌入框架下的实现，能够同时兼顾这两个设计目标从而达到最小化加性隐写失真的目的,其有效性主要来源于时不变卷积码的网格结构使得维特比算法能够有效实施。本章分别从低维度线性分组码、时不变卷积码的生成矩阵网格以及时变卷积码出发,对面向最小化加性隐写失真的矩阵嵌入框架的网格形式展开介绍。基于低维度线性分组码校验矩阵构造了一种类似于STCs的BCJR伴随式网格隐写编码,而对于时不变卷积码,从其生成矩阵出发,构造了最小跨长生成矩阵网格隐写编码。网格码作为当前最先进的矩阵嵌入编码方案之一,主要建立在时不变卷积码伴随式网格的基础上。本章从时不变卷积码校验矩阵的特殊结构出发,阐述了它在密钥安全性方面明显弱于周期时变网格码,在此基础上,进一步分析了时变网格码的伴随式网格构造以及校验矩阵的结构特点,并将LDPC周期时变卷积码的构造方法加以改进引申至网格隐写码的构造,介绍了一类基于矩阵展开的周期时变网格码TVP-STCs,与STCs相比,该方案在保持嵌入性能基本无损的情况下,具备了更加系统和灵活的构造方式,且能够达到更好的密钥安全性。码的网格形式的最大优势是可以应用维特比算法来在陪集中寻优,本章介绍的各类网格隐写编码可以在不同场景需求下达到类似STC的效果。

## 参考文献


[1] Filler T, Fridrich J. Gibbs construction in steganography [J]. IEEE Transactions on Information Forensics and Security, 2010, 5(4): 705-720.

[2] Viterbi A J. Error bounds for convolutional codes and an asymptotically optimum decoding algorithm [J]. IEEE Transactions on Information Theory, 1967, 13(2): 260-269.

[3] Bahl L, Cocke J, Jelinek F, et al. Optimal decoding of linear codes for minimizing symbol error rate (corresp.)[J]. IEEE Transactions on information theory, 1974, 20(2): 284-287.

[4] Wolf J K. Efficient maximum likelihood decoding of linear block codes using a trellis [J]. IEEE Transactions on Information Theory, 1978, 24(1): 76-80.

[5] Filler T, Judas J, Fridrich J. Minimizing embedding impact in steganography using trellis-coded quantization [C]// Proceedings of the IS&T/SPIE Electronic Imaging, 2010.

[6] Filler T, Judas J, Fridrich J. Minimizing additive distortion in steganography using syndrome-trellis codes [J]. IEEE Transactions on Information Forensics and Security, 2011, 6(3): 920-935.

[7] Mceliece R J, Lin W. The trellis complexity of convolutional codes [J]. IEEE Transactions on Information Theory, 1996, 42(6): 1855-1864.

[8] Viterbi A J, Omura J. Trellis encoding of memoryless discrete-time sources with a fidelity criterion [J]. IEEE Transactions on Information Theory, 1974, 20(3): 325-332.

[9] Mceliece R J. On the BCJR trellis for linear block codes [J]. IEEE Transactions on Information Theory, 1996, 42(4): 1072-1092.

[10] Hole K J. A comparison of trellis modules for binary convolutional codes [J]. IEEE Transactions on Communications, 1998, 46(10): 1245-1249.

[11] Costello D, Lin S. Error control coding [M]. London: Pearson Higher Education, 2004.

[12] Tang H-H, Lin M-C. On (n, n−1) convolutional codes with low trellis complexity [J]. IEEE Transactions on Communications, 2002, 50(1): 37-47.

[13] Syndrome-Trellis Codes Toolbox [OL]. Available: dde. binghamton. edu.

[14] Costello D J. Free distance bounds for convolutional codes [J]. IEEE Transactions on Information

Theory, 1974, 20(3): 356-365.

[15] Mooser M. Some periodic convolutional codes better than any fixed code (Corresp.) [J]. IEEE Transactions on Information Theory, 1983, 29(5): 750-751.

[16] Lee P J. There are many good periodically time-varying convolutional codes [J]. IEEE Transactions on Information Theory, 1989, 35(2): 460-463.

[17] Palazzo Jr R. A time-varying convolutional encoder better than the best time-invariant encoder [J]. IEEE transactions on Information Theory, 1993, 39(3): 1109-1110.

[18] Pusane A E, Feltstrom A J, Sridharan A, et al. Implementation aspects of LDPC convolutional codes [J]. IEEE Transactions on Communications, 2008, 56(7): 1060-1069.

[19] Truhachev D, Zigangirov K S, Costello D J. Distance bounds for periodically time-varying and tail-biting LDPC convolutional codes [J]. IEEE Transactions on Information Theory, 2010, 56(9): 4301-4308.

[20] Pusane A E, Smarandache R, Vontobel P O, et al. Deriving good LDPC convolutional codes from LDPC block codes [J]. IEEE Transactions on Information Theory, 2011, 57(2): 835-857.

[21] Mu L, Liu X, Liang C. Construction of Binary LDPC Convolutional Codes Based on Finite Fields [J]. IEEE Communications Letters, 2012, 16(6): 897-900.

[22] Si Z, Thobaben R, Skoglund M. Rate-compatible LDPC convolutional codes achieving the capacity of the BEC [J]. IEEE Transactions on Information Theory, 2012, 58(6): 4021-4029.

[23] Tanner R M, Sridhara D, Sridharan A, et al. LDPC block and convolutional codes based on circulant matrices [J]. IEEE Transactions on Information Theory, 2004, 50(12): 2966-2984.

[24] Jimenez Felstrom a, Zigangirov K S. Time-varying periodic convolutional codes with low-density parity-check matrix [J]. IEEE Transactions on Information Theory, 1999, 45(6): 2181-2191.

# 第8章

# 面向抗损性增强的抗损矩阵嵌入框架

矩阵嵌入框架在最大化载体利用率的同时，随之带来的鲁棒性降低使得生成的载密对象无法抵御可能面临的传输过程干扰或主动攻击[1,2]，如数据丢包、恶意修改、图片或视频部分区域打上版权标识等。在矩阵嵌入框架下，对载密对象微小的修改都会导致多个与之关联的秘密信息比特的误码。一种有效提高矩阵嵌入鲁棒性的方法是利用差错控制编码对秘密信息进行预编码。张新鹏等[3]利用循环编码与基于汉明码的矩阵嵌入结合的方式实现了矩阵嵌入的鲁棒性提高，该方案能够抵御一定程度的主动攻击。在文献[4]中，Sarkar 等采用了一种重复累计码来对基于汉明码的矩阵嵌入框架实现秘密信息保护，从而提升了 YASS 隐写算法的鲁棒性。这两个方案都对矩阵嵌入框架中基于低维度线性分组码的实现进行了纠错性增强，且差错控制编码与信息嵌入编码环节往往并没有作为整体进行考虑。事实上，这两个编码环节的分离会造成整体性能的损失，同时，随着以面向最小化加性隐写失真的网格码为代表的新型矩阵嵌入方案的提出，有必要对兼具鲁棒性增强以及隐写失真最小化的矩阵嵌入框架的一般形式展开分析。

本章关注于矩阵嵌入框架的抗损性增强，即载密对象在已知区域出现不可信内容或内容损毁等情形，在此情形下，载密对象的损毁区域对接收方是已知的。本章介绍了一种在保证信息完整性的前提下面向最小化加性隐写失真的抗损矩阵嵌入框架，首先利用 Tanner 图[5]对矩阵嵌入中秘密信息损毁率（message damage rate，MDR）与载密对象损毁率（Stego damage rate，SDR）之间的关系进行分析，得到矩阵嵌入的受损增益函数，从而验证了矩阵嵌入具有受损扩散特性。其次，利用纠删编码和矩阵嵌入掩码之间的校验级联构建抗损矩阵嵌入框架。最后，通过分析指定载密对象损毁率和嵌入率的情况下，载密对象可恢复率与嵌入效率之间的影响机理，得到了抗损性-嵌入效率近似理论限，揭示了二者之间的制约关系。同时，以当前最先进的网格码 STCs 为研究对象，利用 STCs 与系统卷积码之间的校验级联，介绍一种可逼近近似理论限的抗损网格隐写编码方案。

## 8.1 矩阵嵌入框架的受损增益

对矩阵嵌入框架的抗损性进行分析，不失一般性，假定 $\boldsymbol{H}\in\{0,1\}^{m\times n}$ 为矩阵嵌入中所利用的二元线性码 $C$ 的校验矩阵，则其第 $i$ 行满足式(8.1)所示的秘密信息比特与载密比特之间的关系。

$$\sum_{j=1}^{n} h_{i,j}\cdot y_j = s_i \tag{8.1}$$

式中：$h_{i,j}$ 为校验矩阵 $\boldsymbol{H}$ 第 $i$ 行的第 $j$ 个元素；$s_i$ 和 $y_i$ 分别为秘密信息和载密对象的第 $i$ 个比特。这些等式可以等价地表示为图 8-1 中的 Tanner 图[5]形式，该图中有两类节点，对应于秘密信息比特 $s_i$ 的伴随式节点(syndrome nodes)，以及对应于载密对象比特 $y_i$ 的变量节点(variable nodes)，当且仅当 $h_{i,j}=1$ 时，存在一条边连接变量节点 $y_j$ 与伴随式节点 $s_i$，且二者称为相邻节点，相同类型的节点间不存在边相互连接。

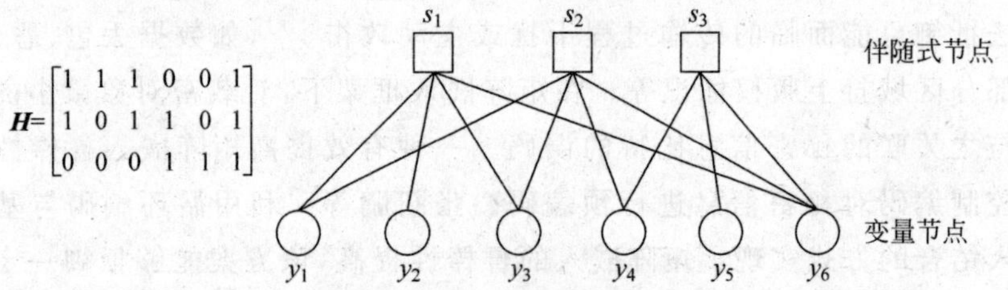


图 8-1　对应于矩阵嵌入框架信息提取过程的 Tanner 图示例

若载密对象 $\boldsymbol{y}$ 发生部分损毁，其损毁率为 $\delta$，即有 $\delta n$ 个载密对象比特对于接收方是未知的，由于嵌入时载体元素的访问顺序是通过隐写密钥进行控制的，这意味着图 8-1 中每个变量节点的删除概率为 $\delta$。因此，可以得到如式(8.2)所示的秘密信息损毁率 $\sigma$，即无法有效提取的秘密信息比特所占的比例。

$$\sigma = 1-\sum_{i=1}^{m}(1-\delta)^{\gamma_i}/m \tag{8.2}$$

式中：$\gamma_i$ 为校验矩阵 $\boldsymbol{H}$ 中第 $i$ 行中元素“1”的数目(也称行重)。用于矩阵嵌入的校验矩阵 $\boldsymbol{H}$ 需满足满秩要求才可达到理想的嵌入性能，因此，$\gamma_i\geqslant 1$ 且 $\sigma\geqslant\delta$，这意味着矩阵嵌入会造成损毁率的扩散，秘密信息损毁率与载密对象损毁率之间的比值称为损毁增益，$\zeta=\sigma/\delta$，$\zeta$ 可用于衡量矩阵嵌入的鲁棒性，损毁增益越大意味着鲁棒性越弱，反之亦然。

特别地，对于网格码 STCs，由于它采用的时不变卷积码的校验矩阵除了起始部分外每一行均具有固定的行重 $\gamma_i=\gamma$，$\gamma$ 为用于构建校验矩阵 $\boldsymbol{H}$ 的子矩阵 $\hat{\boldsymbol{H}}$ 中元素“1”的个数(也称子矩阵 $\hat{\boldsymbol{H}}$ 的总行重)，由于起始部分所对应的行所占比例很小，因此，网格码 STCs 的损毁增益

$$\zeta_{\mathrm{STCs}}\approx[1-(1-\delta)^{\gamma}]/\delta \tag{8.3}$$

这意味着网格码 STCs 的鲁棒性仅受载密对象损毁率 $\delta$ 以及子矩阵 $\hat{\boldsymbol{H}}$ 的总行重 $\gamma$ 影响。在图 8-2 中，计算了 STCs 在不同载密对象损毁率 $\delta$ 以及子矩阵总行重 $\gamma$ 下的损毁增益值，横坐标为载密对象损毁率，纵坐标为损毁增益。从图中可以看出，损毁增益随着子矩阵总行

重的增大以及载密对象损毁率的降低而提高，当子矩阵总行重 $\gamma \geqslant 5$ 且载密对象损毁率 $\delta \leqslant 0.45$ 时，损毁增益 $\zeta_{STCs}$ 保持在 2 以上。

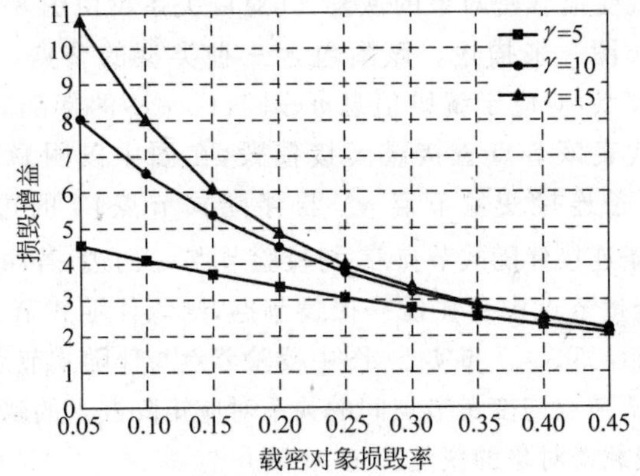


图 8-2　STCs 在不同载密对象损毁率以及子矩阵总行重下的损毁增益

## 8.2　抗损矩阵嵌入框架的构建

从 8.1 节的分析可知，尽管以 STCs 为代表的矩阵嵌入框架有效提高了嵌入效率，但是相应的，其抗损性较弱，为了克服这个弱点，一种有效的手段是利用纠删编码对秘密信息进行预编码，再结合矩阵嵌入框架完成嵌入。与以往的基于预编码来增强矩阵嵌入鲁棒性的策略不同的是，在接收方，主要利用矩阵间的校验级联来恢复载密对象从而恢复秘密信息，这种普遍适用于各类纠删编码和矩阵嵌入掩码的嵌入框架称为抗损矩阵嵌入(damage-resistance matrix embedding，DR-ME)，在发送方主要包含纠删编码与矩阵嵌入编码这两个编码环节。在接收端，首先根据二者的校验级联对载密对象进行恢复，进而通过矩阵嵌入的提取环节提取编码比特，进而译码出秘密信息比特。

不失一般性，记纠删编码基于二元线性码 $C_1(l,m)$，对应的生成矩阵和校验矩阵分别为 $\boldsymbol{G}_1 \in \{0,1\}^{m\times l}$ 和 $\boldsymbol{H}_1 \in \{0,1\}^{(l-m)\times l}$，在发送方，首先利用式(8.4)对秘密信息 $\boldsymbol{m}$ 进行编码，得到编码信息 $\hat{\boldsymbol{m}}=\{\hat{s}_1,\hat{s}_2,\cdots,\hat{s}_l\}^{\mathrm{T}}$。

$$\hat{\boldsymbol{m}} = \boldsymbol{G}_1^{\mathrm{T}} \cdot \boldsymbol{m} \tag{8.4}$$

将编码信息 $\hat{\boldsymbol{m}}$ 作为二元线性码 $C_2(n,n-l)$ 的伴随式，采用对应于 $C_2$ 的矩阵嵌入方案将其嵌入到载体对象 $\boldsymbol{x}\in\{0,1\}^n$ 中，码 $C_2(n,n-l)$ 对应的校验矩阵为 $\boldsymbol{H}_2\in\{0,1\}^{l\times n}$，则抗损矩阵嵌入框架的信息嵌入过程可由式(8.5)表示：

$$\boldsymbol{y} = \underset{\boldsymbol{H}_2\cdot\boldsymbol{\omega}=\boldsymbol{G}_1^{\mathrm{T}}\cdot\boldsymbol{m}}{\operatorname{argmin}} D(\boldsymbol{x},\boldsymbol{\omega}) \quad \text{s. t. } \Pr[H(\boldsymbol{y} \mid \boldsymbol{y}^*(\delta)) = 0] \rightarrow 1 \tag{8.5}$$

式中：$H(\cdot\mid\cdot)$ 为条件熵函数；$\boldsymbol{y}^*(\delta)$ 为载密对象损毁率为 $\delta$ 时的任意受损载密对象。则嵌入过程的核心目标是在该条件熵等于 0 的概率逼近 1 的前提下最小化加性隐写失真，即利用受损的载密对象依然可恢复完整载密对象。

由嵌入过程可知，纠删编码的校验矩阵 $\boldsymbol{H}_1$、矩阵嵌入掩码的校验矩阵 $\boldsymbol{H}_2$ 以及载密对

象 $\boldsymbol{y}$ 之间满足式(8.6)。

$$\boldsymbol{H}_1 \cdot (\boldsymbol{H}_2 \cdot \boldsymbol{y}) = \boldsymbol{0} \tag{8.6}$$

该等式可用来实现受损载密对象的恢复，其对应关系可由图 8-1 中的 Tanner 图扩展为图 8-3 所示的 factor 图[6]来描述。该图包含三种类型的节点，对应于受损载密对象 $\boldsymbol{y}\in\{0,1,*\}^n$ 的变量节点，对应于编码信息 $\hat{\boldsymbol{m}}\in\{0,1,*\}^l$ 的伴随式节点，以及校验节点 $\boldsymbol{E}\in\{0\}^{l-m}$，符号"*"代表该节点直接或间接损毁，在图中以阴影节点表示。当且仅当 $(\boldsymbol{H}_2)_{i,j}=1$ 时，存在一条连接变量节点 $y_j^*$ 与伴随式节点 $\hat{s}_i^*$ 的边。类似地，当且仅当 $(\boldsymbol{H}_1)_{i,j}=1$ 时，存在一条连接伴随式节点 $\hat{s}_j^*$ 与校验节点 $e_i$ 的边，若两个节点相连，则称二者是相邻的。若其相邻变量节点中存在任一损毁节点，则该伴随式节点被视为间接损毁，如图 8-3 中的伴随式节点 $\hat{s}_1^*$ 和 $\hat{s}_4^*$。事实上，图中校验节点与伴随式节点间的关系对应着纠删编码的校验过程，伴随式节点与变量节点间的关系对应矩阵嵌入的映射关系，利用这两层关系之间的级联实现受损载密对象的恢复。

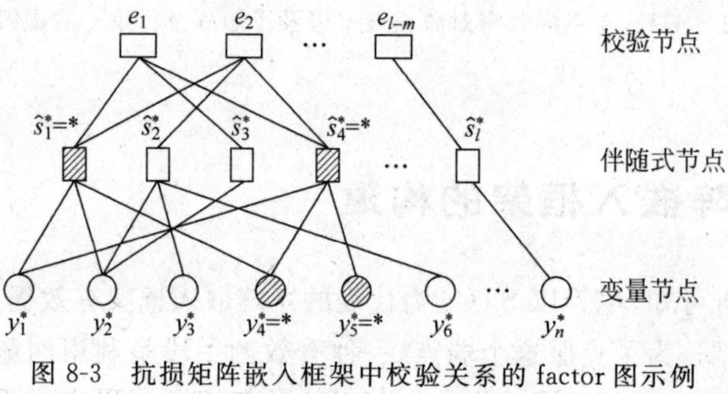


图 8-3 抗损矩阵嵌入框架中校验关系的 factor 图示例

记二元线性码 $C_3(n,n+m-l)$ 为纠删编码 $C_1(l,m)$ 与矩阵嵌入掩码 $C_2(n,n-l)$ 的校验级联，其校验矩阵为 $\boldsymbol{H}_e=\boldsymbol{H}_1\cdot\boldsymbol{H}_2$，其中，$\boldsymbol{H}_e\in\{0,1\}^{(l-m)\times n}$。在信道编码理论中，若一个二元删除信道的码元删除率为 $\delta$，则该信道的容量为 $1-\delta$，采用一个码率满足 $R<1-\delta$ 的二元随机线性码进行编码在理论上可以完整传输信息[7]，这里的信道码元删除率 $\delta$ 事实上对应着载密对象损毁率。因此，为了以较高的概率完整恢复载密对象，纠删编码 $C_1(l,m)$ 应满足式(8.7)，式中，$\varepsilon$ 为一个较小的正实数阈值。

$$l=\delta(1+\varepsilon)n+m \tag{8.7}$$

综上所述，抗损矩阵嵌入的信息嵌入和提取模型如图 8-4 所示。

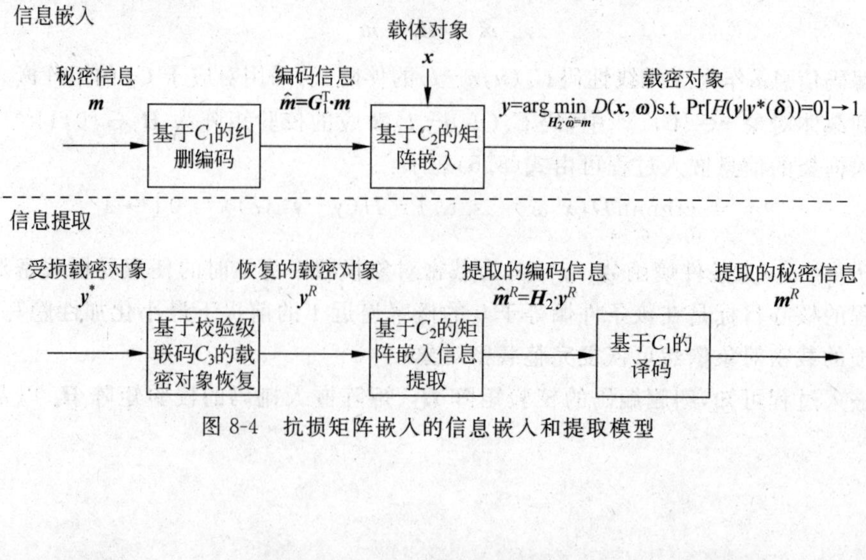


图 8-4 抗损矩阵嵌入的信息嵌入和提取模型

具体的嵌入和提取过程如下。

(1) 信息嵌入过程

步骤1：记载密对象传输过程中可能面临的损毁率上限为$\delta$，则秘密信息$\boldsymbol{m}\in\{0,1\}^m$首先由一个码长满足$l>\delta n+m$的二元线性纠删码$C_1(l,m)$编码为其码字$\hat{\boldsymbol{m}}\in\{0,1\}^l$，为了便于译码，这里所采用的纠删码往往为系统形式，即其生成矩阵为$\boldsymbol{G}_1=[\boldsymbol{I}_m \quad \boldsymbol{B}_{m\times(l-m)}]$，$\boldsymbol{I}_m$为$m$阶单位矩阵。

步骤2：令编码信息$\hat{\boldsymbol{m}}$为一个二元线性码$C_2(n,n-l)$的伴随式，利用由该码构造的矩阵嵌入框架从其陪集$\delta(\hat{\boldsymbol{m}})=\{\boldsymbol{\omega}\in\{0,1\}^n \mid \boldsymbol{H}\cdot\boldsymbol{\omega}=\hat{\boldsymbol{m}}\}$中选取能最小化加性隐写失真$D(\boldsymbol{x},\boldsymbol{y})$的载密对象$\boldsymbol{y}$。

(2) 信息提取过程

步骤1：计算$C_1(l,m)$与$C_2(n,n-l)$的校验级联码$C_3(n,n+m-l)$，其校验矩阵为$\boldsymbol{H}_e=\boldsymbol{H}_1\cdot\boldsymbol{H}_2$，根据二元删除信道中的最大似然译码方法[8]，以$\boldsymbol{\kappa}=\{i: y_i^*\neq *\}$和$\bar{\boldsymbol{\kappa}}=\{i: y_i^*=*\}$分别代表$\boldsymbol{y}^*\in\{0,1,*\}^n$中完好比特与损毁比特的索引集合，对应地，载密对象可划分为两个子集：完好载密子集$\boldsymbol{y}_\kappa^*=\{y_i^*: i\in\boldsymbol{\kappa}\}$和受损载密子集$\boldsymbol{y}_{\bar\kappa}^*=\{y_i^*: i\in\bar{\boldsymbol{\kappa}}\}$。

步骤2：将校验级联矩阵$\boldsymbol{H}_e$按照列索引集合$\boldsymbol{\kappa}$和$\bar{\boldsymbol{\kappa}}$划分为对应的两个子矩阵$\boldsymbol{H}_\kappa$和$\boldsymbol{H}_{\bar\kappa}$，则在子矩阵$\boldsymbol{H}_{\bar\kappa}$各列线性不相关的前提下，通过高斯消元求解式(8.8)来恢复受损载密子集$\boldsymbol{y}_{\bar\kappa}^*$。

$$\boldsymbol{H}_{\bar\kappa}\cdot\boldsymbol{Y}_{\bar\kappa}^*=\boldsymbol{H}_\kappa\cdot\boldsymbol{Y}_\kappa^* \tag{8.8}$$

步骤3：根据恢复出的载密对象$\boldsymbol{y}^R$，提取出编码信息$\hat{\boldsymbol{m}}^R=\boldsymbol{H}_2\cdot\boldsymbol{y}^R$，根据系统线性码$C_1$的译码器来解码秘密信息$\boldsymbol{m}^R$，例如$C_1$为二元线性分组码时，有$s_i^R=\hat{s}_i^R, i=1,2,\cdots,m$

## 8.3 抗损矩阵嵌入框架的抗损性——嵌入效率近似限

抗损矩阵嵌入的目的是在保证秘密信息成功接收的前提下尽可能地最小化加性隐写失真。本节在常数隐写失真测度下对该框架下抗损性和嵌入效率之间的关系进行分析。由文献[9]可知，加性隐写失真函数$D_{st}$有式(8.9)所示的率失真下限：

$$D_{st}\geqslant nH^{-1}(\alpha) \tag{8.9}$$

式中：$\alpha$为嵌入率；$H^{-1}(x)$为二元熵函数$H(x)=-x\log_2 x-(1-x)\log_2(1-x)$的逆函数，该下限对于码长趋于无穷的矩阵嵌入掩码是近似可达的。因此，抗损矩阵嵌入框架下的嵌入效率上界可由式(8.10)得到。

$$\bar{E}_R=\frac{m}{nH^{-1}(l/n)}=\frac{\alpha}{H^{-1}(1-R_2)} \tag{8.10}$$

同时，嵌入率$\alpha$与纠删编码和矩阵嵌入编码的码率之间满足式(8.11)所示的关系。

$$\begin{cases}\alpha=R_1\cdot(1-R_2)\\ 1>R_1>\alpha\\ 0<R_2<1-\alpha\end{cases} \tag{8.11}$$

式中：$R_1=m/l$，$R_2=(n-l)/n$，分别为纠删编码$C_1(l,m)$和矩阵嵌入掩码$C_2(n,n-l)$的码率。

以二元删除信道编码理论中的删除码元恢复率来描述抗损矩阵嵌入框架下的抗损性，即载密对象损毁率为 $\delta$ 时可恢复的载密对象比特数与受损载密对象比特数的比率 $P_R(\delta)$，也称为载密对象可恢复率。由 8.2.1 节可知，当且仅当式(8.8)所示的受损比特恢复等式有唯一解时，载密对象才可被成功恢复，即矩阵 $\boldsymbol{H}_{\bar{\kappa}}$ 的秩 $\mathrm{rank}(\boldsymbol{H}_{\bar{\kappa}})$ 应为 $n\delta$。

不失一般性，假定 $\boldsymbol{H}_{\bar{\kappa}}$ 是尺寸为 $(l-m)\times(\delta n)$ 的二元随机矩阵，$P(t)$ 是秩为 $t$ 的概率，则由文献[10,11]可知：

$$P(t)=\Pr(\mathrm{rank}(\boldsymbol{H}_{\bar{\kappa}})=t)=2^{t(l+\delta n-m-t)-(l-m)(\delta n)}\cdot\frac{\pi(l-m)\pi(\delta n)}{\pi(t)\pi(l-m-t)\pi(\delta n-t)} \tag{8.12}$$

式中：$1\leqslant t\leqslant\min(l-m,\delta n)$；$\pi(i)=\prod_{j=1}^{i}(1-2^{-j})$ 且 $\pi(0)=1$，则期望秩 $\bar{r}_{\boldsymbol{H}_{\bar{\kappa}}}$ 可由式(8.13)得到

$$\bar{r}_{\boldsymbol{H}_{\bar{\kappa}}}=\sum_{t=1}^{\min(l-m,\delta n)}t\cdot P(t) \tag{8.13}$$

因此载密对象可恢复率的期望值为

$$\bar{P}_R(\delta)=\sum_{t=1}^{\min(l-m,\delta n)}t\cdot P(t)/(\delta n) \tag{8.14}$$

为了简化式(8.12)～式(8.14)所示的载密对象可恢复率的形式从而有效揭示抗损性与嵌入效率之间的关系，对该公式进行近似数值拟合。设定嵌入率为 $\alpha=0.25$，载密对象损毁率(对应二元删除信道删除率)为 $\delta=0.1$，依据式(8.12)～式(8.14)对不同载体长度 $n=\{2000,3000,4000\}$ 以及矩阵嵌入掩码码率 $R_2\in(0,1-\alpha)$ 下的载密对象可恢复率的期望值进行计算，结果如图 8-5 所示，由图可知，载密对象可恢复率的期望值与载体长度 $n$ 无关。

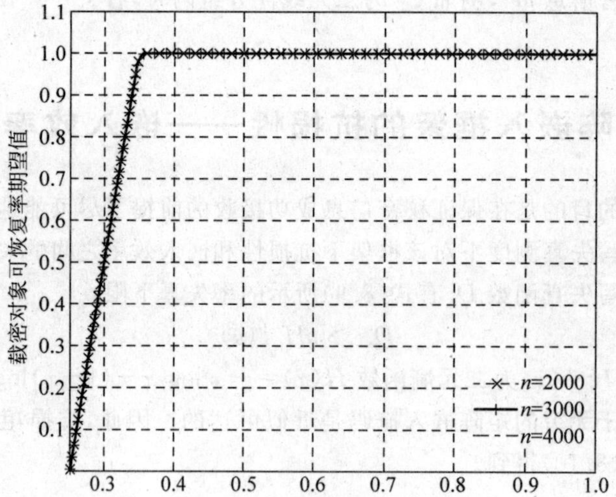


图 8-5　不同载体长度 $n$ 和矩阵嵌入掩码码率 $R_2$ 下的载密对象可恢复率期望值

在此基础上，依然取嵌入率 $\alpha=0.25$，则在不同的载密对象损毁率 $\delta\in\{0.05,0.15,0.25,0.35,0.45\}$ 以及矩阵嵌入掩码码率 $R_2\in(0,1-\alpha)$ 时，式(8.12)～式(8.14)所示的载密对象可恢复率期望值如图 8-6 所示。

根据上述实验结果给出如式(8.15)所示的载密对象可恢复率 $\bar{P}_R(\delta)$ 的近似形式。

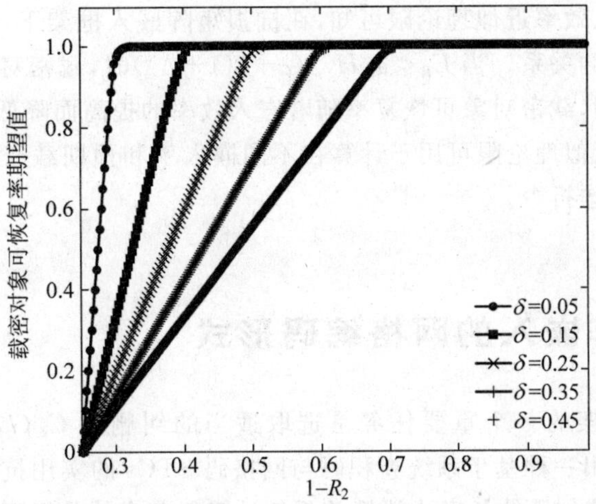


图 8-6　不同载密对象损毁率 $\delta$ 和矩阵嵌入掩码码率 $R_2$ 下的载密对象可恢复率期望值

$$\overline{P}_R(\delta)=\begin{cases}1, & 1-R_2>\alpha+\delta(1+\Delta)\\ \dfrac{1-R_2-\alpha}{\delta(1+\Delta)}, & 1-R_2\leqslant\alpha+\delta(1+\Delta)\end{cases}\tag{8.15}$$

式中：$\Delta=f(\alpha,\delta)$，为一个受嵌入率和载密对象损毁率影响的正实数阈值，如对于 4.2.3 节所介绍的抗损网格码，可以设定 $\Delta=0.1$。

因此，抗损矩阵嵌入框架下抗损性-嵌入效率之间的近似函数关系可由式(8.16)所示。

$$\overline{P}_R(\delta)=\begin{cases}1, & H(\alpha/\overline{E}_R)>\alpha+\delta(1+\Delta)\\ \dfrac{H(\alpha/\overline{E}_R)-\alpha}{\delta(1+\Delta)}, & H(\alpha/\overline{E}_R)\leqslant\alpha+\delta(1+\Delta)\end{cases}\tag{8.16}$$

式中：$\overline{E}_R\in(\alpha/H^{-1}(1),\alpha/H^{-1}(\alpha))$。不同嵌入率和载密对象损毁率下抗损性-嵌入效率近似理论限如图 8-7 所示，在图 8-7(a)中，该近似理论限是由不同嵌入率 $\alpha\in\{0.1,0.15,0.2\}$ 和固定载密对象损毁率 $\delta=0.1$ 计算得到；在图 8-7(b)中，该近似理论限是由固定嵌入率 $\alpha=0.1$ 和不同载密对象损毁率 $\delta\in\{0.1,0.2,0.3\}$ 计算得到。

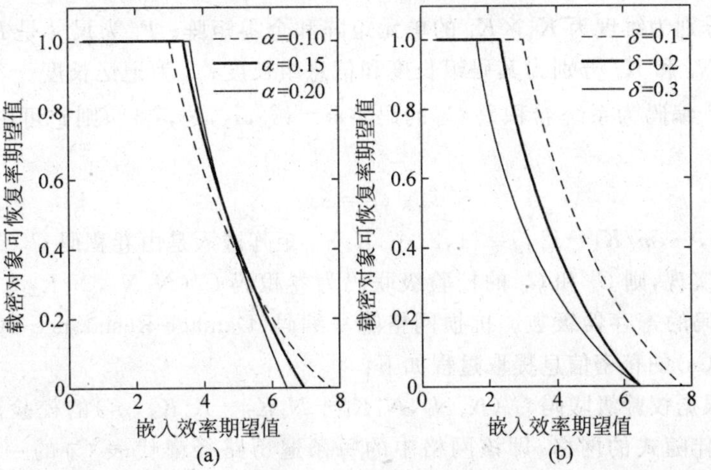


图 8-7　抗损性-嵌入效率近似理论限

(a) 不同嵌入率与固定载密对象损毁率；(b) 固定嵌入率与不同载密对象损毁率

由该抗损性-嵌入效率近似理论限可知,在抗损矩阵嵌入框架下,抗损能力和嵌入效率之间存在着明显的制约关系。当 $\bar{E}_R<\alpha/H^{-1}(\alpha+\delta(1+\Delta))$ 时,载密对象可恢复率的可达值固定为最大值 1;否则,载密对象可恢复率随着嵌入效率的提高而降低。在实际的抗损矩阵嵌入方案设计中,该近似理论限可用于计算在不同嵌入率和预期载密对象损毁率下抗损性和嵌入效率之间的最佳折中。

## 8.4 抗损矩阵嵌入的网格编码形式

抗损矩阵嵌入框架的一个重要任务是选取适当的纠删码 $C_1(l,m)$ 和矩阵嵌入掩码 $C_2(n,n-l)$。本节给出一种基于系统卷积码与网格码 STCs 的实用抗损矩阵嵌入方案。网格码 STCs 可以在保持与载体长度成线性关系的计算复杂度的前提下达到当前最先进的矩阵嵌入效率。因此采取 6.3.3 节中所示的卷积码作为矩阵嵌入掩码 $C_2$,同时,基于以下三点优势,选取系统卷积码[12]作为纠删编码 $C_1$。

(1) 卷积码在二元信道中可以达到逼近理论限的性能,同时,它可构造任意码长。

(2) 卷积码有着与码长成线性关系的编码与译码计算复杂度。

(3) 由于载密对象的恢复主要基于纠删码与矩阵嵌入掩码的校验级联码 $C_3(n,n+m-l)$,其校验矩阵满足 $\boldsymbol{H}_e=\boldsymbol{H}_1\cdot\boldsymbol{H}_2$。若 $C_1$ 和 $C_2$ 同为卷积码,则 $C_3$ 也是一个卷积码,这意味着低计算复杂度的维特比算法可以用于载密对象的恢复,进一步地,系统卷积码有着更低的译码复杂度。

不失一般性,假定用于纠删编码的系统卷积码 $C_1(N_1,K_1,v_1)$ 的生成矩阵 $\boldsymbol{G}_1$ 有式(8.17)所示的形式。

$$\boldsymbol{G}_1=\begin{bmatrix} \boldsymbol{IP}_1 & \boldsymbol{0P}_2 & \boldsymbol{0P}_3 & \cdots & \boldsymbol{0P}_h & & \\ & \boldsymbol{IP}_1 & \boldsymbol{0P}_2 & \cdots & \boldsymbol{0P}_{h-1} & \boldsymbol{0P}_h & \\ & & \boldsymbol{IP}_1 & \cdots & \boldsymbol{0P}_{h-2} & \boldsymbol{0P}_{h-1} & \boldsymbol{0P}_h \\ & & & \ddots & & \ddots & \end{bmatrix} \tag{8.17}$$

式中:$\boldsymbol{I}$ 和 $\boldsymbol{0}$ 分别为维度为 $K_1\times K_1$ 的单元矩阵和全零矩阵;$\boldsymbol{P}_i$ 为尺寸是 $K_1\times(N_1-K_1)$ 的二元矩阵;$N_1$ 和 $K_1$ 分别为其码组长度和信息组长度;$h$ 为记忆长度。若秘密信息 $\boldsymbol{m}=\{s_1,s_2,\cdots,s_m\}^{\mathrm{T}}$ 编码为系统卷积码 $C_1$ 的码字 $\hat{\boldsymbol{m}}=\{\hat{s}_1,\hat{s}_2,\cdots,\hat{s}_l\}^{\mathrm{T}}$,则它可由式(8.18)进行译码。

$$\hat{s}_{i\times K_1+j}=\hat{s}_{i\times N_1+j} \tag{8.18}$$

式中:$i=\{0,1,\cdots,m/K_1-1\}$,$j=\{1,2,\cdots,K_1\}$。矩阵嵌入是由卷积码 $C_2(N_2,K_2,v_2)$ 所构造的网格编码实现,则 $C_1$ 和 $C_2$ 的校验级联码为卷积码 $C_3(N_1N_2,N_1K_2+N_2K_1-K_1K_2,v_3)$,$v_i$ 为卷积码的寄存器级数。抗损网格隐写编码(Damage-Resistance Syndrome-Trellis Codes,DR-STCs)的秘密信息提取过程如下:

步骤 1:根据校验级联码 $C_3(N_1N_2,N_1K_2+N_2K_1-K_1K_2,v_3)$ 的校验矩阵 $\boldsymbol{H}_e$ 构造对应于全零向量伴随式的网格,即该网格中的每条遍历路径都代表 $C_3$ 的一个码字 $\boldsymbol{c}\in\boldsymbol{\Psi}$,$\boldsymbol{\Psi}=\{\boldsymbol{\omega}\in\{0,1\}^n\mid\boldsymbol{H}_e\cdot\boldsymbol{\omega}=\boldsymbol{0}\}$。

步骤 2:设 $\kappa$ 和 $\bar{\kappa}$ 分别为受损载密对象 $\boldsymbol{y}^*\in\{0,1,*\}^n$ 中完好比特与损毁比特的索引

集合，网格中的每条遍历路径由边序列$\{e_1, e_2, \cdots, e_n\}$构成，与7.1.1节类似，每条边以起始节点状态$\mathrm{init}(e_i)$，目的节点状态$\mathrm{dst}(e_i)$，对应的编码比特$\lambda(e_i)$表示，对每条边标记边失真$\phi(e_i)$，若$\lambda(e_i) \neq y_i^*$，$\phi(e_i)=\infty$；否则，$\phi(e_i)=0$。对每个节点赋予一个累计失真$\Phi$，则对于边$e_i$所连接的两个节点有$\Phi(\mathrm{dst}(e_i))=\Phi(\mathrm{init}(e_i))+\phi(e_i)$。对每个节点，仅保留对应的累计失真为$\Phi=0$的边。最终唯一的一条幸存路径所对应的编码比特序列即为恢复的载密对象$\boldsymbol{y}^R$。

步骤3：根据恢复的载密对象计算编码后的秘密信息$\hat{\boldsymbol{m}}^R=\boldsymbol{H}_2 \cdot \boldsymbol{y}^R$，进而根据式(8.18)解码得到最终的秘密信息$\boldsymbol{m}^R$。

为了评估抗损网格码DR-STCs的性能，采用常数、线性和平方这三种典型失真测度配置计算嵌入效率。载体对象$\boldsymbol{x} \in \{0,1\}^n$和秘密信息$\boldsymbol{m} \in \{0,1\}^m$均由二元伪随机序列发生器生成，载体长度设为$n=9000$，受损载密对象$\boldsymbol{y}^* \in \{0,1,*\}^n$，是通过对完整载密对象以概率$\delta$进行随机穿孔得到，实验中的纠删码$C_1$和矩阵嵌入掩码$C_2$分别采用文献[12]中的系统卷积码和文献[13]中的高码率非系统卷积码。

首先计算不同嵌入率$\alpha \in \{1/3, 1/4, 1/6, 1/8, 1/10\}$和载密对象受损率$\delta \in \{0.05, 0.1, 0.2\}$下的嵌入效率与载密对象可恢复率。纠删编码$C_1$的码率首先被固定为$R_1=1/2$，矩阵嵌入掩码$C_2$的码率取值为$R_2 \in \{1/3, 1/2, 2/3, 3/4, 4/5\}$，其记忆长度均为$h=10$，则嵌入效率和载密对象可恢复率的计算结果分别如图8-8和图8-9所示。每个点均为20次实验采样的平均值。图8-8中，横坐标为嵌入率倒数，纵坐标为嵌入效率；图8-9中，横坐标为嵌入率，纵坐标为载密对象可恢复率。

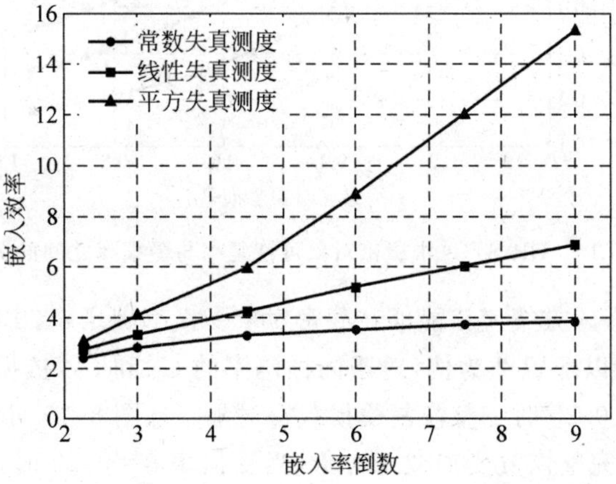


图8-8　DR-STCs在不同失真测度与嵌入率下的嵌入效率

由图8-8可知，抗损网格码DR-STCs在不同的隐写失真测度下均能达到良好的嵌入效率，嵌入效率随着嵌入率的提高而下降。由图8-9可知，当载密对象受损率为$\delta=0.05$时，载密对象可恢复率均接近1，然而当载密对象受损率$\delta=0.1$以及$\delta=0.2$时，载密对象可恢复率大幅下降，这与式(8.7)的结论是一致的。

在图8-10中采用三种配置对抗损网格码DR-STCs中载密对象可恢复率与载密对象受损率之间的关系进行了描述：配置1($R_1=1/2, R_2=1/3$)，配置2($R_1=1/2, R_2=1/2$)，配置3($R_1=1/2, R_2=2/3$)，记忆长度均设置为$h=10$，载密对象受损率取值为$\delta=\{0.05, 0.1, 0.15, \cdots, 0.95\}$。图8-10中，横坐标为载密对象受损率，纵坐标为载密对象可恢复率。

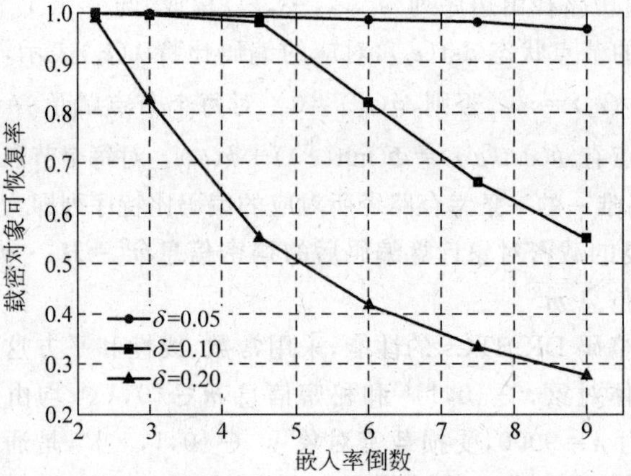


图 8-9 DR-STCs 在不同载密对象受损率与嵌入率下的载密对象可恢复率

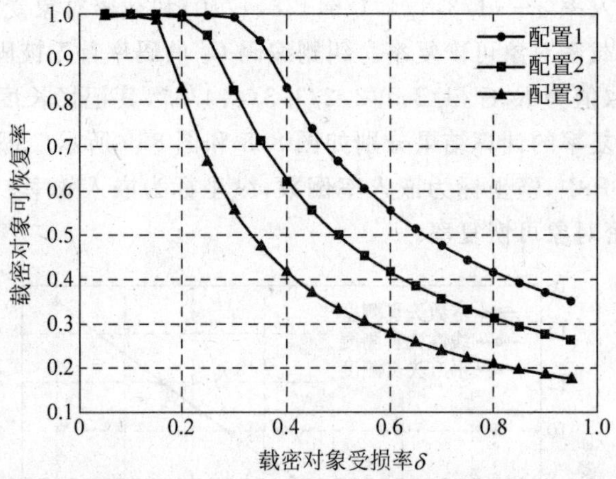


图 8-10 DR-STCs 中载密对象可恢复率与受损率之间的关系

理想的抗损矩阵嵌入方案应该能够在载密对象受损率满足 $\delta<1+R_1R_2-R_1-R_2$ 时完整恢复受损载密对象，以配置 2 为例，对于同样码率的 $C_1$ 和 $C_2$，抗损矩阵嵌入理论上应该能够在受损率满足 $\delta<0.25$ 时完整恢复受损载密对象。从图 8-10 可知，抗损网格码可以在受损率满足 $\delta<0.2$ 时完整恢复受损载密对象，当受损率 $\delta=0.25$ 时，载密对象可恢复率在 0.95 以上，这表明了该方案具有接近理论上限的抗损能力。

4.2.2 节中给出了常数隐写失真测度下抗损性-嵌入效率近似理论限，好的抗损矩阵嵌入方案应该能够逼近这一理论限，这里，将嵌入效率和载密对象受损率固定为 $\alpha=\delta=0.25$，记忆长度均设置为 $h=10$，采取常数隐写失真测度，图 8-11 中反映了纠删编码码率为 $R_1\in\{1/3,3/8,2/5,1/2,2/3,3/4,4/5,5/6\}$ 下 DR-STCs 的抗损性与嵌入效率之间的关系。图 8-11 中，横坐标为嵌入效率，纵坐标为载密对象可恢复率。

由图 8-11 可知，所提的抗损网格隐写编码 DR-STCs 可以逼近 4.2.2 节中所得到的近似理论限，同时验证了抗损矩阵嵌入框架中抗损性和嵌入效率之间的制约关系。事实上，抗损性与嵌入效率之间的最佳折中主要由嵌入率和载密对象受损率这两个因素所决定。

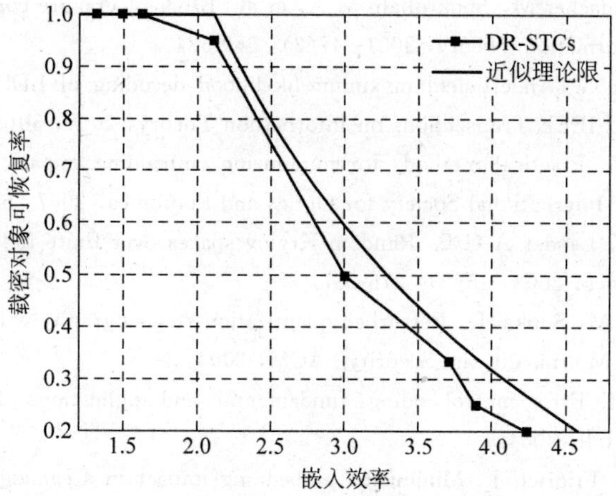


图 8-11　DR-STCs 中载密对象可恢复率与嵌入效率之间的关系

## 8.5　本章小结

矩阵嵌入框架随着网格码的提出已经能够达到逼近加性隐写失真测度下的理论限的嵌入性能，在满足一定鲁棒性需求的前提下尽可能最小化加性隐写失真可以增强它在具有鲁棒性要求的信息隐藏任务中的应用。本章介绍的方案侧重于矩阵嵌入抗损性的增强，首先对矩阵嵌入框架的受损增益函数进行分析，验证了其受损扩散性的特点，并进一步地利用纠删编码与矩阵嵌入掩码之间的校验级联，实现了抗损矩阵嵌入框架这一扩展形式。并计算了其抗损性-嵌入效率近似理论限。进一步地，介绍了网格码 STCs 的抗损矩阵嵌入扩展形式 DR-STCs，这是一种能够逼近近似理论限的实用抗损矩阵嵌入方案。

## 参考文献

[1] Craver S. On public-key steganography in the presence of an active warden [C]// Proceedings of the Information Hiding, New York: Springer, 1998, 1525: 355-368.

[2] Backes M, Cachin C. Public-key steganography with active attacks [J]. Theory of Cryptography, 2005: 210-226.

[3] Zhang X, Shuozhong W. Stego-encoding with error correction capability [J]. IEICE Transactions on Fundamentals of Electronics, Communications and Computer Sciences, 2005, 88(12): 3663-3667.

[4] Sarkar A, Madhow U, Manjunath B. Matrix embedding with pseudorandom coefficient selection and error correction for robust and secure steganography [J]. IEEE Transactions on Information Forensics and Security, 2010, 5(2): 225-239.

[5] Tanner R M. A recursive approach to low complexity codes [J]. IEEE Transactions on Information Theory, 1981, 27(5): 533-547.

[6] Kschischang F R, Frey B J, Loeliger H-A. Factor graphs and the sum-product algorithm [J]. IEEE Transactions on Information Theory, 2001, 47(2): 498-519.

[7] Luby M G, Mitzenmacher M, Shokrollahi M A, et al. Efficient erasure correcting codes [J]. IEEE Transactions on Information Theory, 2001, 47(2): 569-584.

[8] Burshtein D, Miller G. An efficient maximum-likelihood decoding of LDPC codes over the binary erasure channel [J]. IEEE Transactions on Information Theory, 2004, 50(11): 2837-2844.

[9] Fridrich J, Filler T. Practical methods for minimizing embedding impact in steganography [C]// Electronic Imaging. International Society for Optics and Photonics, 2007: 650502-650502-15.

[10] Brent R P, Gao S, Lauder A G B. Random Krylov spaces over finite fields[J]. SIAM Journal on Discrete Mathematics, 2003, 16(2): 276-287.

[11] Fridrich J, Goljan M, Soukal D. Perturbed quantization steganography with wet paper codes [C]// The Workshop on Multimedia and Security. ACM, 2004: 4-15.

[12] Lin S, Costello D J. Error control coding: fundamentals and applications [M]. Upper Saddle River: Pearson-Prentice Hall, 2004.

[13] Filler T, Judas J, Fridrich J. Minimizing embedding impact in steganography using trellis-coded quantization [C]// Proceedings of the IS&T/SPIE Electronic Imaging, 2010.

# 第9章

# 多播通信环境中的矩阵嵌入框架

随着数据通信及网络技术的快速发展，信息从单个信息源传递至多个接收终端的多播通信已经成为各类网络中最常见的通信方式之一，例如社交网络中的相片分享、基于因特网的语音或视频聊天室、基于无线电的群组语音通话以及基于战术数据链的战场信息共享等。这些多播通信流量已经成为因特网中的主要数据流量之一，传统的单播隐写在很多情形下无法充分利用多播通信的特点实施更加有效的隐蔽通信。

本节对数字媒体中的多播隐写进行考虑，迄今为止，在数字媒体隐写领域尚没有针对多播隐写问题的相关深入讨论。事实上，若只考虑通信结果，多播隐写的功能可以被多次单播隐写代替，然而，相比较于多次单播隐写，多播隐写具有以下三点显著的优势。

(1) 多播隐写可以直接应用于多播通信环境，相比较于多次单播隐写，这意味着更小的全局时间开销以及发送端更不显著的通信行为异常。

(2) 对多播隐写中的所有接收者而言，他们共享同一载密对象，这杜绝了通过收集同一发送方采用相同隐写配置多次单播隐写生成的载密对象从而实现检测成功概率更高的联合隐写分析的可能性[1,2]。

(3) 对许多多播隐蔽通信任务而言，发送给不同接受者的秘密信息间往往存在着关联性，这种关联性所造成的冗余可以通过编码手段在多播隐写中进行降低，从而降低全局隐写失真，而多次单播隐写无法达到这样的效果。

通过以上三点可以发现，在许多情形下多播隐写均可以达到比单播隐写更好的性能。本章首先对多播隐写问题进行建模，并考虑在隐私性、安全性和复杂度等方面的问题。多播隐写中的隐私问题是指多播组内各成员间的秘密信息私密性，也称为组内私密性。好的组内私密性意味着一个授权的接收者在获取属于自身的秘密信息的基础上应当可以尽可能少地获取发送给其他授权接收者的秘密信息。由于当前隐写方案的安全性往往通过降低隐写失真来提高，两个新定义的嵌入效率可用于衡量多播隐写在安全性方面的嵌入性能，包括实际嵌入效率和熵嵌入效率。此外，随着以 Snapchat[3] 为代表的"阅后即焚"类匿名多媒体共享软件的快速涌现，这类多媒体共享方式提供了良好的多媒体隐蔽通信载体，其接收方接收到的多媒体文件具有低生命周期的特点，同时，对于某些战场或事故救援中的自组织网络，其各移动节点的计算资源往往是受限的，这两类多播隐写的应用场景对多播隐写的信息提取复杂度提出了要求。在单播隐写中广泛应用的矩阵嵌入框架的基础上，依据信息嵌入策略分别提出了同步和异步两类多播隐写方案。前者是通过 Slepian-Wolf(SW)编码[4]与矩阵嵌入的串联来实现相关秘密信息嵌入的隐写失真最小化；后者则采用一种基于可重叠多重嵌入的隐写编码策略来实现多秘密信息的异步嵌入，通过牺牲部分嵌入性能为代价来侧重于组内私密性和信息提取即时性的提高。

## 9.1 多播隐写问题

### 9.1.1 多播隐写模型

多播隐写是传统的单播隐写在单发送方、多接收方情形下的拓展。不失一般性，与文献[5]中的广播信道模型的分析方案类似，本章假定接收方的数量为 2，其他数量接收方的情形可由其推广得到。多播隐写的系统模型如图 9-1 所示，令 $\psi$ 为一个有限域，如二阶伽罗华域 GF(2)。在发送方，秘密信息 $\boldsymbol{m}_1\in\psi^{q_1}$ 和 $\boldsymbol{m}_2\in\psi^{q_2}$ 均被嵌入载体对象 $\boldsymbol{x}\in\psi^n$ 中，从而生成一个尽可能保持较低隐写失真的复合载密对象 $\boldsymbol{y}\in\psi^n$。该载密对象分别经由公开信道 A 和 B 传递给接收方 A 和接收方 B，其对应的经信道传输后的载密对象分别为 $\boldsymbol{y}_A,\boldsymbol{y}_B\in\psi^n$，并用于提取对应的秘密信息，隐写密钥 $K_1$ 在发送方和接收方 A 之间共享，隐写密钥 $K_2$ 在发送方和接收方 B 之间共享。

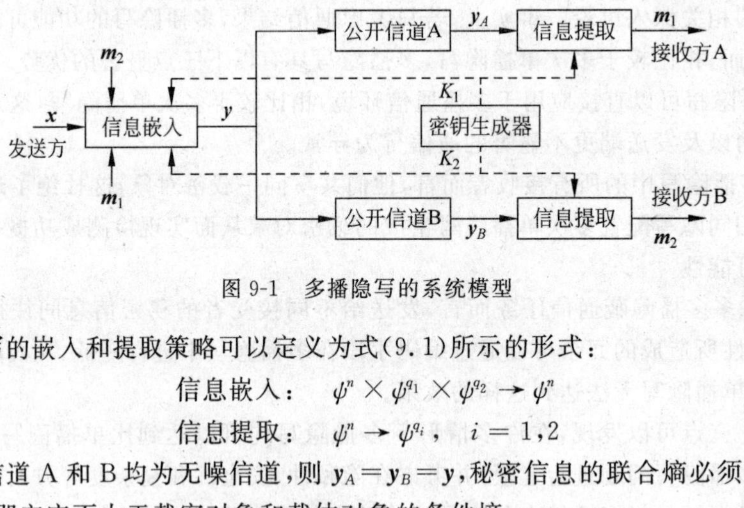


图 9-1 多播隐写的系统模型

多播隐写的嵌入和提取策略可以定义为式(9.1)所示的形式：

$$\text{信息嵌入：}\quad \psi^n\times\psi^{q_1}\times\psi^{q_2}\rightarrow\psi^n$$
$$\text{信息提取：}\quad \psi^n\rightarrow\psi^{q_i},\quad i=1,2 \tag{9.1}$$

若公开信道 A 和 B 均为无噪信道，则 $\boldsymbol{y}_A=\boldsymbol{y}_B=\boldsymbol{y}$，秘密信息的联合熵必须满足式(9.2)所示的关系，即它应不大于载密对象和载体对象的条件熵。

$$H(\boldsymbol{m}_1,\boldsymbol{m}_2)\leqslant H(\boldsymbol{y}\mid\boldsymbol{x}) \tag{9.2}$$

式中：$H(\cdot,\cdot)$和 $H(\cdot\mid\cdot)$分别为联合熵和条件熵函数。若公开信道 A 和 B 分别是容量为 $c_a$ 和 $c_b$ 的有噪信道，且 $c_a\geqslant c_b$，则嵌入信息需满足式(9.3)所示的关系。

$$H(\boldsymbol{m}_1\mid\boldsymbol{m}_2)/c_a+H(\boldsymbol{m}_2)/c_b\leqslant H(\boldsymbol{y}\mid\boldsymbol{x}) \tag{9.3}$$

这里结合数字媒体隐写术的应用环境将公开信道假定为无噪信道，这意味着各个接收方所接收到的载密对象是相同的，事实上，有噪信道下的多播隐写方案可以在无噪信道情形的基础上结合差错控制编码来推广得到。此外，在实际的多播隐蔽通信应用环境下，秘密信息之间往往具有相关性，如每个秘密消息都包含公共信息和私密信息部分，前者是在所有合法接收方之间共享，后者则只针对每个特定的接收方，事实上，即使加密为独立同分布的比特流，这种相关性往往依然存在。这里主要关注所嵌入的秘密信息比特之间相关的情形，不相关的情形可视为其特例。

### 9.1.2　多播隐写的性能指标

由于多播隐写主要是在多播通信环境下实现，这与传统的单播通信环境有一定区别，本节从隐私性、安全性和复杂度三方面分析多播隐写的性能指标，包括组内私密性、由实际嵌入效率和熵嵌入效率构成的扩展嵌入效率以及信息提取复杂度。

**1. 隐私性**

隐私性在多用户信息论中是一个重要议题，作为一种多播隐蔽通信方式，组内私密性应被引入多播隐写中加以分析。这里将组内私密性 $\mathrm{Pvy}_{A\to B}$ 定义为接收方 A 对于接收方 B 的私密性，其通过接收方 B 可获取的秘密信息 $\boldsymbol{m}_1$ 的信息量与 $\boldsymbol{m}_1$ 本身的信息量比值来进行衡量，$\mathrm{Pvy}_{A\to B}$ 的值越高意味着接收方 A 对于接收方 B 的组内私密性越差，反之亦然。

在同步多播隐写方案中，秘密信息首先利用一个 Slepian-Wolf(SW)编码器[4]进行联合编码从而最小化隐写失真，而异步多播隐写方案则是以牺牲部分嵌入性能来换取组内私密性和信息提取即时性的提高。将图 9-2 所示的 SW 编码可达速率域引入多播隐写的组内私密性的理论分析中，其中，$R_1$ 和 $R_2$ 分别为秘密信息 $\boldsymbol{m}_1$ 和 $\boldsymbol{m}_2$ 的信息压缩率，即生成信息比特与输入信息比特的比值。

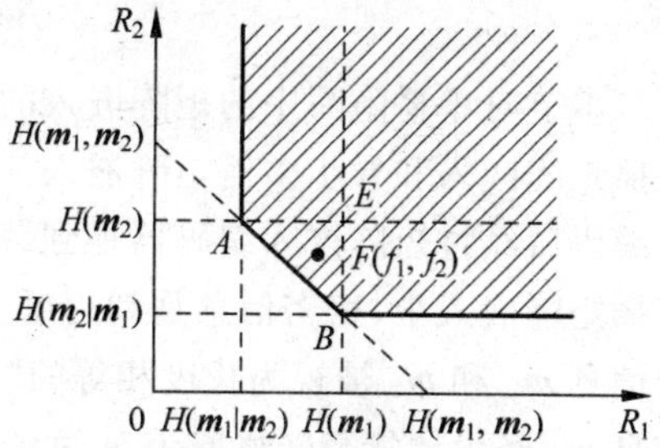


图 9-2　SW 编码的可达速率域

图 9-2 中的阴影部分代表可达速率区；三角形阴影区域 $ABE$ 称为对称编码区域，在该区域中的任意一点均能达到低于各秘密信息熵的压缩率。对于拐点 $A$，秘密信息 $\boldsymbol{m}_1$ 的压缩率 $R_1$ 可达到下限 $H(\boldsymbol{m}_1|\boldsymbol{m}_2)$。此时，秘密信息 $\boldsymbol{m}_1$ 在提取时所需要从秘密信息 $\boldsymbol{m}_2$ 中获得的信息量为 $I(\boldsymbol{m}_1;\boldsymbol{m}_2)$，即 $\mathrm{Pvy}_{B\to A}=I(\boldsymbol{m}_1;\boldsymbol{m}_2)/H(\boldsymbol{m}_2)$ 且 $\mathrm{Pvy}_{A\to B}=0$，这意味着在拐点 A 所对应的速率下，接收方 A 对于接收方 B 的组内私密性达到最佳而接收方 B 对于接收方 A 的组内私密性最差，拐点 $B$ 时情形与之相反。所以在对称编码区域 $ABE$ 中的任意一点 $F(f_1,f_2)$ 所对应的速率下，组内私密性的理论界限如式(9.4)所示。

$$\begin{cases}\mathrm{Pvy}_{A\to B}=(H(\boldsymbol{m}_2)-f_2)/H(\boldsymbol{m}_1)\\ \mathrm{Pvy}_{B\to A}=(H(\boldsymbol{m}_1)-f_1)/H(\boldsymbol{m}_2)\end{cases}\tag{9.4}$$

**2. 安全性**

随着矩阵嵌入技术的发展，面向统计检测性设计的加性隐写失真函数的最小化已经成为提高隐写方案的抗检测能力的一个重要衡量目标[6-8]。因此，在单播隐写中所定义的嵌入效率的基础上，定义如式(9.5)所示的实际嵌入效率 $E_p$ 和熵嵌入效率 $E_t$ 来扩展嵌入效率的定义从而有效衡量多播隐写的安全性。

$$\begin{cases} E_p = (q_1 + q_2)/D(\boldsymbol{x},\boldsymbol{y}) \\ E_t = H(\boldsymbol{m}_1,\boldsymbol{m}_2)/D(\boldsymbol{x},\boldsymbol{y}) \end{cases} \tag{9.5}$$

式中：实际嵌入效率 $E_p$ 衡量单位隐写失真下承载的秘密信息比特，而熵嵌入效率则衡量单位隐写失真下所承载的秘密信息量，后者更侧重于衡量多播隐写算法对于信息相关性的处理能力，需要结合这种扩展的嵌入效率定义来对多播隐写方案的嵌入性能进行衡量。

**3. 复杂度**

“阅后即焚”等新兴匿名数字媒体分享应用为多播隐写提供了良好的实施环境，其传输的数字媒体文件具有低生命周期、难取证的特点，另一方面，在部分战场及大型事故救援网络中，各自组织节点的计算能力往往是非常有限的。这类应用情形对多播隐写方案的信息提取复杂度提出了要求，不失一般性，可以某个计算平台下各接收方信息提取时间的平均值来衡量该情形下多播隐写的信息提取复杂度。

## 9.2 多播矩阵嵌入方案

本节对单播隐写中的矩阵嵌入的多播形式进行拓展，分别按照信息嵌入策略分为同步多播矩阵嵌入和异步多播矩阵嵌入。在同步多播矩阵嵌入中，多个秘密信息通过 SW 编码器编码后经过矩阵嵌入编码器得到载密对象，各个秘密信息之间同步实现嵌入。而在异步多播矩阵嵌入中，秘密信息是利用可重叠多次嵌入的方式来实现异步嵌入。不失一般性，秘密信息 $\boldsymbol{m}_1$ 和 $\boldsymbol{m}_2$ 被视为长度相等的“二元对称信道相关”序列，即秘密信息 $\boldsymbol{m}_2$ 被视为秘密信息 $\boldsymbol{m}_1$ 经由比特翻转概率为 $p$ 的二元对称信道传输后的输出信号[9]，即 $\Pr(\boldsymbol{m}_1 \neq \boldsymbol{m}_2) = p$，这里的有限域 $\psi$ 定义为二阶伽罗华域 GF(2)，$\boldsymbol{m}_1, \boldsymbol{m}_2 \in \{0,1\}^q$，因此式(9.5)中的熵嵌入效率 $E_t$ 可表示为

$$E_t = q \cdot [1 + H(p)]/D(\boldsymbol{x},\boldsymbol{y}) \tag{9.6}$$

当信息相关参数 $p=0.5$，两个秘密信息是不相关的。值得注意的是，$p \in (0,0.5]$ 的情形事实上与 $p \in [0,5,1)$ 具有互补关系，即 $\Pr(\boldsymbol{m}_1 \neq \boldsymbol{m}_2) = p$ 等价于 $\Pr(\boldsymbol{m}_1 \neq \bar{\boldsymbol{m}}_2) = 1 - p$。式中：$\bar{\boldsymbol{m}}_2$ 是指 $\boldsymbol{m}_2$ 对应的比特翻转序列。因此，在下面内容中，仅考虑信息相关参数 $p \in (0,0.5]$ 的情形。

### 9.2.1 同步多播矩阵嵌入方案

同步多播矩阵嵌入框架如图 9-3 所示。

在图 9-3 中，发送方和两个接收方的处理过程分别用虚线分隔。在发送方，首先利用 SW 编码器[10-12]将秘密信息 $\boldsymbol{m}_1 \in \{0,1\}^q$ 和 $\boldsymbol{m}_2 \in \{0,1\}^q$ 编码为一个复合码字序列 $\hat{\boldsymbol{m}} \in \{0,1\}^l$，$l > q$，随后根据密钥 $K_s$ 将该复合码字序列利用矩阵嵌入编码器嵌入载体对象 $\boldsymbol{x} \in \{0,1\}^n$ 中，生成的载密对象通过无噪信道传递给两个接收方。在每个接收方，首先利用伴随式提取器提取复合码字序列，然后利用各自对应的 SW 译码器对其译码得到对应的秘密信息。

在本节，采用对称 SW 编码来与矩阵嵌入策略串联实现多播矩阵嵌入，为了简单起见，

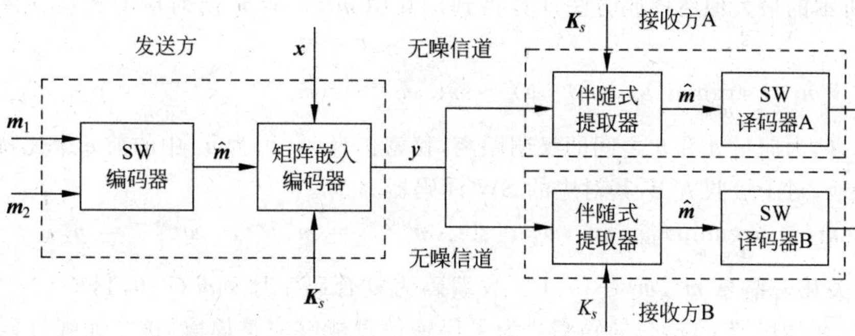


图 9-3　同步多播矩阵嵌入的信息嵌入和提取框架

设置各接收方地位均等，即秘密信息的压缩速率满足 $R_1=R_2$，则同步多播矩阵嵌入中所采用的 SW 编码和 SW 译码策略可由图 9-4 表示。

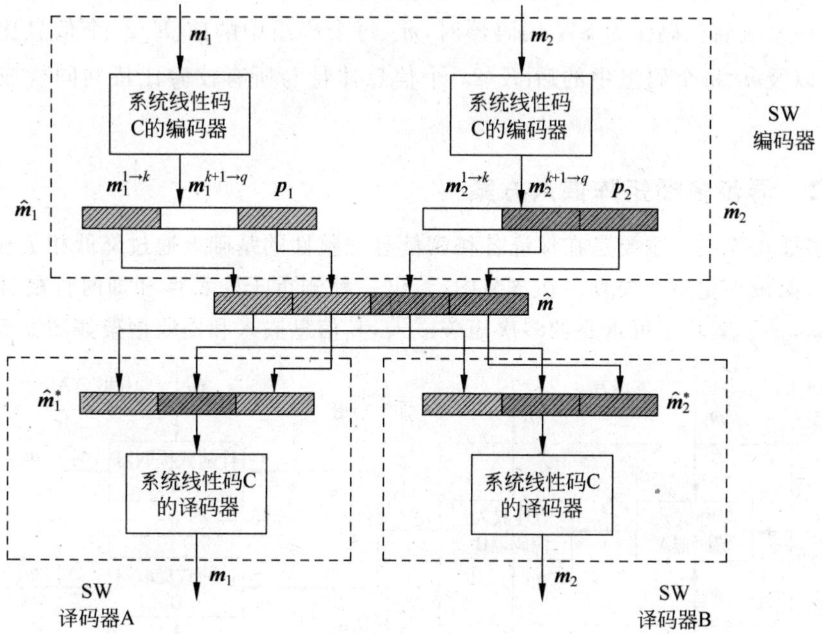


图 9-4　同步多播矩阵嵌入中的 SW 编码和 SW 译码

图 9-4 中，$\boldsymbol{G}_{q\times r}=[\boldsymbol{I}_{q\times q}\quad \boldsymbol{U}_{q\times(r-q)}]$为二元系统线性码 $C(r,q)$的生成矩阵；$\boldsymbol{I}_{q\times q}$是维度为 $q\times q$ 的单元矩阵；$\boldsymbol{U}_{q\times(r-q)}$是一个维度为 $q\times(r-q)$的二元矩阵。则两个秘密信息分别被编码为对应的码字$\hat{\boldsymbol{m}}_1=[\boldsymbol{m}_1\quad \boldsymbol{p}_1]$和$\hat{\boldsymbol{m}}_2=[\boldsymbol{m}_2\quad \boldsymbol{p}_2]$。$\boldsymbol{p}_i$ 为码字$\hat{\boldsymbol{m}}_i$ 的校验位比特序列，复合码字序列$\hat{\boldsymbol{m}}$即可由式(9.7)得到。在实际应用中，比特顺序可由隐写密钥进行置乱。

$$\hat{\boldsymbol{m}}=[\boldsymbol{m}_1^{1\to k}\quad \boldsymbol{p}_1\quad \boldsymbol{m}_2^{k+1\to q}\quad \boldsymbol{p}_2] \tag{9.7}$$

式中：$\boldsymbol{m}_i^{a\to b}$ 为 $\boldsymbol{m}_i$ 中从第 $a$ 个比特开始至第 $b$ 个比特结束的所有比特构成的子序列，对于接收方无重要性差异的情形，$k=\lfloor q/2\rfloor$。以接收方 A 为例，当复合码字序列$\hat{\boldsymbol{m}}$从载密对象中提取后，二元系统线性码 $C(r,q)$的校验矩阵$\boldsymbol{H}_{(r-q)\times r}=[\boldsymbol{U}^{\mathrm{T}}\quad \boldsymbol{I}_{(r-q)\times(r-q)}]$，可用于构造 SW 译码器 A，序列$\hat{\boldsymbol{m}}_1^*=[\boldsymbol{m}_1^{1\to k}\quad \boldsymbol{m}_2^{k+1\to q}\quad \boldsymbol{p}_1]$为其输入信号，秘密信息 $\boldsymbol{m}_1$ 对应的码字$\hat{\boldsymbol{m}}_1$ 则可利

用式(9.8)所示的最大似然译码方法计算得到。其中 $\boldsymbol{m}_1^{1\to k}$ 和 $\boldsymbol{p}_1$ 所对应的比特在译码过程中保持不变。

$$\hat{\boldsymbol{m}}_1 = \underset{\boldsymbol{H}\cdot\boldsymbol{v}=\boldsymbol{0}}{\operatorname{argmin}} D_{\text{Ham}}(\hat{\boldsymbol{m}}_1^*, \boldsymbol{v}) \quad \text{s.t.} \quad \boldsymbol{v}^{1\to k} = \boldsymbol{m}_1^{1\to k}, \quad \boldsymbol{v}^{q+1\to r} = \boldsymbol{p}_1 \tag{9.8}$$

$D_{\text{Ham}}(\boldsymbol{a},\boldsymbol{b})$为向量 $\boldsymbol{a}$ 和 $\boldsymbol{b}$ 之间的汉明距离,秘密信息 $\boldsymbol{m}_1$ 即为$\hat{\boldsymbol{m}}_1$ 中的前 $q$ 个比特构成的序列。类似地,对于接收方 B,其对应的 SW 译码器 B 为

$$\hat{\boldsymbol{m}}_2 = \underset{\boldsymbol{H}\cdot\boldsymbol{v}=\boldsymbol{0}}{\operatorname{argmin}} D_{\text{Ham}}(\hat{\boldsymbol{m}}_2^*, \boldsymbol{v}) \quad \text{s.t.} \quad \boldsymbol{v}^{k+1\to q} = \boldsymbol{m}_2^{k+1\to q}, \quad \boldsymbol{v}^{q+1\to r} = \boldsymbol{p}_2 \tag{9.9}$$

两个相关秘密信息 $\boldsymbol{m}_1,\boldsymbol{m}_2\in\{0,1\}^q$ 被编码为复合码字序列$\hat{\boldsymbol{m}}\in\{0,1\}^{q\cdot(2/R-1)}$,其中,$R=q/r$,为二元线性码 $C(r,q)$的码率。为了保证信息能够完整提取,该二元线性码的码率应满足式(9.10):

$$2/R-1\geqslant 1+H(p) \tag{9.10}$$

值得指出的是,若采用的二元线性码为系统卷积码 $C(N,K)$,则任意码字均可按码组长度 $N$ 进行分组,在每个码组中,前 $K$ 个比特为信息位,后 $N-K$ 个比特为对应的校验位。因此,当采用系统卷积码作为 SW 编码器时,$\hat{\boldsymbol{m}}_1$ 每个码组中的前$\lfloor K/2\rfloor$个信息比特与所有校验比特,以及$\hat{\boldsymbol{m}}_1$ 每个码组中的后$\lceil K/2\rceil$个信息比特与所有校验比特共同构成复合码字序列。

### 9.2.2 异步多播矩阵嵌入方案

同步多播矩阵嵌入主要是在保证各秘密信息完整性的基础上通过降低相关秘密信息之间的冗余从而最小化隐写失真。在本节中,给出一种侧重于隐私性和即时性的异步多播矩阵嵌入方案,该方案基于可重叠的多次矩阵嵌入,其信息嵌入和提取框架如图 9-5 所示。

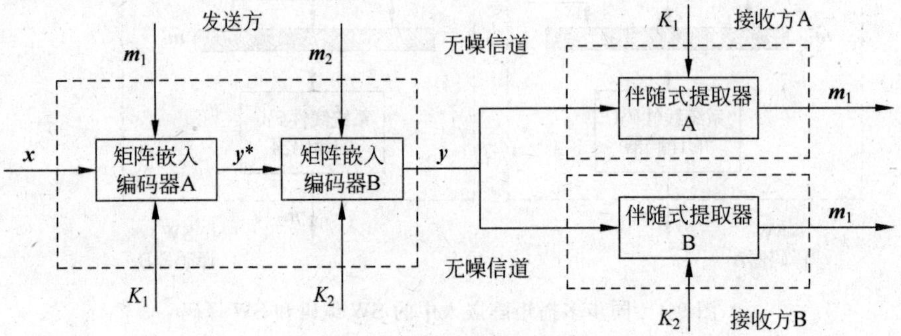


图 9-5 异步多播矩阵嵌入的信息嵌入和提取框架

在异步多播矩阵嵌入中,秘密信息 $\boldsymbol{m}_1\in\{0,1\}^q$ 首先依据隐写密钥 $K_1$ 经由矩阵嵌入编码器嵌入至载体对象 $\boldsymbol{x}\in\{0,1\}^n$ 中,产生的临时载密对象 $\boldsymbol{y}^*\in\{0,1\}^n$ 作为秘密信息 $\boldsymbol{m}_2\in\{0,1\}^q$ 嵌入时的载体对象,即矩阵嵌入编码器 B 的输入信号。在此基础上,秘密信息 $\boldsymbol{m}_2\in\{0,1\}^q$ 利用其对应的隐写密钥 $K_2$ 进行矩阵嵌入得到最终的载密对象 $\boldsymbol{y}\in\{0,1\}^n$,在各接收方,对应的秘密信息可利用对应的伴随式提取器直接提取得到。

假定 $\boldsymbol{x}_a,\boldsymbol{x}_b\in\{0,1\}^{\lambda n}(0.5\leqslant\lambda<1)$分别为载体对象的两个长度为 $\lambda n$ 的子集,$\boldsymbol{x}_p\in\{0,1\}^{(2\lambda-1)n}$为其重叠部分,载体子集 $\boldsymbol{x}_a$ 经隐写密钥 $K_1$ 置乱后得到载体子序列 $\boldsymbol{x}_1$ 用于嵌入秘密信息 $\boldsymbol{m}_1$,载体子集 $\boldsymbol{x}_b$ 经隐写密钥 $K_2$ 置乱后得到载体子序列 $\boldsymbol{x}_2$ 用于嵌入秘密信息 $\boldsymbol{m}_2$。

$\boldsymbol{x}_1 \cup \boldsymbol{x}_2 = \boldsymbol{x}$，即 $\boldsymbol{x}_1$ 与 $\boldsymbol{x}_2$ 叠加后完全覆盖 $\boldsymbol{x}$。$\boldsymbol{x}_p = \boldsymbol{x}_1 \cap \boldsymbol{x}_2$，即 $\boldsymbol{x}_p$ 为 $\boldsymbol{x}_1$ 与 $\boldsymbol{x}_2$ 的公共覆盖区域。$\boldsymbol{y}_1$，$\boldsymbol{y}_2$ 和 $\boldsymbol{y}_p$ 分别为载密对象 $\boldsymbol{y}$ 中对应于 $\boldsymbol{x}_1$，$\boldsymbol{x}_2$ 和 $\boldsymbol{x}_p$ 的载密对象子集。则异步多播矩阵嵌入的信息嵌入和提取过程如式(9.11)和式(9.12)所示。

$$\text{信息嵌入}\begin{cases}\text{矩阵嵌入编码器 }A\text{：} & \boldsymbol{y}_1 = \underset{\boldsymbol{H}_1 \cdot \boldsymbol{\alpha} = \boldsymbol{m}_1}{\operatorname{argmin}} D(\boldsymbol{x}_1, \boldsymbol{\alpha}) \\ \text{矩阵嵌入编码器 }B\text{：} & \boldsymbol{y}_2 = \underset{\boldsymbol{H}_2 \cdot \boldsymbol{\beta} = \boldsymbol{m}_2,\, \boldsymbol{y}_p = \Delta}{\operatorname{argmin}} D(\boldsymbol{x}_2^*, \boldsymbol{\beta})\end{cases} \tag{9.11}$$

$$\text{信息提取}\begin{cases}\text{伴随式提取器 }A\text{：} & \boldsymbol{m}_1 = \boldsymbol{H}_1 \cdot \boldsymbol{y}_1 \\ \text{伴随式提取器 }B\text{：} & \boldsymbol{m}_2 = \boldsymbol{H}_2 \cdot \boldsymbol{y}_2\end{cases} \tag{9.12}$$

式中：$\boldsymbol{H}_1, \boldsymbol{H}_2 \in \{0,1\}^{q \times (\lambda n)}$，分别为对应于伴随式提取器 A 和 B 的二元线性码校验矩阵；$\boldsymbol{x}_2^*$ 为载体子集 $\boldsymbol{x}_2$ 的修改形式，其中重叠区域 $\boldsymbol{x}_p$ 在嵌入秘密信息 $\boldsymbol{m}_1$ 时被改变为 $\boldsymbol{y}_p$，该区域在秘密信息 $\boldsymbol{m}_2$ 嵌入时被视作“湿元素”，即不可修改。

以 STCs 为例，假定载体对象为 $\boldsymbol{x} = \{1,0,0,1,0,1,0,0,1\}^{\mathrm{T}}$，秘密信息分别为 $\boldsymbol{m}_1 = \{0,1,1\}^{\mathrm{T}}$ 和 $\boldsymbol{m}_2 = \{0,1,0\}^{\mathrm{T}}$，失真测度配置为常数，即 $\rho_i = 1$。两个载体子集由参数 $\lambda = 2/3$ 和隐写密钥决定，$\boldsymbol{x}_a = \{x_1, x_2, \cdots, x_6\}^{\mathrm{T}}$，$\boldsymbol{x}_b = \{x_4, x_5, \cdots, x_9\}^{\mathrm{T}}$，两个由隐写密钥 $K_1$ 和 $K_2$ 生成的长度为 6 的伪随机置乱序列分别为 $\boldsymbol{a}_1 = \{2,1,3,4,5,6\}$ 和 $\boldsymbol{b}_1 = \{2,5,3,4,1,6\}$，分别用于置乱载体子集得到 $\boldsymbol{x}_1 = \{0,1,0,\underline{1},\underline{0},\underline{1}\}^{\mathrm{T}}$ 和 $\boldsymbol{x}_2 = \{\underline{1},0,\underline{0},0,\underline{1},1\}^{\mathrm{T}}$，下划线为其对应的重叠比特，则其对应的可重叠多次嵌入流程如图 9-6 所示。

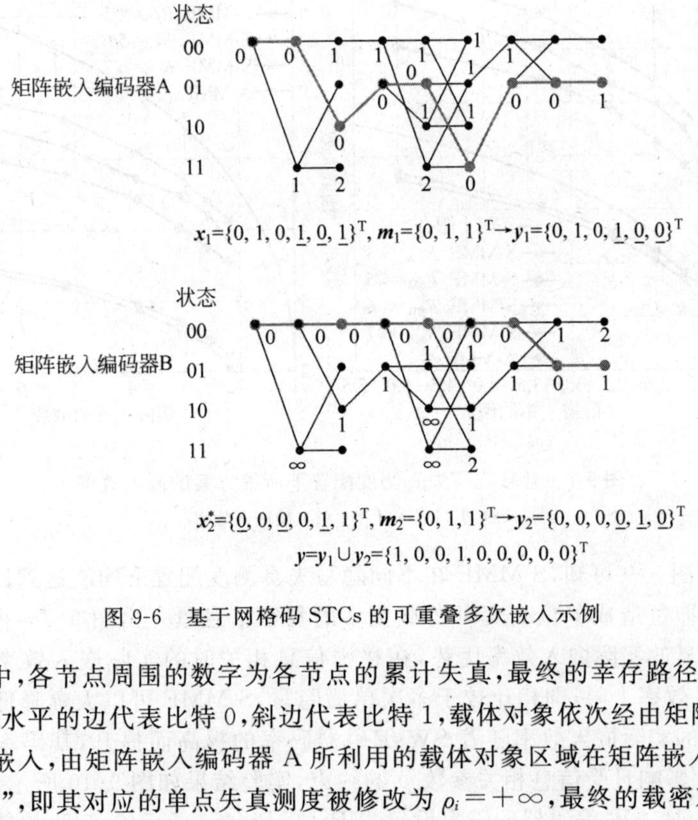


图 9-6　基于网格码 STCs 的可重叠多次嵌入示例

在图 9-6 中，各节点周围的数字为各节点的累计失真，最终的幸存路径由加粗线标出。在每条路径中，水平的边代表比特 0，斜边代表比特 1，载体对象依次经由矩阵嵌入编码器 A 和 B 进行信息嵌入，由矩阵嵌入编码器 A 所利用的载体对象区域在矩阵嵌入编码器 B 中均被视为“湿元素”，即其对应的单点失真测度被修改为 $\rho_i = +\infty$，最终的载密对象为 $\boldsymbol{y} = \boldsymbol{y}_1 \cup$

$y_2$，符号"∪"意味着载体元素的合集。

将本章提出的同步和异步多播矩阵嵌入方案分别记为 S-MME(synchronous multicast matrix embedding)和 A-MME(asynchronous multicast matrix embedding)，并从嵌入效率、组内私密性和信息提取复杂度三方面来对其进行分析。所利用的矩阵嵌入方案均为网格码 STCs，且同步多播矩阵嵌入中的 SW 编码器均采用系统卷积码，用于 SW 编码和矩阵嵌入的卷积码记忆长度均设置为 $h=10$。

首先，在常数、线性和平方三种典型隐写失真测度配置下对所提方案的实际嵌入效率和熵嵌入效率进行计算，对同步多播矩阵嵌入方案 S-MME，用于 SW 编码的卷积码码率取值为 $R_{SW}\in\{3/4,4/5,5/6,6/7\}$，异步多播矩阵嵌入方案 A-MME 中的载体划分参数设置为 $\lambda=0.6$。载体长度设置为 $n=6000$，秘密信息长度取值为 $q\in\{600,900,1200,1500,1800,2100\}$，其对应的实际嵌入率(所有秘密信息比特数与载体对象比特数的比值)为 $\alpha_p=\{0.2,0.3,0.4,0.5,0.6,0.7\}$，熵嵌入率(所有秘密信息的总信息量与载体对象信息量的比值)为 $\alpha_t=(1+H(p))\cdot\alpha_p/2$，信息相关参数设置为 $p=\Pr(\boldsymbol{m}_1\neq\boldsymbol{m}_2)=0.05$。则所提方案在三种典型隐写失真测度配置下对应的实际嵌入效率 $E_p$ 和熵嵌入效率 $E_t$ 如图 9-7～图 9-9 所示。在图 9-7～图 9-9(a)中，横坐标为实际嵌入率倒数，纵坐标为实际嵌入效率；在图 9-7～图9-9(b)中，横坐标为熵嵌入率倒数，纵坐标为熵嵌入效率，图中每个点均为 20 次实验取样的平均值。

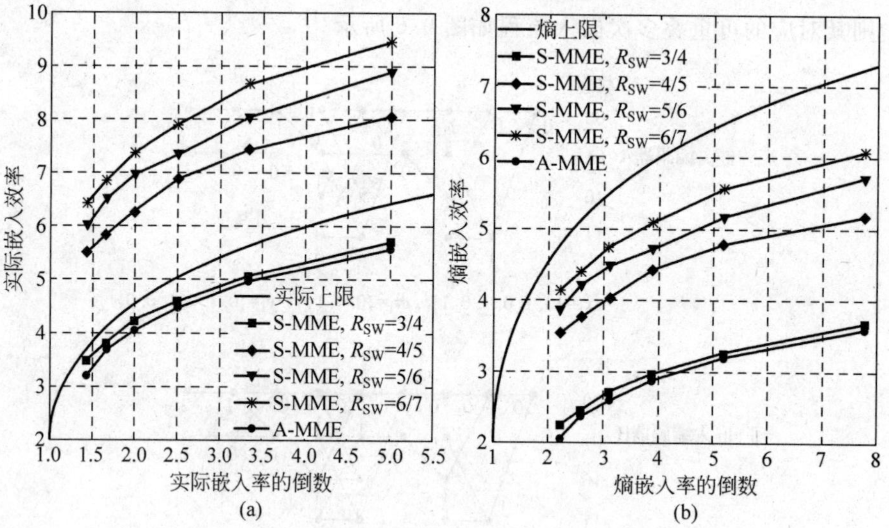


图 9-7 常数隐写失真测度配置下所提方案的嵌入效率

(a) 实际嵌入效率；(b) 熵嵌入效率

由图 9-7～图 9-9 可知，S-MME 在不同隐写失真测度配置下均能达到比 A-MME 更高的熵嵌入效率，即每造成单位失真可负载更多的秘密信息量。由图 9-7～图 9～9(a)可知 S-MME 具有明显的实际嵌入效率优势，在秘密信息相关时的实际嵌入效率超过文献[13]中所给出的嵌入效率上限，即相比较于多次单播隐写，S-MME 可以大幅降低隐写造成的总失真。S-MME 的实际嵌入效率随着 SW 编码器码率的提高而提升，其码率对提取信息的比特误码率产生影响且受信息相关参数 $p$ 的约束，实验结果如图 9-10 所示，当信息相关参数满足 $p\leqslant 0.06$ 时，SW 编码器的码率设置为 $R_{SW}\in\{3/4,4/5,5/6,6/7\}$均能保证秘密信息

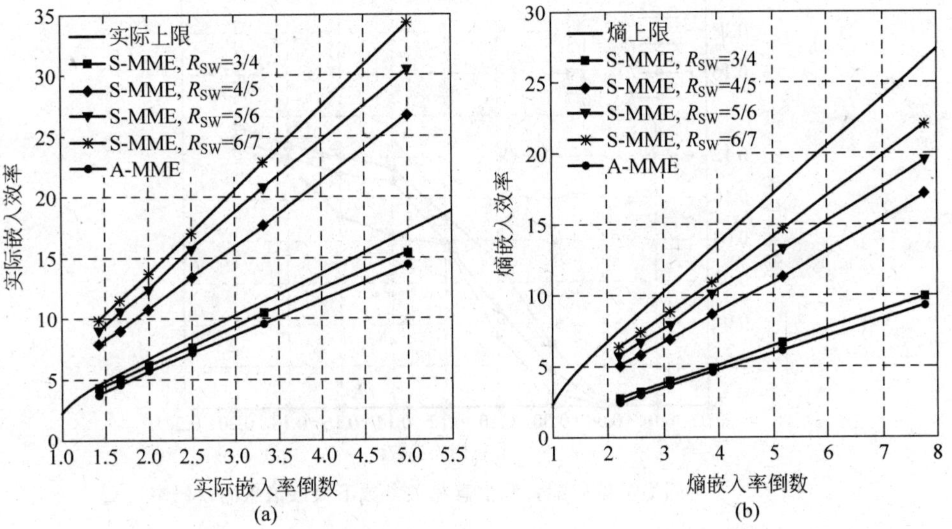


图 9-8　线性隐写失真测度配置下所提方案的嵌入效率

(a) 实际嵌入效率；(b) 熵嵌入效率

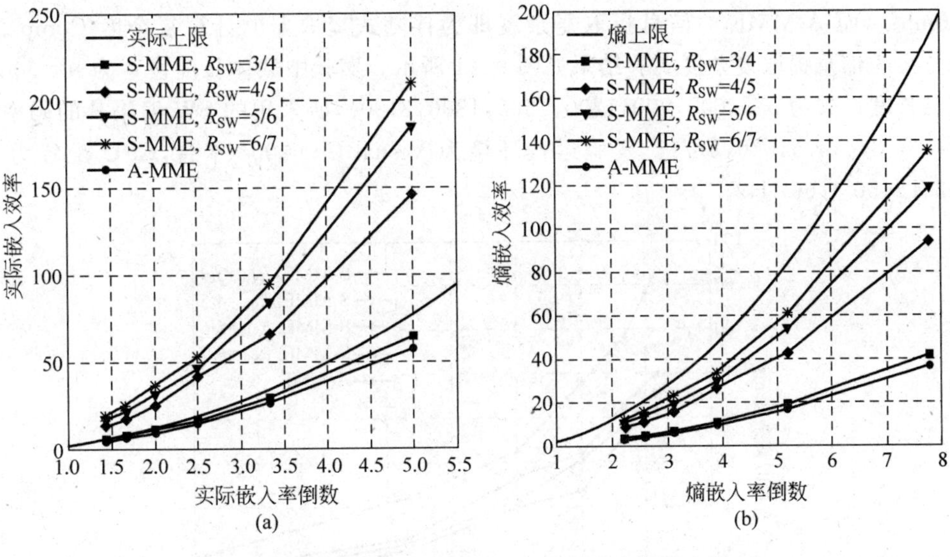


图 9-9　平方隐写失真测度配置下所提方案的嵌入效率

(a) 实际嵌入效率；(b) 熵嵌入效率

的完整提取；但是当信息相关参数为 $p=0.2$ 时，仅当码率为 $R_{SW}=3/4$ 时才可保证提取信息的完整性，这与式(9.10)中的结论是一致的。此外，由图 9-7～图 9-9(a)可知，S-MME 和 A-MME 均可以达到接近熵嵌入效率上限的嵌入性能，随着 SW 编码器码率的提高，S-MME 的熵嵌入效率与理论上界的差距会逐渐降低。

对于组内私密性，在 S-MME 方案中，对于任意 SW 编码器，由于任一秘密信息的正确译码都需要获取其他秘密信息的部分比特，有 $\text{Pvy}_{A\to B}+\text{Pvy}_{B\to A}=1$。特别地，对于 9.2.1 节中所采用的对称 SW 编码器，有 $\text{Pvy}_{A\to B}=\text{Pvy}_{B\to A}=0.5$，然而，在 A-MME 中，各秘密信息只由对应的密钥来控制其提取过程，各秘密信息之间的提取是不相关的，即 $\text{Pvy}_{A\to B}=\text{Pvy}_{B\to A}=$

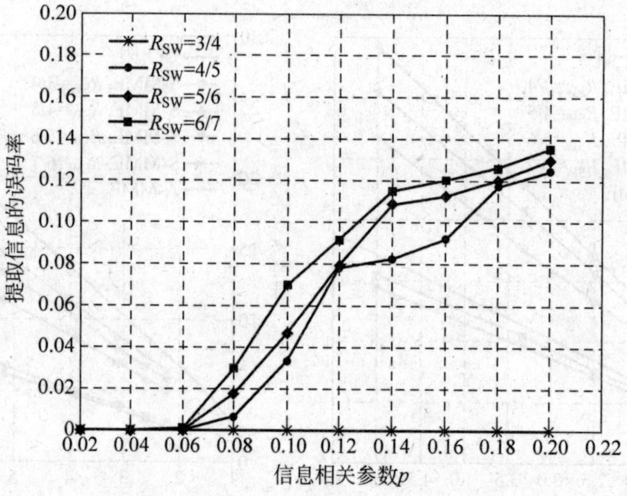


图 9-10　不同 SW 编码配置和信息相关参数下提取信息的误码率

0,因此,异步多播矩阵嵌入方案 A-MME 的组内私密性明显优于同步多播矩阵嵌入方案。

最后,对所提两种方案的信息提取复杂度进行比较,S-MME 的信息提取复杂度 $Comp_{S\text{-}MME}$ 包括两部分:伴随式提取器的计算复杂度 $Comp_{syndrome}$ 和 SW 译码器的计算复杂度 $Comp_{SW}$,而 A-MME 的信息提取复杂度即为伴随式提取器的计算复杂度 $Comp_{syndrome}$。两个方案的信息提取复杂度实验结果如图 9-11 所示。实验中载体长度设置为 $n=6000$,秘密信息长度设置为 $q\in\{600,900,1200,1500,1800,2100\}$,所采用的 SW 编码其的码率取值为 $R_{SW}\in\{3/4,4/5,5/6,6/7\}$。实验运行环境为 Visual C++2008 平台,CPU 配置为 Intel Core2 T5450 1.66GHz。

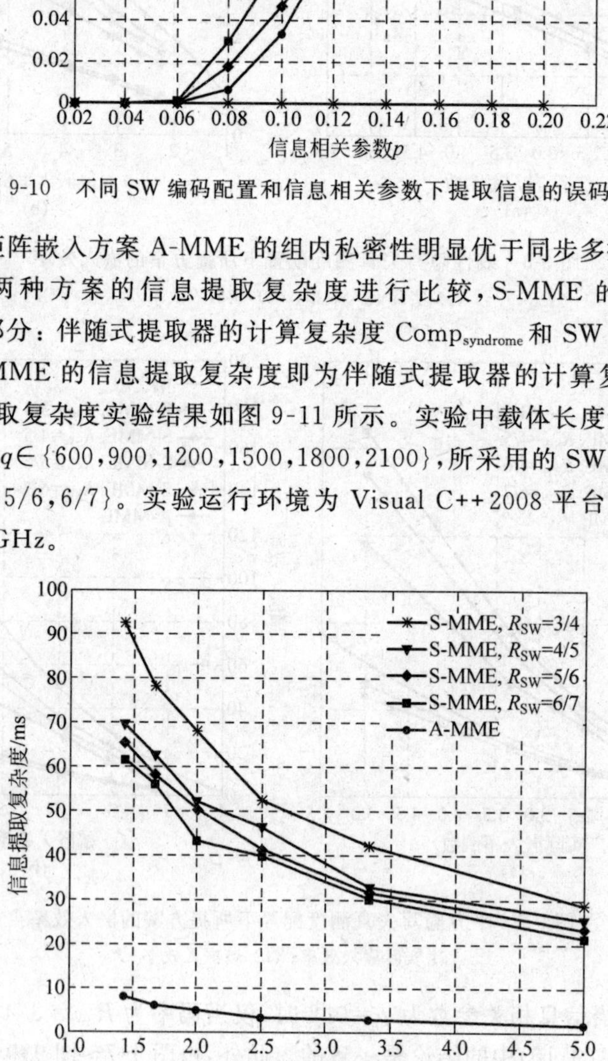


图 9-11　S-MME 和 A-MME 的信息提取时间复杂度

由图 9-11 可知,S-MME 的信息提取复杂度远远大于 A-MME 的信息提取复杂度,这意味着 A-MME 更适用于信息提取即时性要求较高以及接收方计算能力受限的场合。综合以上实验和分析可知,S-MME 通过利用信息间的相关性从而最小化全局隐写失真,而 A-MME 则以牺牲部分嵌入性能为代价来达到较高的组内私密性和较低的信息提取复杂度，在不同的应用场合可根据需求对二者进行选取来实现多播隐写。

## 9.3 本章小结

多播隐写是将多个秘密信息利用同一载密对象传递给不同接收方的隐蔽通信技术，是隐写在多播领域中的重要拓展。在本章，首先对多播隐写问题进行了建模，并探讨了其所涉及的问题，包括组内私密性、扩展嵌入效率和信息提取复杂度。特别地，将单播隐写中的矩阵嵌入框架扩展为多播形式，基于两种不同的策略分别提出了同步和异步多播矩阵嵌入框架，同步多播矩阵嵌入框架是基于SW编码与矩阵嵌入的结合，它主要面向各秘密信息相关时隐写失真的最小化，而异步多播矩阵嵌入方案主要侧重于组内私密性和信息提取即时性的优化，但是其嵌入效率与同步多播矩阵方案有一定差距。

## 参考文献

[1] Ker A D. The square root law in stegosystems with imperfect information [C]// Proceedings of the Information Hiding, New York: Springer, 2010, 6387: 145-160.

[2] Ker A D, Bas P, Craver S, et al. Moving steganography and steganalysis from the laboratory into the real world [C]// ACM Workshop on Information Hiding and Multimedia Security. ACM, 2013: 45-58.

[3] Snapchat [EB/OL]. Available: https://www.snapchat.com/.

[4] Slepian D, Wolf J K. Noiseless coding of correlated information sources [J]. IEEE Transactions on Information Theory, 1973, 19(4): 471-480.

[5] Cover T. Broadcast channels [J]. IEEE Transactions on Information Theory, 1972, 18(1): 2-14.

[6] Holub V, Fridrich J. Designing steganographic distortion using directional filters [C]// IEEE International Workshop on Information Forensics and Security. IEEE, 2012: 234-239.

[7] Holub V, Fridrich J. Digital image steganography using universal distortion [C]// ACM Workshop on Information Hiding and Multimedia Security. ACM, 2013: 59-68.

[8] Huang F, Luo W, Huang J, et al. Distortion function designing for JPEG steganography with uncompressed side-image [C]// ACM Workshop on Information Hiding and Multimedia Security. ACM, 2013: 69-76.

[9] Tu Z, Li J, Blum R S. An efficient SF-ISF approach for the Slepian-Wolf source coding problem [J]. EURASIP Journal on Applied Signal Processing, 2005(6): 961-971.

[10] Bajcsy J, Mitran P. Coding for the Slepian-Wolf problem with turbo codes [C]//Global Telecommunications Conference, 2001. GLOBECOM '01. IEEE. IEEE, 2001: 1400-1404 vol. 2.

[11] Garcia-Frias J. Compression of correlated binary sources using turbo codes [J]. IEEE Communications Letters, 2001, 5(10): 417-419.

[12] Aaron A, Girod B. Compression with Side Information Using Turbo Codes [C]// Proc. IEEE Data Compression Conference, DCC-2002, Snowbird, UT, April. 2002: 252.

[13] Filler T, Judas J, Fridrich J. Minimizing additive distortion in steganography using syndrome-trellis codes [J]. IEEE Transactions on Information Forensics and Security, 2011, 6(3): 920-935.

# 第10章

# 面向模型自适应的模拟喷泉网络隐写编码

作为隐写术的最新分支，隐蔽信道通过将秘密信息隐藏在公开的通信信道中来掩饰其存在。与数字媒体中的隐写技术相比，隐蔽信道由于其载体长度无限制，因此可以在很长的一段时间里持续传递秘密信息，这导致定位其起始和结束位置难度较大，难以实施进一步的检测。其中，时间信道是一种重要的网络隐蔽信道类型，它主要通过将秘密信息调制到正常流量的时间信息中实现隐蔽通信，当前主要利用的时间信息是包间时延（Inter-Packet Delays，IPDs）。

抗检测性和鲁棒性是时间信道的两个主要设计目标，抗检测性意味着攻击者无法通过对正常数据流和载密数据流进行比较来对二者进行区分，常用的区分手段包括 Kullback-Leibler（K-L）散度检验[1,2]、Kolmogorov-Smirnov（K-S）检验[3]和熵检测[4]等统计工具。鲁棒性是指在网络通信固有的信道干扰下时间信道依然能够正常运转，尤其是在当前普及的无线接入情形中信号会收到包括信道噪声、衰落、路径丢失或冲突等多种干扰。此外，攻击者也可能人为地添加额外干扰来破坏时间信道。因此，较高强度的鲁棒性是保证时间信道成功实施的重要基础。

在一些早期的时间信道设计方案中[3,5]，秘密信息比特通过在指定时间间隔内发送或不发送数据包来调制，或对击键行为间的时间信息进行调制。随后，正常数据流的特点被考虑到时间信道的设计中。在基于模型的时间信道中，正常数据流包间时延的累计分布函数（Cumulative Distribution Function，CDF）用于生成载密数据流[6]，该累计分布函数通常是通过对抓取的正常数据流进行统计处理或者采取某个能代表该数据流包间时延分布的常见累计分布函数，如负指数分布、Pareto 分布等。利用模型调制可以近似地实现模型安全性，即载密数据流和正常数据流的包间时延间没有明显差别。

基于模型的时间式信道的鲁棒性可以通过前向纠错编码结合模型调制来提高。若不考虑一些实现细节（如可以有效降低网络干扰造成的解调差错的保护带策略[7]），设计兼具抗检测性和鲁棒性的时间信道的一般框架可以分为两部分：在发送方进行编码和调制以及在接收方进行解调和译码。在发送方，秘密信息首先编码为一个有限或无限码长线性码的码字（如扩频码[8,9]、卷积码[10]以及 LT 喷泉码[7]），该码字随后由基于模型的调制方案生成包间时延序列，在接收方实施相反的操作，从接收到的包间时延序列中解调出码字并对码字进行译码得到秘密信息。

由于大多数网络数据流是非平稳的，基于模型的时间信道面临的一个很大的问题是，为了有效地保持抗检测性，发送方需要频繁地根据动态网络数据流量来更新模型并将调整后的模型发送给接收方。然而，频繁传输调整后的模型在实际中并不可行，且会消耗大量带宽。由于模型更新的困难性，即使信息经过预编码，发送方和接收方之间共享的模型往往也需要保持严格一致，对模型的任何修改都有可能破坏信息的完整性。

除了传统的抗检测性和鲁棒性需求外，本章定义了模型自适应性，用于衡量时间信道对于发送方和接收方之间模型不匹配情形的适应性。高模型适应性的时间信道应当可以允许发送方在不牺牲抗检测性或鲁棒性的前提下调整模型。不同于基于模型调制的时间信道，本章基于模拟喷泉码(Analog Fountain Codes，AFC)[11-13]提出了一种通用的模型拟合编码框架来设计时间信道，该框架允许发送方在无须与接收方同步的前提下调整模型。

在发送方，秘密信息首先经由 AFC 编码为非均匀分布的实数码元序列，该码元序列通过两个线性映射参数映射为与模型包间时延取值范围匹配的线性映射码元序列。通过对线性映射码元的分布与模型分布进行形状比较，将每个线性映射码元利用码元转移矩阵重排或者分裂为一组子码元作为生成的包间时延，并保证包间时延的分布与模型高度一致。在接收方，接收到的包间时延序列被视为线性映射码元序列、模型拟合噪声以及信道噪声的复合信号，利用一种修改的信任传递(Belief Propagation，BP)算法来直接译码得到秘密信息。模型拟合编码框架通过发送方不断调整码元转移矩阵或码元分裂矩阵来最小化模型拟合噪声的功率从而实现所构建的时间信道的自适应性。此外，本章所介绍的方案继承了 AFC 的无码率特性，能够确保吞吐量自适应于不同信道的情况，因此可以直接拓展为多播时间信道。

## 10.1　相关基础知识

### 10.1.1　基于模型的时间式信道通信模型

图 10-1 描述了一个基于模型的时间信道系统模型，其中，公开信道发送端和接收端通常是某些正常应用的两个终端，公开信道发送端生成包数据流并通过网络传递给接收端，隐蔽信道发送方和接收方则是时间信道的两个终端，他们通常扮演公开信道的中间人角色或者就是公开信道的发送端和接收端。在本章以下内容中，发送方和接收方均特指时间信道的发送方和接收方。

在基于模型的时间信道中，发送方可以利用协议栈网络层中的某些手段来根据需求操纵包间时延。在时间信道建立前，发送方和接收方之间共享一个码本和模型，模型从正常数据流中滤波处理得到。秘密信息首先通过共享的码本编码并调制为服从模型分布的包间时延，载密数据流受攻击者监控，该攻击者假定能够完全访问公开信道发送端和接收端之间的数据流且可以应用多种统计工具来检测时间信道的存在。接收方可以对观测到的包间时延解调后译码秘密信息。值得注意的是，受网络干扰和攻击者可能添加的恶意噪声影响，接收方观测到的包间时延与传输的包间时延是不同的。

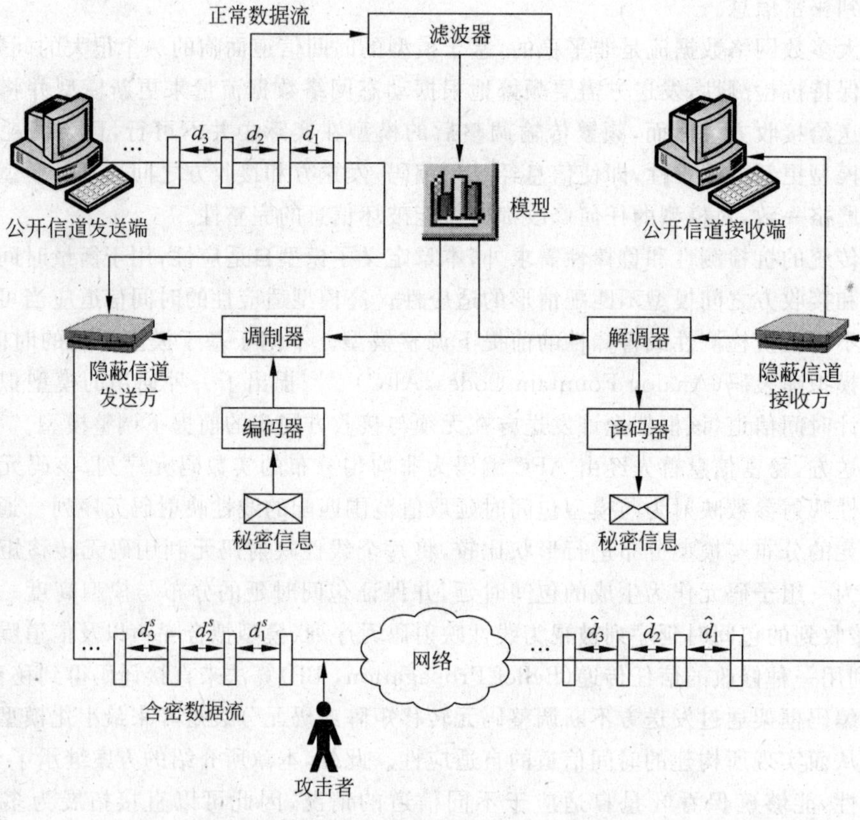


图 10-1 基于模型的时间信道系统模型

以小写字母(如 $a$)代表对应的某个以大写字母(如 $A$)表示的变量的值。希腊字母(如 $\chi$)代表一个有限集合且 $P(\chi)$代表其对应的概率分布。一个定义在有限集合 $\chi$ 上的长度为 $N$ 的向量定义为粗体小写字母(如 $\boldsymbol{v}\in\chi^{N}$),类似地,一个维度为 $M$ 和 $N$ 的矩阵定义为粗体大写字母(如 $\boldsymbol{X}\in\chi^{M\times N}$,$\boldsymbol{X}(i,j)$或 $x_{i,j}$代表第 $i$ 行的第 $j$ 个元素),$\Pr(\cdot|\cdot)$ 代表条件概率。向量 $\boldsymbol{v}$ 中的一个特定元素 $a$ 的索引集合记为 $\Phi_v(a)=\{i: \boldsymbol{v}(i)=a\}$ $\lfloor x\rfloor$为对 $x$ 的向下取整;$\lceil x\rceil$为对 $x$ 的向上取整;round($x$) 为对 $x$ 的最近取整。对于一个有限集合 $\chi=\{\ell_1,\ell_2,\cdots,\ell_N\}$,$P(\chi)=\{p_1,p_2,\cdots,p_N\}$ 为其概率分布,即对任意随机变量值 $a\in\chi$,有 $P(a=\ell_i)=p_i$,且 $\sum_{i=1}^{N}p_i=1$。在此基础上,定义一个加密安全的随机数值发生器(Cryptographically Secure Pseudo-Random Number Generator,CSPRNG),可用于产生任意长度的服从 $P(\chi)$分布的数值,利用指定密钥 $\kappa$,可实现其唯一性,记为 $\boldsymbol{v}=\sigma_P(\kappa,n)$,即对于任意 $v_i\in\boldsymbol{v}$,有 $\Pr(v_i=\ell_j)=p_j$,$j=1,2,\cdots,N$。

在所提方案中所使用的变量定义如下:

- $\boldsymbol{m}=(m_1,m_2,\cdots,m_k)$为代表秘密信息的二元序列,$m_i\in\{0,1\}$。
- $\boldsymbol{d}=(d_1,d_2,\cdots)$为正常数据流的包间时延序列。
- $\boldsymbol{d}^s=(d_1^s,d_2^s,\cdots)$为发送方调制后生成的包间时延序列。
- $\hat{\boldsymbol{d}}=(\hat{d}_1,\hat{d}_2,\cdots)$为接收方观察到的包间时延序列。

- $F(\cdot)$为滤波后的正常数据流包间时延的累计分布函数(CDF),滤波器用于移除包间时延值$\tilde{d}$满足$\Pr(\boldsymbol{d}\leqslant\tilde{d}\mid\tilde{d}\geqslant\mu+\sigma)\geqslant 0.995$的异常数值,其中,$\mu$和$\sigma$分别为抓取的正常数据流包间时延的均值和标准差;$F^{-1}(\cdot)$为累计分布函数的逆函数。
- $\boldsymbol{s}=\{s_1,s_2,\cdots,s_t\}$为AFC的码元集合。
- $\boldsymbol{c}\in\{s_1,s_2,\cdots,s_t\}^n$为长度为$n$的AFC码元序列。
- $\boldsymbol{s}^*=\{s_1^*,s_2^*,\cdots,s_t^*\}$为线性映射码元序列的码元集合,它是以平移参数$\alpha$和形状参数$\beta$对AFC码元集合$\boldsymbol{s}$进行线性映射得到。
- $\boldsymbol{c}^*\in\{s_1^*,s_2^*,\cdots,s_t^*\}^n$为线性映射码元序列。
- $\boldsymbol{M}_{ST}$为码元转移矩阵。
- $\boldsymbol{M}_{SS}$为码元分裂矩阵。

### 10.1.2 时间式信道设计准则

抗检测性:对于任意多项式阶数的统计测试工具$T$,以及从正常数据流和载密数据流中获取的任意长度为$N$的包间时延序列$\boldsymbol{d}$和$\boldsymbol{d}^s$,若存在一个可忽略的函数$\upsilon(\delta)$使得$|T(\boldsymbol{d})-T(\boldsymbol{d}^s)|\leqslant\upsilon(\delta)$,则称时间信道具备多项式型抗检测性。在本章中,采用K-L散度检验和K-S检验来评估所提时间信道的抗检测性。

鲁棒性:鲁棒性是通过在包括真实信道噪声和常见的加性高斯白噪声(Additive White Gaussian Noise,AWGN)所代表的信道噪声下对于给定隐蔽传输速率$R$的秘密信息比特误码率(Bit Error Rate,BER)$p_e$来进行衡量。

模型自适应性:对于模型安全的时间信道,发送方和接收方往往在信道建立前共享一个模型。然而,应用产生的数据流天然具有的非平稳性往往会使得包间时延的分布随时间改变。为了保证抗检测性,发送者需要实时地调整模型但是该模型往往很难传递给接收方,这使得双方的模型异步,并导致解调和译码错误造成大量比特误码,模型自适应性$\theta_R$是通过在给定的隐蔽传输速率$R$下对模型调整后的鲁棒性性能降低程度进行衡量得到

$$\theta_R=\frac{p_e-p_e^*}{\mathrm{Dst}(\mathrm{Model},\mathrm{Model}^*)}\tag{10.1}$$

式中:$p_e$和$p_e^*$分别为模型同步和异步时秘密信息的比特误码率;Dst(Model,Model$^*$)为原模型Model和调整后模型Model$^*$之间的距离。在本章,利用两个模型CDF之间的K-L散度KL(CDF,CDF$^*$)来对其进行衡量。

### 10.1.3 攻击者模型

假定攻击者对正常数据流和异常数据流均具有完整的访问权限,这意味着发送方所使用的模型对攻击者而言总是已知的。对于被动攻击者而言,其目的主要是在不影响正常通信行为的前提下检测时间信道的存在性或提取秘密信息的密文数据。主动攻击者则拥有更高的权限,为了破坏时间信道,其可以在信道中恶意添加随机噪声甚至当怀疑存在隐蔽信道时,会暂时中断正常通信从而达到破坏时间信道的目的,但是该行为在实际中较难实施,因为会对正常通信造成巨大的影响。

假定攻击者可以同时访问正常数据流和载密数据流，且所采取方案的所有细节对攻击者也是已知的，只有发送方和接收方之间共享的密钥对攻击者是未知的。

### 10.1.4 模拟喷泉码简介

近年来，文献[11-13]中提出了一种可逼近高斯信道容量上限的模拟喷泉码(AFC)。AFC是二元喷泉码的实数权重形式。尽管AFC也属于线性码，但是其码元为实数形式且为多个秘密信息比特的无损权重组合，这使得AFC在时间信道设计中具有极大的应用潜力。

如图10-2所示，预先定义一个多项式形式的度分布函数$\Omega(x)=\sum_{i=1}^{d}\Omega_i x^i$，$d$为码元节点度的最大值，则每个码元节点$c_i$的度$D_i$可从度集合$U=\{i \mid \Omega_i\neq 0, i=1,2,\cdots,d\}$中随机选取得到。在本章假定每个码元节点的度为一个常数$D$，即$\Omega(x)=x^D$，这意味着由密钥$K$控制进行随机选取的$D$个不同的信息比特利用不同的实数权重系数进行线性权重相加，这些权重系数即为AFC的生成矩阵$\boldsymbol{G}$中的非零元素，$\boldsymbol{G}$是一个由密钥$K$生成的维度为$k\times n$的矩阵，这里，$k$和$n$分别为秘密信息比特和AFC编码码元的数目。在图10-2中，将每个秘密信息比特$m_i$记为一个信息节点，将每个码元$c_j$记为一个码元节点。当且仅当$g_{i,j}\neq 0$时，信息节点$m_i$和码元节点$c_j$之间有边连接，且称为是相邻节点。每个节点的度由其相邻节点的数目进行衡量，则

$$c_j=\sum_{i\in N(j)} g_{i,j}\cdot m_i \tag{10.2}$$

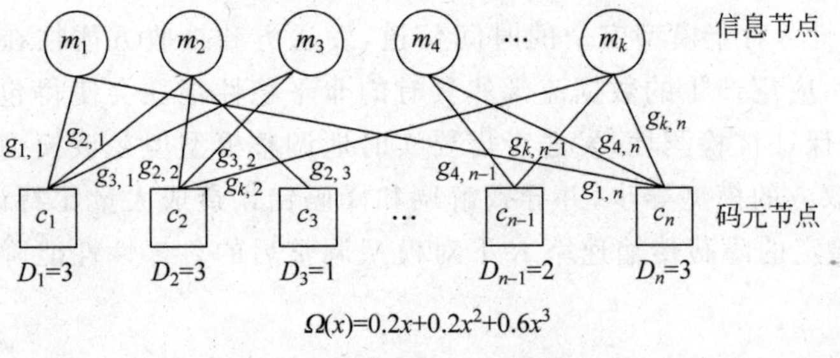


图10-2 模拟喷泉编码示例

式中：$N(j)=\{i' \mid g_{i',j}\neq 0, i'=1,2,\cdots,k\}$，为码元节点$c_j$相邻节点的索引集合。定义一个有限的权重集合$\boldsymbol{w}=\{w_1,w_2,\cdots,w_D\}$，用于对每个码元节点$c_j$所对应的$D$个相邻节点的权重系数$g_{i,j}$进行初始化。为了保证在无噪情形下，每个码元均可用于直接恢复其相邻的所有信息比特，权重集合的设计应满足式(10.3)。

$$\sum_{i=1}^{D}(-1)^{n_i}\cdot w_i\neq 0 \tag{10.3}$$

式中：$n_i\in\{0,1\}$。设$w_i=a_i/b_i$，$a_i\in\mathbb{N}^+$且$b_i$为质数(如2,3,5,7等)，当$i\neq j$时，$b_i\neq b_j$。为了避免指数误码下限，与规则信息节点LT码的设计方案类似，采取Max-Min策略来随机生成$\boldsymbol{G}$，即每个码元生成时，其对应的$D$个信息节点是从当前具有最小节点度的信息节点中选择，因此，信息节点的度为$\lfloor D\cdot n/k\rfloor$或$\lceil D\cdot n/k\rceil$。

## 10.2　基于码元转移的模拟喷泉时间信道

本节介绍一种模型拟合编码框架用来设计兼具抗检测性、鲁棒性和模型自适应性的时间式信道，利用 AFC 以及码元转移矩阵，秘密信息比特经由一个模型拟合编码器编码为服从目标模型分布的包间时延序列。接收方可以在无模型的情况下利用译码算法得到秘密信息。基于码元转移的模拟喷泉信道(analog fountain timing channels based on symbol transition，ST-AFTC)的系统框图如图 10-3 所示。

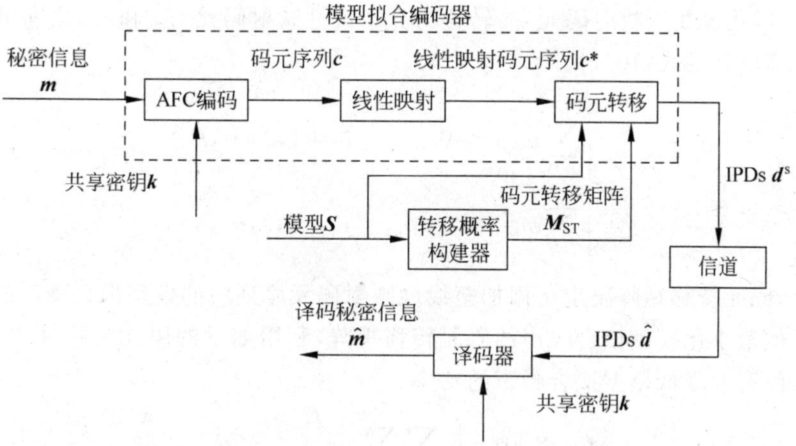


图 10-3　基于码元转移的模拟喷泉时间信道的系统框图

对于一个给定的模拟喷泉码 $C$，秘密信息 $\boldsymbol{m}$ 首先被编码为码元序列 $\boldsymbol{c}$ 并随后被线性映射为与模型包间时延取值一致的线性映射码元序列 $\boldsymbol{c}^*$。随后，根据从正常数据流中获取的模型 $\boldsymbol{S}$，通过转移概率构建器得到码元转移矩阵 $\boldsymbol{M}_{ST}$ 从而对线性映射码元进行码元转移得到包间时延序列 $\boldsymbol{d}^s$。承载该包间时延序列的数据包经由公开信道发送给接收方，接收方根据包间时延序列的有噪形式 $\hat{\boldsymbol{d}}$ 利用改进的 BP 算法译码得到秘密信息 $\hat{\boldsymbol{m}}$。在该方案中，主要包括转移概率构建器、模型拟合编码器和译码器三部分。

### 10.2.1　转移概率构建器

转移概率构建器主要用于构造码元转移矩阵 $\boldsymbol{M}_{ST}$，它代表 AFC 的线性映射码元的转移概率。对于一个模拟喷泉码 $C$，若其权重集合为 $\boldsymbol{w}=\{w_1,w_2,\cdots,w_D\}$，则其对应的码元集合 $\boldsymbol{s}=\{s_1,s_2,\cdots,s_t\}$ 的势为 $t=2^D$。不失一般性，假定对于任意 $i<j$，有 $s_i<s_j$，则 $s_1=0$ 且 $s_t=\sum_{i=1}^{D}w_i$。若秘密信息比特是均匀分布的，则其对应的 AFC 码元也是均匀分布的，因此，可以得到 AFC 码元的理论离散累计分布函数

$$F_c(s_j)=j/t,\quad j=1,2,\cdots,t \tag{10.4}$$

若 $F(x)$ 为模型 $\boldsymbol{S}$ 的累计分布函数，$x\in[a,b]$，即 $F(a)=0$ 且 $F(b)=1$。累计分布函数的逆函数记为 $F^{-1}(\cdot)$。利用两个线性映射参数：位移参数 $\alpha$ 和形状参数 $\beta$，AFC 的码元集

合 $s$ 可以利用式(10.5)映射为 $s^*$ 从而使得线性映射码元的码元集合 $s^*$ 与模型的包间时延取值相匹配,即$[s_1, s_t] \approx [a, b]$。

$$s_i^* = \alpha + \beta \cdot s_i, \quad i = 1, 2, \cdots, t \tag{10.5}$$

式中:$s_i^* \in s^*$;位移参数 $\alpha = a + \Delta$;形状参数 $\beta = (b - a - \Delta)/(s_t - s_1)$;$\Delta = (b - a)/t$。

根据模型 CDF,可以得到对应于线性映射码元集合的概率质量函数(probability mass function,PMF)向量 $\boldsymbol{p} = (p_1, p_2, \cdots, p_t)$。

$$p_i = \begin{cases} F(s_1^*), & i = 1 \\ F(s_i^*) - F(s_{i-1}^*), & i = 2, 3, \cdots, t \end{cases} \tag{10.6}$$

在此基础上,利用转移概率构建器构造一个 $t \times t$ 维的码元转移矩阵 $\boldsymbol{M}_{ST}$,$m_{i,j}$ 为第 $i$ 行的第 $j$ 个元素,代表线性映射码元 $s_i^*$ 转移为介于线性映射码元 $s_{j-1}^*$ 和 $s_j^*$ 之间值的概率,该码元转移矩阵应满足式(10.7)。

$$\begin{cases} \sum_{j=1}^{t} m_{i,j} = 1, & i = 1, 2, \cdots, t \\ \sum_{i=1}^{t} m_{i,j} = t \cdot p_j, & j = 1, 2, \cdots, t \end{cases} \tag{10.7}$$

事实上,码元转移矩阵决定了添加至线性映射码元序列中的模型拟合噪声的强度,为了构造能够近似最小化模型拟合噪声的码元转移矩阵,利用如下的码元转移算法来近似满足式(10.8)从而有效降低模型拟合噪声的功率。

$$\boldsymbol{M}_{ST} = \underset{\boldsymbol{M}}{\operatorname{argmin}} \sum_{i=1}^{t} \sum_{j=1}^{t} m_{i,j} (s_i^* - s_j^*)^2 \tag{10.8}$$

**码元转移算法**

---

**输入**:离散概率质量向量 $\boldsymbol{p}$

**输出**:码元转移矩阵 $\boldsymbol{M}_{ST}$

---

**初始化**:

$\boldsymbol{P} = \{0\}^{t \times t}$;$\boldsymbol{c}_s = \boldsymbol{r}_s = \{0\}^t$;$\boldsymbol{P}_s = \{0\}^{t \times t}$;

{$\boldsymbol{P}$ 为未归一化的码元转移矩阵。$\boldsymbol{c}_s$ 为列状态向量,若矩阵 $\boldsymbol{P}$ 的第 $i$ 列已被确定,则 $\boldsymbol{c}_s(i) = 1$,反之 $\boldsymbol{c}_s(i) = 0$。同样的,$\boldsymbol{r}_s$ 为行状态向量。$\boldsymbol{P}_s$ 为状态矩阵,若矩阵 $\boldsymbol{P}$ 的第 $i$ 行第 $j$ 列元素已被确定,则 $\boldsymbol{P}_s(i,j) = 1$,反之 $\boldsymbol{P}_s(i,j) = 1$。}

**对角线处理**:

对于所有 $s_i \in \boldsymbol{s}$,$\boldsymbol{P}(s_i, s_i) = p_{s_i}$,$\boldsymbol{c}_s(s_i) = 1$,$\boldsymbol{P}_s(s_j, s_i) = 1$,$j = \{1, 2, \cdots, t\}$;

对于所有 $l_i \in \boldsymbol{l}$,$\boldsymbol{P}(l_i, l_i) = 1/t$,$\boldsymbol{r}_s(l_i) = 1$,$\boldsymbol{P}_s(l_i, l_j) = 1$,$j = \{1, 2, \cdots, t\}$;

{$\boldsymbol{s}$ 为满足 $p_i \leqslant 1/t$ 的索引集合,$\boldsymbol{l}$ 为满足 $p_i > 1/t$ 的索引集合,$s$,$l$ 为其对应的势,$s + l = t$。}

**迭代**:

**for** $k = 1$ **to** $t$ **do**

  **纵向处理**:

  $ci = 0$;$c = 1$;

**for** $ki=1$ **to** $t_c$ **do**

$$u=p(\boldsymbol{\psi}(ki))-\sum_{cj\in\{j|\boldsymbol{P}_s(j,\boldsymbol{\psi}(ki))=1\}}\boldsymbol{P}(cj,\boldsymbol{\psi}(ki));$$

**if** $u<c$ **do**

$ci=\boldsymbol{\psi}(ki)$; $c=u$;

**end**

**end**

$\{\boldsymbol{\psi}=\{i|\boldsymbol{c}_s(i)=0\}$，$t_c$ 为 $\boldsymbol{\psi}$ 的势。$\}$

**横向处理：**

$ri=0$; $r=1$;

**for** $kj=1$ **to** $t_r$ **do**

$$v=1/t-\sum_{ci\in\{i|\boldsymbol{P}_s(\boldsymbol{\omega}(kj),i)=1\}}\boldsymbol{P}(\boldsymbol{\omega}(kj),ci);$$

**if** $v<r$ **do**

$ri=\boldsymbol{\psi}(kj)$; $r=v$;

**end**

**end**

$\{\boldsymbol{\omega}=\{j|\boldsymbol{r}_s(j)=0\}$，$t_r$ 为 $\boldsymbol{\omega}$ 的势。$\}$

**行与列之间进行比较：**

**if** $c\leqslant r$ **do**

$\boldsymbol{P}(j,ci)=c$；$\{j$ 为能够最小化 $|j-ci|$ 且满足 $\boldsymbol{P}_s(j,ci)=0$ 的索引。$\}$

**else do**

$\boldsymbol{P}(ri,j)=c$；$\{j$ 为能够最小化 $|j-ri|$ 且满足 $\boldsymbol{P}_s(ri,j)=0$ 的索引。$\}$

**end**

**end**

**归一化：**

$\boldsymbol{M}_{ST}=t\cdot\boldsymbol{P}$;

**return** $\boldsymbol{M}_{ST}$

---

### 10.2.2　模型拟合编码器

计算得到码元转移矩阵 $\boldsymbol{M}_{ST}$ 后，秘密信息 $\boldsymbol{m}\in\{0,1\}^k$，可以利用模型拟合编码器编码为包间时延序列。首先，信息比特利用 AFC 进行编码，$\boldsymbol{G}$ 为由密钥决定的生成矩阵。

$$\boldsymbol{c}=\boldsymbol{m}\cdot\boldsymbol{G} \tag{10.9}$$

在此基础上，利用式(10.5)中的位移参数 $\alpha$ 以及形状参数 $\beta$ 将 AFC 码元 $\boldsymbol{c}$ 线性映射为 $\boldsymbol{c}^*$。对每个线性映射码元 $c_i^*=s_q^*$，可依据式(10.10)生成对应的包间时延 $d_i^s$。

$$d_i^s=\begin{cases}F^{-1}[\mathrm{rd}(0,F(s_j^*))], & j=1\\ F^{-1}[\mathrm{rd}(F(s_{j-1}^*),F(s_j^*))], & j=2,3,\cdots,t\end{cases} \tag{10.10}$$

式中：$r=\Phi_{s^*}(c^*)$；$j=\sigma_{\boldsymbol{M}_r}(seed,1)$，为基于概率分布 $\boldsymbol{M}_r=\{m_{r,1},m_{r,2},\cdots,m_{r,t}\}$ 从 $\{1,2,\cdots,t\}$ 中

随机选取的索引；rd$(a,b)$为 $a$ 与 $b$ 之间的随机数。则添加的模型拟合噪声为 $\delta_i = d_i^s - c_i^*$ 。

### 10.2.3 译码器

接收方接收到的包间时延序列$\hat{\boldsymbol{d}}$可被视为生成的包间时延序列 $\boldsymbol{d}^s$ 的有噪形式。

$$\hat{\boldsymbol{d}} = \beta \cdot \boldsymbol{m} \cdot \boldsymbol{G} + \alpha + \boldsymbol{n}_a + \boldsymbol{n}_b \tag{10.11}$$

式中：$\boldsymbol{n}_a = \{\delta_1, \delta_2, \cdots, \delta_n\}$，为模型拟合噪声；$\boldsymbol{n}_b$ 为信道噪声。在接收方，生成矩阵 $\boldsymbol{G}$ 可以通过共享密钥 $K$ 重建，两个线性映射参数 $\alpha$ 和 $\beta$ 通常在信道建立前共享。事实上，由于模型是从发送方采集的数据流中滤波处理得到，模型中包间时延的取值范围往往相对固定，只有其分布随时间产生变化，因此这两个线性映射参数往往无须更新至接收方。即使在某些特殊情形下模型的包间时延取值范围发生剧烈变化，相应的线性映射参数也非常容易同步至接收方。

因此，译码器的任务即为寻找一个能够最大化后验概率 $\Pr(\hat{\boldsymbol{d}} \mid \boldsymbol{m}, \boldsymbol{G}, \alpha, \beta)$ 的信息序列 $\boldsymbol{m}$，由于模型的 CDF 和信道噪声在接收方均设为未知，秘密信息比特的估计值$\hat{\boldsymbol{m}}$即为能够最小化欧几里得距离的信息序列 $\boldsymbol{m}$。

$$\hat{\boldsymbol{m}} = \underset{\boldsymbol{m}}{\operatorname{argmin}} \sum_{i=1}^{n} \left( d_i - \alpha - \beta \cdot \sum_{j \in N(i)} g_{j,i} \cdot m_j \right)^2 \tag{10.12}$$

在文献[13]中，BP 算法可在假定信道噪声为高斯噪声且分布对接收方已知的前提下译码秘密信息。这里，给出一种改进的 BP 算法从而在模型拟合噪声和信道噪声未知的前提下近似实现式(10.12)。

令 $N(j) = \{i \mid g_{i,j} \neq 0, i = 1, 2, \cdots, k\}$ 为与码元节点 $c_j$ 相邻的信息节点的索引集合，$N(j) \backslash i$ 代表排除 $m_i$ 的相同索引集合。$M(i) = \{j \mid g_{i,j} \neq 0, j = 1, 2, \cdots, n\}$ 为与信息节点 $m_i$ 相邻的码元节点的索引集合，$M(i) \backslash j$ 代表排除 $c_j$ 的相同索引集合。令 $R_{ij}^l(a)$为在第 $l$ 次迭代中，信息节点 $m_i$ 传递给其相邻节点 $c_j$ 的信任值，代表在码元节点 $c_j$ 满足取值时信息节点 $m_i$ 取值为 $a$ 的概率，其中，$a \in \{0, 1\}$。类似地，令 $Q_{ij}^l(a)$为在第 $l$ 次迭代中码元节点 $c_j$ 传递给其相邻信息节点 $m_i$ 的信任值，代表除了码元节点 $c_j$ 外所有与 $m_i$ 相邻的码元节点提供信息时信息节点 $m_i$ 取值为 $a$ 的概率。

在第 $l$ 次迭代中，尽管模型拟合噪声和信道噪声的分布对接受者均是未知的，发送方可以通过设计的码元转移矩阵来对模型拟合噪声进行近似最小化并使其类似高斯分布，且在实际中，信道噪声往往大致服从较大幅度的噪声概率低于较小幅度的噪声这一规律，因此，采用式(10.13)来计算消息 $R_{ij}^l(a)$，可有效地使得所提方案中的 BP 算法收敛。

$$\begin{aligned}
R_{ij}^l(a) &= \Pr(m_i = a \mid c_j) \\
&= \Pr\left( \sum_{i' \in N(j) \backslash i} m_{i'} g_{i',j} = (\hat{d}_j - \alpha)/\beta - a g_{i,j} \right) \\
&= \sum_{\boldsymbol{a}_i(j) \in \{0,1\}^{D-1}} \left[ \prod_{i' \in N(j) \backslash i} \Pr(m_{i'} = a_{i'}) \cdot f_N\left( (\hat{d}_j - \alpha)/\beta - a g_{i,j} - \sum_{i' \in N(j) \backslash i} a_{i'} g_{i',j} \right) \right] \\
&\approx C_{ij}^l \sum_{\boldsymbol{a}_i(j) \in \{0,1\}^{D-1}} \frac{\prod_{i' \in N(j) \backslash i} Q_{i',j}^{l-1}(a_{i'})}{\left( (\hat{d}_j - \alpha)/\beta - a g_{i,j} - \sum_{i' \in N(j) \backslash i} a_{i'} g_{i',j} \right)^2}
\end{aligned} \tag{10.13}$$

式中：$\boldsymbol{a}_i(j)=\{a_{i'}\}$；$f_N(\cdot)$ 为复合噪声的概率密度函数；$C_{ij}^l$ 为 $l$ 次迭代中可使得 $\sum_{a\in\{0,1\}} R_{ij}^l(a)=1$ 的归一化参数，且对于所有 $i=1,2,\cdots,k$ 以及 $j=1,2,\cdots,n$，初始化消息 $Q_{ij}^0(0)=Q_{ij}^0(1)=0.5$。

另一方面，消息 $Q_{ij}^l(a)$ 可由式(10.14)得到

$$Q_{ij}^l(a)=U_{ij}^l\prod_{j'\in M(i)\backslash j} R_{ij'}^l(a) \tag{10.14}$$

式中：$U_{ij}^l$ 为 $l$ 次迭代中可使得 $\sum_{a\in\{0,1\}} Q_{ij}^l(a)=1$ 的归一化参数。

经过给定次数的迭代，最终各信息节点的分布可由式(10.15)得到

$$p_i^a=\Pr(m_i=a)=V_i\prod_{j\in M(i)} R_{ij}^l(a) \tag{10.15}$$

式中：$V_i$ 为 $l$ 次迭代中可使得 $\sum_{a\in\{0,1\}} p_i^a=1$ 的归一化参数，若 $p_i^0>p_i^1$，则有 $m_i=0$；否则，$m_i=1$。

## 10.3　基于码元分裂的模拟喷泉时间信道

由 10.2 节可知，基于码元转移的模拟喷泉时间信道的有效性主要依赖模型拟合噪声的最小化，主要由码元转移矩阵 $\boldsymbol{M}_{\mathrm{ST}}$ 决定，该矩阵需要在满足式(10.7)的前提下尽可能实现“对角线密集化”，即矩阵中的非零元素应尽可能集中在对角线上且尽可能取较大值，这可以有效地降低模型拟合的噪声。因此，该方案事实上主要适用于包间时延分布特性与 AFC 码元具有一定形状相似性的数据流。为了使得模拟喷泉时间信道能够适用于更多的网络数据流类型，一个可行的策略是将 AFC 的各码元利用预先定义的概率分布值分裂为多个不同取值的子码元，使得每组分裂码元的和尽可能接近线性映射码元且服从目标模型的分布。在本节，给出了一种基于码元分裂的模拟喷泉时间信道(analog fountain timing channels based on symbol split, SS-AFTC)。在发送方，每个线性映射码元基于所设计的码元分裂矩阵中对应概率向量分裂为一组包间时延；在接收方，各组包间时延组合后恢复为线性映射码元的有噪形式。该码元分裂矩阵无须在发送方和接收方之间共享。SS-AFTC 可视为 ST-AFTC 的扩展形式，二者主要以比值 $\mu_{s^*}/\mu_{\boldsymbol{M}}$ 进行区分，其中，$\mu_{s^*}=(s_1^*+s_t^*)/2$ 为线性映射码元集合 $\boldsymbol{s}^*$ 的均值；$\mu_{\boldsymbol{M}}$ 为模型包间时延的均值。若 $\mathrm{round}(\mu_{s^*}/\mu_{\boldsymbol{M}})=1$，则采用 ST-AFTC；若 $\mathrm{round}(\mu_{s^*}/\mu_{\boldsymbol{M}})>1$，则利用 SS-AFTC 来设计对应的模拟喷泉时间信道。基于码元分裂的模拟喷泉时间信道的系统框图如图 10-4 所示。

和 ST-AFTC 相似，秘密信息 $\boldsymbol{m}$ 首先被编码为 AFC 码元序列 $\boldsymbol{c}$，随后被线性映射为与模型 $\boldsymbol{S}$ 的包间时延取值范围一致的码元序列 $\boldsymbol{c}^*$。确定码元分裂个数 $N=\mathrm{round}(\mu_{s^*}/\mu_{\boldsymbol{M}})$，即每个线性映射码元 $c_i^*\in\boldsymbol{c}^*$ 均会被分裂为 $N$ 个包间时延。利用模型 $\boldsymbol{S}$，根据分裂概率构建器得到码元分裂矩阵 $\boldsymbol{M}_{\mathrm{SS}}$，并进一步利用分裂码组构造器构造分裂码组集合 $\boldsymbol{Z}$ 以及对应的码组概率集合 $\boldsymbol{p}_{\boldsymbol{Z}}$。每个线性映射码元 $c_i^*\in\boldsymbol{c}^*$ 依据该分裂码组集合以及码组概率集合进行码元分裂，从而得到包间时延。负载生成的包间时延 $\boldsymbol{d}^s$ 的数据包经由公开信道传递给接收方，接收方利用共享的码元分裂个数 $N$ 将接收到的包间时延经 IPD 组合器转化为线性映射

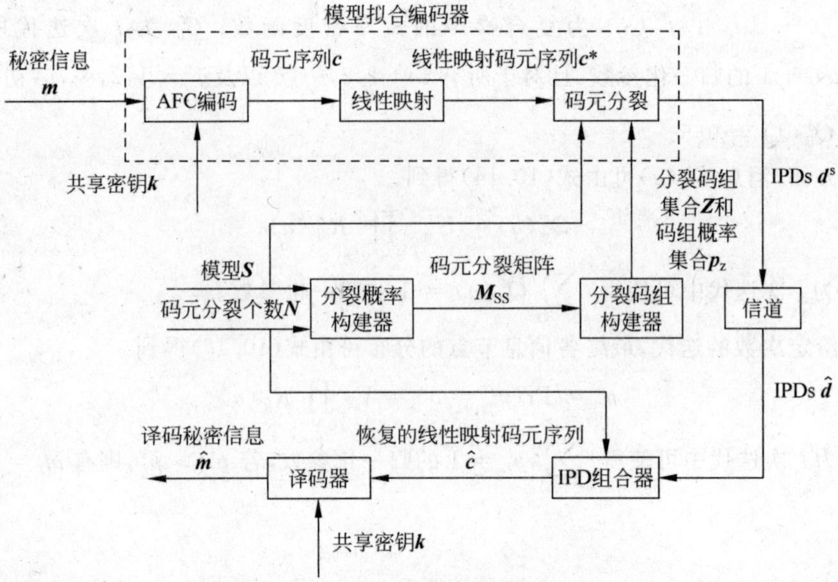


图 10-4 基于码元分裂的模拟喷泉时间信道模型

码元的有噪形式，利用与 10.2.3 节中相同的译码器对秘密信息进行译码。

这里，首先构造维度为 $t\times t$ 的码元分裂矩阵 $\boldsymbol{M}_{SS}$，$m_{i,j}$ 为其第 $i$ 行第 $j$ 列的元素，代表线性映射码元 $s_i^*$ 分裂为介于线性映射码元 $s_{j-1}^*$ 和 $s_j^*$ 之间值的比例。分裂矩阵需满足式(10.16)，式中：$\boldsymbol{p}=(p_1,p_2,\cdots,p_t)$，为式(10.6)中对应于线性映射码元 $\boldsymbol{s}^*$ 的概率质量向量。

$$\begin{cases}\sum_{j=1}^{t} m_{i,j}=N, & i=1,2,\cdots,t\\ \sum_{i=1}^{t} m_{i,j}=N\cdot t\cdot p_j, & j=1,2,\cdots,t\end{cases}\tag{10.16}$$

为了使得模型拟合噪声近似最小化，给出如下的码元分裂算法来构建码元分裂矩阵从而近似满足式(10.17)。

$$\boldsymbol{M}_{SS}=\underset{\boldsymbol{M}}{\operatorname{argmin}}\sum_{i=1}^{t}\left(s_i^*-\sum_{j=1}^{t} m_{i,j}\cdot v_j\right)^2\tag{10.17}$$

式中：$v_i$ 为由 CSPRNG 生成的介于 $s_{i-1}^*$ 和 $s_i^*$ 之间随机取值的期望值

$$\begin{aligned}v_i&=\int_{s_{i-1}^*}^{s_i^*} F(x)\mathrm{d}x/(s_i^*-s_{i-1}^*)\\ &\approx\begin{cases}(a+s_i^*)/2, & i=1\\ (s_{i-1}^*+s_i^*)/2, & i=2,3,\cdots,t\end{cases}\end{aligned}\tag{10.18}$$

**码元分裂算法**

---

输入：码元分裂个数 $N$，离散概率质量向量 $\boldsymbol{p}$，期望值向量 $\boldsymbol{v}$，线性映射码元集合 $\boldsymbol{s}^*$

输出：码元分裂矩阵 $\boldsymbol{M}_{SS}$

---

**初始化：**

$\boldsymbol{M}_{SS}=\{0\}^{t\times t}$；$\boldsymbol{l}=\{l\,|\,p_l>T\}$；$\boldsymbol{c}=\boldsymbol{r}=\{0\}^t$；$\boldsymbol{P}_s=\{0\}^{t\times t}$；

**for** $i=1$ **to** $t$ **do**

  $\boldsymbol{c}(i)=N\cdot t\cdot p_i$；$\boldsymbol{r}(i)=N$；

  **for** $j=1$ **to** $|\boldsymbol{l}|$ **do**

    $\boldsymbol{M}_{SS}(i,\boldsymbol{l}(j))=N\cdot p_{\boldsymbol{l}(j)}$；$\boldsymbol{P}_s(i,\boldsymbol{l}(j))=1$；

    $\boldsymbol{c}(\boldsymbol{l}(j))=\boldsymbol{c}(\boldsymbol{l}(j))-\boldsymbol{M}_{SS}(i,\boldsymbol{l}(j))$；

    $\boldsymbol{r}(i)=\boldsymbol{r}(i)-\boldsymbol{M}_{SS}(i,\boldsymbol{l}(j))$；

  **end**

**end**

{$T$ 为使得 $\boldsymbol{l}$ 满足 $1\leqslant|\boldsymbol{l}|<N$ 的阈值；$\boldsymbol{c}$ 为列剩余值向量；$\boldsymbol{r}$ 为行剩余值向量；$\boldsymbol{P}_s$ 为状态矩阵，若矩阵 $\boldsymbol{P}$ 的第 $i$ 行第 $j$ 列元素已被确定，则 $\boldsymbol{P}_s(i,j)=1$，反之 $\boldsymbol{P}_s(i,j)=1$。}

**横向处理：**

**for** $i=1$ **to** $t$ **do**

  $\boldsymbol{e}=\{j\,|\,\boldsymbol{P}_s(i,j)=1\}$；$\boldsymbol{f}=\{j\,|\,\boldsymbol{P}_s(i,j)=0\}$；

  $u=(s_i^*-\sum_{j\in e}\boldsymbol{M}_{SS}(i,j)\cdot v_j)/\boldsymbol{r}(i)$；

  {$u$ 为剩余期望值，$ui$ 为能最小化 $|v_{ui}-u|$ 的索引。}

  **if** $\boldsymbol{c}(ui)>\boldsymbol{r}(i)$ **do**

    $\boldsymbol{M}_{SS}(i,ui)=\boldsymbol{r}(i)$；$\boldsymbol{r}(i)=0$；$\boldsymbol{c}(ui)=\boldsymbol{c}(ui)-\boldsymbol{M}_{SS}(i,ui)$；

  **else do**

    **if** $\boldsymbol{c}(ui)>0$ **do**

      $\boldsymbol{M}_{SS}(i,ui)=\boldsymbol{c}(ui)$；$\boldsymbol{r}(i)=\boldsymbol{r}(i)-\boldsymbol{M}_{SS}(i,ui)$；$\boldsymbol{c}(ui)=0$；

    **end**

    **for** $j=1$ **to** $|\boldsymbol{f}|$ **do**

      **if** $\boldsymbol{f}(j)\neq ui$ **do**

        **if** $\boldsymbol{c}(\boldsymbol{f}(j))>\mathbf{r}(i)$ **do**

          $\boldsymbol{M}_{SS}(i,\boldsymbol{f}(j))=\boldsymbol{r}(i)$；

          $\boldsymbol{r}(i)=0$；$\boldsymbol{c}(\boldsymbol{f}(j))=\boldsymbol{c}(\boldsymbol{f}(j))-\boldsymbol{M}_{SS}(i,\boldsymbol{f}(j))$；

          **break**；

          **else do**

            $\boldsymbol{M}_{SS}(i,\boldsymbol{f}(j))=\boldsymbol{c}(\boldsymbol{f}(j))$；

            $\boldsymbol{r}(i)=\boldsymbol{r}(i)-\boldsymbol{M}_{SS}(i,\boldsymbol{f}(j))$；$\boldsymbol{c}(\boldsymbol{f}(j))=0$；

          **end**

        **end**

      **end**

    **end**

  **end**

  **return** $\boldsymbol{M}_{SS}$

利用码元分裂矩阵 $\boldsymbol{M}_{SS}$ 尽管可以得到每个分裂码元的分裂概率，但是需要进一步对每个线性映射码元的分裂模式进行优化从而最小化模型拟合噪声的功率。因此将码元分裂矩阵进一步处理为一个分裂码组集合 $\boldsymbol{Z}$ 和对应的码组概率集合 $\boldsymbol{p}_{\boldsymbol{Z}}$。记 $\{m_{i,j_1}, m_{i,j_2}, \cdots, m_{i,j_q}\}$ 为码元分裂矩阵 $\boldsymbol{M}_{SS}$ 中第 $i$ 行中的非零元素集合，其对应的分裂码组与码组概率分别为 $\boldsymbol{Z}^i$ 和 $\boldsymbol{p}_{\boldsymbol{Z}}^i$。其中，$\boldsymbol{Z}^i$ 为一个 $N \times L_i$ 维的矩阵，它不含相同的列且每一列均包含于 $\{j_1, j_2, \cdots, j_k\}$；$\boldsymbol{p}_{\boldsymbol{Z}}^i$ 为一个长度为 $L_i$ 的向量。$\boldsymbol{Z}^i$ 和 $\boldsymbol{p}_{\boldsymbol{Z}}^i$ 需满足式(10.19)。

$$
\begin{cases}
\displaystyle\sum_{y=1}^{L_i} \boldsymbol{p}_{\boldsymbol{Z}}^i(y) \cdot \gamma_{j_l, y} = m_{i,j_l}, \quad l = 1, 2, \cdots, q \\
\displaystyle\sum_{y=1}^{L_i} \boldsymbol{p}_{\boldsymbol{Z}}^i(y) = 1
\end{cases}
\tag{10.19}
$$

式中：$\gamma_{j_l, y}$ 为索引 $j_l$ 在 $\boldsymbol{Z}^i$ 第 $y$ 列中的个数。例如若码元分裂个数 $N=2$，$\boldsymbol{M}_{SS}$ 的第 $i$ 行为 $\{0, 1.6, 0, 0.4\}$，则一种可能的分裂组合情形为 $\boldsymbol{Z}^i = \{(2,4)^{\mathrm{T}}, (2,2)^{\mathrm{T}}\}$ 且 $\boldsymbol{p}_{\boldsymbol{Z}}^i = (0.4, 0.6)$。分裂码组的构建如下所示。

**分裂码组构建算法**

---

**输入**：码元分裂个数 $N$，期望值向量 $\boldsymbol{v}$，线性映射码元集合 $\boldsymbol{s}^*$，码元分裂矩阵 $\boldsymbol{M}_{SS}$

**输出**：分裂码组集合 $\boldsymbol{Z}$，码组概率集合 $\boldsymbol{p}_{\boldsymbol{Z}}$

---

**for** $i=1$ **to** $t$ **do**

  $\boldsymbol{f}=\{j \mid \boldsymbol{M}_{SS}(i,j) \neq 0\}$；$\boldsymbol{p}_f=\{\boldsymbol{M}_{SS}(i,j) \mid j \in \boldsymbol{f}\}$；$\boldsymbol{u}=\{v_j \mid j \in \boldsymbol{f}\}$；

  $\boldsymbol{Z}^i=[\,]$；$\boldsymbol{p}_{\boldsymbol{Z}}^i=[\,]$；

  **for** $l=1$ **to** $T_{\max}$ **do**

  $\{T_{\max}$ 为最大迭代次数$\}$

    **if** $|\boldsymbol{f}|=1$ **do**

      $\boldsymbol{Z}^i=[\boldsymbol{Z}^i \quad \{\boldsymbol{f}\}^N]$；$\boldsymbol{p}_Z^i=[\boldsymbol{p}_Z^i \quad \boldsymbol{p}_f/N]$；

      **break**；

    **else do**

      $$\boldsymbol{g} = \underset{g_k \in f}{\operatorname{argmin}} \left| s_i^* - \sum_{k=1}^{N} \boldsymbol{u}(g_k) \right|; \ \boldsymbol{g}_b = \operatorname{unique}(\boldsymbol{g});$$

      **for** $j=1$ **to** $|\boldsymbol{g}_b|$ **do**

        $\boldsymbol{p}_g(j)=\boldsymbol{p}_f(\boldsymbol{g}_b(j))/N_j$；

      **end**

        $\{$unique($\boldsymbol{g}$)为 $\boldsymbol{g}$ 中所有不同取值集合，$N_j$ 为 $\boldsymbol{g}$ 中 $\boldsymbol{g}_b(j)$ 的数目。$\}$

      $\boldsymbol{Z}^i=[\boldsymbol{Z}^i \quad \boldsymbol{f}(\boldsymbol{g})]$；$\boldsymbol{p}_{\boldsymbol{Z}}^i=[\boldsymbol{p}_{\boldsymbol{Z}}^i \quad \min(\boldsymbol{p}_g)]$；

        $\{\boldsymbol{f}(\boldsymbol{g})$ 为向量 $\boldsymbol{f}$ 中对应于索引向量 $\boldsymbol{g}$ 的子向量。$\}$

      **for** $k=1$ **to** $N$ **do**

        $\boldsymbol{p}_f(\boldsymbol{g}(k))=\boldsymbol{p}_f(\boldsymbol{g}(k))-\min(\boldsymbol{p}_g)$；

      **end**

```
            h={h|p_f(h)≠0};
            if |h|=0 do
                break;
            else do
                f=f(h); p_f=p_f(h); u=u(h);
            end
        end
    end
end
```

利用该分裂码组集合 $\boldsymbol{Z}$ 及其对应的码组概率集合 $\boldsymbol{p_Z}$，秘密信息 $\boldsymbol{m}\in\{0,1\}^k$ 首先利用 AFC 编码为码元序列 $\boldsymbol{c}$ 并利用式(10.5)所示的线性映射参数映射为码元 $\boldsymbol{c}^*$，对于每个线性映射码元 $c_i^*$，利用式(10.20)将其随机分裂为 $N$ 个包间时延 $d_{N\cdot i+1},\cdots,d_{N\cdot(i+1)}$。

$$d_{N\cdot i+k}=\begin{cases}F^{-1}[\mathrm{rd}(0,F(s_j^*))], & j=1\\ F^{-1}[\mathrm{rd}(F(s_{j-1}^*),F(s_j^*))], & j=2,3,\cdots,t\end{cases} \tag{10.20}$$

式中：$j=[\boldsymbol{Z}^r]_{k,l}$，$r=\Phi_{s^*}(c_i^*)$，$k=1,2,\cdots,N$，且 $l=\sigma_{\boldsymbol{p}_{\boldsymbol{Z}}^r}(\text{seed},1)$ 为利用 CSPRNG 生成的一个从 $\{1,2,\cdots,|\boldsymbol{p}_{\boldsymbol{Z}}^r|\}$ 中取值且服从分布概率 $\boldsymbol{p}_{\boldsymbol{Z}}^r$ 的随机数；$\mathrm{rd}(a,b)$ 为 $a$ 和 $b$ 之间的随机数值。因此对于线性映射码元 $c_i^*$，其对应的模型拟合噪声 $\delta_i$ 为

$$\delta_i=\sum_{j=1}^{N}d_{N\cdot i+k}-c_i^* \tag{10.21}$$

在接收方，线性映射码元的有噪形式可由式(10.22)进行恢复，从而利用与 ST-AFTC 相同的译码器译码得到秘密信息。

$$\hat{c}_i=\sum_{k=1}^{N}\tilde{d}_{N\cdot i+k} \tag{10.22}$$

## 10.4　该方案性能

在本节，从抗检测性、鲁棒性和模型自适应性三方面来对所提出的两种模拟喷泉时间信道方案(ST-AFTC 和 SS-AFTC)进行性能评估。由于本章所提的方案继承了模拟喷泉码的无码率特性，因此可以持续不断地生成负载秘密信息的包间时延，为了较公正地评价所提出的方案，将所提方案与使用 LT 码和 AFC 码的基于模型的时间信道方案进行比较。一种是文献[7]中所提出的喷泉时间信道(FTC)，FTC 是首个采用无码率编码提高鲁棒性的时间式信道，在发送方和接收方实施的保护带策略均被纳入考虑。发送方有保护带的喷泉时间信道记为 S-FTC，接收方有保护带的喷泉时间信道记为 R-FTC。另一种则是本节所采用的 AFC 码在基于模型的时间信道框架下的应用，即将秘密信息进行 AFC 编码后将编码信息利用模型的 CDF 子带进行调制，该方案称为基于模型的模拟喷泉时间信道(MB-AFTC)。

为了对时间信道的性能进行分析，使用两种典型应用产生的网络流量进行实验，包括 TeamViewer IP Voice (Version: v10.0.38475)[14] 以及 Google Chrome Remote Desktop

(Version: v. 40.0.2214.82)[15]。这二者分别代表了构建时间信道所利用的两类重要的网络流量类型,即 VoIP 和 SSH 数据流。

为了抓取 TeamViewer IP Voice 的包数据,实验环境中的接收方为加州大学戴维斯分校(UCDavis)计算机学院中的一台通过有线网卡连接互联网的主机,发送方为通过 UCDavis 校园中的公共 WiFi 连接互联网的移动笔记本,在该环境下采集的包数据记为网络数据 A。抓取 Chrome Remote Desktop 应用的包数据时,接收方为一台通过布置在 Davis,CA,USA 的私人住处通过无线路由器连接互联网的主机,发送方为 UCDavis 计算机学院中通过有线网卡连接互联网的主机,在该环境下采集的包数据记为网络数据 B。在这两种环境下,端对端之间均经过多跳连接。

对于网络数据 A 和 B,分别在发送方和接收方采集包间时延,滤波处理后的包间时延(IPDs)以及信道噪声的统计特性分别如表 10-1 和表 10-2 所示。信道噪声是通过对在发送方和接收方采集的具备同一标签的包间时延进行比较得到的。

**表 10-1　网络数据 A 的包间时延与信道噪声统计特性**

| 数据类 | 最大值/ms | 最小值/ms | 平均值/ms | 标准差/ms |
|---|---|---|---|---|
| 包间时延 | 89.9 | 0.064 | 57.1 | 31.3 |
| 信道噪声 | 215.6 | −93.5 | 0.002 | 15.3 |

**表 10-2　网络数据 B 的包间时延与信道噪声统计特性**

| 数据类型 | 最大值/ms | 最小值/ms | 平均值/ms | 标准差/ms |
|---|---|---|---|---|
| 包间时延 | 57.9 | 0.009 | 7.3 | 13.8 |
| 信道噪声 | 312.5 | −82.5 | −0.0006 | 12.2 |

由于所提的时间信道方案均基于无码率的模拟喷泉码,其性能只由接收到的包数目决定,丢包模式对性能并无影响,且这两类网络数据对应的丢包率都是可以忽略的(对网络数据 A 为 0.12%,对网络数据 B 为 0.047%),因此,在本节中不对丢包率进行讨论。

假定 ST-AFTC、SS-AFTC 和 MB-AFTC 中所采用的 AFC 的权重集合为{1/2,1/3,1/5,1/7,1/11,1/13,1/17,1/19},维度为 $D=8$。隐蔽传输速率 $R$ 为秘密信息比特数与接收到的包间时延数目的比值。对于 S-FTC 和 R-FTC,生成矩阵均是由共享密钥依据 Robust Soliton 分布[16]生成,且采用 Max-Min 策略来优化其对应的 LT 码性能,保护带的带宽设置为 0.1。对两类数据,其模型均由超过 $10^4$ 个数据包处理得到,线性映射码元的均值与模型包间时延均值之比 $\mu_{s^*}/\mu_M$ 分别为 0.79 和 3.98,因此对网络数据 A 采用 ST-AFTC,对网络数据 B 采用 SS-AFTC,SS-AFTC 中的码元分裂个数为 $N=4$。

### 10.4.1 抗检测性

利用抓取的网络数据 A 和 B 建立相应的模型,分别计算五种时间信道方案中生成的包间时延的 CDF。生成的 IPDs 数目设为 $n=10^4$,其结果如图 10-5 所示。图 10-5(a)描述了 ST-AFTC、MB-AFTC、S-FTC 和 R-FTC 对于网络数据 A 的 CDF;图 10-5(b)描述了 SS-AFTC、MB-AFTC、S-FTC 和 R-FTC 对于网络数据 B 的 CDF。

从图 10-5 中可知,ST-AFTC、SS-AFTC、MB-AFTC 和 R-FTC 均能够很好地拟合模型

而 S-FTC 的 CDF 与模型的 CDF 间存在一定的偏差，这是由对应于保护带区域的包间时延均被消除导致，图 10-5(a)中的偏差明显大于图 10-5(b)中的偏差，这是因为该情形下对应于保护带区域的包间时延跨度更大。

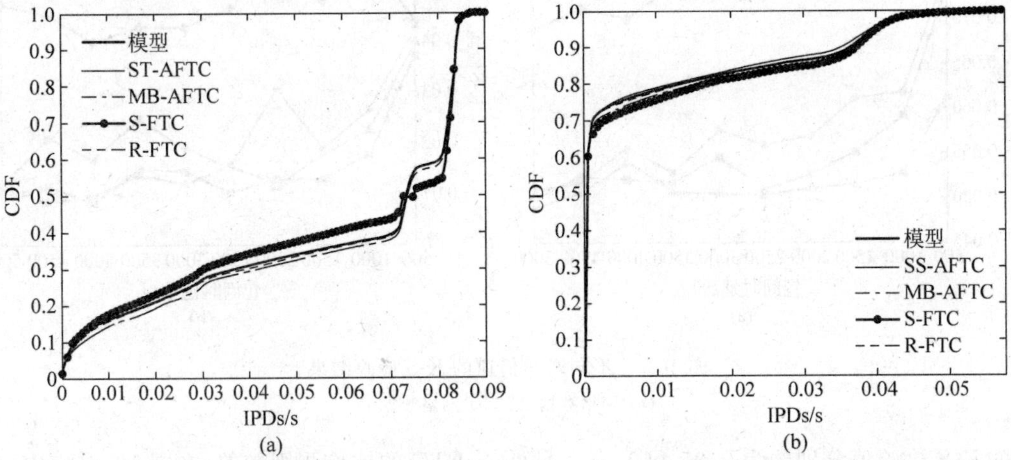


图 10-5　不同时间信道包间时延的累计分布函数

(a) 网络数据 A；(b) 网络数据 B

为了进一步定量评估时间信道的抗检测性，采取包括 K-L 散度和 K-S 检验在内的两种统计工具来对五种时间信道方案进行检测，检测结果分别如图 10-6 和图 10-7 所示。图中的每个点均为 10 次实验取样的均值，横坐标为包间时延数目，纵坐标为检测结果。

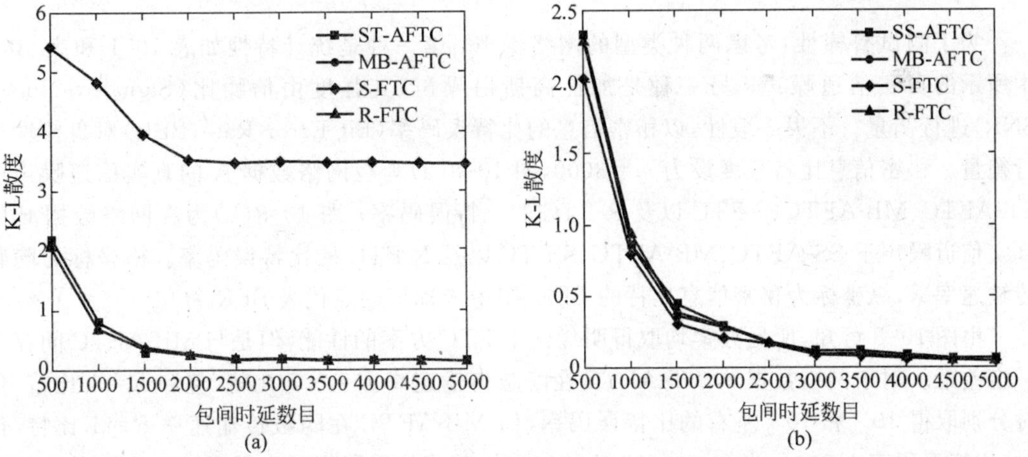


图 10-6　不同时间信道的 K-L 散度

(a) 网络数据 A；(b) 网络数据 B

由图 10-6 和图 10-7 可知，ST-AFTC、SS-AFTC、MB-AFTC 和 R-FTC 均是模型安全的，它们均可以在包间时延数据即使较小的情形下依然保持较好的抵抗 K-L 散度和 K-S 检验的能力，且检测结果随着包间时延数目的增大而不断趋于平稳。当包间时延数目 $n=5000$ 时，ST-AFTC、MB-AFTC 和 R-FTC 对于网络数据 A 的 K-L 散度低于 0.16，SS-AFTC、MB-AFTC 和 R-FTC 对于网络数据 A 的 K-L 散度低于 0.07，对应于网络数据 A 和

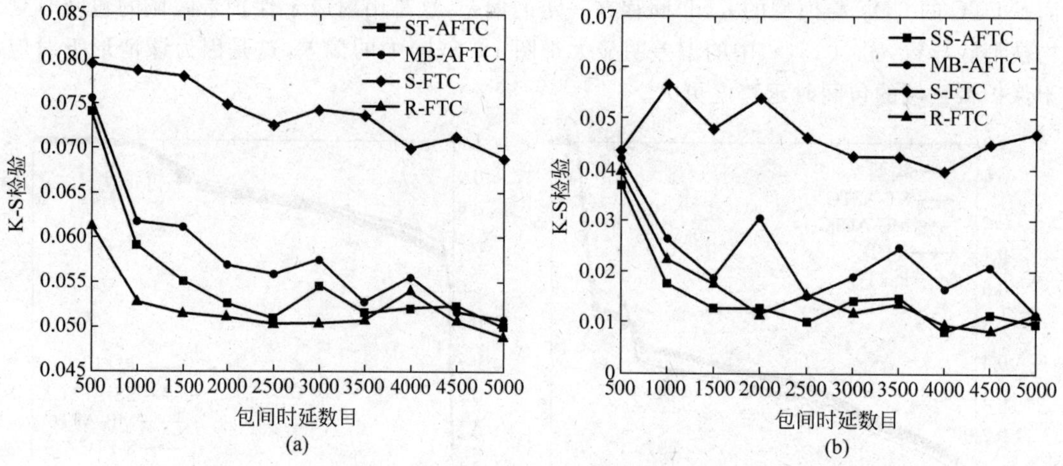


图 10-7 不同时间信道的 K-S 检验结果

(a) 网络数据 A；(b) 网络数据 B

B 的 K-S 检验值分别约为 0.05 和 0.01。另外，S-FTC 的抗检测则较差，在图 10-6(a)中，当包间时延数目为 $n=5000$ 时，S-FTC 对于网络数据 A 的 K-L 散度大于 3，而对于网络数据 B 时，其 S-FTC 与另外三种方案表现出相近的性能。这是由于对于网络数据 B 而言，保护带所对应的禁止调制带宽基本可以忽略。图 10-7 中的结果表明，利用 K-S 检验可以有效地检测 S-FTC 而其他四种方案均有较好的抗检测性。

### 10.4.2 鲁棒性

为了测试鲁棒性，考虑两种类型的网络噪声：第一种是统计特性如表 10-1 和表 10-2 中所示的真实信道噪声；另一种是加性高斯白噪声，其强度由信噪比(Signal-to-Noise, SNR)进行衡量。不失一般性，以秘密信息的比特误码率(Bit Error Rate, BER)对鲁棒性进行衡量。秘密信息比特长度设为 $m=3000$，图 10-8(a)为在网络数据 A 的真实信道噪声下 ST-AFTC、MB-AFTC、S-FTC 以及 R-FTC 的比特误码率；图 10-8(b)为在网络数据 B 的真实信道噪声下 SS-AFTC、MB-AFTC、S-FTC 以及 R-FTC 的比特误码率。横坐标为隐蔽传输速率 $R$，纵坐标为秘密信息比特的 BER，图中未标记的点代表 BER 为 0。

由图 10-8 可知，所提方案均取得明显优于 FTC 方案的性能，但是与 MB-AFTC 间存在一定差距。对于网络数据 A，ST-AFTC 在隐蔽传输速率 $R=0.5$ 比特/包和 $R=1$ 比特/包时分别取得 $10^{-2}$ 和 $10^{-1}$ 左右的比特误码率，而 MB-AFTC 在隐蔽传输速率 $R=1$ 比特/包时，比特误码率为 $10^{-2}$，当 $R\leqslant 0.625$ 比特/包时，其比特误码率可降低至 0。而此时，S-FTC 和 R-FTC 均无法有效收敛，事实上，即使在极低的隐蔽传输速率下，二者的性能也无法有效提高。从图 10-8(b)可知，对于网络数据 B，SS-AFTC 在隐蔽传输速率 $R=0.125$ 比特/包和 $R=0.25$ 比特/包下的比特误码率分别可达到约 $10^{-2}$ 和 $10^{-1}$，与此相对应，当 $R=0.125$ 比特/包时，MB-AFTC 的比特误码率可降低至 $10^{-3}$。

五种时间信道方案在 AWGN 下的比较如图 10-9 所示，对于网络数据 A，可以发现当 SNR=35dB 时，ST-AFTC、MB-AFTC 的比特误码率依然明显优于 S-FTC 和 R-FTC。当隐蔽传输速率 $R=0.5$ 比特/包时，ST-AFTC 和 MB-AFTC 的比特误码率分别约为 $10^{-2}$ 和

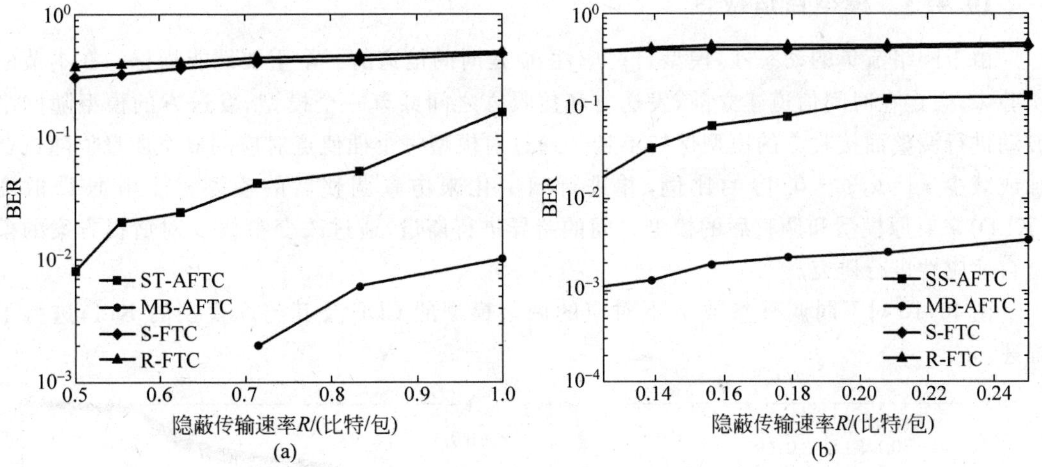


图 10-8　真实信道噪声下不同时间信道的误码率

(a) 网络数据 A；(b) 网络数据 B

$10^{-3}$。然而当 SNR＝45dB 时，S-FTC 和 R-FTC 均可以在隐蔽传输速率 $R\leqslant 0.5$ 比特/包时将比特误码率降低至 0，当 $R\leqslant 5/7$ 比特/包时，MB-AFTC 的比特误码率为 0。对于网络数据 B，当 SNR＝20dB 时，SS-AFTC 可以取得比 MB-AFTC、S-FTC 和 R-FTC 更低的比特误码率，在隐蔽传输速率 $R=0.125$ 比特/包时，SS-AFTC 的比特误码率约为 0.04，MB-FTC 则约为 0.13。当 SNR＝30dB 时，SS-AFTC 的比特误码率约为 $10^{-3}$，而 MB-AFTC 的比特误码率为 0。S-FTC 和 R-FTC 在 20dB 和 30dB 的 AWGN 下均无法取得较好的鲁棒性。

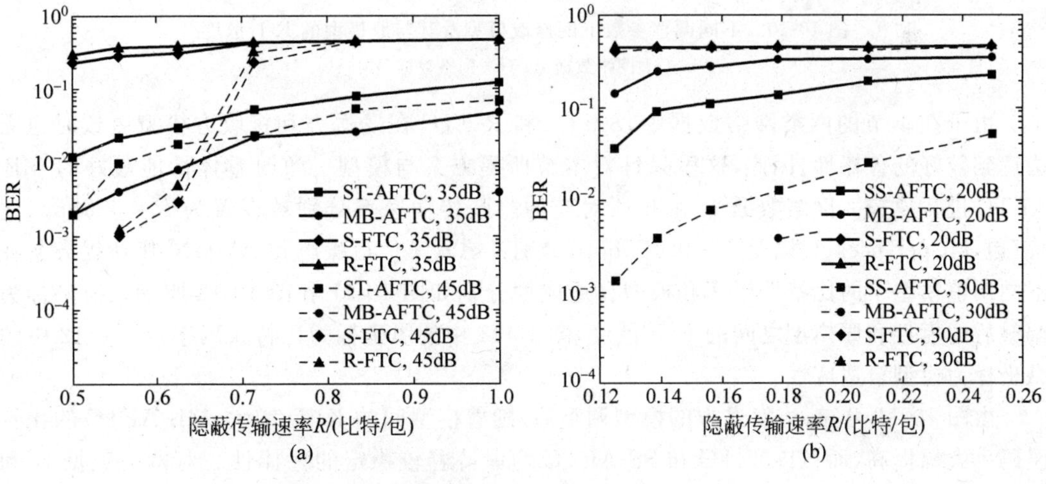


图 10-9　高斯白噪声下不同时间信道的误码率

(a) 网络数据 A；(b) 网络数据 B

综上所述，ST-AFTC、SS-AFTC 和 MB-AFTC 对于较强的网络扰动或不太适用于构建时间信道的网络数据具有较好的效果，S-FTC 和 R-FTC 只有当信道噪声较弱时才能保持鲁棒性。

### 10.4.3 模型自适应性

由于网络流量的动态性，模型自适应性 $\theta_R$ 是时间信道的一个重要性能指标。在本节的实验中，假定在时间信道建立前，发送方和接收方之间共享一个模型，发送方的模型随网络波动进行调整而接收方的模型保持不变。通过对模型每个插值点对应的概率质量值随机增加或减少 rd($p$, $p$+0.1)的比例，并进行归一化来仿真调整后的模型。使用 K-L 散度(KLD)来对原模型和调整后的模型之间的差异进行衡量，通过改变参数 $p$ 对所提方案的模型自适应性进行研究。

图 10-10 对不同调整参数 $p$ 下对应的调整模型的 CDF 及其与原模型的 KLD 进行了描述。

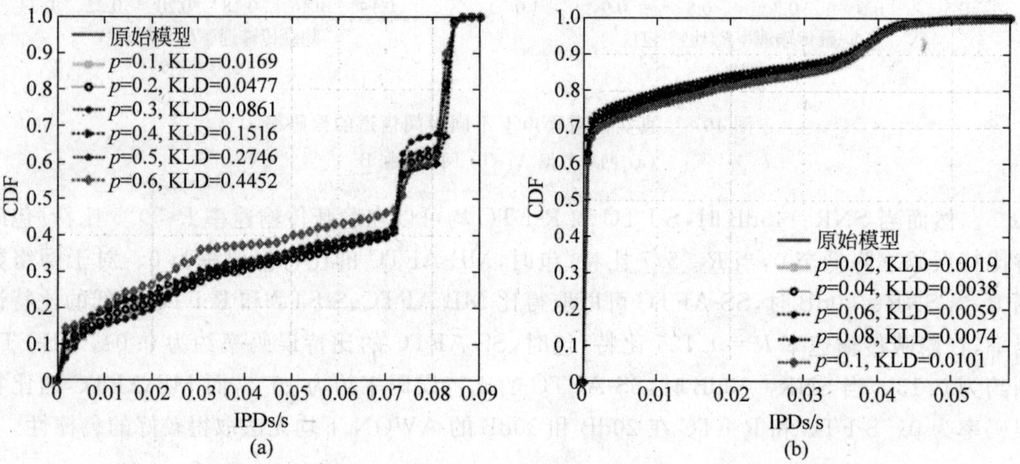


图 10-10 不同调整参数下的修改模型及其与原模型的 K-L 散度

(a) 网络数据 A；(b) 网络数据 B

由于在本节的两类网络数据中，S-FTC 和 R-FTC 在发送方和接收方模型一致时也无法达到较好的鲁棒性，因此，这里只针对本节所提方案与模型一致时整体性能最好的 MB-AFTC 进行比较。网络数据 A 和 B 所对应的隐蔽传输速率分别被设置为 $R$=0.5bpp(比特/包，bit per packet)以及 $R$=0.125bpp，分别考虑真实信道噪声和 AWGN，则所提方案在不同调整模型下的比特误码率和模型自适应性分别如图 10-11 和图 10-12 所示。横坐标为调整后的模型和原模型之间的 K-L 散度，图 10-11 中的纵坐标为比特误码率，图 10-12 中的纵坐标为模型自适应性。

由图 10-11 可知，当发送方的模型调整后，随着模型间的 KLD 增大，MB-AFTC 的比特误码率大幅提高，而 ST-AFTC 和 SS-AFTC 均保持着较稳定的鲁棒性。对网络数据 A 和 B，ST-AFTC 和 SS-AFTC 的比特误码率均与模型未调整情况下基本相近，然而，对于 MB-AFTC，其比特误码率对模型的调整非常敏感。对于网络数据 A，当 KLD=0.4452 时，MB-AFTC 的比特误码率超过 0.2，而与此相对的，ST-AFTC 依然保持 $10^{-2}$ 左右的比特误码率。对于网络数据 B，即使当 KLD=0.0019 时，MB-AFTC 的比特误码率也将增大到 0.2 左右，而此时 SS-AFTC 依然保持低于 0.05 的比特误码率。

不同调整模型下的模型自适应性结果如图 10-12 所示，对于网络数据 A 和 B，ST-

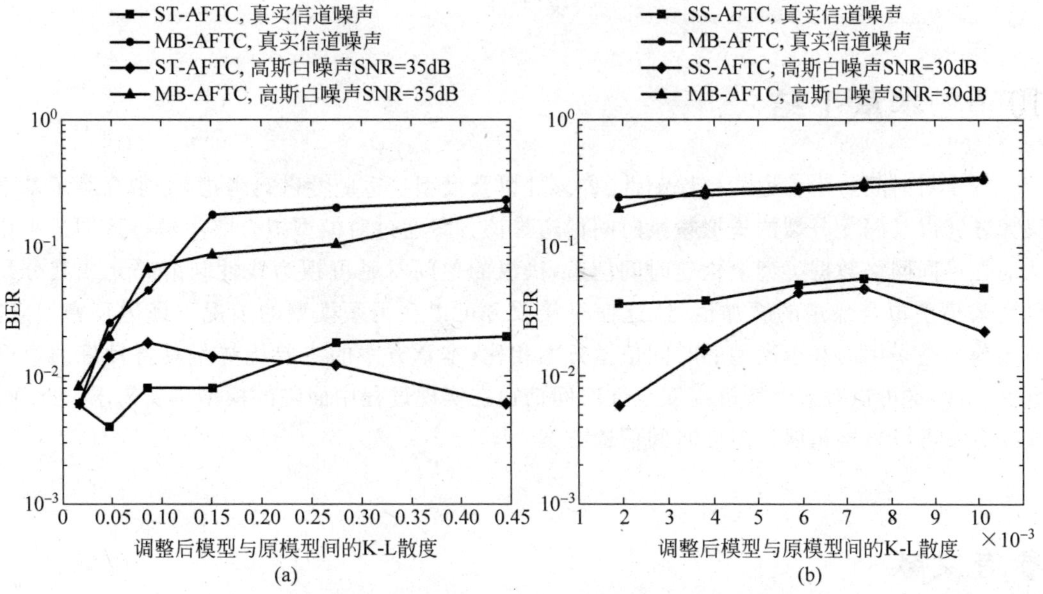


图 10-11　模型调整后不同时间信道的误码率

(a) 网络数据 A；(b) 网络数据 B

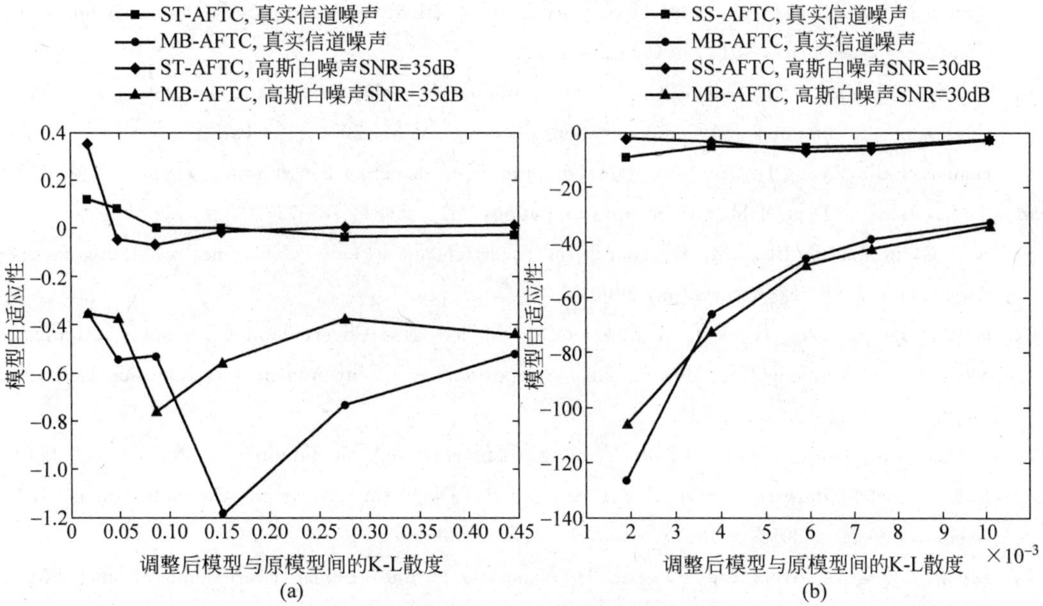


图 10-12　模型调整后不同时间信道的模型自适应性

(a) 网络数据 A；(b) 网络数据 B

AFTC 和 SS-AFTC 在不同 KLD 下的模型自适应性 $\theta_R$ 均接近 0，而当 KLD≥0.0477 时，MB-AFTC 对于网络数据 A 的模型自适应性低于－0.4，当 KLD＝0.0019 时，MB-AFTC 对于网络数据 B 的模型自适应性低于－100。因此，ST-AFTC 和 SS-AFTC 的模型自适应性相比较于 MB-AFTC 均具有显著优势，这使得发送方可以在不牺牲鲁棒性的前提下通过适当调整模型来保持抗检测性。

## 10.5 本章小结

本章对时间式隐信道的抗检测性、鲁棒性以及模型自适应性进行考虑，分别介绍了基于码元转移以及码元分裂的模拟喷泉时间信道。该方案通过对模型拟合噪声进行近似最小化从而在不同网络数据类型上构建时间信道，操纵的包间时延可视为线性映射码元或其分裂码元与模型拟合噪声的叠加信号，这使得接收方可以在无须模型的情况下译码秘密信息。与当前普遍采用的基于模型的时间信道方案相比，本章方案的主要优势是具备良好的模型自适应性，这可以有效地缓解高安全性时间信道在实现过程中面临的模型更新需求。此外，这些方案可以直接拓展为多播时间信道方案。

## 参考文献


[1] Cachin C. An information-theoretic model for steganography [J]. Information and Computation, 2004, 192(1): 41-56.

[2] Archibald R, Ghosal D. A comparative analysis of detection metrics for covert timing channels [J]. Computers & Security, 2014, 45(8): 284-292.

[3] Cabuk S, Brodley C E, Shields C. IP covert timing channels: design and detection [C]// ACM Conference on Computer and Communications Security. ACM, 2004: 178-187.

[4] Gianvecchio S, Wang H. An entropy-based approach to detecting covert timing channels [J]. IEEE Transactions on Dependable and Secure Computing, 2011, 8(6): 785-797.

[5] Shah G, Molina A, Blaze M. Keyboards and covert channels [C]// Conference on Usenix Security Symposium. USENIX Association, 2006: 5.

[6] Gianvecchio S, Wang H, Wijesekera D, et al. Model-Based Covert Timing Channels: Automated Modeling and Evasion [C]// International Symposium on Recent Advances in Intrusion Detection. Springer-Verlag, 2008: 211-230.

[7] Archibald R, Ghosal D. A Covert Timing Channel Based on Fountain Codes [C]// IEEE, International Conference on Trust, Security and Privacy in Computing and Communications. IEEE Computer Society, 2012: 970-977.

[8] Liu Y, Ghosal D, Armknecht F, et al. Hide and seek in time—robust covert timing channels [M]// Computer Security - ESORICS 2009. Berlin: Springer. 2009: 120-135.

[9] Liu Y, Ghosal D, Armknecht F, et al. Robust and undetectable steganographic timing channels for i. i. d. traffic [C]// International Conference on Information Hiding. Springer-Verlag, 2010: 193-207.

[10] Ahmadzadeh S A, Agnew G. Turbo covert channel: An iterative framework for covert communication over data networks [C]// INFOCOM, 2013 Proceedings IEEE. IEEE, 2013: 2031-2039.

[11] Shirvanimoghaddam M, Li Y, Vucetic B. Near-capacity adaptive analog fountain codes for wireless channels [J]. IEEE Communications Letters, 2013, 17(12): 2241-2244.

[12] Shirvanimoghaddam M, Li Y, Vucetic B. Adaptive analog fountain for wireless channels [C]// Wireless Communications and NETWORKING Conference. IEEE, 2013: 2783-2788.

[13] Shirvanimoghaddam M, Li Y, Vucetic B. Capacity approaching analog fountain codes [C]// Communications Theory Workshop. IEEE, 2014: 17-21.

[14] TeamViewer [EB/OL]. Available: https: //www. teamviewer. com/en/.

[15] ChromeRemote Desktop [EB/OL]. Available: https: //chrome. google. com/webstore/.

[16] Luby M. LT codes[C]. Proceedings of the 2013 IEEE 54th Annual Symposium on Foundations of Computer Science. IEEE, 2008.

# 第11章

# 面向多进多出时间式隐蔽信道的空时格型网络隐写编码

现有的时间式隐蔽信道方案都是采用单个数据包流的包间时延作为隐蔽通信的载体。当网络时延抖动、丢包和乱序对隐蔽信道产生干扰时，需要使用前向纠错编码等技术提高可靠性。这需要在原来的秘密消息数据中添加冗余数据，会造成隐蔽信道秘密消息传输速率的下降。由于网络中两主机之间往往存在多条数据包流，本章提出一种新的基于多个数据包流的多进多出时间式隐蔽信道实现方案。该方案将传统的基于单个数据流的时间式隐蔽信道的应用范围推广至多个数据包流，这样就可以通过增加载体数据包流的个数来提高时间式隐蔽信道的鲁棒性，避免了传统隐蔽信道为了提高可靠性而不得不降低数据传输速率的局限。

本章首先介绍了基于空时格型码的多进多出时间式隐蔽信道的嵌入和提取系统结构。发送端使用空时格型码编码器对秘密消息数据进行空时编码后将编码数据嵌入多个数据包流的包间时延中；接收端使用基于维特比译码算法的提取机制从这多个数据包流的到达包间时延序列中恢复秘密消息。

## 11.1 多进多出时间式隐蔽信道的部署场景

实现多进多出时间式隐蔽信道的前提条件是发送端和接收端之间存在多个数据包流。图 11-1 所示为多进多出时间式隐蔽信道两种主要的应用场景，其中图 11-1(a)为发送端与外网的一个服务器或主机通过若干条链路相连，存在多个数据包流。此时，接收端既可位于该服务器或主机端也可位于两者之间的某个中间节点设备上。例如流媒体应用的客户端与服务器至少需要建立两个并行的连接；一个用来交换控制信息；另一个用来传输流媒体数据。图 11-1(b)所示为发送端与外网的多个服务器或主机相连，这时接收端只能位于所有路由路径的共同路径的节点设备上。用户使用 Web 浏览器访问某些网站时会与多个服务器建立多个连接，分别用于读取 CSS 文件、图片或文字等资源。

多进多出时间式隐蔽信道的应用场景与基于链路组合的 Cloak 隐蔽信道相似，但是两种方案的秘密消息嵌入机制不同。Cloak 隐蔽信道由 Xiapu Luo 提出[1]，发送端通过在 $X$

条 TCP 数据流中发送 $N$ 个数据包对秘密消息字符进行编码。$N$ 个数据包在 $X$ 条数据包流中不同的分布方式对应着不同的二进制序列。Cloak 隐蔽信道的可靠性依赖于 TCP 协议的可靠传输机制。本章所提出的多进多出时间式隐蔽信道方案中，发送端对秘密消息进行空时编码后将码元序列嵌入多个数据包流的包间时延中。

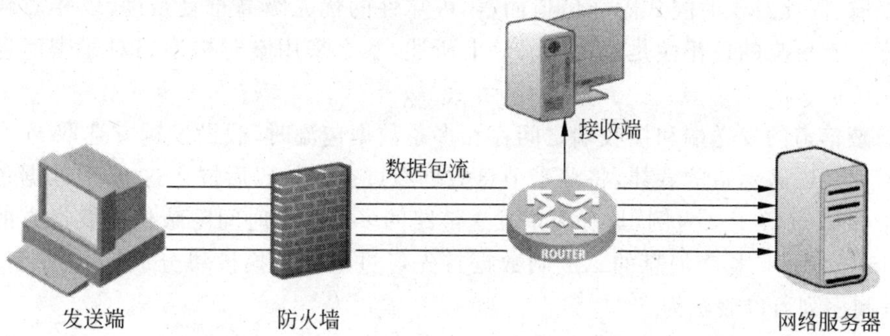


(a)

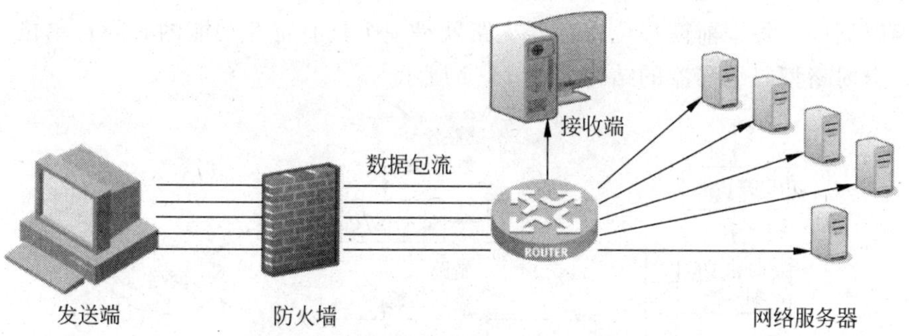


(b)

图 11-1　多进多出时间式隐蔽信道的典型应用场景

(a) 发送端与单个服务器通过多个数据包流相连接；(b) 发送端与多个服务器通过多个数据包流相连接

## 11.2　基于空时格型码的时间式隐蔽信道

### 11.2.1　基于空时格型码的秘密消息嵌入方法

空时编码是实现多输入多输出传输性能的编码手段，主要包括空时分组码和空时格型码两种编码技术[2]。空间分组编码在空间域和时间域两维方向上对信号进行编码，能够在接收端以较低的译码复杂度获得分集增益。空时格型码将调制和网格编码技术相结合，这样可同时获得编码增益和分集增益。与空时分组码相比，空时格型码具有更好的差错性能，但是接收端译码复杂度也相对更高一些。目前，空时编码技术在很多通信领域被用来提高通信系统的频谱效率和传输性能[3]。例如，在文献[4]中，Roy 等采用空时格型码实现了具有多输入多输出性能的水声通信技术，获得了较高的数据传输速率。在文献[5]中，罗万团等基于正交空时编码提出了一种用于提升高铁场景下多输出通信系统误码性能的算法。在文献[6]中，Antonio 等将空时格型码应用于自由空间光通信领域，改善了可见光通信系统对各种干扰的抵抗能力。

空时编码技术具有改善时间式隐蔽信道的潜力，由于隐蔽信道的接收方对到达包间时延序列的译码和秘密消息的提取不需要是实时的，可以先将到达包间时延存储到本地然后再进行提取，因此对于时间式隐蔽信道而言，可靠性的优先级高于复杂度，以相对较高的译码复杂度换取更高的鲁棒性是值得的。综上所述，本章采用空时格型码对秘密消息进行空时编码。

当隐蔽信道的发送端和接收端之间存在多条数据包流时，假设发送方选取 $m$ 个数据包流作为时间式隐蔽信道的载体，将秘密消息数据经过空时编码后嵌入这 $m$ 个数据包流的包间时延中。以 $m$ 等于 2 为例，具有两条发送链路的多进多出时间隐蔽信道发送方的结构框图如图 11-2 所示。秘密消息的二进制数据首先经过串并转换模块分成 $m$ 个序列，其中第 $k$ 个二进制序列可以表示为

$$c^k(D)=c_0^k+c_1^kD+\cdots+c_t^kD^t+\cdots,\quad k=1,2,\cdots,m \tag{11.1}$$

式中：符号 $D$ 表示移位运算。$m$ 个序列并行输入由 $m$ 个前馈移位寄存器支路构成的空时格型码编码器中。每个前馈移位寄存器支路就是一个具有寄存功能的有限长单位脉冲响应滤波器。空时格型码编码器的结构如图 11-3 所示[7]。

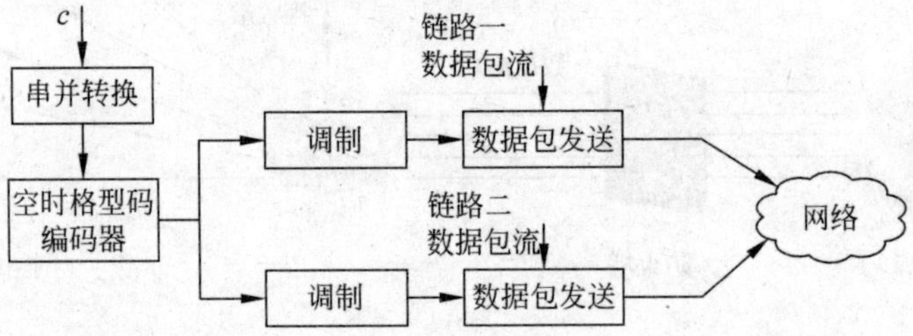


图 11-2　具有两条发送链路的多进多出时间式隐蔽信道发送方结构框图

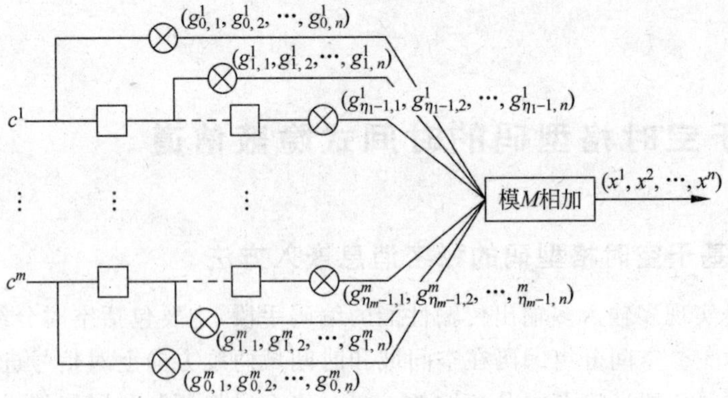


图 11-3　空时格型码编码器结构示意图

假设第 $k$ 个前馈移位寄存器支路的长度为 $\eta_k$，寄存器的个数为 $\eta_k-1$，共有 $\eta_k$ 组系数，$g^k=(g_0^k,g_1^k,\cdots,g_{\eta_k-1}^k)$，其中第 $l$ 组系数为 $g_l^k=(g_{l,1}^k,g_{l,2}^k,\cdots,g_{l,N_T}^k)$。系数 $g_{l,n}^k$ 的上角标 $k$ 表示移位寄存器支路序号，$k=1,2,\cdots,m$；下角标 $l$ 为寄存器序号，$l=0,1,\cdots,\eta_k-1$；$n$ 为发送链路序号，$n=1,2,\cdots,N_T$，$N_T$ 为总的发送链路数。第 $k$ 个支路中对应第 $n$ 条发送链路

的系数表示成移位多项式为

$$G_n^k(D) = g_{0,n}^k + g_{1,n}^k D + \cdots + g_{\eta_k-1,n}^k D^{\eta_k-1}, \quad n = 1,2,\cdots,N_T \tag{11.2}$$

第 $k$ 个前馈移位寄存器支路当前时刻的输出码元不仅与当前时刻的输入码元 $c_t^k$ 有关，也与前面的 $\eta_k-1$ 个输入码元有关。决定当前时刻输出码元的输入序列可以表示为 $c^k=(c_{t-\eta_k+1}^k,\cdots,c_t^k)$。各支路输出到第 $n$ 条发送链路上的码元相加模 $M$ 后即为空时格型码编码器输出到该发送链路上的码元，可以表示为

$$x^n = [c^1(D)G_n^1(D) + c^2(D)G_n^2(D) + \cdots + c^m(D)G_n^m(D)]\mathrm{mod}M \tag{11.3}$$

以 2 支路 4 状态空时格型码编码器为例，假设该编码器有两个输出码元序列，两个移位寄存器支路的系数分别为

$$\begin{cases} g^1 = [(g_{0,1}^1, g_{0,2}^1), (g_{1,1}^1, g_{1,2}^1)] = [(0,2),(1,0)] \\ g^2 = [(g_{0,1}^2, g_{0,2}^2), (g_{1,1}^2, g_{1,2}^2)] = [(2,2),(0,1)] \end{cases} \tag{11.4}$$

编码器移位寄存器状态与输入比特可能的组合有 16 种，其输入/输出网格图如图 11-4 所示。网格图在每一时刻共有 $2^{\eta_k}=4$ 个节点，对应于 4 种状态。节点和节点之间的连线称为分支，每个节点(即每个状态)有 4 条分支进入，同时也有 $2^{\eta_k}$ 条分支引出。在一个单位时间内，编码器从某一时刻的一个合法状态移动到下一时刻的另一个合法状态。图 11-4 左侧 $c_t^1c_t^2/x_t^1x_t^2$ 中，$c_t^1$ 和 $c_t^2$ 分别表示编码器中两个支路的前馈移位寄存器的输入，$x_t^1$ 和 $x_t^2$ 分别表示当前时刻输出到两个发送链路上的符号。

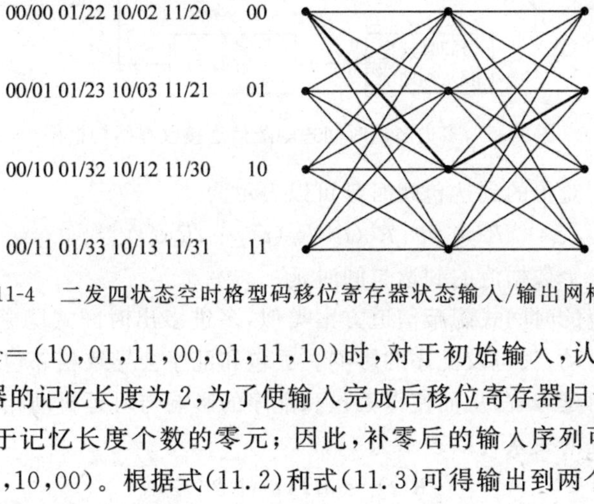


图 11-4　二发四状态空时格型码移位寄存器状态输入/输出网格图

当输入序列为 $c=(10,01,11,00,01,11,10)$ 时，对于初始输入，认为前一时刻输入为零；因为移位寄存器的记忆长度为 2，为了使输入完成后移位寄存器归于零状态，需要在输入序列后面补充等于记忆长度个数的零元；因此，补零后的输入序列可以表示为 $c=(00,10,01,11,00,01,11,10,00)$。根据式(11.2)和式(11.3)可得输出到两个发送链路的调制器符号分别为

$$\begin{cases} x^1 = \{0,3,2,1,2,2,1,1\} \\ x^2 = \{2,2,1,1,2,1,3,0\} \end{cases} \tag{11.5}$$

空时格型码编码器的输出为 M 进制符号序列，由调制器转换成包间时延序列，完成秘密消息的嵌入，生成的包间时延序列用于控制载体流的数据包发送。为了模拟正常数据包流包间时延序列的统计特性，这里仍采用基于 CDF 模型调制的时间式隐蔽信道嵌入方法，如式(11.6)所示。

$$T_i(t) = F_i^{-1}\left(\left(\frac{x^i(t)}{M} + v\right)\mathrm{mod}1\right), \quad i = 1,2,\cdots,N \tag{11.6}$$

式中：$x_i(t)$表示当前时刻第 $i$ 条链路上待嵌入的编码码元；$v$ 是由伪随机序列发生器根据密钥生成的用于增强安全性和不可检测性的伪随机序列；$F_i^{-1}(\cdot)$表示第 $i$ 条链路上的包间时延累积分布函数取逆运算；$T_i(t)$是第 $i$ 条数据包流上根据当前时刻待嵌入码元生成的包间时延。$N$ 条载体链路上的发送包间时延可以表示为矢量形式，即

$$\boldsymbol{T}(t)=[T_1(t),T_2(t),\cdots,T_n(t)]^{\mathrm{H}} \tag{11.7}$$

为了避免与发送包间时延符号 $\boldsymbol{T}$ 混淆，这里用 H 表示矩阵的转置运算。

### 11.2.2 基于维特比译码算法的秘密消息恢复方法

**1. 到达包间时延序列的提取与解调**

载体流的数据包由发送方根据嵌入有秘密消息数据的包间时延序列发出后经过多个中间节点的转发到达隐蔽信道接收方位于的节点。接收方首先通过监测从载体数据包流中提取各数据包的到达包间时延序列并保存下来，然后从该序列中解调得到码元符号，交由译码器处理后恢复秘密消息。具有两条发送链路的多进多出时间式隐蔽信道接收方恢复秘密消息的过程如图 11-5 所示。

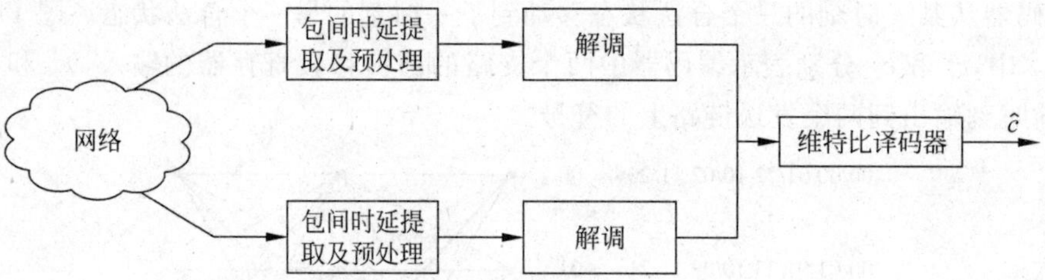


图 11-5 多进多出时间式隐蔽信道接收方结构框图

假设接收方监测获得的到达包间时延可以表示为

$$\boldsymbol{R}(t)=[R_1(t),R_2(t),\cdots,R_N(t)]^{\mathrm{H}} \tag{11.8}$$

式中：$R_i(t)$表示第 $i$ 个数据流的到达包间时延。

与基于单数据流的时间式隐蔽信道方案类似，多进多出时间式隐蔽信道的每个载体流也会受到网络时延抖动、丢包及乱序的影响。丢包和乱序会导致相邻包间时延的合并，可以通过将合并的包间时延分解，从而使得丢包和乱序的影响与时延抖动相似。因此，到达包间时延与发送包间时延的关系可以表示为

$$\boldsymbol{R}(t)=\boldsymbol{H}\boldsymbol{T}(t)+\boldsymbol{\delta}(t) \tag{11.9}$$

式中：$\boldsymbol{\delta}(t)$表示 $N$ 条发送链路上干扰因素导致的到达与发送包间时延序列之间的差异；$\boldsymbol{H}$ 表示多进多出隐蔽信道的信道矩阵。由于网络上有大量的数据流在进行交换，因此对于本章提出的多进多出时间式隐蔽信道，不同载体数据包流之间的相互影响基本可以忽略不计。这里用统计模型来描述载体信道，将多个数据包流近似为独立同分布信道，信道矩阵是确定的并且满足 $\boldsymbol{H}^{\mathrm{H}}\boldsymbol{H}=\boldsymbol{I}$。

图 11-5 中的包间时延提取及预处理模块按照可使用纠正方案对丢失或者乱序包对应的包间时延进行预处理；然后解调器根据发送方和接收方共享的正常数据包流包间时延累积分布函数 $F(\cdot)$从各发送链路的到达包间时延序列中解调得到码元序列。解调过程可以表示为

$$\hat{x}^i(t)=\lfloor M\cdot[(F(R_i(t))-v)\bmod 1]+0.5\rfloor,\quad i=1,2,\cdots,N \tag{11.10}$$

**2. 维特比译码恢复秘密消息**

维特比译码器收到$\hat{x}_i(t)(i=1,2,\cdots,N)$后，采用迭代方式进行译码。空时格型码生成矩阵和发送链路数给定后，空时格型码编码器的输入/输出网格图是确定的，如图 11-4 所示。接收端根据已知的信道参数，使用维特比译码器在空时格型码的输入/输出网格图中搜索最大似然路径。对于网格图中每一时刻的各状态，进入该状态的所有路径中具有最大量度的路径称为幸存路径。维特比译码分为硬判决和软判决两种，在硬判决过程中信号之间的差别用汉明距离表示，而在软判决中用欧几里得距离表示，这里采用的是硬判决译码。假设$\hat{x}_i(t)$序列的长度为 $h$，维特比译码过程如图 11-6 所示。

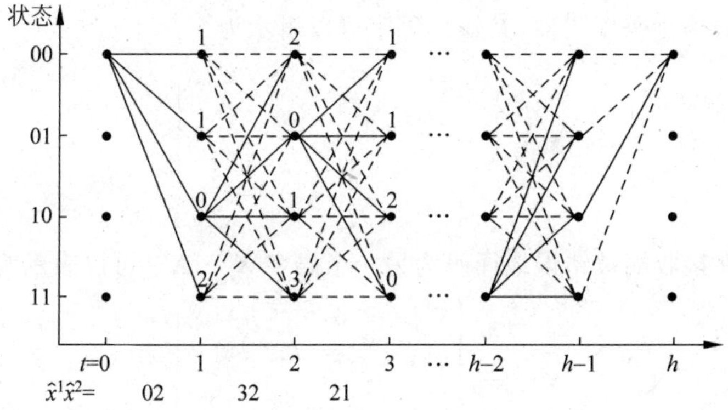


图 11-6　维特比译码过程

译码过程主要分为以下三个步骤：

步骤 1：$t=1$ 时刻，计算从初始状态进入当前时刻各状态路径的部分量度，存储每一状态下的路径及其量度。

步骤 2：$t$ 增加 1，将进入某一状态的分支量度与前一时刻有关的幸存路径的量度相加，计算进入该状态的所有路径的部分量度。对每一状态，比较进入该状态的所有路径的量度，选择幸存路径，并存储该路径及其量度，删除其他所有路径。

步骤 3：如果 $t\leqslant h$，重复步骤 2；否则停止。

由于编码器最后归于零状态，因此当 $t=h$ 时只有一条幸存路径，也就是译码得到的最大似然路径。在步骤 1 和 2 中存储的是幸存路径对应的信息序列，所以当译码算法结束时接收端就可以得到恢复的秘密消息序列$\hat{c}$。

## 11.3 译码复杂度与成对差错概率分析

### 11.3.1 译码复杂度

与基于单个数据包流的时间式隐蔽信道方案相比，多进多出时间式隐蔽信道在相同的干扰强度下具有更低的误比特率，而代价是相对更高的译码复杂度。从译码过程可以看出，每次迭代时译码器需要为每个状态计算 $2^N$ 个分支的量度并通过比较运算选择一个总量度最低的路径作为幸存路径。因此，译码复杂度随着状态数呈线性增长，随着载体数据包流的个数呈指数增长。

由于时间式隐蔽信道可靠性的优先级高于复杂度，另外译码过程也不需要实时进行，所以相对较高的译码复杂度是可以接受的。综上所述，多进多出时间式隐蔽信道载体流的个数以及调制阶数的选择是一个在传输速率、可靠性和译码复杂度之间折中的问题，需要根据具体的设计指标确定。

### 11.3.2 成对差错概率分析

设计准则能够为设计具有优良性能的空时格型码编码器提供指导。对于一个具有 $N$ 个输出流的空时格型码编码器，其输出码字可以表示为

$$\boldsymbol{X}^{(0)}=\begin{bmatrix} x_{1,1}^{0} & x_{1,2}^{0} & \cdots & x_{1,N}^{0} \\ x_{2,1}^{0} & x_{2,2}^{0} & \cdots & x_{2,N}^{0} \\ \vdots & \vdots & \ddots & \vdots \\ x_{t,1}^{0} & x_{t,2}^{0} & \cdots & x_{t,N}^{0} \end{bmatrix} \tag{11.11}$$

假设该码字在接收端被错误地译码为另一个码字 $\boldsymbol{X}^{(1)}$，$\boldsymbol{X}^{(1)}$ 可以表示为

$$\boldsymbol{X}^{(1)}=\begin{bmatrix} x_{1,1}^{1} & x_{1,2}^{1} & \cdots & x_{1,N}^{1} \\ x_{2,1}^{1} & x_{2,2}^{1} & \cdots & x_{2,N}^{1} \\ \vdots & \vdots & \ddots & \vdots \\ x_{t,1}^{1} & x_{t,2}^{1} & \cdots & x_{t,N}^{1} \end{bmatrix} \tag{11.12}$$

成对差错概率 $\Pr\{\boldsymbol{X}^{(0)}\rightarrow\boldsymbol{X}^{(1)}\}$ 表示当发送方发出的码字是 $\boldsymbol{X}^{(0)}$ 而接收方将之检测为 $\boldsymbol{X}^{(1)}$ 的概率。通过对成对差错概率的分析可以得到关于发送方使用的空时格型码编码器的设计准则。对于本节提出的多进多出时间式隐蔽信道，成对差错概率可以表示为

$$\Pr\{\boldsymbol{X}^{(0)}\rightarrow\boldsymbol{X}^{(1)}\}=Q\left(\frac{\|\boldsymbol{X}^{(0)}-\boldsymbol{X}^{(1)}\|_F}{\sqrt{2}\sigma_n}\right) \tag{11.13}$$

式中：$\sigma_n$ 表示噪声信号的方差。

将差异距离矩阵定义为

$$\boldsymbol{D}(\boldsymbol{X}^{(0)},\boldsymbol{X}^{(1)})=\boldsymbol{X}^{(0)}-\boldsymbol{X}^{(1)} \tag{11.14}$$

编码增益距离矩阵为

$$\boldsymbol{A}(\boldsymbol{X}^{(0)},\boldsymbol{X}^{(1)})=\boldsymbol{D}(\boldsymbol{X}^{(0)},\boldsymbol{X}^{(1)})\cdot\boldsymbol{D}(\boldsymbol{X}^{(0)},\boldsymbol{X}^{(1)})^{\mathrm{T}} \tag{11.15}$$

假设 $\lambda_i(i=1,2,\cdots,N)$ 是编码增益距离矩阵 $\boldsymbol{A}$ 的特征值，则 $\|\boldsymbol{X}^{(0)}-\boldsymbol{X}^{(1)}\|_F^2$ 可以表示为

$$\|\boldsymbol{X}^{(0)}-\boldsymbol{X}^{(1)}\|_F^2=\mathrm{tr}\{\boldsymbol{D}^{\mathrm{H}}\boldsymbol{D}\}=\sum_{i=1}^{N}\lambda_i \tag{11.16}$$

利用 $Q(x)$ 函数的上界可以得到成对差错概率的上界为

$$\Pr\{\boldsymbol{X}^{(0)}\rightarrow\boldsymbol{X}^{(1)}\}\leqslant\frac{1}{2}\exp\left\{-\frac{1}{4\sigma_n^2}\sum_{i=1}^{N}\lambda_i\right\} \tag{11.17}$$

当矩阵 $\boldsymbol{A}$ 是满秩矩阵时没有零特征值，那么 $N$ 就等于传输链路的个数。从式(11.17)可以看出当网络干扰强度一定时，增加传输链路的个数可以降低成对差错概率；而当矩阵

$\boldsymbol{A}$ 有零特征值时，成对差错概率将会增加。因此为了获得更好的差错性能，对于所有可能的码字 $\boldsymbol{X}^{(i)}$ 和 $\boldsymbol{X}^{(j)}$，当 $i\neq j$ 时，秩准则要求差异距离矩阵 $\boldsymbol{D}(\boldsymbol{X}^{(0)},\boldsymbol{X}^{(1)})$ 必须为满秩矩阵。同时，行列式准则要求编码增益距离矩阵对应的行列式的最小值要达到最大，以获得更高的编码增益。与欧几里得距离或汉明距离被用作对单输入单输出信道中编码调制方案中的码表距离测量相似，差错距离矩阵的 $F$ 范数 $\|\boldsymbol{D}(\boldsymbol{X}^{(0)},\boldsymbol{X}^{(1)})\|_F^2$ 可用作空时编码码表的距离度量。同样，对于所有可能的码字 $\boldsymbol{X}^{(i)}$ 和 $\boldsymbol{X}^{(j)}$，当 $i\neq j$ 时，应使最小距离 $\|\boldsymbol{D}(\boldsymbol{X}^{(0)},\boldsymbol{X}^{(1)})\|_F^2$ 最大化。

下面对基于空时格型码的多进多出时间隐蔽信道进行仿真。由于时间隐蔽信道没有公开的测试数据集，所以本节采用的是对一款名叫魔兽世界的在线网络游戏进行抓包获得的数据集。该数据集由主机发往服务器的 9 条数据包流共计 645 365 个数据包构成。在此数据集基础上实现了一个具有不同发送链路个数的基于 4 状态空时格型码编码器的多进多出时间隐蔽信道，其中空时格型码为 2 支路输入，调制阶数为 4。对于给定的编码器结构，生成矩阵是根据设计准则在所有可能的编码网格路径中搜索得到的，目的是为了最小化差错概率。该实验中使用的生成矩阵如表 11-1 所示。

**表 11-1　不同发送链路个数的多进多出时间隐蔽信道空时格型码编码器参数**

| $N_T$ | $v$ | 生成矩阵 | 秩 | 行列式 | 迹 |
|---|---|---|---|---|---|
| 2 | 2 | $\boldsymbol{g}_1=[(0,2),(1,0)]$<br>$\boldsymbol{g}_2=[(2,2),(0,1)]$ | 2 | 4 | 10 |
| 3 | 2 | $\boldsymbol{g}_1=[(0,2,2),(1,2,3)]$<br>$\boldsymbol{g}_2=[(2,3,3),(2,0,2)]$ | 2 | — | 16 |
| 4 | 2 | $\boldsymbol{g}_1=[(0,2,0,2),(1,2,3,2)]$<br>$\boldsymbol{g}_2=[(2,3,3,2),(2,0,2,1)]$ | 2 | — | 20 |

### 11.3.3　多进多出时间式隐蔽信道的误比特率性能

多进多出时间隐蔽信道的数据包流的包间时延是基于抓包获得的离线数据集生成的。由于时间隐蔽信道容易受到网络时延抖动、丢包及乱序的影响，因此需要对发送端生成的携带有秘密消息的包间时延序列添加不同强度的干扰噪声，噪声强度由信噪比和广义丢包率衡量。

基于模型的时间式隐蔽信道是一种典型的使用单个数据包流作为载体的隐蔽信道方案。这里首先比较了具有两条发送链路的多进多出时间式隐蔽信道方案与现有方案的误比特率性能，如图 11-7 所示。两种方案的平均传输速率相同。从图中可以看出，误比特率随着信噪比的增加单调下降，随着广义丢包率的增加单调升高。在相同的信噪比或广义丢包率情况下，多进多出时间式隐蔽信道的误比特率明显低于现有方案。

具有不同发送链路个数的多进多出时间隐蔽信道在不同强度的网络时延抖动或丢包及乱序情况下的误比特率分别如图 11-8 和图 11-9 所示。从图中可以看出，发送链路个数的增加对多进多出时间隐蔽信道误比特率性能的改善是明显的。

进一步测试了不同广义丢包率情况下的误比特率性能。多进多出时间隐蔽信道的传输速率定义为单位时间内通过所有使用的发送链路传输的秘密消息数据的比特数。实验中，基

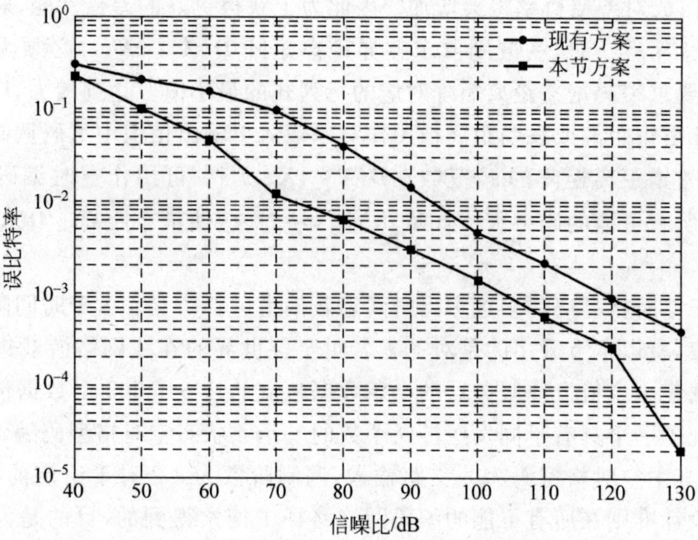


(a)

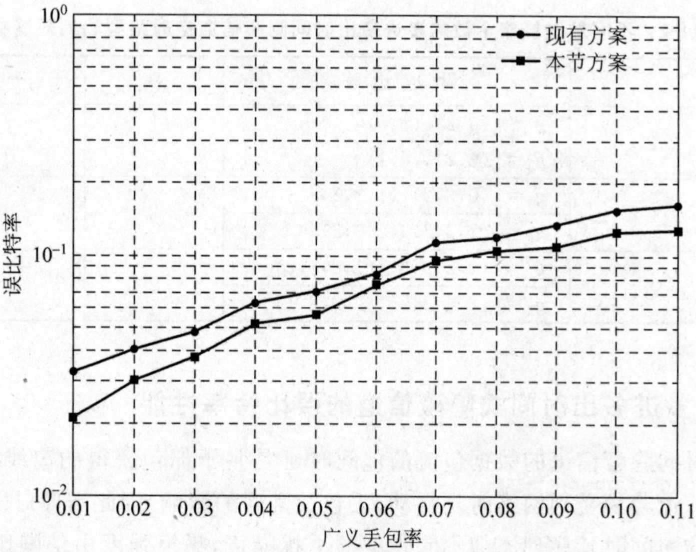


(b)

图 11-7　多进多出时间式隐蔽信道与现有的基于单个数据流方案的误比特性能比较
(a) 不同相对干扰强度；(b) 不同的广义丢包率

于 2 支路输入 4 状态空时格型码编码器的多进多出时间隐蔽信道的平均传输速率为 27bit/s。输入支路个数的增加能够提高传输速率，但是也会增加误比特率和网格译码复杂度。因此，多进多出时间隐蔽信道输入支路的个数应该根据具体的需求以及实际的网络状态来确定。

### 11.3.4　多进多出时间式隐蔽信道的抗检测性能

多进多出时间隐蔽信道的抗检测性能通过使用形状检测和规则检测统计量来评估。KS 检测是常用的形状检测方法，常用来检测两个样本是否属于同一概率分布模型，其统计

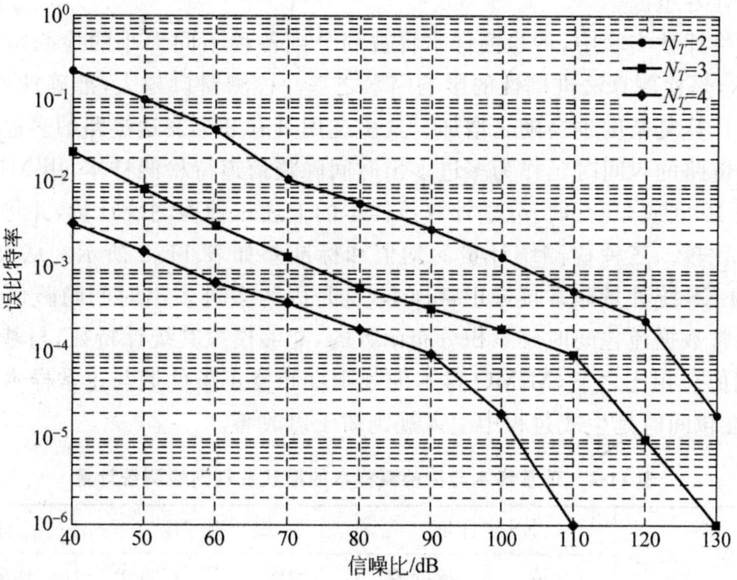


图 11-8　具有不同发送链路个数的多进多出时间隐蔽信道误比特率性能

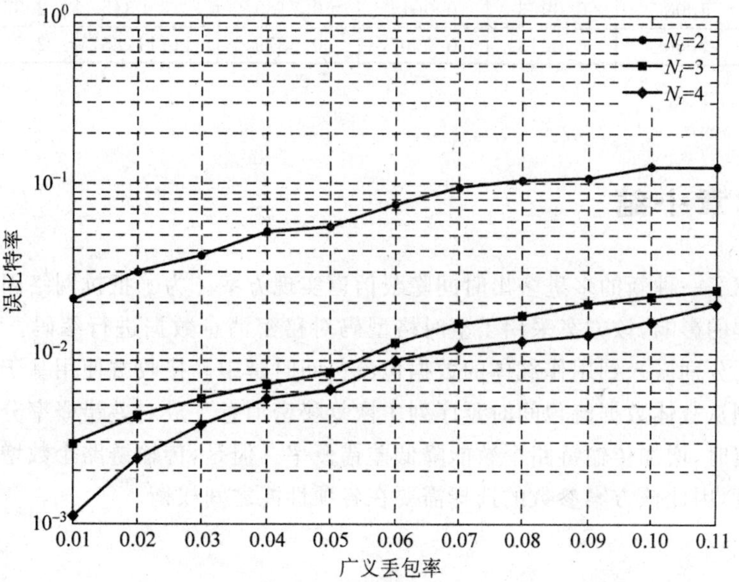


图 11-9　具有不同发送链路个数的多进多出时间隐蔽信道

量为待检测样本与参考样本的经验累积分布函数的最大距离，属于一阶统计量。规则检测主要用于比较待检测样本的二阶甚至更高阶的统计量，常用的检测方法包括规则度检测和修正条件熵检测。规则度检测的依据是认为正常数据包流的包间时延序列的方差是随时间动态变化的，而时间隐蔽信道的数据包流通常相对稳定。修正条件熵检测通过建立一个具有一定组数的包间时延直方图来考察待检测样本数据之间的关联性，需要使用大量的参考样本训练使得各组样本个数相同从而确定组距。一个正常数据包流的包间时延序列被认为近似均匀分布在各组。

在抗检测性评估实验中，待检测样本将被划分到各种不同大小的检测窗口。检测窗口大小用 $w$ 表示，是检测算法准确性的影响因素之一。检测窗口越大，准确性越大，但占用的内存空间以及计算复杂度也会随之增加。这里选用具有 2 个发送链路的多进多出时间隐蔽信道中的一条链路的包间时延作为多进多出时间隐蔽信道待检测样本，用 MIMO 表示。当检测窗口设为 1000 或 2000 时，分别计算该样本的上述三种检测统计量，并将其与正常样本的统计量进行比较。三种检测统计量的均值和标准差如表 11-2 所示。从表中可以看出，MIMO 样本的 KS 统计量非常接近正常样本，这是因为多进多出时间隐蔽信道包间时延的生成是基于正常数据流包间时延累积分布函数的，能够模拟其统计特征，与基于模型的时间式隐蔽信道相似。相比之下，MIMO 样本的规则度和修正条件熵与正常样本的差异略大一些，可以通过在包间时延生成过程中引入规则树予以改善。

**表 11-2　正常样本与待检测样本的形状及规则检测统计量**

| 检测样本 | 窗口大小 | KS 统计量 | | 规则度 | | 修正条件熵 | |
|---|---|---|---|---|---|---|---|
| | | 均值 | 标准差 | 均值 | 标准差 | 均值 | 标准差 |
| 正常 | 1000 | 0.0022 | 0.001 | 0.6273 | 2.4262 | 2.1321 | 0.2726 |
| | 2000 | 0.0012 | 0.0008 | 0.6943 | 2.3918 | 2.1283 | 0.2245 |
| MIMO | 1000 | 0.0023 | 0.0014 | 0.7185 | 2.0345 | 2.3564 | 0.2111 |
| | 2000 | 0.0015 | 0.0007 | 0.5879 | 11111.8575 | 2.3564 | 0.2074 |

## 11.4　本章小结

本章介绍了一种新的多进多出时间隐蔽信道实现方案。为了抵抗网络固有噪声对秘密消息传输过程的影响，该方案采用了空时格型码对秘密消息数据进行编码。发送端将编码器的输出码元分别嵌入到用作载体的数据包流包间时延中。接收端使用基于维特比译码算法的提取机制从载体数据流包间时延序列中恢复秘密消息。成对差错概率分析结果表明当干扰强度一定时，增加传输链路个数能降低差错概率。但是，传输链路个数增加会导致更高的译码复杂度，因此该方案参数的选择需要在各项性能之间权衡。

## 参考文献

[1] Luo X, Chan E W W, Chang R K C. Cloak: a ten-fold way for reliable covert communications [C]// European Conference on Research in Computer Security. Springer-Verlag, 2007: 283-298.

[2] Jafarkhani H. Space-Time Coding: Theory and Practice [C]// Cambridge University Press, 2010.

[3] Jalil A M, Ghrayeb A. Distributed Channel Coding for Underwater Acoustic Cooperative Networks [J]. IEEE Transactions on Communications, 2014, 62(3): 848-856.

[4] Roy S, Duman T M, Mcdonald V, et al. High-Rate Communication for Underwater Acoustic Channels

Using Multiple Transmitters and Space - Time Coding: Receiver Structures and Experimental Results [J]. IEEE Journal of Oceanic Engineering, 2008, 32(3): 663-688.

[5] 罗万团，方旭明，程梦. 高速铁路无线通信中基于正交空时码的格型正交重构算法 [J]. 通信学报，2014，35(7)：208-214.

[6] Garc Azambrana A, Boludaruiz R, Castillov Zquez C, et al. Novel space-time trellis codes for free-space optical communications using transmit laser selection [J]. Optics Express, 2015, 23(19): 24195-24211.

[7] Vucetic B, Yuan J. Space-Time Coding [M]. Hoboken: John Wiley, 2005.

# 第12章

# 面向多播时间式隐信道的不等差错保护编码

本章介绍在多播信道上部署时间式隐蔽信道的系统框架以实现秘密消息一对多传送的问题。由于多播载体信道上同样也存在丢包现象,因此本章将多播时间式隐蔽信道建模为删除信道,使用喷泉码来抵抗丢包导致的符号丢失的影响。同时,传统的喷泉码只能对所有信息符号提供相同的保护,考虑到隐蔽信道传输的秘密消息的重要性可能不同,本章介绍的方法采用基于扩展窗的喷泉码对秘密消息进行编码,这样可以为不同重要性等级的符号提供不同强度的保护,重要性级别高的符号会在接收端被优先译码。

## 12.1 多播时间式隐蔽信道系统模型

### 12.1.1 多播载体信道特性

网络通信中,数据的传输模式按照业务源和服务对象的个数可分为三类:单播、多播和广播。单播传输时,源节点为每个服务对象的目的节点单独发送数据,网络中传输的信息量与目的节点的个数成正比。多播传输时,数据包流沿着一个覆盖源节点和所有目的节点的多播路由树进行传输,在树的分叉处被复制,直至到达每个目的节点,如图 12-1 所示。广播传输时,源节点将某个目的节点需要的数据扩散到整个网络。当业务源与某些特定服务对象进行数据交互时,多播源节点不需要像单播那样为每个目的节点发送一个独立的副本,又可以避免像广播传输那样占用更多不必要的网络带宽。这样既可以降低服务器和网络的负载,又能减小交换网络在高负荷状态时拥塞的概率。近年来,将内容分发给多个客户端的多播应用越来越普及,如网络音频/视频会议、网络电视、交互式仿真、分布式数据库等。

多播应用所产生的大量的音频及视频数据流使其成为时间式隐蔽信道理想的载体应用之一。基于多播应用设计一种可将秘密消息同时发送给多个接收方的时间式隐蔽信道,既可以增加秘密消息的备份,也可以提高隐蔽通信的可靠性。多播时间式隐蔽信道需要解决的一个关键问题是不同传播路径受到的信道干扰不同,一旦某一路径部分数据包丢失后,其携带的秘密消息符号无法被隐蔽信道接收端收到。当码字较长时,RS 码的编译码复杂度

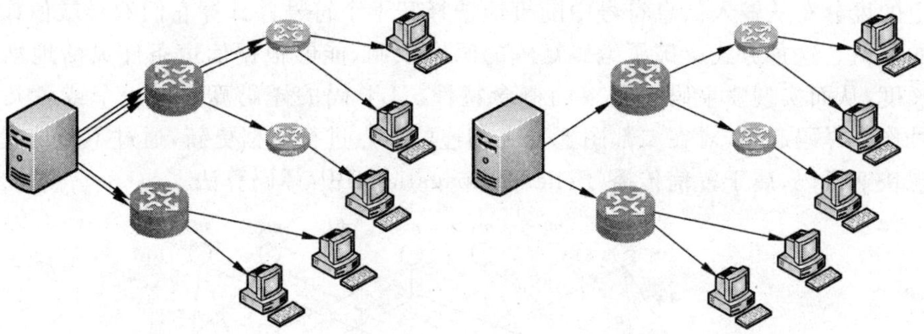

(a)　　(b)

图 12-1　单播与多播传输模式对比

(a) 单播；(b) 多播

较高。因此，本章将载体信道存在丢包可能的多播时间隐蔽信道建模为删除信道，采用喷泉码编码技术提高隐蔽通信系统的抗干扰性能。

### 12.1.2　删除信道模型与喷泉码

删除信道一个典型的例子是二进制删除信道，如图 12-2 所示。二进制删除信道的输入集为{0,1}，输出集为{0,1, E}，符号 E 表示删除信息。每个符号存在概率为 $p$ 的传输错误可能，当发生错误时，传输信息丢失，因此 $p$ 也称为删除概率。在删除信道中，丢失的数据在数据流中的位置是知道的。这类信道的信道容量为 $1-p$。

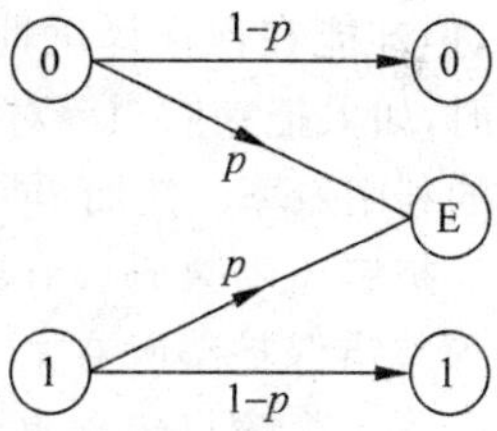


图 12-2　二进制删除信道

在删除信道上纠错有两种常用的方法，一种是在接收端和发送端之间建立反馈信道使用自动重传技术来控制丢失数据的重传；另一种是采用纠删码，当接收端收到足够量的编码符号，使用适当的纠删码译码方法就可以重构信息符号。对于多播时间式隐蔽信道，发送端如果因为个别用户接收到的信息错误而重传将导致整个信道资源的浪费，因此更适宜使用后一种方法。

目前，纠删码主要分为四类：范德蒙码(Vandermonde code)、柯西码(Cauchy code)、低密度纠删码(low-density erasure code)和级联型低密度纠删码(cascaded low-density erasure code)。前两类纠删码属于 RS 码类，它们的生成矩阵分别为范德蒙矩阵和柯西矩阵。这类码在码长较大时，运算时间较长。低密度纠删码是基于随机稀疏二部图构造的码，具有相对较低的复杂度，包含 LDPC 码、LT 码等。级联型低密度纠删码就是将随机稀疏二部图和一个传统的纠删码(如柯西码)结合构造的一种级联码。

LT 码是由 M. Luby 提出的一种稀疏的随机线性喷泉码，可在删除信道上获得逼近香农限的优越性能。喷泉码的概念最早是由 Byers 和 Luby 等提出的，其编码过程类似于源源不断产生水滴的喷泉，每滴水就像一个编码符号。发送端编码器不断生成编码符号，通过删除信道传输到接收端[1]。接收端只要收到足够的编码符号就可以进行译码。

LT 码是第一类可以实施应用的喷泉码[2]，它的二部图如图 12-3 所示，与每个编码符号通过线条相连接的信息符号的个数是该编码符号的度。对于每一个编码输出符号，编码器根据特定的度分布从输入信息符号中随机地选择若干个符号并计算它们的异或值作为该输出符号的取值。这种方式突破了编码矩阵的码率限制，能够根据信道条件灵活地增长或缩短码字长度，从而实现喷泉码无码率的概念特性。LT 码的译码算法以一个或者几个已知信息符号作为译码起始，对在二部图上与之相连的节点进行数据更新，通过不断迭代重复该过程实现快速译码，属于置信传播(Belief Propagation,BP)译码算法。

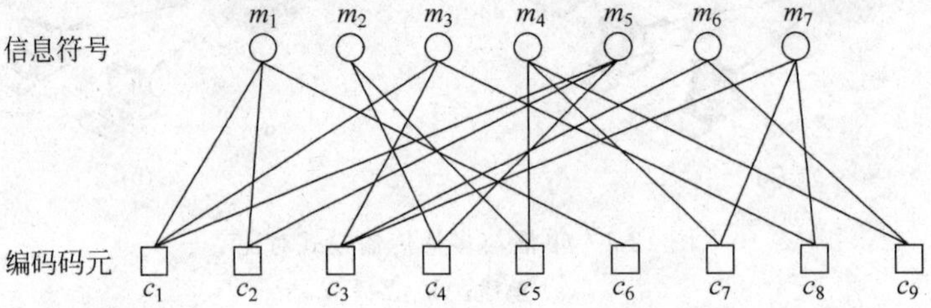


图 12-3 LT 编码的二部图

由于编译码复杂度表现为非线性特性，因此 LT 码不适用于码字较长的情况，于是 Shokrollahi 在 LT 码的基础上提出了改进型的 Raptor 码[3]。Raptor 码属于级联码，用对信息符号进行的预编码作为外码，和弱化的 LT 内码相结合。虽然 Raptor 码实现方式较简单，但却能在保证译码性能的情况下将复杂度降低到线性范围。当信息的重要性分布不均匀时，如果把它们同等对待进行同程度的保护，就会使得信道资源的分配不合理，降低信道资源的利用效率。然而，早期的 LT 码和 Raptor 码只能为输入信息符号提供相同程度的保护。

扩展窗喷泉码(expanding window fountain)是由 D. Sejdinovic 等提出的一种喷泉码的不等差错保护编码方案[4]。该方案利用一系列嵌套的编码窗口装载不同重要等级的数据。其中第 1 个窗口包含重要等级最高的数据；第 2 个窗口包含第 1 个窗口和重要程度仅次于第 1 个窗口的数据，以此类推。这样在编码时，编号越小的窗口内的数据参与编码的概率越大，从而提供了比较灵活的不等差错保护性能。本章考虑到秘密消息数据间的重要性差异，采用扩展窗喷泉码对不同重要等级的秘密消息数据进行不同程度的差错保护，使得重要性高的数据抗干扰的能力高于重要性低的数据。

## 12.2 基于扩展窗喷泉码的多播时间式隐蔽信道

### 12.2.1 基于消息分组编码的秘密消息嵌入方法

秘密消息在源节点被嵌入到多播数据包流中，沿着多播路由数发送到多个接收端，如图 12-4 所示。从源节点到多个目的节点的载体信道可能具有不同的丢包率。假设每一帧秘密消息数据的符号个数为 $K$，按照重要性等级划分为 $r$ 组，分别表示为 $S_1, S_2, \cdots, S_r$。用 $m_1, m_2, \cdots, m_r$ 表示各分组所含数据量，则 $\sum_{i=1}^{r} m_i = K$。各分组数据的重要性随着下标的增大而降低。当 $i < j$ 时，说明第 $i$ 组秘密消息数据比第 $j$ 组数据更重要。秘密消息数据按重要性分组的过程可用多项式表示为

$$\pi(X) = \sum_{i=1}^{r} \pi_i X^i \tag{12.1}$$

式中：$\pi_i = m_i/K$，表示第 $i$ 组数据占秘密消息总数据量的百分比。

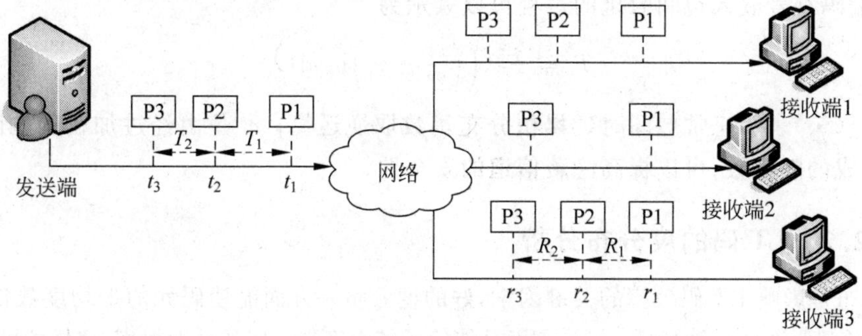


图 12-4　多播时间式隐蔽信道示意图

编码窗口定义为 LT 码编码器输入信息符号的选取范围，第 $i$ 个编码窗口由前 $i$ 个数据分组构成，如图 12-5 所示。图中圆圈表示信息符号，方块表示编码器的输出编码符号。不难发现，总共有 $r$ 个编码窗口，其中，第 $i$ 个编码窗口含有的符号个数为 $n_i = \sum_{j=1}^{r} m_j$，符号个数占秘密消息数据量的百分比为 $\theta_i = n_i/K$。每次编码时随机分配一个编码窗口，编码器的输入符号从该窗口随机选取。编码窗口的选择概率分布为

$$\Gamma(X) = \sum_{i=1}^{r} \Gamma_i X^i \tag{12.2}$$

式中：$\Gamma_i$ 表示第 $i$ 个编码窗口被选中的概率。当 $\Gamma_r = 1$，其他窗口选择概率为 0 时，扩展窗喷泉码退化为 LT 码。

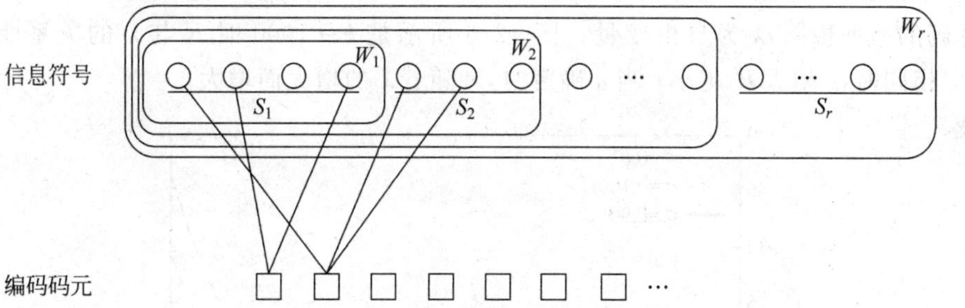


图 12-5　扩展窗喷泉码示意图

扩展窗喷泉码将每个编码符号随机分配至一个编码窗口并从该窗口中随机选择若干个信息符号进行 LT 编码，可以表示为 $F_{EW}(\pi, \Gamma, \Omega^{(1)}, \Omega^{(2)}, \cdots, \Omega^{(r)})$。对于每一帧输入信息符号，编码器生成 $M$ 个编码符号。译码开销指的是编码符号与信息符号的个数比，用 $\varepsilon$ 表示，$\varepsilon = M/K$。编码程序执行一次得到一个输出，循环执行直至生成所有编码符号，编码过程分为四步：

第 1 步，编码器根据窗口选择概率分布 $\Gamma(X)$ 从 $r$ 个编码窗口随机选择一个窗口 $W_i(i=1,2,\cdots,r)$；

第 2 步，根据所选窗口的度分布 $\Omega^{(i)}(X)$ 得到编码符号的度值 $d$；

第 3 步，在所选窗口 $W_i$ 内随机等概率选取 $d$ 个信息符号；

第 4 步，对选取的 $d$ 个信息符号进行异或运算得到编码符号。

采用基于模型的时间式隐蔽信道的构造方法将所有编码符号嵌入到载体信道数据包流

的包间时延中。假设每个包间时延携带 $\alpha$ 比特符号，当前被嵌入符号对应的十进制数用 $c_t$ 表示，则编码符号嵌入包间时延的过程可以表示为

$$T_t = F^{-1}\left(\left(\frac{c_t}{2^\alpha} + v_t\right)\text{mod}1\right) \tag{12.3}$$

式中：$F^{-1}(\cdot)$表示正常包间时延累积分布函数取逆运算；$v_t$ 是由经过加密的伪随机序列发生器生成的随机数，可以提高隐蔽信道的安全性。

### 12.2.2 LT 码的度分布分析

度分布是影响 LT 码效率的关键因素，好的度分布一方面能使码元的平均度数较小，生成每个编码符号需要的运算量低；另一方面又能给予较大度数一定的选取概率，这样才可以用较少的编码符号覆盖所有的消息符号。假设第 $i$ 个编码窗口对应的 LT 编码器的度分布函数为

$$\Omega^{(i)}(X) = \sum_{j=1}^{k_i} \Omega_j^{(i)} X^j \tag{12.4}$$

式中：$\Omega_j^{(i)}$ 表示在第 $i$ 个编码窗口中，LT 编码器输出码元的度为 $j$ 的概率。关于度分布，M. Luby 给出了理论上的理想孤波分布(ideal soliton distribution)，该分布是根据编码符号恢复信息所需要的期望个数设计的。理想状态下，孤波分布使得每次迭代解码过程中只有一个校验节点的度为 1，但是实际编码时可能发生没有度为 1 的编码符号出现的情况，另外有些信息符号也可能没有参与编码。因此，M. Luby 又提出了鲁棒孤波分布(robust solition distribution)。

鲁棒孤波分布在理想孤波分布中添加了一个由参数 $\lambda$ 和 $\sigma$ 计算得到的稳健因子，使得每次编码时度为 1 的编码符号的个数为 $R=\lambda\ln(k/\sigma)\sqrt{k}$。$\sigma$ 是接收方收到 $M$ 个编码符号后无法译码的概率极限，$\lambda$ 为自由变量。图 12-6 所示是 $k=1000$ 时 $R$ 与 $\lambda$ 的关系曲线。图中，当 $\lambda$ 相同时，$\sigma$ 越大 $R$ 越小；当 $\sigma$ 确定时，$R$ 随着 $\lambda$ 的增大而增大。

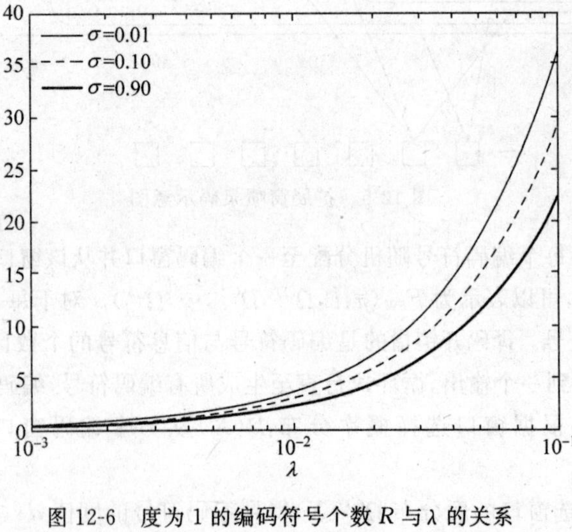


图 12-6 度为 1 的编码符号个数 $R$ 与 $\lambda$ 的关系

这里令所有编码窗口的度分布都为鲁棒孤波分布，其中第 $i$ 个窗口的度分布 $\Omega_j^{(i)}$ 可由下式计算得到。

$$\Omega_j^{(i)} = \frac{\rho_j^{(i)} + \tau_j^{(i)}}{\beta^{(i)}}, \quad j = 1,2,\cdots,n_i \tag{12.5}$$

$\rho_j^{(i)}$ 服从理想孤波分布,可表示为

$$\rho_j^{(i)} = \begin{cases} 1/n_i, & j = 1 \\ \dfrac{1}{j(j-1)}, & j = 2,3,\cdots,n_i \end{cases} \tag{12.6}$$

$\tau_j^{(i)}$ 为鲁棒孤波分子的稳健因子,计算公式为

$$\tau_j^{(i)} = \begin{cases} R/(j \cdot n_i), & j = 1,\cdots,n_i/R - 1 \\ R/(j \cdot n_i)\ln(R/\sigma), & j = n_i/R \\ 0, & j > n_i/R \end{cases} \tag{12.7}$$

式中: $R=\lambda\ln(k_i/\sigma)\sqrt{k_i}$。

$\beta^{(i)}$ 是归一化因子,计算公式为

$$\beta^{(i)} = \sum_{j=1}^{k_i} (\rho_j^{(i)} + \tau_j^{(i)}) \tag{12.8}$$

## 12.3　秘密消息的提取和译码

经过网络传输后,接收方观测的到达包间时延用 $R_t$ 表示。与发送包间时延相比,到达包间时延受到了网络固有噪声的干扰。网络固有噪声用 $\delta_t$ 表示,到达包间时延可以表示为

$$R_t = T_t + \delta_t \tag{12.9}$$

多播时间式隐蔽信道的接收端处在不同的网络环境中,因此载体信道的数据包流受到的干扰也会有差异,但这不影响各接收端从到达包间时延序列中提取数据的方式。接收端从到达包间时延中提取的发送端嵌入的码元用 $\hat{c}_t$ 表示,提取过程可表示为

$$\hat{c}_t = \lfloor 2^{\alpha} \cdot [(F(R_t) - v_t)\bmod 1] + 0.5 \rfloor \tag{12.10}$$

式中: $F(\cdot)$ 表示正常包间时延序列的累积分布函数。$v_t$ 也是由伪随机数发生器生成的,接收端的伪随机数发生器与发送端共享同一随机种子。

译码器收到足够数量的编码符号之后开始译码过程。采用置信传播的迭代译码算法,译码过程具体步骤如下:

第 1 步,在二部图中查找度值为 1 的编码符号,当找到第一个 $d=1$ 的符号后执行第 2 步;如果找不到任何 $d=1$ 的符号,译码程序终止。

第 2 步,根据二部图中的连接关系,查找所有与当前 $d=1$ 的编码符号连接的信息符号。确定与这些信息符号相连的其他编码符号,分别对这些相连的信息符号和编码符号进行异或运算,用运算结果覆盖原编码符号的值并删除两者间的连接关系,对应编码符号的度值减 1。

第 3 步,重复执行步骤 1、2,直到译码过程结束。

如果信息符号还没有完全被恢复时,就已经没有 $d=1$ 的编码符号,说明译码失败。码元的度分布取鲁棒孤子分布正是为了降低译码失败的概率。

下面通过仿真实验对本章所提出的具有不等差错保护能力的时间式隐蔽信道的性能进行了评估,分析了所提方案的误比特性能与各参数之间的关系。不失一般性,实验中设置了两个接收端,并将秘密消息数据划分为重要性相对较高和较低两个等级,分别用 MIB(more important bits)和 LIB(less important bits)表示。使用的扩展窗喷泉码为 $F_{EW}(\pi_1 X+(1-\pi_1)X^2, \Gamma_1 X+(1-\Gamma_1)X^2, \Omega^{(1)}, \Omega^{(2)})$。两个编码窗口的码元度分布的参数相同，$\lambda$、$\sigma$ 分别设为 0.2、0.3。

正常包间时延序列来自于在线音频直播平台“YY 语音(V4.2.0.0)”。“YY 语音”通信协议采用请求/响应模式，会话的建立、维护和结束过程如图 12-7 所示。主叫方发送出 INVITE 请求，邀请被叫方加入一个特定的会话，请求中会列出一系列媒体信息参数，该请求通过交换服务器转发到被叫方。如果被叫方同意加入该会话，就会发送 200 OK 响应，并附上被叫方支持的一系列参数。当客户端之间互相提供了用于传输多媒体数据的 IP 地址和端口之后，就开始传送语音通话数据。会话的建立协商过程是在 TCP 上传输的，协商成功后的语音数据流在 UDP 上传送。实验中用于生成时间式隐蔽信道的包间时延的数据集是使用抓包软件从语音通话数据流中抓包获得的，数据集总共有 226 432 个数据包。

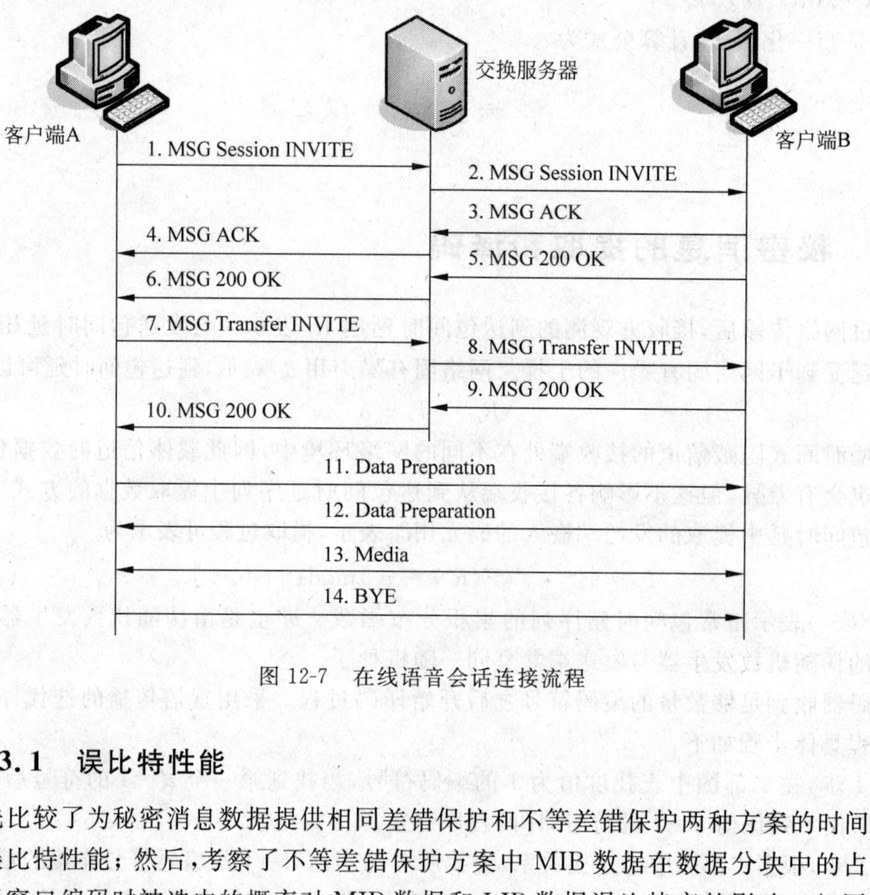


图 12-7　在线语音会话连接流程

### 12.3.1　误比特性能

首先比较了为秘密消息数据提供相同差错保护和不等差错保护两种方案的时间式隐蔽信道的误比特性能；然后，考察了不等差错保护方案中 MIB 数据在数据分块中的占比和第一个编码窗口编码时被选中的概率对 MIB 数据和 LIB 数据误比特率的影响。相同差错保护方案中，将秘密消息数据按每 1000 比特进行分块，在嵌入包间时延之前发送端对每个分块的数据进行 LT 编码。不等差错保护方案中，每个数据分块大小仍为 1000 比特，其中重要性级别高的数据占比 $\pi_1$ 为 0.2，因此每个分块中包含 200 比特 MIB 数据和 800 比特 LIB 数据。由 MIB 数据构成的第一个编码窗口编码时被选中的概率 $\Gamma_1$ 为 0.15。

当载体信道的丢包率为 0.02 时，误比特率与译码开销 $\varepsilon$ 之间的关系如图 12-8 所示，从图中可以看出，相同差错保护和不等差错保护两种方案的误比特率都会随着译码开销的增加而降低。当译码开销相同时，与相同差错保护方案相比，不等差错保护方案中 MIB 数据的误比特率随着译码开销的增加而明显降低，代价是 LIB 数据的误比特率出现小幅上涨，这说明不等差错保护方案有效地保障了 MIB 数据的优先传输，有效地为不同重要性等级的数据提供了不同程度的保护。

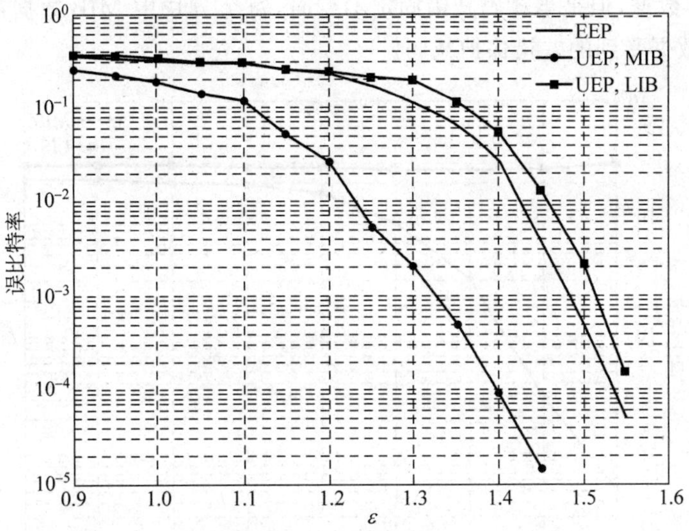


图 12-8　增加译码开销对误比特性能的影响

除了译码开销和丢包率以外，其他参数设置保持不变。当译码开销取 12.4 时，载体信道丢包率对使用相同差错保护和不等差错保护编码方案的时间式隐蔽信道误比特率的影响如图 12-9 所示。从图中可以看出，当丢包率较低时，秘密消息数据都能得到可靠的传输；丢包率的增加会导致两种方案的误比特率升高，但不等差错保护方案中 MIB 数据始终能以相对较低的误比特率被优先传输。

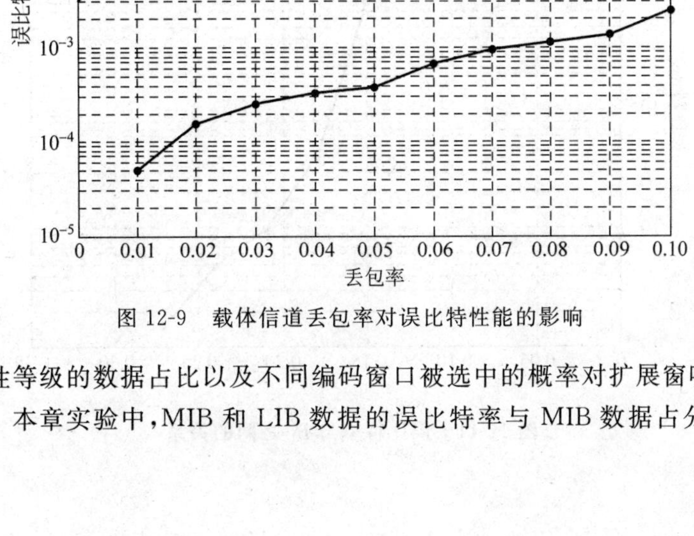

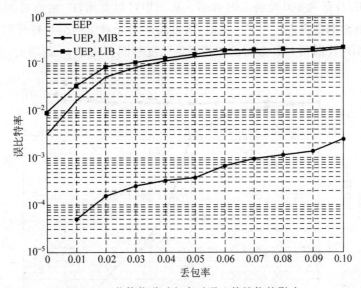

图 12-9　载体信道丢包率对误比特性能的影响

不同重要性等级的数据占比以及不同编码窗口被选中的概率对扩展窗喷泉码的性能也有着直接影响。本章实验中，MIB 和 LIB 数据的误比特率与 MIB 数据占分块数据总量的

百分比 $\pi_1$ 之间的关系如图 12-10 所示。这时，第一个编码窗口被选中的概率 $\Gamma_1$ 设为 12.15，译码开销 $\varepsilon$ 设为 0.2，载体信道的丢包率为 0.02。从图中可以看出，$\pi_1$ 的增加会导致 MIB 数据的误比特率增加，而 LIB 数据的误比特率几乎不变。虽然对 MIB 数据差错保护的强度高于 LIB 数据，但是当译码开销固定不变时，每个分块中 MIB 数据占比的增多会使得每比特 MIB 数据受到的差错保护减弱。

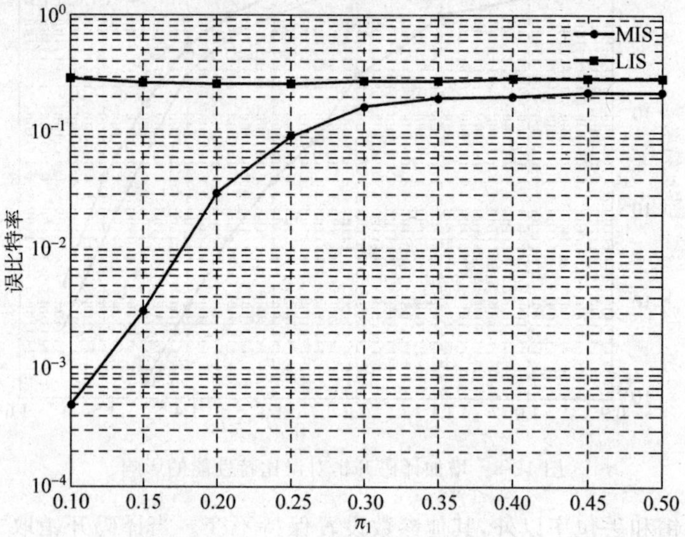


图 12-10 误比特率与 $\pi_1$ 之间的关系

图 12-11 所示为误比特率与第一个窗口被选中作为编码窗口的概率 $\Gamma_1$ 之间的关系。这时，MIB 数据占分块数据总量的百分比 $\pi_1$ 设为 0.2，译码开销 $\varepsilon$ 为 12.1。每个分块中含有 200 比特 MIB 数据和 800 比特 LIB 数据。从图中可以看出，$\Gamma_1$ 的值对 MIB 数据和 LIB 数据误比特率的影响都很大。当 $\Gamma_1=0$ 时，所有编码码元对应的信息符号都来自于第二个编码窗口，对 MIB 数据和 LIB 数据的差错保护强度相同。随着 $\Gamma_1$ 的增大，对 MIB 数据的

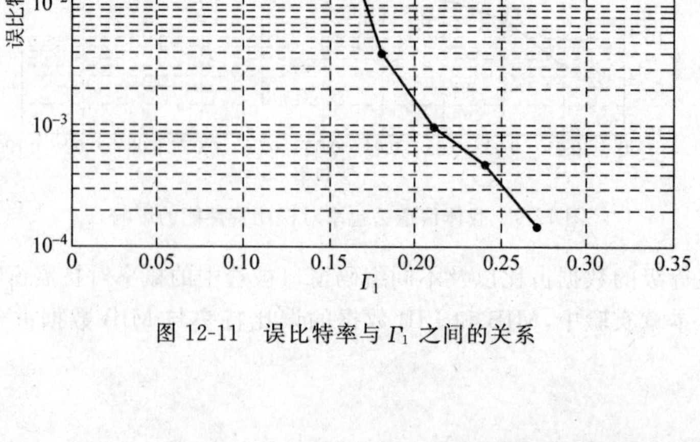

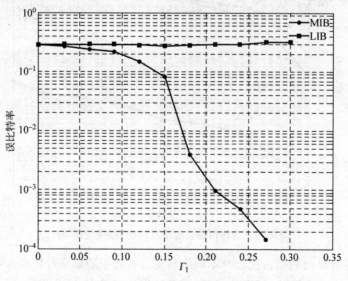

图 12-11 误比特率与 $\Gamma_1$ 之间的关系

差错保护强度逐渐增大,其误比特率得到显著降低。

### 12.3.2 时间复杂度

本节分析了每一分块数据编译码时间与译码开销的关系,实验是在 CPU 型号为 Intel Pentium (R)2.8GHz,RAM 为 3GB 的主机上进行的,结果如图 12-12 和图 12-13 所示。

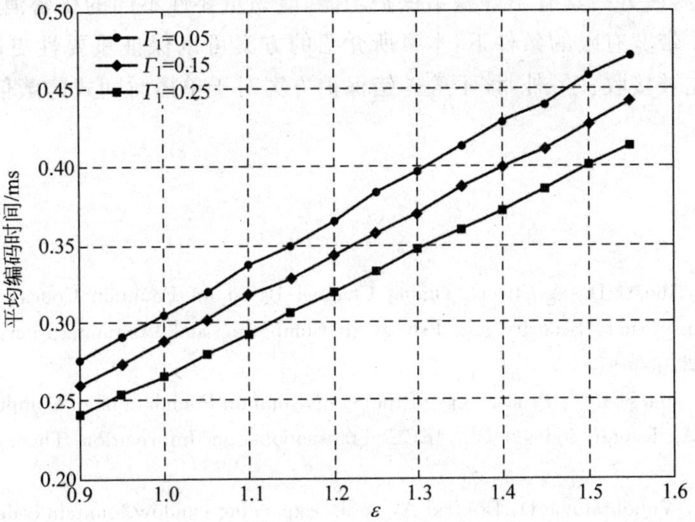


图 12-12 平均编码时间与译码开销之间的关系

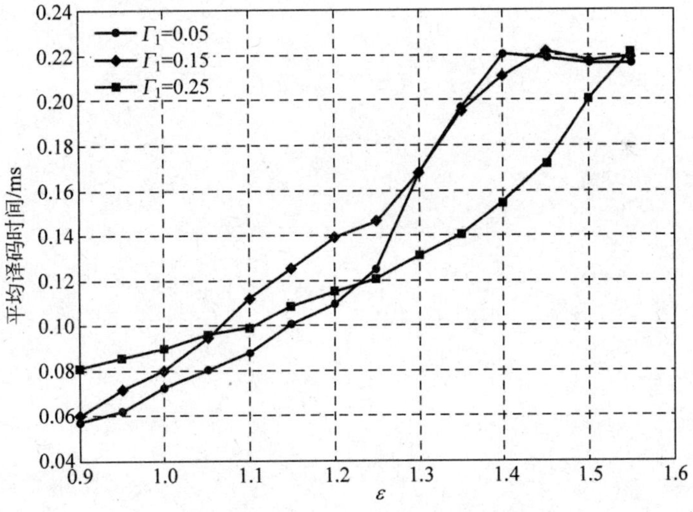


图 12-13 平均译码时间与译码开销之间的关系

从图 12-12 和图 12-13 可以看出,本章所提方案中编码的时间复杂度是随着译码开销的增加线性增大的。由于度为 1 的编码码元的个数是随机的,所以虽然译码时间复杂度也随着译码开销的增加而增大,但不呈线性变化。因此,译码开销的提高能够降低秘密消息数据的误比特率,同时也会导致更高的编译码时间复杂度。另外还可以从图中看出,提高第一个编码窗口被选择的概率可以降低编码时间复杂度,而对译码时间复杂度几乎无影响。

## 12.4 本章小结

本章介绍一种基于扩展窗喷泉码的多播时间式隐蔽信道。当秘密消息在多播时间式隐蔽信道上传输时,该方案具有不等差错保护功能,能为重要性不同的秘密消息数据提供不同等级的保护。在带宽有限的条件下,本章所介绍的方案可以保证重要性更高的数据以更低的误比特率优先被接收。另外,该不等差错保护方案对于单播时间式隐蔽信道也同样适用。

## 参考文献

[1] Archibald R,Ghosal D. A Covert Timing Channel Based on Fountain Codes[C]// International Conference on Trust, Security and Privacy in Computing and Communications. IEEE Computer Society, 2012: 970-977.

[2] Luby M. Lt Codes [C]// Proceedings of the Symposium on Foundations of Computer Science, 2002.

[3] Shokrollahi A. Raptor codes [J]. IEEE Transactions on Information Theory, 2006, 52(6): 2551-2567.

[4] Sejdinovic D, Vukobratovic D, Doufexi A, et al. Expanding window fountain codes for unequal error protection [J]. IEEE Transactions on Communications, 2009, 57(9): 2510-2516.